Seguridad con los Pesticidas

Un Manual de Estudio para Aplicadores Privados

Tercera Edición

Universidad de California
Programa Estatal de Manejo Integrado de Plagas
Agricultura y Recursos Naturales
Davis, California

Publicación 3394-3

Para pedir u obtener publicaciones y otros productos de la UC ANR, visite el catálogo en línea de la UC ANR en https://anrcatalog.ucanr.edu/ o llame al 1-800-994-8849. Dirija sus consultas a

UC Agriculture and Natural Resources
Publishing

2801 Second Street
Davis, CA 95618

Teléfono: 1-800-994-8849

Correo electrónico: anrcatalog@ucanr.edu

© En 1998, 2006, 2021 por los Regentes de la Universidad de California

División de Agricultura y Recursos Naturales.

Todos los derechos reservados. Ninguna parte de esta publicación puede ser reproducida, almacenada en un sistema recuperable, o transmitida, de cualquier forma o por cualquier medio, electrónico, mecánico, de fotocopiado, grabación, o de otra manera, sin el permiso escrito del Editor. Para solicitudes de permiso, por favor póngase en contacto con Permissions@ucanr.edu.

Tercera edición, 2021

Publicación 3394-3

ISBN-13: 978-1-62711-200-0

Library of Congress Cataloging-in-Publication Data

Names: University of California Integrated Pest Management Program, issuing body.

Title: Seguridad con los pesticidas : un manual de estudio para aplicadores privados.

Other titles: Pesticide safety. Spanish

Description: Tercera edición. | Oakland, California : Universidad de California Programa Estatal de Manejo Integrado de Plagas Agricultura y Recursos Naturales, 2021. | "This is a Spanish translation of Pesticide Safety: A Reference Manual for Private Applicators. This book makes it easier for Spanish-speaking persons to prepare for the exam, which has been developed in a Spanish-language version by California Department of Pesticide Regulation. Applicants are still required to read and understand the English-language labels."--UCIMP website. | Includes bibliographical references and index. | Summary: "This manual is for all California farm owners, managers, and employees involved with the use of pesticides. It covers pesticide labels, mixing and applying pesticides, human and environmental hazards of pesticide use, and pesticide emergencies."-- Provided by publisher.

Identifiers: LCCN 2021036697 (print) | LCCN 2021036698 (ebook) | ISBN 9781627112000 (paperback) | ISBN 9781627112024 (epub)

Subjects: LCSH: Pesticides--Application--Safety measures--Study and teaching. | Pesticide applicators (Persons). | Safety education, Industrial. | Handbooks and manuals.

Classification: LCC TP248.P47 P485518 (print) | LCC TP248.P47 ebook) | DDC 668/.65--dc23

LC record available at https://lccn.loc.gov/2021036697

LC ebook record available at https://lccn.loc.gov/2021036698

Edición y gestión de proyectos: Linda Ribera. Diseño: Will Suckow. Basado en el diseño original: Celeste Rusconi. Corrección e indexación: Hazel White. Archivista: Evett Kilmartin. Coordinación de la impresión: Jim Downing.

Ilustraciones realizadas por el personal de la UC ANR, excepto las indicadas en los pies de foto. Fotos de la portada: Marty Martino (arriba); Evett Kilmartin (abajo). Todas las demás fotos son de Jack Kelly Clark, excepto las siguientes: Bombas GoatThroat: 7-21A; Anna K. Hunter: 4-8, 6-1, 6-5, 9-10, 12-4; Kenzo Estate Winery (Napa, CA): 11-6; Petr Kosina: 7-9, 7-10; Marty Martino: 8-1; Suzanne Paisley: 5-9; Cheryl A. Reynolds: 7-6, 7-12, 10-4, 12-3; David Rosen: 1-2; Shannah M. Whithaus: 7-2, 7-3; The Tree Center: 2-10.

La División de Agricultura y Recursos Naturales de la Universidad de California (UC ANR) prohíbe la discriminación o el hostigamiento, contra cualquier empleado o persona que busque empleo en la Universidad de California, por razones de raza, color, origen nacional, religión, sexo, identidad en función del género, embarazo (que incluye el embarazo, el parto y condiciones médicas relacionadas con el embarazo o el parto), incapacidad física o mental, condición médica (relacionada con el cáncer o las características genéticas), información genética (incluyendo el historial médico familiar), ascendencia, estado civil, edad, orientación sexual, ciudadanía, condición de veterano protegido o por haber prestado servicio militar (según lo define la Ley de los Derechos de Empleo y Reempleo de los Servicios Uniformados de 1994), así como servicio militar y naval estatal.

La política de la UC ANR prohíbe represalias contra cualquier empleado o persona que participe en sus programas y actividades por presentar una queja por discriminación o acoso sexual. La política de la UC ANR también prohíbe represalias contra una persona que haya ayudado a alguien con una queja por discriminación, o por haber participado en una investigación o usado el proceso de resolución de dicha queja. Las represalias incluyen amenazas, intimidación, y/o acciones adversas relacionadas con cualquiera de sus programas o actividades.

UC ANR es un empleador que ofrece igualdad de oportunidades y acción afirmativa. Todos los solicitantes calificados serán considerados para empleo y/o participación en cualquiera de sus programas o actividades, sin importar la raza, color, religión, sexo, origen nacional, discapacidad, edad o condición de veterano protegido.

La política de la Universidad pretende ser consistente con las disposiciones de las leyes federales y estatales procedentes.

Las consultas sobre la política antidiscriminatoria de la Universidad pueden dirigirse a: Affirmative Action Compliance and Title IX Officer, University of California, Agriculture and Natural Resources, 2801 Second Street, Davis, CA 95618, (530) 750-1343. Correo electrónico: titleixdiscrimination@ucanr.edu. Sitio web: https://ucanr.edu/sites/anrstaff/Diversity/Affirmative_Action/.

Para simplificar la información, se han usado nombres comerciales de productos. No se intenta respaldar el producto mencionado o ilustrado, ni insinuar una crítica a productos similares que no se nombran o aparecen ilustrados.

 La exactitud técnica de esta publicación fue evaluada anónimamente por científicos y otros profesionales calificados de la Universidad de California. Este proceso de evaluación fue supervisado por el Editor Asociado de la UC ANR para Control de Plagas Urbanas, David Haviland.

 Impreso en EE.UU. en papel reciclado.

6m-pr-12/21-HW/WS/SO

Contenido

Colaboradores y Agradecimientos v
Introducción vi

1. Manejo de plagas 1
    Manejo Integrado de Plagas 2
    Porqué es importante el monitoreo de plagas 3
    Crear un programa de MIP efectivo 4
    Capítulo 1, Preguntas de repaso 7

2. Identificación de plagas 9
    Comprensión de la biología de las plagas 10
    Identificación de plagas 10
    Plagas comunes en California 12
    Capítulo 2, Preguntas de repaso 29

3. Pesticidas 31
    Los pesticidas y sus riesgos 32
    Cómo están organizados los pesticidas 34
    Adyuvantes 41
    Capítulo 3, Preguntas de repaso 42

4. Leyes y reglamentos 45
    Registro y etiquetado de pesticidas 46
    Capítulo 4, Preguntas de repaso 58

5. Riesgos para el medio ambiente 59
    El medio ambiente y los peligros del uso de pesticidas 60
    Características de los pesticidas 60
    Comportamiento de los pesticidas en el medio ambiente 61
    Impactos ambientales de la aplicación de pesticidas 65
    Capítulo 5, Preguntas de repaso 69

6. Riesgos para los seres humanos 71
    Probabilidad de riesgos para los seres humanos 72
    Efectos dañinos de la exposición a pesticidas 77
    Otros problemas asociados con los pesticidas 79
    Capítulo 6, Preguntas de repaso 80

7. Equipo de protección y seguridad personal 81
    Preservar la seguridad de las personas 82
    Equipo de protección personal 84
    Controles técnicos 96
    Capítulo 7, Preguntas de repaso 98

8. Utilizar pesticidas de forma segura 101
    Seguridad para el aplicador de pesticidas 102
    Métodos de aplicación segura 111
    Limpieza del equipo de aplicación 113
    Limpieza personal 113
    Capítulo 8, Preguntas de repaso 114

9. Equipo de aplicación 117
    Equipo de aplicación 118
    Métodos y equipo de aplicación 125
    Mantenimiento del equipo de aplicación 133
    Capítulo 9, Preguntas de repaso 134

10. Calibración del equipo de aplicación de pesticidas 137
    Por qué es esencial la calibración 138
    Métodos para calibrar el equipo 138
    Cálculo del ingrediente activo, soluciones porcentuales y
    diluciones en partes por millón 158
    Utilización de monitores y reguladores de sistemas 161
    Capítulo 10, Preguntas de repaso 163

11. Uso efectivo de pesticidas 165
    Predicción de problemas de plagas 166
    Toma de decisiones acerca del uso del pesticida 166
    Elección del pesticida correcto 167
    Aplicación de pesticidas de forma efectiva 170
    Mezcla de pesticidas 171
    Resistencia a los pesticidas 174
    Prevención del movimiento fuera de lugar de los pesticidas 175
    Capítulo 11, Preguntas de repaso 184

12. Emergencias con pesticidas y respuesta ante emergencias 187
    Primeros auxilios 188
    Si el pesticida entra en contacto con la piel o la ropa 190
    Si el pesticida entra en contacto con los ojos 191
    Si se inhala el pesticida 192
    Si se ingiere el pesticida 192
    Fugas y derrames de pesticidas 193
    Cómo actuar ante un incendio provocado por pesticidas 197
    Cómo actuar ante el robo de pesticidas 197
    Aplicación incorrecta de pesticidas 197
    Repaso de respuesta de emergencias ante accidentes 199
    Capítulo 12, Preguntas de repaso 200

Apéndice A 201

Apéndice B 202

Apéndice C 203

Apéndice D 210

Respuestas a las preguntas de repaso 213

Glosario 215

Referencias 239

Índice 243

Colaboradores y Agradecimientos

Este manual fue preparado por el Programa Estatal de Manejo Integrado de Plagas (MPI) de la División de Agricultura y Recursos Naturales de la Universidad de California, bajo un memorando de entendimiento con el Departamento de Reglamentación de Pesticidas (DPR).

PREPARADO POR LA UNIVERSIDAD DE CALIFORNIA

Programa Estatal de MPI en Davis
Shannah M. Whithaus, Escritora/Editora
Lisa A. Blecker, Editora Técnica
Tunyalee Martin, Directora Asociada de Comunicaciones
James J. Farrar, Director, Programa Estatal de IPM en Davis
David Haviland, Editor Asociado para el Manejo de Plagas, Servicios de Comunicación para la División de Agricultura y Recursos Naturales

COMITÉ DE ASESORES TÉCNICOS Y COLABORADORES PRINCIPALES

Las siguientes personas contribuyeron con ideas, información y sugerencias, además de revisar los borradores del manuscrito::
Scott Bowden, Comisionado Agrícola Adjunto, Condado de Sutter
Matt Bozzo, Administrador de Granja, Golden Gate Hop Ranch, Yuba City
Laurie Brajkovich, Departamento de Reglamentación de Pesticidas
Jose Chang, Comisionado Agrícola Adjunto (Pesticidas), Condado de Napa
Ruth M. Dahlquist-Willard, Asesora para Granjas Pequeñas y Granjas de Cultivos Especializados, Condados de Fresno y Tulare
Joseph Damiano, Departamento de Reglamentación de Pesticidas
Surendra Dara, Asesor de la Extensión Cooperativa de la Universidad de California, San Luis Obispo
Franz Niederholzer, Asesor de la Extensión Cooperativa de la Universidad de California, Condados de Sutter y Yuba
David Ogilvie, Director de Producción, Wilson Farms, Clarksburg
Leslie Talpasanu, Departamento de Reglamentación de Pesticidas
Scott Thomsen, Departamento de Reglamentación de Pesticidas
Alya Wakeman-Hill, Especialista en Estándares/Agrícolas, Departamento de Agricultura del Condado de Fresno
Lynn Wunderlich, Asesora de la Extensión Cooperativa de la Universidad de California, Placerville
John Young, Comisionado Agrícola/Certificador de Pesos y Medidas, Agricultura Orgánica Certificada de Yolo, Departamento de Agricultura del Condado de Yolo
Nick Zanotti, Administrador de Granja, Bypass Farms, West Sacramento
Amanda Zito, Especialista Supervisora de Estándares Agrícolas, Oficina del Distrito de Sanger, Departamento de Agricultura del Condado de Fresno

Contribuciones Adicionales por

Anna Katrina Hunter, Escritora, Programa Educativo de Seguridad con los Pesticidas
Leopoldo A. Moreno-Matiella, Traductor y Editor, Departamento de Reglamentación de Pesticidas
Alana Mari Schoen, Interna, Programa Educativo de Seguridad con los Pesticidas

Introducción

Como empleado, propietario, arrendatario, o administrador que maneja pesticidas en una granja de California, usted tiene la obligación de *conocer, entender* y *seguir* los reglamentos federales, estatales y locales de los pesticidas, cuando se utilicen pesticidas en dicha granja. Para ayudar con la protección de sus empleados -y la suya misma- usted debe de revisar regularmente los folletos de *Información de Seguridad en el uso de Pesticidas Series A-1 a la A-11*, los cuales están disponibles en la oficina de su comisionado de agricultura local, o en el sitio Web del Departamento de Reglamentación de Pesticidas (DPR), en: https://www.cdpr.ca.gov/docs/whs/psisspanish.htm. Estos materiales son actualizados frecuentemente, para así reflejar los cambios más recientes en las leyes y reglamentos relacionados a los pesticidas. Es necesario subrayar que tanto las leyes federales como las estatales, requieren que cualquier usuario de materiales restringidos en California sea un *aplicador certificado*. Aun cuando un aplicador comercial certificado sea contratado para aplicar materiales restringidos en la granja donde usted trabaja, alguien que trabaje en las operaciones de la granja (un empleado, administrador, arrendatario, o propietario) debe estar certificado como aplicador privado.

El manejo de pesticidas requiere de muchas habilidades y responsabilidades especializadas. Si usted maneja pesticidas, debe reconocer sus riesgos y cómo evitarlos. Además, debe de estar familiarizado con todas las leyes locales, estatales y federales que regulan la venta, uso, almacenaje, transporte, aplicación y desecho de pesticidas que se usen en la granja donde trabaja. Si usted supervisa a manejadores de pesticidas, es responsable de verificar que estos empleados manejen y usen pesticidas de manera apropiada y segura. Un manejador de pesticidas es cualquier persona que:

- maneja recipientes abiertos de pesticidas
- mezcla, carga, o aplica pesticidas, o asiste en las actividades de aplicación (por ejemplo, como la señalización)
- incorpora pesticidas al suelo
- ajusta, repara, o retira las cubiertas de sitios bajo tratamiento
- entra a las áreas tratadas durante una aplicación o antes de que se alcance el nivel de exposición indicado en la etiqueta del producto, o antes de que se alcancen los criterios de ventilación para invernaderos
- limpia, da mantenimiento, da servicio, repara, o maneja equipo que puede contener residuos de pesticidas

Para poder usar materiales restringidos, usted debe demostrar por medio de un proceso de examinación, que puede manejar de manera competente y segura estos productos químicos especialmente peligrosos. Una vez que apruebe exitosamente el **examen de Certificación como Aplicador Privado (PAC)**, así como cumplir con otros requisitos, podrá solicitar un permiso para comprar, poseer, y usar materiales restringidos de California, para aplicarlos en áreas agrícolas de la granja donde trabaja. El personal de la oficina del comisionado agrícola donde reciba el permiso le informará por cuánto tiempo éste estará vigente. Usted necesitará completar 6 horas de educación continua, o tomar el examen cada 3 años para mantener su Certificación como Aplicador Privado (PAC) antes de que un nuevo permiso le sea expedido. Su PAC solamente le permite hacer aplicaciones agrícolas. Para hacer aplicaciones postcosecha u otras aplicaciones no agrícolas de pesticidas, usted deberá certificarse en la categoría del DPR que corresponda con ese tipo de aplicación.

Esta guía de estudio actualizada refleja los cambios en las leyes, los reglamentos, el entendimiento científico de nuestro medio ambiente y sus ecosistemas, y la tecnología de aplicación. Le proveerá los conocimientos básicos que debe tener para obtener su certificado de aplicador privado. La guía tiene como propósito el ayudarle a aprender formas seguras y efectivas de usar pesticidas en la granja donde usted trabaja. Describe cómo prevenir accidentes, y cómo evitar daños y problemas ambientales. Si desea más información sobre cualquiera de los temas tratados en *Pesticide Safety for Private Applicators, 3rd Edition*, usted puede leer *The Safe and Effective Use of Pesticides*, *3rd Edition*, el cual es el Volumen 1 en la serie Pesticide Application Compendium (no es requirido para el examen PAC).

Cómo Usar Este Libro

Lea este libro cuidadosamente como preparación para el examen PAC. El DPR usa este examen para certificar a los propietarios, arrendatarios, y administradores de granjas que necesiten adquirir materiales restringidos, así como a los empleados de la granja que supervisen a los manipuladores de pesticidas, o bien capacitarán a manipuladores y trabajadores del campo para que trabajen de manera segura con los pesticidas. Al principio de cada capítulo se presenta una lista de expectativas de conocimiento (descripciones de lo que debería saber después de leer el capítulo), para guiarlo conforme usted estudie. Las expectativas de conocimiento individuales aparecen junto al contenido relevante en cada capítulo, lo cual le ayudará a enfocarse en la información que probablemente aparecerá en el examen. examen. Favor de notar que las expectativas de conocimiento se han colocado más cerca de la información más detallada sobre ese tema, y la información adicional sobre ese tema no estará marcada. Otras secciones del capítulo probablemente cubrirán información relevante para cualquiera de las expectativas de conocimiento, así que le recomendamos leer todas las secciones del texto, no solo aquellas en donde aparezca una expectativa.

Cualquier información adicional que usted desee revisar, estará disponible en los apéndices. La información ahí incluida no va a ser parte del examen de certificación, pero puede serle útil el saberla hoy o a futuro.

Qué evalúa el DPR

Los exámenes del DPR evalúan su competencia en el manejo y/o la supervisión del manejo de pesticidas de uso restringido. Las preguntas en los exámenes son similares a las preguntas de repaso al final de cada capítulo de este libro. Usted será examinado sobre la información relacionada a las expectativas de conocimiento, la cual es provista al inicio y en el resto del capítulo para asegurarse de que sabe cómo manejar o supervisar el manejo de pesticidas de uso restringido de una manera segura y efectiva, de acuerdo con las leyes de California.

Cómo Usar las Preguntas de Repaso

Las preguntas de repaso al final de cada capítulo, están ahí para probar su comprensión de las expectativas de conocimiento de ese capítulo. Inicie su estudio de cada capítulo leyendo las expectativas de conocimiento y las preguntas de repaso. Tome nota del material que no entiende completamente. Después, revise el capítulo para localizar las secciones que cubren dicha información. Lea esas secciones cuidadosamente, revise el resto del capítulo de manera que llegue a comprender completamente cada concepto cubierto en las expectativas de conocimiento, aún ésas que usted crea ya entender.

Cuando termine de estudiar, conteste las preguntas de repaso. Compruebe sus respuestas con las respuestas correctas en las "Respuestas a las Preguntas de Repaso" al final del libro. Si usted se equivocó en algunas de las preguntas, vuelva a leer las partes del capítulo que cubran esa información.

Recursos Útiles

Además de este texto, hay dos importantes fuentes de información relacionadas a los pesticidas y el manejo de plagas:

- Los comisionados agrícolas del condado (CAC) son oficiales reguladores del DPR. Sus oficinas en todo el estado tienen la responsabilidad, entre otras funciones, de expedir permisos para pesticidas de uso restringido; monitorear el uso, el almacenaje y el desecho de pesticidas; así como hacer cumplir las leyes y reglamentos de los pesticidas. Las oficinas de los comisionados agrícolas también proveen información local sobre el uso de pesticidas, su almacenaje, transporte, eliminación y los peligros que presentan. Contacte a la oficina local del CAC cuando haya una emergencia relacionada con pesticidas.
- La Universidad de California, a través de su Programa de Extensión Cooperativa, mantiene oficinas en la mayoría de los condados de California. Los expertos que trabajan en dichas oficinas son capaces de ayudarle a localizar la información que usted necesite sobre identificación de plagas, manejo de plagas, y uso de pesticidas. Además, tienen acceso a una red de científicos de la Universidad de California cuando se necesite asistencia adicional. Usted también tiene acceso a una abundancia de información a través del sitio Web de la UC IPM: ipm.ucanr.edu.

Capítulo 1
Manejo de plagas

Manejo Integrado de Plagas 2
Por qué es importante el monitoreo de plagas 3
Cómo crear un programa efectivo de Manejo integrado
de plagas 4
Capítulo 1, Preguntas de repaso 7

Expectativas de conocimiento

1. Explique cómo el Manejo Integrado de Plagas puede hacer que la aplicación de pesticidas sea más efectiva.
2. Explique cómo se podría producir un brote de plagas secundarias.
3. Describa las formas en que el monitoreo puede ayudarlo a realizar una mejor aplicación de pesticidas.

Manejo Integrado de Plagas

Explique cómo el manejo integrado de plagas puede ayudar a que los pesticidas sean más efectivos.

El manejo integrado de plagas (MIP, por sus siglas en inglés), es un programa de control de plagas que utiliza el conocimiento de la biología de la plaga y un extenso seguimiento para entender las formas en que el monitoreo puede ayudarlo a aplicar los pesticidas dem ejor forma. más informada. El MIP combina una variedad de métodos de control para prevenir los daños causados por las plagas de manera sostenible, incluyendo la prevención, las prácticas culturales, la exclusión, el uso de enemigos naturales, la resistencia de las plantas huésped y la aplicación de pesticidas. El objetivo es lograrlos daños causados por las plagas de manera sostenible, incluyendo la prevención, las prácticas culturales, la exclusión, el uso de enemigos naturales, la resistencia de las plantas huésped y la aplicación de pesticidas, los organismos no objetivo y el medio ambiente.

Explique cómo puede ocurrir el brote de una segunda plaga.

La clave para utilizar con éxito los métodos de MIP es la correcta identificación de la plaga que hay que combatir. La supervisión, el muestreo, el conocimiento de las plagas comunes del lugar y el uso de claves de identificación puede ayudar con este trabajo. Otra medida temprana que puede mejorar sus esfuerzos de control de plagas es descubrir si el organismo identificado es una plaga clave o una plaga secundaria.

- Las plagas clave son las que causan de manera regular un enorme daño a menos de que sean tratadas con éxito. Muchas malezas malas plagas clave ya que compiten con las plantas cultivadas por los recursos. Estas malezas requieren esfuerzos en materia de control para prevenir daños.
- Plagas secundarias son aquellas que se convierten en un problema una vez que se haya controlado una plaga clave. Por ejemplo, algunas especies de malezas se convierten en plagas luego de que las malezas más competitivas se han controlado. Y algunas plagas que se

ESTUDIO DE CASO 1-1
CONTROL BIOLÓGICO EN EL VIÑEDO DE VINCENT

Vincent, un granjero en el Valle de San Joaquín, notó un aumento en el número de hormigas argentinas alrededor de las vides en el cuadrante sudoeste del viñedo 12-A. Posteriormente comenzó a detectar depósitos de rocío de miel cerosa en las ramas y los racimos (Fig. 1-1) Luego de observar las hojas, las ramas y los racimos, tomó varias muestras de un insecto que rápidamente identificó como la cochinilla de la uva. Luego, exploró sus otros viñedos para asegurarse de que no había zonas de infestación en la propiedad. Luego de leer las Normas para el manejo de plagas de la Universidad de California (MIP), para la cochinilla de la uva, decidió tratar la infestación inicial con un pesticida y seguir el tratamiento con otros métodos de control: control biológico y control cultural.

FIGURA 1-1.
(A) Hormiga argentina cuidando cochinillas harinosas. (B) El trabajador de campo utiliza una lupa de mano para examinar los insectos benéficos en la hoja de parra. (C) Cochinilla de la uva.

MANEJO DE PLAGAS

Vincent comenzó el programa de control biológico con aumento, compró y liberó destructores de cochinillas en las zonas infectadas del viñedo al principio de la temporada. Liberó depredadores adicionales en donde había huevos de cochinillas y orugas para ayudar a reducir la población de cochinillas y también redujo el número de aplicaciones de pesticidas necesarias para controlarlo en ese momento.

Para aumentar sus posibilidades de un control exitoso posteriormente en la temporada, Vincent decidió utilizar el control biológico clásico. Compró y liberó a una avispa importada, Anagyrus pseudococci que parasita esta especia de cochinilla al final de la temporada de cultivo. Al combinar estas dos formas de control biológico, Vincent fue capaz de extender la eficacia de la aplicación inicial sin necesidad de un control químico adicional.

Asimismo, Vincent aprendió que las ninfas y hembras de las cochinillas no pueden volar, por esta razón les pidió a todos que utilizaran la estación de lavado, que montó cerca de la zona afectada, luego de que terminaran sus turnos de trabajo para evitar que los insectos fueran transportados fuera de la zona infectada. La estación contaba con el equipo adecuado, tal como una lavadora a presión para enjuagar el polvo y barro del equipo y ventiladores para ayudar a quitar el polvo de la ropa, las herramientas o el equipo de protección personal (EPP). Explicó que, con suerte, al tomarse el tiempo de limpiar el equipo y la ropa podrían reducir la necesidad de rociar los otros viñedos de la propiedad con pesticidas.

Con la cooperación de sus empleados, Vincent combinó varios controles biológicos con métodos de saneamiento razonables e insecticidas para contener y suprimir la cochinilla lo suficientemente bien como para evitar el daño a sus uvas.

Describa la forma en que el seguimiento puede ayudar a realizar una aplicación más indicada del pesticida.

alimentan de plantas comienzan a causar daño una vez que se ha controlado la plaga clave o luego de que se aplican los pesticidas al lugar, dado que mueren sus enemigos naturales.

Probablemente, usted esté familiarizado con las plagas claves que afectan el cultivo con el que trabaja, pero es posible que no esté muy familiarizado con las plagas secundarias. Para solicitar ayuda con los brotes secundarios de plagas, consulte con las Normas para el manejo de plagas MIP de la Universidad de California y los programas de MIP que están disponibles todo el año.

Por qué es importante el monitoreo de las plagas

El monitoreo es el uso de procedimientos específicos para vigilar las actividades, el crecimiento y el desarrollo de las plagas durante un período de tiempo. Es su responsabilidad crear un programa para un control de plagas eficaz. El diagnóstico informa si las plagas se encuentran presentes o no y le ayudará a anticipar los brotes de plagas. El monitoreo constante ofrece información importante sobre las etapas de la vida de una plaga y sus hábitos, al igual que los cambios en la zona, que pueden afectar el resultado de las medidas del control de plagas (Fig. 1-2) Al crear un programa de monitoreo, no solo le permite detectar las plagas, sino también le dejará

- observar cambios estacionales en las poblaciones de las plagas
- rastrear las poblaciones de los enemigos naturales
- elegir el pesticida más efectivo
- medir las aplicaciones del pesticida correctamente
- evaluar la efectividad de las medidas de control

El monitoreo es fundamental para el MIP y es un prerrequisito para la toma de decisiones que den un buen resultado.

EL SEGUIMIENTO DEL MONITOREO

Haga un monitoreo luego de cada tratamiento para saber si el control de la actividad fue exitoso. El seguimiento del monitoreo incluye

FIGURA 1-2.
El asesor agrícola del condado de Kern, David Haviland, monitorea visualmente las plagas que hay en las hojas de naranja de ombligo.

inspeccionar una zona incluso si no se ha recomendado ningún tratamiento; si decide no realizar ningún tratamiento, tendría que hacer un seguimiento del monitoreo hasta que la plaga deje de ser una amenaza para el cultivo. Luego del tratamiento, monitoree para obtener señales que demuestren el nivel de control de la aplicación deseada. Por ejemplo, luego de una aplicación de fungicida, realice el seguimiento del monitoreo para verificar que la cobertura haya sido total y que el patógeno haya sido eliminado. También, si continúan las condiciones del desarrollo de la enfermedad, continúe monitoreando para determinar si es necesario realizar otros tipos de controles y observar si la vegetación desprotegida es susceptible.

Si la aplicación de un pesticida no fue satisfactoria, el seguimiento del monitoreo y el control de registros le permitirán acceder al problema(s) y establecer medidas correctivas o cambiar la forma de realizar la próxima aplicación.

FIGURA 1-3.
Chinche harinosa rosada depredadora adulta ataca cochinillas blancas de cuerpos blandos.

Crear un programa de MIP efectivo

Los programas deMIP utilizan métodos que evitan que las plagas se conviertan en un problema, tales como cultivar plantas sanas que puedan resistir el ataque de las plagas, al utilizar plantas que resistan las enfermedades y al fomentar a las poblaciones de insectos depredadores o parásitos que evitan que las poblaciones de plagas aumenten. Un programa efectivo de MIP combina el control biológico, el control químico, los controles físicos y mecánicos, y los controles culturales, de los cuales hablaremos en las próximas

---

BARRA LATERAL 1-1

MUESTRA DEL PLAN DE MIP

1. Antecedentes e información de página web
   - ubicación de la granja y dirección postal
   - panorama de la página web e historial (plantaciones pasadas y operaciones del control de plagas)
   - preocupación por los recursos (positivos y negativos de la página web)
   - mapas de huertas y campos y sus descripciones
2. Evaluación del riesgo ambiental y mitigación
   - descripción y mapa del suelo
   - zona sensible y mapa de la zona de contención
   - prácticas actuales de manejo
   - preocupaciones y manejo de la resistencia a los pesticidas
   - prácticas de mitigación para reducir el riesgo ambiental en:
     - campo 1
     - campo 2, etc.
     - tierras que permanecen no agrícolas y alquerías
     - el almacenamiento del pesticida, la mezcla y el desecho del recipiente
   - plan de acción de emergencia y seguimiento del intervalo de la entrada restringida
   - registros de implementación
   - comentarios adicionales
3. Pautas de exploraciones y monitoreo
   - Historial de plagas
   - listado de cultivos que haya que mantener
   - objetivos para la manejo de plagas
   - métodos de exploración para artrópodos (tanto organismos beneficiosos como de plagas), enfermedades, hierbas, vertebrados y ubicaciones de resultados registrados
   - pronósticos meteorológicos
   - métodos de supervisión continua de las plagas y ubicación de resultados registrados
4. Métodos relevantes para el manejo de plagas
   - Listado de los métodos combinados para el manejo de plagas en:
     - tierras no agrícolas y alquerías
     - campo 1
     - campo 2, etc.

> **ESTUDIO DE CASO 1-2**
>
> ## CONSERVAR ENEMIGOS NATURALES EN LAS MANDARINAS DE MARISOL
>
> Marisol descubrió cicatrices costrosas y plateadas en forma de anillos en algunas de las mandarinas de su huerta. Para identificar la plaga responsable, consultó Normas para el manejo de plagas (PMGs), de la Universidad de California, y habló con un asesor de Extensión Cooperativa, quien confirmó la identificación de arañuelas de cítricos (Fig. 1-4) y le dijo que monitoreara la huerta. Marisol registró altos números de arañuelas, pero a la vez notó muchos ácaros y crisopas depredadoras, ambos enemigos naturales de las arañuelas de los cítricos.
>
> Equipada con la información que recolectó gracias a sus esfuerzos de monitoreo, Marisol eligió tratar a las arañuelas con Spinosad, donde las PMG establecen que tendrá menores efectos dañinos en las poblaciones de enemigos naturales que observó. Realizó la aplicación utilizando un método de cobertura externa que atacaba a las zonas que eran más susceptibles a experimentar formación de cicatrices.
>
> Unos días después de haber realizado la aplicación, Marisol volvió a la huerta para comprobar si había sido efectiva. Notó una reducción en el número de arañuelas en la fruta y observó que una gran cantidad de ácaros y crisopas depredadoras permanecían controlando las arañuelas restantes. Luego de varias semanas, el daño de las arañuelas cítricas ya no amenazaba a arruinar sus mandarinas y Marisol no tuvo que volver a utilizar ningún otro insecticida durante esa temporada.

FIGURA 1-4.

Las arañuelas de cítricos de este tipo se encuentran a menudo en flores, hojas y frutas.

secciones. La barra lateral 1-1 contiene una muestra del plan que usted puede utilizar para comenzar su propio programa de MIP.

Control biológico es el uso de agentes de control biológicos vivos o enemigos naturales (depredadores, parásitos, patógenos y competidores) para el control de plagas y su daño (Fig. 1-3). Los invertebrados, los patógenos en plantas, los nematodos, las malezas y los vertebrados tienen muchos enemigos naturales. Los tipos de controles biológicos incluyen:

- control biológico clásico (al importar enemigos naturales para controlar a las especies invasivas),
- incremento (criar y liberar enemigos nativos naturales para controlar plagas locales)
- control que ocurre de forma natural (proteger enemigos naturales nativos para controlar las plagas locales).

Control químico es el uso de pesticidas naturales o sintéticos. En el MIP, los pesticidas solo se utilizan cuando es necesario y combinándolos con otros enfoques controles más efectivos y a largo plazo. Además, los pesticidas se seleccionan y se aplican de una forma que se minimiza el posible daño a las personas y al medio ambiente. Con el MIP, utilizará el pesticida más selectivo que funcionará y será el más seguro para otros organismos y para el aire, la tierra y la calidad del agua. Por ejemplo, el enfoque del MIP sería realizar un rociado localizado sobre algunas malezas en vez de en una zona entera.

FIGURA 1-5.

Una trampa Conibear se instala y coloca sobre la entrada de una madriguera de ardilla de tierra y se debe asegurar con una estaca.

Los controles mecánicos y físicos matan directamentehacen que el entorno sea inadecuado para ella.. Las trampas para los roedores son ejemplos de controles mecánicos (Fig. 1-5) Los controles físicos incluyen la siaga para controlar las malezas, la esterilización por vapor de la tierra para el control de las enfermedades y el uso de barreras, tales como redes o mallas de tela para mantener las aves o los insectos fuera del perímetro (exclusión).

Controles culturales son las prácticas que reducen el establecimiento, la reproducción, la dispersión y la supervivencia de las plagas. Por ejemplo, cambiar los métodos de irrigación puede reducir los problemas de plagas, dado que un exceso de agua puede aumentar las enfermedades en las raíces y en las malezas, y la rotación del cultivo puede servir para reducir las poblaciones de nematodos. Los controles culturales incluyen:

- selección del sitio (elegir un lugar que sea el más indicado para el cultivo)
- sanitización (eliminar las malezas antes de que se deterioren, destruir materiales de plantas enfermas, limpiar el arado y otras herramientas de la granja, etc.)
- modificación del hábitat (quitar las malezas de alrededor del campo para eliminar refugios de roedores, dejar un área de 6 a 8 pulgadas de estiércol seco en los gallineros para los enemigos naturales de las moscas, etc.)
- resistencia del hospedero (cultivar plantas o criar animales que puedan resistir a los ataques de las plagas)
- fecha de plantación (plantar más tarde o más temprano en la temporada para evitar los momentos en los que las plagas son un problema)

Capítulo 1, Preguntas de repaso

1. **El término que se utiliza para describir una plaga que se convierte en un problema luego de que se haya controlado la plaga principal es _____.**
   - ☐ a. una plaga secundaria
   - ☐ b. una plaga ocasional
   - ☐ c. una plaga menor

2. **¿Cómo afectó el programa de monitoreo de Marisol su elección del método de control?**
   - ☐ a. Eligió un pesticida y un método de aplicación que ayudaría a preservar a los enemigos naturales para un control a largo plazo.
   - ☐ b. Decidió no utilizar pesticidas porque vio que los enemigos naturales mantenían la plaga suficientemente controlada.
   - ☐ c. Inmediatamente aplicó pesticida para mantener la plaga por debajo de los niveles perjudiciales, luego, durante la temporada, para mantener la plaga bajo control fumigó nuevamente. **¿Cuál de las siguientes actividades son parte del programa MIP? Seleccionar todas las que correspondan.**
   - ☐ a. eliminar todos los insectos presentes en la zona
   - ☐ b. identificar las plagas con exactitud
   - ☐ c. prevenir problemas de plagas
   - ☐ d. eliminar por completo la vetación de la zona
   - ☐ e. monitorear las plagas y el daño a causa de la plaga
   - ☐ f. combinar herramientas para el control de plagas
   - ☐ g. aplicar el mismo pesticida varias veces por temporada

3. **¿Cómo el agregar métodos de sanitización (tales como estaciones de lavado) a su programa de MIP ayudó a Vincent a evitar que el problema de la cochinilla se esparciera?**
   - ☐ a. Evitó que sus trabajadores llevaran, accidentalmente, en sus equipos o ropa cochinillas a viñedos que no estaban afectados.
   - ☐ b. Evitó que los trabajadores realizarán sus tareas muy rápido y, posiblemente, dejando zonas antes de que la plaga se eliminara por completo.
   - ☐ c. Mantener enemigos naturales ayudó a los trabajadores a suprimir la necesidad de aplicar pesticidas en otros viñedos.

4. **¿Por qué es importante hacer un seguimiento de la fase biológica de la plaga que quiere controlar?**
   - ☐ a. El permiso de materiales restringidos no se emitirá si usted no puede identificar la plaga por su fase biológica.
   - ☐ b. Es mejor evitar ciertas plagas en ciertas fases biológicas, incluso cuando estén dañando el cultivo.
   - ☐ c. El producto pesticida debe aplicarse en el momento apropiado para así afectar adversamente a las plagas.

5. **Monitorear luego de cada tratamiento para saber _____.**
   - ☐ a. si el control fue exitoso
   - ☐ b. cuánto residuo sigue habiendo en las hojas
   - ☐ c. si las personas que trabajan en la zona tienen el EPP correcto

Capítulo 2
Identificación de plagas

Comprensión de la biología de las plagas	10
Identificación de plagas	10
Plagas comunes en California	12
Capítulo 2, Preguntas de repaso	29

Expectativas de conocimiento

1. Explique por qué es importante la comprensión de la biología de las plagas cuando se manipulan plagas.
2. Explique por qué es importante identificar correctamente las plagas.
3. Enumere y describa los tipos de recursos y referencias disponibles para la identificación de plagas, los síntomas de infestación y el daño causado por las mismas.
4. Enumere ejemplos de plagas comunes en California de cada grupo principal (malezas, artrópodos, patógenos, vertebrados) y describa el daño que provocan.

Comprensión de la biología de las plagas

Antes de intentar controlar una plaga, usted debe identificarla y comprender su biología. Estar seguro de que cualquier lesión o daño que vea en realidad es causa de la plaga y no puede culparse a otra cosa. Una vez que pueda identificar la plaga y sus daños, infórmese sobre su ciclo de vida y su crecimiento, al igual que el ciclo de vida y crecimiento del cultivo o animal huésped. A continuación, utilice esta información para elaborar sus planes de control de plagas. Una identificación errónea, la falta de información de la plaga y una escasa comprensión de los estados de crecimiento más vulnerables de las plantas, animales o cultivo pueden causar que usted elija el método de control incorrecto o aplique el control en el momento equivocado. La causa más común del fracaso en el control de las plagas es tomar malas decisiones basadas en información insuficiente.

> Explique por qué es importante la comprensión de la biología de las plagas cuando se manejan plagas.

> Explique por qué es importante identificar correctamente las plagas.

Este capítulo repasa algunas de las formas de identificar las plagas y analiza los cuatro grupos principales de plagas comunes:
- malezas: plantas no deseadas
- invertebrados: insectos, ácaros y sus parientes; nematodos y otros gusanos microscópicos; y caracoles y babosas
- vertebrados: aves, reptiles, anfibios, peces y mamíferos
- patógenos: bacterias, virus y viroides, hongos, fitoplasmas y otros microorganismos

Identificación de plagas

Usted podrá identificar las plagas al utilizar las imágenes y las descripciones incluidas en este capítulo y al observar las guías de identificación o los recursos impresos o virtuales de la Universidad de California. O bien, un especialista puede examina e identifica la plaga. Si planea llevar la plaga para que la identifiquen, siempre recolecte varios especímenes para representar varios ciclos de vida o varios síntomas del daño.

> Enumere y describa los tipos de recursos y referencias disponibles para la identificación de las plagas, los síntomas de infestación y el daño causado por las mismas.

Lo que hace que la mayoría de los ácaros, nematodos y fitopatógenos sean difíciles de identificar en el campo es su tamaño pequeño. Una identificación precisa requiere el uso de una lupa o un microscopio, exámenes especiales o un meticuloso análisis de los daños. Son necesarias otras herramientas de diagnóstico para decidir si la lesión que usted visualiza es causada por una plaga o un factor abiótico (no viviente). Frecuentemente, el hospedero de la plaga y la ubicación son importantes para realizar identificaciones acertadas sobre la plaga. La información de las condiciones ambientales donde se recogen las plagas y la época del año en la que se recoge dan indicios para la identificación de la plaga. Los recursos de la página web de la UC IPM, ipm.ucanr.edu, pueden ayudarlo a relacionar a los hospederos con las plagas más comunes al igual que la época del año en la que esa plaga será más numerosa.

La especies de plagas pueden tener un aspecto diferente dependiendo del ciclo de vida o la época del año. Por ejemplo, las pequeñas plántulas de malezas no siempre tienen el mismo aspecto que las malezas maduras. El aspecto de muchas especies de insectos cambia a medida que se desarrollan desde los huevos hasta las fases adultas. Y algunas especies amenazadas o beneficiosas pueden parecer plagas dependiendo de su etapa de vida, por eso es fundamental identificar las plagas correctamente.

EXPERTOS EN IDENTIFICACIÓN

Sólo los especialistas capacitados al utilizar métodos y equipo especial pueden identificar la plaga con precisión, tal como los nematodos y la mayoría de los patógenos. Los recursos de identificación para estas y otras plagas se encuentran disponibles (por lo general, sin cargo) en los laboratorios privados, las compañías de control de plagas, las veterinarias y los asesores de control de plaga autorizados. Usted también puede utilizar los recursos que se ofrecen con bajo costo o gratuito en la Universidad de California o en las agencias gubernamentales estatales. Estas incluyen:
- asesores locales de la Extensión Cooperativa de la UC (UCCE, por sus siglas en inglés)
- la oficina del comisionado agrícola del condado
- el Centro de Diagnóstico de Plagas de Plantas del Departamento de Alimentación y Agricultura de California

BARRA LATERAL 2-1

ENLACES A PUBLICACIONES DISPONIBLES DE IDENTIFICACIÓN DE PLAGAS DE LA UNIVERSIDAD DE CALIFORNIA

PUBLICACIONES GRATUITAS

- Pautas para el manejo de plagas agrícolas (las claves de identificación tienen enlaces en algunas de estas páginas): 2.ipm.ucanr.edu/agriculture/
- galería de malas hierbas: ipm.ucanr.edu/PMG/weeds_intro.html
- galería de enemigos naturales: ipm.ucanr.edu/PMG/NE/index.html

PUBLICACIONES DE PAGO

Conjunto de tarjetas para la identificación de plagas

- plagas en cultivos vegetales (publicación 3553 de ANR): ipm.ucanr.edu/IPMPROJECT/vegetablesidcards.html
- plagas en viñedos (ubicación 3532 de ANR, también disponible en español): ipm.ucanr.edu/IPMPROJECT/ADS/vineyardidcards.html
- plaga en árboles frutales (publicación 3426 de ANR): anrcatalog.ucanr.edu/Details.aspx?itemNo=3426

Libros y publicaciones de manejo de plagas:

- ipm.ucanr.edu/IPMPROJECT/pubs.htm

TABLA 2-1:

Clave dicotómica para gramíneas

Características	Especies
1a. Hojas nuevas se enrollan en el capullo. 1b. Hojas nuevas se pliegan en el capullo.	Ver línea 2. Ver línea 5.
2a. Las aurículas están presentes. 2b. Las aurículas están ausentes.	Ver línea 4. Ver línea 3.
3a. Las lígulas están presentes. 3b. Las lígulas están ausentes.	Ver línea 5. Echinochloa
4a. Las aurículas varían en tamaño, de estrechas a despuntadas. Las láminas de las hojas parecen brillantes y lustrosas. 4b. Las aurículas son largas y estrechas. Las láminas de las hojas son pilosas y proporcionan un aspecto suave y aterciopelado.	Ballico italiano Cebada de invierno
5a. La lígula es membranosa. 5b. La lígula es una franja de pelos.	Ver línea 6. Cola de zorra
6a. Las hojas y vainas no tienen pelos. 6b. Las hojas y/o vainas son muy pilosas o tienen pelos cortos y delgados.	Agrostis Ver línea 7.
7a. La lámina de hojas es pilosa en ambas superficies. Pelos rígidos y perpendiculares en la vaina. 7b. Las hojas y vaina a menudo son pilosas, pero mayormente suaves o con pelos delgados.	Digitaria sanguinalis grande Ver línea 8.
8a. La lígula es dentada, con un largo de $1/25$ a $1/5$ pulgadas (1 a 5 mm). 8b. La lígula es redondeada y algo ondulada, con un largo de $1/25$ a $1/12$ pulgadas (1 a 2 mm). 8c. La lígula es redondeada o con una punta punzante, con un largo de $1/12$ a $1/3$ pulgadas (2 a 8 mm).	Holcus mollis Digitaria sanguinalis suave Paspalum

CLAVES DE IDENTIFICACIÓN

Las claves de identificación describen plagas individuales para ayudarlo a descifrar cuál es la que causa problemas. A menos que conozca los términos que se utilizan para describir la estructura física de una plaga, es difícil utilizar muchas claves porque se crearon para y por especialistas. Sin embargo, las claves simples, generalmente, se encuentran disponibles para plagas comunes. Una clave dicotómica consiste en una serie de afirmaciones. Para utilizar dicha clave, elija un enunciado del primer par que mejor se adecúe a la plaga que observó o recolectó en el lugar. El enunciado que seleccionó lo llevará a otro par de enunciados. Continúe trabajando con los enunciados de esta manera hasta que la clave lo lleve a la identificación de la plaga. Las claves dicotómicas utilizan principalmente características estructurales, pero a veces, se basan en el color o el tamaño del organismo, especialmente con las malezas. Las claves pueden incluir fotografías o dibujos para ayudar a ilustrar las características descritas en la clave. La Tabla 2-1 es un ejemplo de una sola clave dicotómica que puede encontrarse en la página web de la UC IPM (véase la barra lateral 2-1 para publicaciones adicionales de la UC utilizadas para la identificación de plagas).

FOTOGRAFÍAS Y DIBUJOS

Cuando sea posible, utilice fotografías y dibujos para que lo ayuden con la identificación ya que proveen buena información visual sobre la plaga (Figura 2-1) y los daños que causa, y pueden ayudarlo a

FIGURA 2-1.

Las fotografías como estas de un huevo de la chicharrita de la col (A) y de una larva (B) muestran características físicas únicas o patrones de coloración que son útiles para la identificación.

ubicar las características peculiares de la plaga. Utilice publicaciones como el *Manual de Control de Plagas de Vertebrados* del Departamento de Alimentación y Agricultura de California (disponible en línea en la página web del Comité Asesor de Investigación sobre Control de Plagas de Vertebrados) y las publicaciones de la Universidad de California *Malezas de California y Otros Estados del Oeste* y los manuales de MIP de la UC. La barra lateral 2-1 posee enlaces para recursos adicionales de la UC, tales como páginas de la galería de hierbas, Normas para el Manejo de Plagas y Manuales de MIP para varios cultivos que pueden ayudarlo a identificar y controlar las plagas.

Señales características

Las plagas pueden dejar señales que ayuden a identificarlas. Las aves y los roedores construyen nidos que son por lo general característicos de una especie. Para la identificación del roedor, los rastros en las hierbas o huellas en la tierra son pistas útiles. También son importantes para ayudar a la identificación los gránulos fecales de los roedores y el excremento de los insectos. Los roedores y otros mamíferos cavan madrigueras distintivas en el suelo y por lo general dejan marcas de roer en los troncos de los árboles u otros objetos o alimentos. Las marcas que dejan al comer también pueden ayudarlo a identificar muchos insectos. Las malezas pueden tener flores, semillas, frutas o hábitos de crecimiento inusuales. Usted también puede buscar restos de malezas del año anterior. A veces, los hongos y otros patógenos causan tipos específicos de daños, deformaciones o cambio de colores en las hojas, las frutas u otras partes de las plantas.

Plagas comunes en California

Malezas

Las malezas compiten con los cultivos por el agua, los nutrientes, la luz y el espacio, y también pueden interferir con las operaciones agrícolas. Algunas especies de malezas pueden envenenar al ganado. Otras liberan compuestos en el suelo que ralentizan o detienen el crecimiento de otras plantas. Las malezas obstruyen los canales de irrigación y de drenajes. Las malezas que no se controlan contaminan los productos de la cosecha (tales como, el cultivo forrajero cosechados para alimentar al ganado) y pueden albergar insectos y patógenos que dañan las plantas de cultivo.

La mayoría de las malezas pertenecen a uno o dos grupos principales, las latifoliadas (dicotiledóneas) y las gramíneas (monocotiledóneas). Las dicotiledóneas nacen con dos hojas (cotiledones); las hojas por lo general tienen nervaduras como una red. Por lo general, son frondosas y similares a la hierba (herbáceo), pero también pueden ser plantas leñosas (arbustos tipo árbol). Las monocotiledóneas producen una sola hoja parecida al pasto cuando son plántulas. Por lo general, las hojas de estas plantas poseen nervaduras que van de forma paralela a su longitud. Los pastos, los juncos y los juncales son monocotiledóneas. Otros tipos de hierbas menos comunes que puede encontrarse incluyen las briofitas (musgos y hepáticas) y las algas.

> Enumere ejemplos de plagas comunes en California de cada grupo principal (malezas, artrópodos, patógenos, vertebrados) y describa el daño que provocan.

Las malezas también pueden dividirse en tres grupos según su ciclo vital: anual (verano o invierno), bienal o perenne.

Las malezas anuales viven un año o menos. Durante este período, brotan de las semillas, maduran y producen semillas para la próxima generación. Las malezas anuales son anuales de verano o de invierno (Fig. 2-2). Las semillas de las hierbas anuales de verano brotan en la primavera y la planta produce semillas y muere durante el verano u otoño. Algunas malezas anuales de verano comunes son la malva pequeña, la vid punzante, el mijo japonés, el cardo ruso y la cola de zorro amarilla. Las semillas de las plantas anuales de invierno, brotan en el otoño y crecen a lo largo del invierno. Estas plantas producen semillas en la primavera y, por lo general, mueren en el verano. La hierba cola de caballo, la avena silvestre, el pasto azul anual, los tréboles y el ballico italiano son ejemplos de malezas anuales de invierno. Cuando las condiciones ambientales en una zona son las adecuadas para las malezas anuales, ambas (de verano y de invierno) pueden encontrarse durante todo el año.

Las malezas bienales viven durante dos temporadas de cultivo. Brotan y crecen durante la primera temporada, luego florecen, producen semillas y mueren la temporada siguiente. La lengua de gato, la cicuta venenosa, la zanahoria silvestre, el gordolobo y el cardo borriquero son malezas bienales.

Las malezas perennes viven dos años o más; algunas especies viven indefinidamente. Muchas hierbas perennes pierden sus hojas o mueren definitivamente durante el invierno. Estas plantas vuelven a nacer cada primavera de las raíces o de los órganos de almacenamiento bajo tierra tales como los tubérculos, los bulbos o los rizomas. Estos órganos de almacenamiento son también la forma en la que muchas malezas perennes se esparcen. Algunos ejemplos de las malas malezas perennes

IDENTIFICACIÓN DE PLAGAS

FIGURA 2-2.
Esta ilustración muestra la diferencia en los periodos de crecimiento de las malezas anuales de invierno y de verano y las etapas de crecimiento de las malezas perennes

Anual de invierno

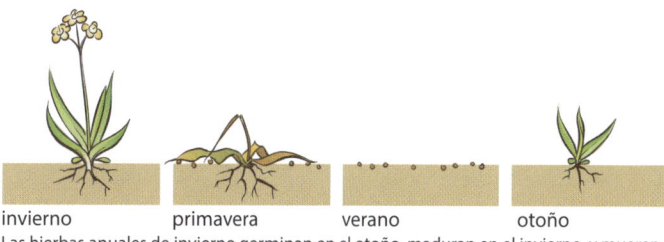

invierno primavera verano otoño

Las hierbas anuales de invierno germinan en el otoño, maduran en el invierno, y mueren a principios de verano. Las semillas permanecen en estadío latente hasta el otoño

Anual de verano

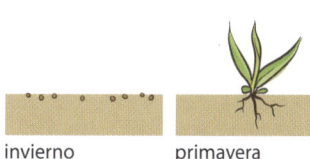

invierno primavera verano otoño

Las hierbas anuales de verano germinan en la primavera, maduran en el verano, y mueren en el otoño. Las semillas permanecen en estadío latente hasta la primavera.

Perenne

invierno primavera verano otoño

Las hierbas perennes herbáceas crecen nuevas plantas de la semilla o partes vegetativas, tales como los rizomas, bulbos, o tubérculos, en la primavera.

Maduran en el verano y mueren en el otoño; las partes subterráneas permanecen en estadío latente en el invierno.

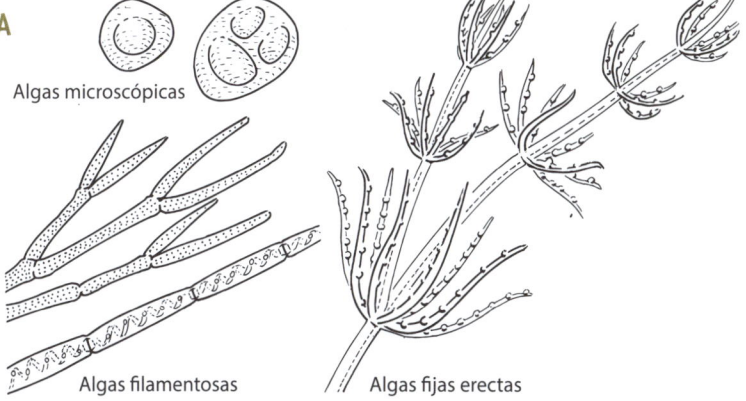

A — Algas microscópicas / Algas filamentosas / Algas fijas erectas

B

son: el muelle rizado, la hierba de plata, la correhuela, el coquillo amarillo, el sorgo de Alepo y el pasto Bermuda. Las plantas leñosas, tales como los árboles y los arbustos son perennes y pueden denominarse malezas si no son deseadas. Las malezas perennes son las hierbas más difíciles de controlar.

La siguiente sección describe algunas de las malezas que podría encontrar y desearía controlar en el terreno donde usted trabaja.

Algas

Características importantes. Las algas son plantas primitivas estrechamente relacionadas con algunos hongos. Se reproducen mediante esporas, división celular o fragmentación. Las algas plaga se clasifican en tres grupos generales: microscópicas,

FIGURA 2-3.

(A) Existen tres tipos de algas: microscópicas, filamentosas y erectas adheridas. (Las imágenes están considerablemente ampliadas). (B) Las algas a menudo obstruyen los canales, como se aprecia en la fotografía.

filamentosas, y erecta adheridas (Fig. 2-3A). Las algas microscópicas transmiten un color verdoso o rojizo al agua. Por lo general, flotan sobre la superficie del agua en forma de espuma. Las algas filamentosas forman alfombras densas y de libre flotación o alfombras conectadas a plantas o rocas acuáticas. Las algas erectas adheridas lucen como plantas en florecimiento con estructuras similares a las hojas y los tallos.

Las algas obstruyen los canales, el equipo de irrigación, las vías fluviales y los estanques (Fig. 2-3B). Grandes acumulaciones de algas pueden agotar el oxígeno dentro de una masa de agua y matar a los peces. Algunas formas liberan toxinas en el agua mientras se degradan, lo que puede envenenar a las personas o el ganado.

Dónde se encuentran. Las algas se encuentran en estanques, lagos, arroyos y otras masas de agua. Algunas formas de algas causan problemas en campos de arroz e invernaderos inundados.

Juncos y juncias

Características importantes. Muchos juncos y juncias son plantas perennes. Son similares a las hierbas y poseen sistemas de raíces fibrosas y la especie perenne produce rizomas y tubérculos. Los juncos (Fig. 2-4) poseen hojas alargadas y en forma de V que salen de tallos triangulares. Las juncias poseen hojas redondas y tallos firmes y redondos. Estas características de los tallos distinguen a los juncos y las juncias de los pastos, que poseen un tallo hueco y redondo.

Dónde se encuentran. Los juncos son plagas en los huertos, los viñedos y los cultivos irrigados, tales como el maíz. También causan grandes problemas en los cultivos de arroz. Se encuentran comúnmente en zonas pantanosas o de mal drenaje, y a lo largo de las orillas de zanjas y estanques. Por lo general, las juncias causan problemas en los sistemas acuáticos y habitan ecosistemas similares a los de los juncos.

Ejemplos. Coquillo amarillo, juncia real, junco romo y espadaña de río.

FIGURA 2-4.

Los juncos son plantas similares a los pastos con sistemas radiculares fibrosos. Se encuentran comúnmente en zonas pantanosas o de mal drenaje.

FIGURA 2-5.

Las gramíneas, como el pasto Bermuda, se extienden rápidamente a través de estolones. La amplia variedad en la forma en que los pastos se reproducen dificulta su control.

Gramíneas

Características importantes. Las gramíneas o pastos (Fig. 2-5) son una gran familia de plantas anuales o perennes. Incluyen muchas malezas notables, al igual que cultivos importantes, como los cereales. Algunas especies son la principal fuente de alimentación para el ganado de pastoreo. Las raíces de los pastos son tupidas y fibrosas; muchas especies se re-

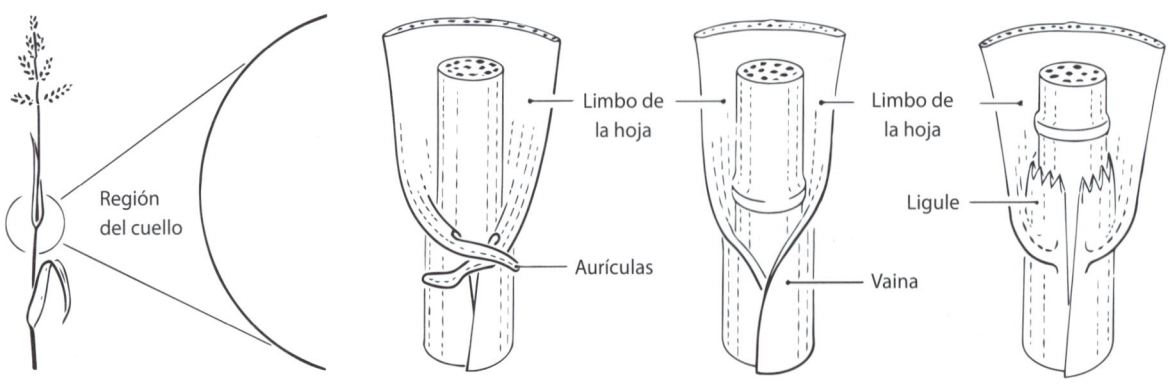

FIGURA 2-6.

La parte del cuello de las hojas del pasto contiene estructuras únicas que son muy importantes para identificar las especies de gramíneas.

IDENTIFICACIÓN DE PLAGAS

producen por rizomas (tallos subterráneos). Muchos pastos pueden identificarse por las características de la parte del cuello, como se muestra en la figura 2-6. Muchas malezas herbáceas importantes son anuales de invierno. Por ejemplo, la avena silvestre es una de las malezas anuales de invierno más ampliamente distribuidas y problemáticas en California.

Dónde se encuentra. La mayoría de las áreas cultivadas y naturales contienen malezas herbáceas. Por lo general, son plagas en los campos, los pastizales, los terrenos de pastoreo, los huertos, los viñedos, a lo largo de los caminos agrícolas, las orillas de las zanjas y otros lugares. Algunos ejemplos de cultivos perjudicados incluyen nueces, ciruelas, uvas, kiwi, cultivos en hilera y muchos otros.

Ejemplos. Avena silvestre, pasto Bermuda, mijo japonés, heno leñoso, pasto azul anual, cola de zorro amarilla y sorgo de Alepo.

Latifoliadas

Características importantes. Las malezas latifoliadas son plantas con hojas anchas que poseen muchas nervaduras con ramificaciones desde una nervadura principal. Pueden ser anuales, bienales o perennes, y muchas pueden identificarse como plántulas por sus cotiledones distintivos. Algunas malezas de hoja ancha crecen en posición vertical, como el bledo rojo (Fig. 2-7) y otras crecen cerca del suelo en una especie de estera, como la correhuela (Fig. 2-8). En secciones

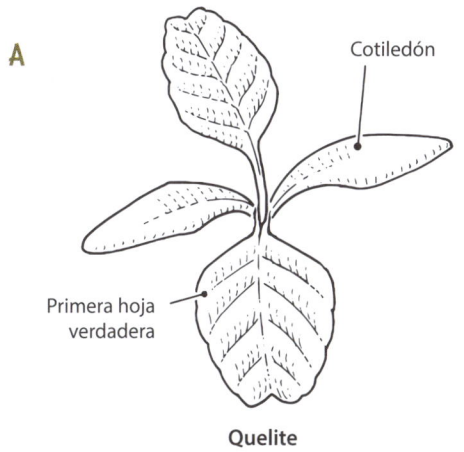

FIGURA 2-7.
Amaranthus retroflexus, familia de amaranto.

FIGURA 2-8.
Convolvulus arvensis, familia de campanillas.

FIGURA 2-9.
Muchas malezas se reproducen a través de estructuras de raíces subterráneas y por encima del suelo, como las que se ilustran aquí.

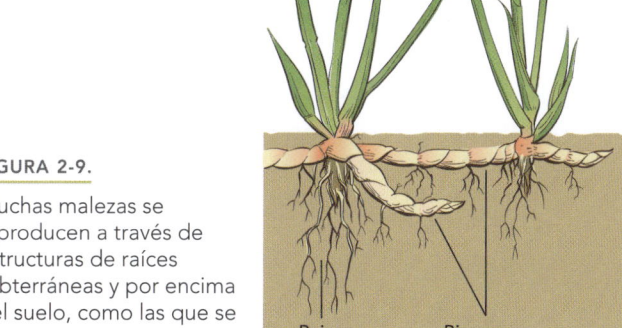

FIGURA 2-10.
Los bordes o márgenes de una hoja a menudo se utilizan para identificar las plantas. *Fuente:* The Tree Center.

transversales, los tallos pueden ser tanto redondos como angulares (casi cuadrado). Algunas malezas de hoja ancha poseen tallos especializados llamados rizomas o estolones (tallos que se despliegan sobre o cerca de la superficie) por donde se reproducen (Fig. 2-9) Las raíces de las plantas de hoja ancha pueden ser fibrosas, poseer una raíz primaria con raíces laterales más pequeñas o pueden ser ambos tipos de híbrido. Sus hojas se encuentran organizadas a lo largo del tallo de una forma específica, de acuerdo a cómo cada hoja se encuentra conectada a la unión o nudo del tallo. Las hojas también poseen una forma, borde y patrones de nervaduras únicas; lo que puede ayudarlo a distinguir entre las especies de malezas y los cultivos (Fig. 2-10).

Dónde se encuentran. Las malas hierbas de hoja ancha crecen en la mayoría de las zonas cultivadas y no perturbadas. Estas incluyen los pastizales y las pasturas; los caminos agrícolas; las orillas de zanjas y cercas; los cultivos agronómicos, hortícolas y vegetales; huertos y viñedos. Algunos ejemplos de cultivos perjudicados incluyen las uvas, las ciruelas, las almendras, las nueces, los cultivos en hilera y muchos otros.

Ejemplos. La vid punzante, la malva pequeña, el bledo rojo, la correhuela, el estramonio, el cardo amarillo, la flebosa y el cardo ruso.

INVERTEBRADOS

Los invertebrados son animales que no tienen columna vertebral (vértebras). Esto incluye a los nematodos y a todos los otros gusanos microscópicos, caracoles, babosas y artrópodos (insectos, garrapatas, ácaros y sus parientes). Los invertebrados plaga afectan a las personas de muchas maneras. Algunos son parásitos del ganado o aves de corral; se alimentan de la piel, el pelo y la

TABLA 2-2:
Formas en que los invertebrados son plagas

Tipo de plaga	Tipo de daño	Ejemplo de plaga invertebrada
plagas de plantas	masticar las hojas	orugas, escarabajos, saltamontes, caracoles/babosas
	perforar o atravesar hojas, tallos o frutas	taladradores de ramas, moscas minadoras, escarabajos
	succionar jugos de las plantas	áfidos, ácaros, cocoideos, trips, hemípteros de plantas
	alimentarse de raíces	escarabajos, áfidos, moscas, nematodos
	alimentarse de frutas, frutos secos y bayas	larvas de polilla, escarabajos, tijereta, caracoles/babosas
	causar deformaciones como agallas	moscas, avispas, ácaros, nematodos
	transmitir enfermedades	áfidos, ácaros, chicharras, nematodos
plagas de animales	tener picadura o mordedura con veneno	abejas, avispas, hormigas, arañas, escorpiones
	alimentarse de carne o sangre	moscas, mosquitos, hemípteros, garrapatas, pulgas, piojos, ácaros
	transmitir enfermedades	mosquitos, hemípteros, moscas, pulgas, garrapatas
	causar pérdida de ganancia de peso en el ganado o reducción de la producción de leche o huevos	pulgas, garrapatas, ácaros
	dañar y desvalorizar pieles y cueros. Causar pérdida de cadáveres usados para carne	oveja ked, piojos, garrapatas, ácaros, mosca de ganado
	causar reducción en el valor del ganado y la eficiencia reproductiva	moscas, ácaros, garrapatas

sangre o invaden los tejidos internos. Muchos invertebrados transmiten organismos patógenos al ganado, las aves de corral o las plantas. Un gran grupo de plagas de invertebrados son herbívoras y se alimentan de las plantas en crecimiento. Los invertebrados también consumen o contaminan productos almacenados y pueden llegar a dañar estructuras y equipos de la granja donde usted trabaja. La tabla 2-2 enumera algunas formas en que los invertebrados son plagas en ambientes agrícolas.

Garrapatas y ácaros

Características importantes. Las garrapatas y los ácaros tienen su abdomen unido a la cabeza y el tórax (Fig. 2-11). Por lo general, los adultos tienen cuatro pares de patas, mientras que los jóvenes suelen tener tres o menos. Algunas especies de ácaros fabrican finas telarañas con las glándulas sericígenas que se encuentran cerca de sus bocas. La mayoría de los ácaros son muy pequeños y difíciles de ver sin la ayuda de una lupa o un microscopio.

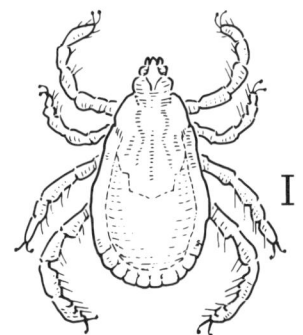

FIGURA 2-11.
Las garrapatas (a la izquierda) y los ácaros (a la derecha) están estrechamente relacionados, aunque las garrapatas son mucho más grandes. Las garrapatas son parásitos de vertebrados y se alimentan de la sangre. Algunos ácaros son parásitos de vertebrados, aunque muchos son plagas importantes de plantas.

Ciclo de vida. Las garrapatas y los ácaros nacen de huevos y pasan por varias fases de inmadurez antes de convertirse en adultos. Las garrapatas y los ácaros jóvenes se asemejan a los adultos. Los ácaros se desarrollan rápidamente de huevos a adultos; algunos invernan como adultos, mientras que otras especies hibernan en los huevos. Por lo general, las garrapatas viven mucho más que los ácaros. Algunas requieren uno o dos años para llegar a la madurez y pueden vivir dos o tres años adicionales como adultas.

Dónde se encuentran. Dependiendo de la especie, los ácaros son parásitos de plantas o animales. Algunas especies son depredadoras de otros ácaros. Los ácaros que se alimentan de plantas pueden encontrarse en superficies con hojas altas o bajas. Las garrapatas son parásitos que se alimentan de la sangre de los vertebrados y precisan de la sangre para desarrollarse y reproducirse. Se encuentran comúnmente en huéspedes animales o en sus espacios vitales o nidos o cerca de ellos.

Daños. Por lo general, los ácaros que se alimentan de las plantas producen grandes daños económicos, incluido la decoloración de las hojas y la defoliación. Algunos ácaros que se alimentan de las plantas transmiten patógenos (tales como el virus de la lepra de los cítricos.) Cuando los ácaros se alimentan de los animales, sus picaduras pueden causar mucha comezón. Las toxinas que inyectan las garrapatas durante su alimentación a veces provocan la parálisis de los huéspedes; algunas especies de garrapatas transmiten patógenos que causan enfermedades (tales como la enfermedad de Lyme).

Aspectos beneficiosos. Varias especies de ácaros son depredadores de plagas de ácaros o pequeñas plagas de insectos, y son una parte importante de los programas de control biológico.

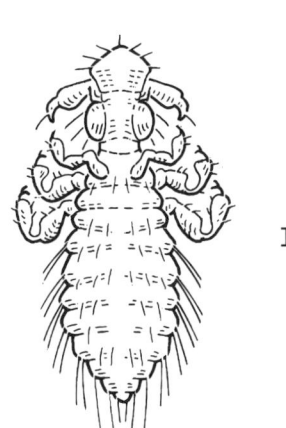

Piojo de la cabeza del pollo

FIGURA 2-12.
Piojos masticadores, orden Mallophaga.

Piojos masticadores

Características importantes. Los piojos masticadores (Fig. 2-12) son insectos muy pequeños, ovalados o alargados sin alas y con partes bucales para masticar. Poseen cuerpos chatos, a veces con puntos o franjas marrones oscuras o negras. Los piojos masticadores tienen una cabeza más ancha que su tórax. Es necesario utilizar una lupa o un microscopio para poder llegar a ver a estos pequeños insectos.

Ciclo de vida. Los piojos masticadores depositan sus huevos en los hospederos, por lo general adheridos a los pelos o a las plumas. Antes de convertirse en adultos, pueden pasar por tres o más estadios ninfales. La mayoría de los piojos masticadores se convierten en adultos luego de dos o tres semanas de haber eclosionado.

Dónde se encuentran. Los piojos masticadores son parásitos de los pájaros, las aves de corral y el ganado. Las especies son específicas del huésped y se alimentan de un solo tipo de animal.

Daños. Estos parásitos se alimentan de las plumas y la piel exterior y residuos de la piel de las aves, y del pelo, la sangre y la piel de los mamíferos. Generalmente, las aves de corral infectadas con piojos masticadores se tornan inquietas e incómodas, pierden peso y ponen menos cantidad de huevos. En las ovejas, la alimentación de los piojos puede causar daño en el vellón y la lana.

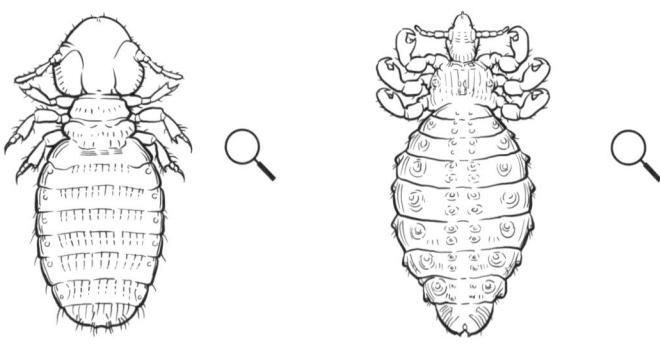

FIGURA 2-13.

Piojos chupadores, orden Anoplura.

Piojos chupadores

Características importantes. Los piojos chupadores (Fig. 2-13) son insectos de cuerpo plano y sin alas con partes bucales para perforar y chupar. La cabeza es más angosta que el tórax. Es necesario utilizar una lupa o un microscopio para poder llegar a ver a estos insectos.

Ciclo de vida. Las hembras ponen sus huevos en los pelos del animal huésped. Luego de eclosionar, los piojos chupadores pasan por varios ciclos de crecimiento y se convierten en adultos dentro de una o dos semanas. Los piojos chupadores perforan la piel para alimentarse de la sangre de su hospedero.

Dónde se encuentran. Los piojos chupadores son parásitos específicos de los mamíferos y suelen alimentarse del ganado y las cabras.

Daños. La alimentación de los piojos chupadores provoca irritación y picazón, anemia, reducción en la producción de la leche y pérdida del pelo. Algunos piojos chupadores son capaces de transmitir patógenos.

Trips

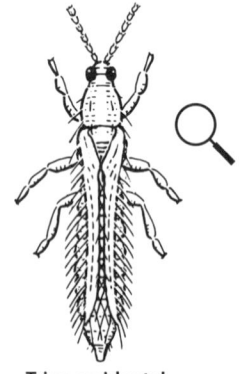

FIGURA 2-14.

Trips, orden Thysanoptera.

Características importantes. Los trips son insectos pequeños, alargados con dos pares de alas (Fig. 2-14). Sus alas poseen una especie de flecos. Los trips poseen partes bucales para succionar.

Ciclo de vida. Los trips eclosionan de huevos y la mayoría de las especies pasan por cuatro etapas de crecimiento. Los trips se alimentan activamente durante sus primeras dos etapas de crecimiento. Las últimas etapas de crecimiento son más bien de descanso, que suelen llevarse a cabo en el suelo. Los trips adultos tienen alas después de la última muda.

Dónde se encuentran. Los trips suelen infestar las plantas y a menudo se encuentran en las flores y en las partes tiernas y en desarrollo de las hojas y los frutos.

Daños. Los trips perforan las células de las plantas y chupan el fluido que se filtra. Este tipo de alimentación hace que las frutas y otras partes de la planta se deformen. La alimentación de los trips también produce puntos negros y húmedos en las hojas que sólo pueden llegar a verse con un microscopio. Los trips pueden ser una plaga importante en los invernaderos, los jardines y las zonas agrícolas; y se sabe que dañan los cultivos de fresas y cítricos.

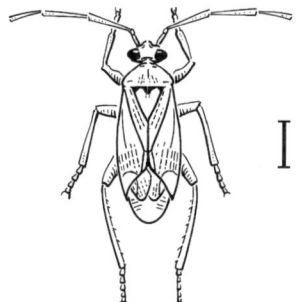

FIGURA 2-15.

Chinches, orden Hemiptera.

Aspectos beneficiosos. Algunas especies de trips son depredadoras. Los trips que son depredadores juegan un papel especial en el control natural de varias plagas de plantas, incluidos los áfidos y los ácaros.

Chinches (chinches pata de hoja, chinche Lygus, chinches Bragadda)

Características importantes. Se puede reconocer a la mayoría de las chinches (Fig. 2-15) por la placa o la envergadura triangular del tórax vista desde arriba. También tienen un pico largo, en forma de aguja (partes bucales para perforar y chupar) que se pliega por debajo de sus cuerpos. Sus alas delanteras son firmes en la base y delgadas y más flexibles en las puntas. Las chinches pueden llegar a medir 2 pulgadas, pero la mayoría son más pequeñas. Poseen dos pares de alas y la mayoría vuela bien. El segundo par de alas solo es visible cuando el insecto está volando. A veces tienen alas de colores brillantes.

Ciclo de vida. Las chinches sufren una metamorfosis incompleta luego de eclosionar del huevo. Las jóvenes se asemejan a las adultas pero sin las alas. El ciclo de vida varía dentro de las numerosas especies de las chinches.

Dónde se encuentran. Las chinches se alimentan de plantas y animales, dependiendo de la especie. La mayoría viven libremente, en busca de hospederos apropiados para alimentarse. Se conocen varias especies acuáticas.

Daños. Las chinches que se alimentan de plantas dañan las células vegetales. Esto provoca deformidades en las frutas y otras partes de las plantas. Algunas chinches también inyectan químicos en las plantas que impiden o alteran el crecimiento normal de la planta. Generalmente, las chinches son graves plagas de plantas en ámbitos agrícolas. Son problemáticas, especialmente, en cultivos de coles; tales como repollo, col rizada, brócoli y coliflor, al igual que en las fresas. Se conocen algunas especies que se alimentan de la sangre del ganado. Los sitios de alimentación puede inflamarse o infectarse y suelen ser muy sensibles, y algunas especies de chinches transmiten organismos patógenos.

Aspectos beneficiosos. Algunas especies de chinches son depredadoras de otros insectos, incluyendo muchas plagas de insectos. Algunos ejemplos de estos son chinches asesinas, chinches de ojos grandes y chinches piratas diminutas.

Áfidos, mosca blanca, cochinilla, cocoideos

Características importantes. Estos insectos son variados, con el cuerpo algo blando y la mayoría tienen alas o alguna forma de alas. Todos poseen partes bucales para perforar y chupar. La figura 2-16 muestra dos de los tantos tipos de insectos en este grupo.

Ciclo de vida. Todos los insectos de este grupo experimentan una metamorfosis incompleta, aunque de acuerdo a la especie, el tiempo que les lleva pasar del huevo a la adultez varía ampliamente.

Dónde se encuentran. Estos insectos se alimentan de las plantas, por ello, se suelen encontrar en o cerca de las plantas. Algunos suelen estar en los invernaderos.

Daños. Los insectos de este grupo perforan los tejidos de las plantas y succionan los líquidos. La alimentación suele causar hojas y frutas deformes, pérdida del vigor de la planta, retraso del crecimiento y muerte de algunas partes de las plantas. La mayoría de estos insectos segregan una sustancia pegajosa llamada melazal que ayuda al crecimiento de los hongos del moho negro. Muchas especies transmiten enfermedades que provocan patógenos en las plantas hospederas. Los áfidos pueden causar problemas en las ciruelas, las pecanas y varios cultivos de vegetales; la cochinilla daña las granadas y las uvas; los cocoideos dañan las almendras, las nueces, los cítricos y las frutas con hueso; y las moscas blancas son problemáticas en las fresas y la mayoría de los cultivos de vegetales.

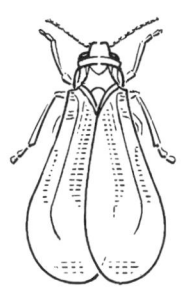

Mosquita blanca

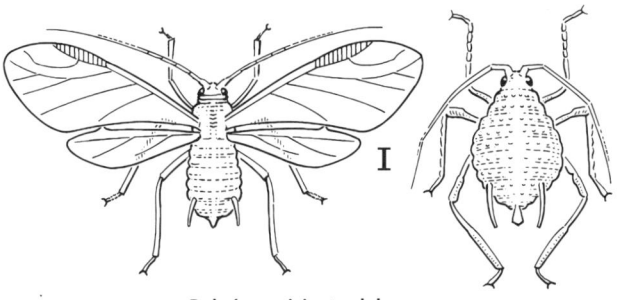

Pulgón ceniciento del manzano

FIGURA 2-16.
Mosca blanca y áfido, orden Hempitera.

Chicharrita de la vid

FIGURA 2-17.
Saltamontes, orden Hempitera.

Chicharras, cigarras, psílidos, Phylloxeridae, proconinos, saltamontes

Características importantes. La mayoría de los insectos en este grupo poseen partes bucales para perforar y chupar. Muchos se alimentan de la savia, salvo algunos saltamontes que se alimentan de hongos o musgos. Poseen antenas cortas y con forma de cerdas, y algunos insectos adultos desarrollan alas (Fig. 2-17).

Ciclo de vida. Todos los insectos de este grupo experimentan una metamorfosis incompleta, aunque de acuerdo a la especie, el tiempo que les lleva pasar del huevo a la adultez varía ampliamente.

Dónde se encuentran. Estos insectos pueden encontrarse en hábitats muy diferentes, incluidas las zonas agrícolas y los viveros.

Daños. Los insectos de este grupo se alimentan utilizando sus partes bucales para perforar y chupar; y muchos son portadores de enfermedades virales y fungosas de las plantas. Su alimentación provoca cicatrices en las frutas y puede decolorar o ennegrecer las hojas. La melaza que dejan es pegajosa, antiestética y puede provocar el desarrollo de moho negro en las plantas infestadas. Estos insectos son especialmente dañinos en las uvas, los cítricos, los árboles frutales y los cultivos de vegetales.

Mariposas, polillas, hespéridos

Características importantes. Las mariposas, las polillas y los hespéridos adultos (Fig. 2-18) poseen alas grandes, cubiertas de escamas y por lo general de colores brillantes, diferentes a las alas del resto de los insectos. Las larvas se asemejan a los gusanos, con partes bucales para succionar. Los adultos poseen partes bucales modificadas en forma de tubo en espiral que utilizan para succionar líquidos. Las mariposas y los hespéridos se pueden distinguir de las polillas por sus antenas, en la mayoría de los casos (algunas polillas y mariposas extrañas tienen antenas que se asemejan las unas con las otras). Los hespéridos poseen cuerpos más pequeños y morrudos y alas más pequeñas también, de esta manera, se distinguen de las mariposas. Las polillas suelen volar durante la noche, mientras que las mariposas y los hespéridos lo suelen hacer durante el día.

Ciclo de vida. Estos insectos experimentan una metamorfosis completa. Luego de eclosionar del huevo, las larvas pasan por varias etapas de crecimiento, luego entran en el estado pupal y se convierten en adultos con alas. A veces, se pueden encontrar las crisálidas o pupa en la tierra. La mayoría de estas plagas invernan en forma de pupa. Los ciclos de vida desde el huevo a la adultez varían de acuerdo a la especie. Muchas especies en este grupo producen tres o cuatro generaciones por año.

Dónde se encuentran. Estas plagas se encuentran sobre o dentro de las partes de las plantas (incluidas las frutas) y en productos alimenticios almacenados. Las polillas adultas suelen ser atraídas por la luz.

Daños. Las larvas de las polillas, como el gusano cogollero y la polilla del manzano, son unas de las peores plagas agrícolas. Causan grandes daños a las frutas y los vegetales, las nueces, los granos, el algodón y los cultivos forrajeros.

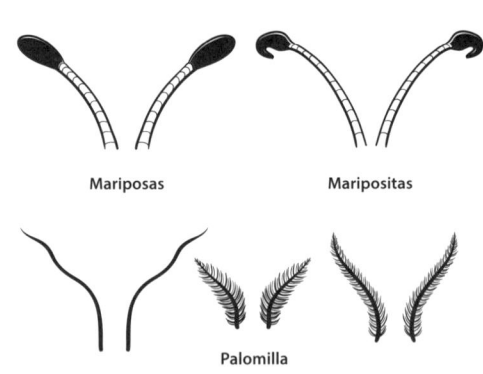

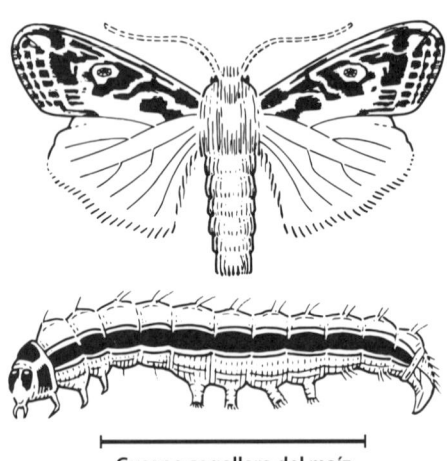

FIGURA 2-18.
Mariposas, polillas y hespéridos, orden Lepidoptera.

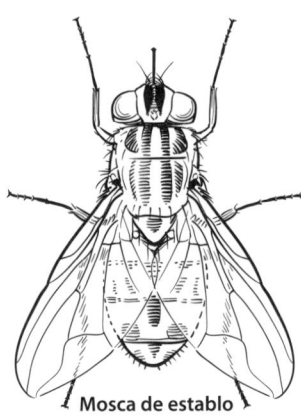

FIGURA 2-19.
Mosca de Establo, orden Diptera.

Moscas, mosquitos, tábanos, jejenes (Drosófila de ala manchada, minadores, moscas de la carne, mosca del establo)

Características importantes. Los adultos de este grupo (Fig. 2-19) solo cuentan con un par de alas. En el lugar del segundo par de alas poseen pequeños órganos con forma de garra que se cree que ayudan en el balance. Ssus larvas, conocidas como cresa, lucen como gusanos. La mayoría de los adultos poseen piezas bucales modificadas para succionar, lamer o perforar. Algunos adultos cuentan con piezas bucales para morder.

Ciclo de vida. Esta plaga experimenta una metamorfosis completa. La mayoría de las especies depositan huevos en las superficies o en el tejido de sus hospederos. En pocas especies, la eclosión del huevo sucede dentro del cuerpo femenino y se depositan larvas en vez de huevos. Numerosas especies se desarrollan rápidamente del huevo hacia la etapa adulta. Su desarrollo puede llegar a durar tan poco como tres o cuatro días. Otras tienen un ciclo de vida más largo, les toma dos o más años en completarlo. Varias especies sobreviven al reposar en pupa sobre la tierra cuando las condiciones no son favorables para el crecimiento.

Dónde se encuentran. Las moscas, los mosquitos, los tábanos y los jejenes se encuentran en la mayoría de los lugares al aire libre y en zonas donde se cría ganado y aves de corral. Algunas larvas son parásitos internos de los animales; otras invaden el tejido de las plantas.

Daños. Muchas especies de este grupo son plagas dañinas, Algunas larvas invaden el tejido de animales vivos. Los mosquitos adultos y los adultos de algunas especies de moscas, jejenes y tábanos se alimentan de la sangre. Muchos de estos insectos transmiten patógenos que provocan serias enfermedades. Algunas especies de moscas son plagas en los cultivos agrícolas, como los arándanos rojos, las fresas, los cultivos de coles (repollo, col rizada, brócoli, etc.) y las uvas. Otras causan problemas en y alrededor de las operaciones del ganado y las aves de corral.

Aspectos beneficiosos. Algunas especies de moscas son parásitos de insectos plaga y otras son depredadoras. Estas especies suelen ser una parte importante en los programas de control biológico.

Caracoles y Babosas

Características importantes. Los caracoles prefieren los lugares frescos y húmedos. Si no logran encontrar un refugio adecuado, sus caparazones los protegerán. Pueden aislarse dentro de sus caparazones y volverse inactivos hasta por cuatro años durante los períodos secos. Las babosas también prefieren los lugares frescos y húmedos; pero, al no tener caparazones protectores, son vulnerables a las temperaturas elevadas y al clima seco.

Ciclo de vida. Los caracoles y las babosas depositan entre 10 y 200 huevos debajo de la tierra. Depositan masas de huevos varias veces al año de primavera a otoño. En las zonas más frías, no depositan huevos durante el invierno. A los caracoles y las babosas les lleva de uno a tres años alcanzar el estado de madurez.

Dónde se encuentran. Los caracoles y las babosas viven en lugares húmedos, en la hojarasca del suelo y en el follaje de las plantas. Por lo general, están activos durante la noche; se esconden durante el día bajo tablones o piedras; o entre residuos de yedra, arbustos tupidos y húmedos. Por la noche y a primera hora de la mañana, o durante los periodos frescos y húmedos, buscan

Comida. Suelen volver al mismo lugar de descanso todos los días, excepto que se torne muy seco o intranquilo.

Daños. Los caracoles y las babosas se alimentan de follaje, frutas, bayas y vegetales. Los caracoles pueden ser una plaga muy problemática en los cítricos, donde se alimentan de las frutas en crecimiento. También son plaga en los invernaderos. Además del daño al alimentarse, tanto los caracoles como las babosas dejan un rastro de baba que afecta la presentación de las verduras y plantas.

Aspectos beneficiosos. Algunas especies de caracoles son depredadoras, lo cual es útil en los programas de control biológico dirigidos a las plagas de caracoles.

Vertebrados

Las plagas de vertebrados incluyen peces, anfibios (ranas, sapos y salamandras), reptiles (tortugas, lagartijas y serpientes), aves y mamíferos (ardillas terrestres, tuzas y coyotes). Se convierten en plaga en el caso de que:
- el huésped patógeno que porten cause una enfermedad (como la peste y la rabia)
- dañan los cultivos o los productos almacenados
- producen condiciones que favorecen a otras plagas (como las malezas)
- se alimentan del ganado
- interfieren con las actividades o necesidades de las personas

FIGURA 2-20.
Las aves pueden ser plagas cuando dañan los cultivos agrícolas, propagan enfermedades a las aves de corral o ensucian productos agrícolas almacenados.

FIGURA 2-21.
Las tuzas adultas rara vez se observan sobre el suelo, excepto cuando empujan la tierra de sus madrigueras, como se muestra aquí, y a menudo cuando cortan pequeñas plantas cerca del orificio de su madriguera.

FIGURA 2-22.
Las ardillas terrestres a menudo son plagas porque compiten con las personas por los productos agrícolas. También dañan los cimientos de los puentes y los diques a través de su actividad de excavación. Algunas portan enfermedades que las pulgas y otros insectos transmiten a las personas y el ganado.

Aves

Las aves se pueden convertir en plagas cuando ayudan a propagar patógenos que pueden transmitirse a las aves de corral o cuando comen o dañan cultivos, como uvas o frutas con hueso (Fig. 2-20). Algunas especies de aves pueden eliminarse solo con un permiso de depredación del Departamento de Pesca y Vida Silvestre de California o bajo la supervisión del comisionado agrícola del condado local. Consulte con el responsable local de Pesca y Vida Silvestre o comisionado agrícola antes de retirar aves, incluso en su propiedad o en la que usted administre.

Mamíferos

Tuzas. Las tuzas (Fig. 2-21) son roedores excavadores que obtienen su nombre por las bolsas externas forradas de piel que utilizan para transportar comida y materiales para anidar. Están bien equipados para excavar y hacer túneles con sus fuertes patas delanteras, poseen largas uñas en sus patas delanteras, y un pelaje fino y corto que no se apelmaza en tierras húmedas. Sus pequeños ojos, orejas y bigotes faciales altamente sensibles los ayudan al moverse en la oscuridad. Las tuzas no hibernan y se mantienen activas a lo largo de todo el año, aunque usted no vea montículos frescos. También pueden estar activas en cualquier momento del día.

Las tuzas viven solas en sus sistemas de madrigueras, excepto cuando las hembras están en período de apareamiento o cuidando de sus crías. En los campos de alfalfa de regadío o en los viñedos se pueden encontrar hasta 60 o más tuzas por acre. Las tuzas llegan a la madurez sexual a la edad de un año y puede vivir hasta tres años. En las zonas sin irrigación, el apareamiento suele suceder a finales del invierno y principios de la primavera, lo que resulta en una camada por año;

en zonas con irrigación, las tuzas pueden llegar a tener hasta tres camadas por año. Las camadas suelen ser de seis o cinco crías.

Los tuzas suelen invadir los campos y los huertos, alimentándose de las raíces y los troncos de los árboles. huertos, alimentándose de las raíces y los troncos de muchos cultivos alimenticios y forrajeros, vides y árboles. Son especialmente problemáticas en plantaciones de cítricos y campos de alfalfa. Una sola tuza que se traslada hacia abajo en una hilera de plantación puede causar mucho daño en muy poco tiempo. Las tuzas también roen y dañan los sistemas de irrigación enterrados. Sus túneles pueden desviar y llevarse el agua irrigada, desperdiciando agua y llevando a la erosión del suelo (Salmon and Baldwin 2009).

Ardillas terrestres. Las ardillas terrestres (Fig. 2-22) son una plaga común en los cultivos de la alfalfa y cítricos, al igual que de los almendros, los manzanos, los albaricoques, los duraznos, los pistachos, los ciruelos y los nogales. Las ardillas terrestres viven en colonias que pueden llegar a crecer mucho si no se controlan. Son activas durante los momentos fríos de los días cálidos al igual que los períodos soleados durante los meses más fríos; suelen estar más activas durante las mañanas y por la tarde. Durante los períodos de fuertes vientos, las ardillas terrestres se resguardan en sus madrigueras. El hábitat de estas ardillas incluye casi todas las regiones de California excepto el Valle Owens.

Las ardillas terrestres tienen crías una vez al año, con un promedio de siete a ocho crías por camada. Durante la parte principal de la temporada de apareamiento, la actividad de los adultos en la superficie es más elevada. Las crías nacen en la madriguera y crecen muy rápido. Las ardillas jóvenes suelen salir de sus madrigueras después de las seis semanas. A los seis meses se parecen a los adultos.

Las ardillas terrestres dañan las vides y los árboles jóvenes cuando roen su corteza, ciñen los árboles y comen ramitas y hojas. Pueden ser muy destructivas cuando excavan alrededor de las raíces de los árboles y en los campos y en otras zonas de las propiedades.

Enfermedades y trastornos

Las enfermedades de las plantas y los animales se deben a los patógenos tales como los hongos, las bacterias, los virus, los viroides y los fitoplasmas. Los trastornos son causados por factores no vivos (abióticos), como deficiencia en los nutrientes o contaminación. Las enfermedades y las afecciones modifican o interfieren con los procesos químicos que se dan en las células de los organismos. Para evitar los tratamientos innecesarios con pesticidas, se tiene que identificar de forma precisa la causa de los síntomas que se observan en las plantas y los animales.

Hongos

Identificación. En gran parte, los hongos son organismos microscópicos, pero algunos tienen formas, como las setas, que tienen gran tamaño y pueden verse sin aumento. El cuerpo del hongo está compuesto por filamentos tubulares minúsculos llamados hifas. Una masa

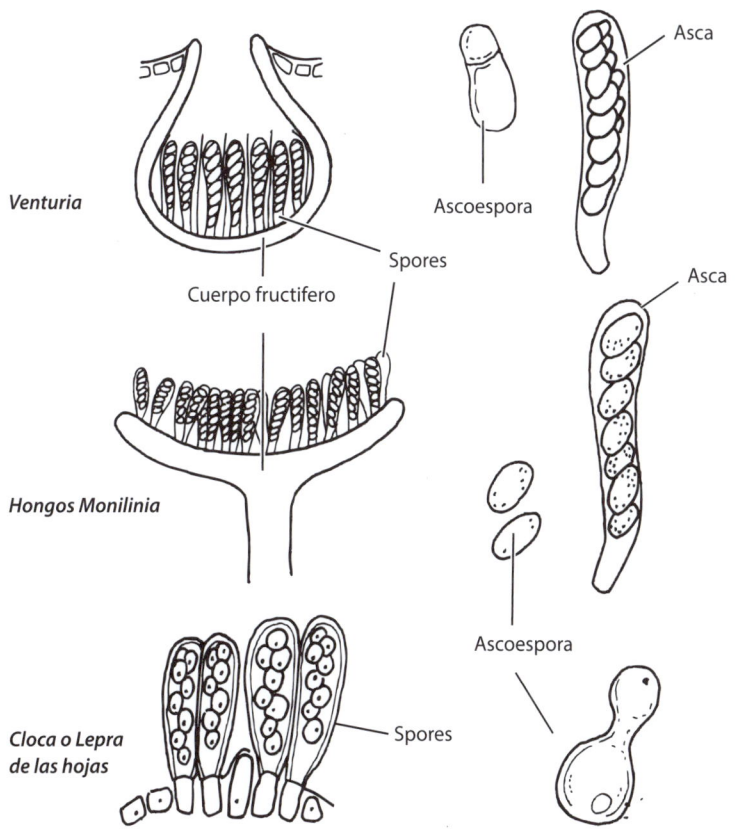

FIGURA 2-23.
Estas esporas con forma de pisadas fueron hechas por *Venturia inaequalis*, que también causa la sarna del manzano. Estas imágenes muestran los cuerpos fructíferos, las ascosporas y las ascas del patógeno de la sarna del manzano en el género *Venturia* junto con otros dos tipos: el género *Monilinia*, que incluye el agente que causa la podredumbre parda de las frutas de hueso y el género *Taphrina*, que incluye el agente que causa el rizo de la hoja del durazno.

de hifas en conjunto se denomina micelio. Las estructuras reproductivas llamadas esporas pueden producirse en hifas especializadas o cuerpos fructíferos.

Las estructuras de esporas y portadoras de esporas es lo que se utiliza para identificar a los hongos. El tamaño, la forma, el color, la disposición de las esporas, y la forma y el color del cuerpo fructífero pueden ayudar a identificar al hongo (Fig. 2-23).

El tipo de daño que puede causarse por infección de hongos incluye mancha de la hoja; coloración de las hojas, las ramas, las ramitas y las flores; úlceras; muerte de las ramitas; putrefacción de raíces; humedecimiento de las plántulas; putrefacción del tallo; podredumbre blanda y seca; costra en las frutas, hojas o tubérculos; y el deterioro total del hospedero. Todos estos síntomas también contribuyen al retraso en el crecimiento de las plantas afectadas.

Las infecciones fúngicas pueden provocar la deformación de algunas partes de las plantas. Algunos de los ejemplos que se pueden observar son las raíces expandidas (hernia de la col); crecimientos agrandados llenos de micelio (agallas); verrugas en los tubérculos y los tallos; abundante ramificación ascendente de ramitas (escoba de bruja); y hojas distorsionadas y rizadas (rizo de la hoja). Otros síntomas incluyen el marchitamiento o la acumulación de polvo (óxido y moho).

La identificación en el campo de los síntomas de la enfermedad causados por hongos puede ayudar a determinar la especie. Sin embargo, muchos síntomas de la enfermedad son similares, por eso hay que recolectar muestras para enviárselas a un especialista para una identificación positiva (para solicitar ayuda en la identificación de recursos, consulte "expertos en identificación" al principio de este capítulo).

Ciclo de vida. El ciclo de vida de los hongos varía. Normalmente, los hongos se reproducen por medio de esporas. Las esporas son órganos reproductivos especializados que pueden formarse sexual o asexualmente. Casi todos los hongos tiene un ciclo asexual y la reproducción asexual puede darse varias veces en un ciclo de crecimiento. En la mayoría de los hongos que tienen un ciclo de reproducción sexual, la reproducción ocurre una vez al año.

Cuando las condiciones son desfavorables, los hongos pueden sobrevivir de diferentes maneras (Fig. 2-24). Los hongos hibernan como micelios y esporas dentro o sobre el tejido infectado. Las esporas en reposo de algunas especies son resistentes a temperaturas y humedad extremas. La

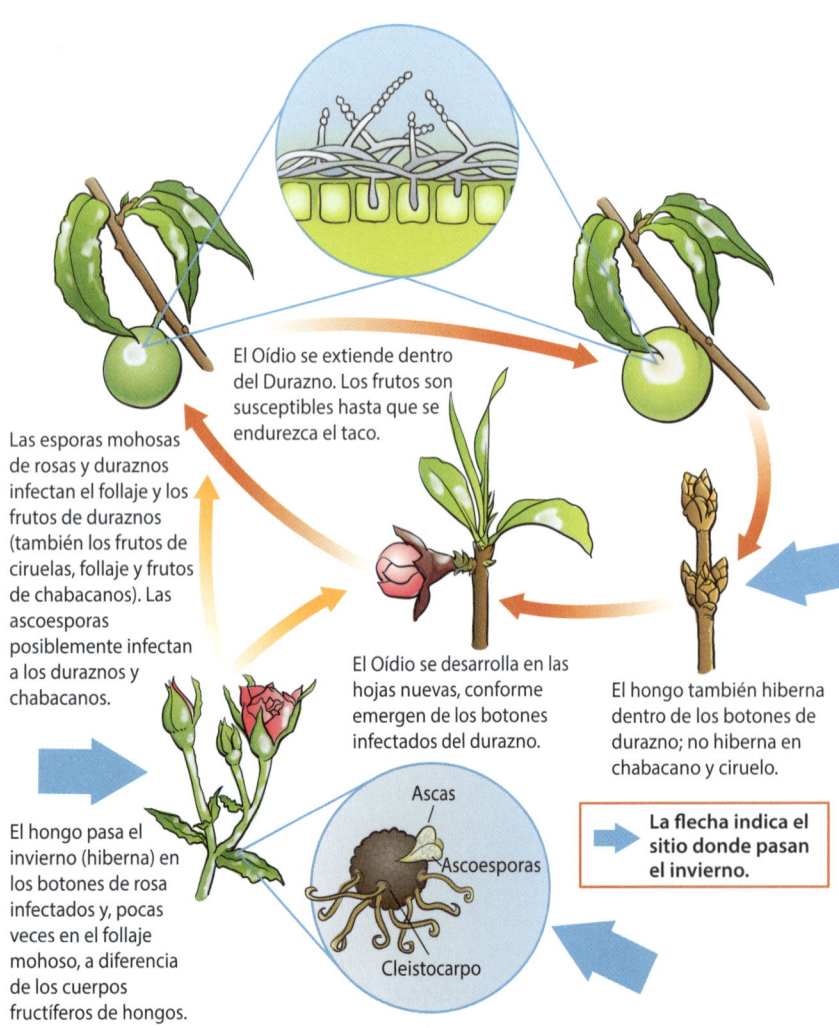

FIGURA 2-24.
Ciclo estacional del mildiu polvoriento causado por el hongo *Sphaerotheca pannosa* en albaricoques, melocotones y ciruelas. El patógeno puede sobrevivir el invierno como el micelio en los capullos de la rosa o duraznos en flor o como el cleistotecio en el follaje de las rosas, pero no puede sobrevivir en una ciruela o un albaricoque.

hojarasca infectada, las escamas de los brotes o los cancros de la corteza de los árboles, los arbustos o el suelo pueden ser lugares de hibernación para los

esclerocios o esporas de muchos hongos. Las semillas y otros órganos vegetativos o huéspedes alternos como las malezas proporcionan otros lugares para la supervivencia y para la hibernación de los hongos.

Dispersión y movimiento. Algunos hongos pueden desplazarce de un huésped a otro al extender los rizomorfos por la tierra; sin embargo, la mayoría de las esporas fúngicas se esparcen en las corrientes de aire y pueden trasladarse distancias largas. Las esporas, la esclerocia, los fragmentos del micelio pueden propagarse por medio del agua; y algunos hongos necesitan de la lluvia para propagarse. Los insectos pueden propagar patógenos fúngicos. Los animales, las personas y los equipos con suciedad pueden transportar esporas de hongos. Las personas también esparcen los patógenos cuando mueven semillas infectadas, trasplantan, mueven material del vivero y recipientes usados.

Aspectos beneficiosos. Algunos hongos forman lazos beneficiosos de cooperación con las raíces de las plantas; trabajan en contra de enfermedades del suelo, las hojas o las frutas; o atacan insectos, ácaros y nematodos de plagas. Estos hongos pueden ser un aspecto importante de los programas de MIP.

Bacteria

Identificación. Las bacterias son muy pequeñas, normalmente, con un largo menor a 0.002 mm (o alrededor de doce milésimas de pulgada). El diagnóstico de campo de las enfermedades bacterianas depende del reconocimiento de los síntomas de las enfermedades (Fig. 2-25). Generalmente, las plantas tienen reacciones específicas a las infecciones bacterianas; sin embargo, es necesario el análisis de un laboratorio para una identificación concluyente. Los síntomas comunes incluyen cancros, agallas, marchitez, crecimiento lento, putrefacción, decoloración de algunas partes de la planta, frutas u hojas deformes, maduración lenta y manchas en las hojas. Algunas enfermedades bacterianas producen un exudado mucoso en las superficies de las plantas.

Algunas bacterias producen la formación de agallas en algunas partes específicas de las plantas; por ejemplo las agallas del olivo y agallas del tallo. Las agallas pueden interferir con el movimiento del alimento y el agua en la planta. Por lo general, la marchitez bacteriana afecta a la planta en su

FIGURA 2-25.

Síntomas de algunas enfermedades bacterianas. Las lesiones de las manchas bacterianas causadas por *Xanthomonas vesicatoria* en el fruto del tomate tienen una textura costrosa y áspera (A). Al principio de su desarrollo, estas lesiones están rodeadas por una aureola blanca, similar a una peca bacteriana. Como ocurre con todas las enfermedades bacterianas, se requieren análisis de laboratorio para la identificación. La fruta de pera, las flores y las hojas infectadas con fuego bacteriano se vuelven negras (B). Las gotas marrones de líquido bacteriano también suelen presentarse. Un tronco de nogal dañado por la bacteria del cancro profundo de la corteza, *Erwinia rubrifaciens*, generalmente presenta manchas oscuras debajo de la corteza (C). *Fuente:* Flint 2012.

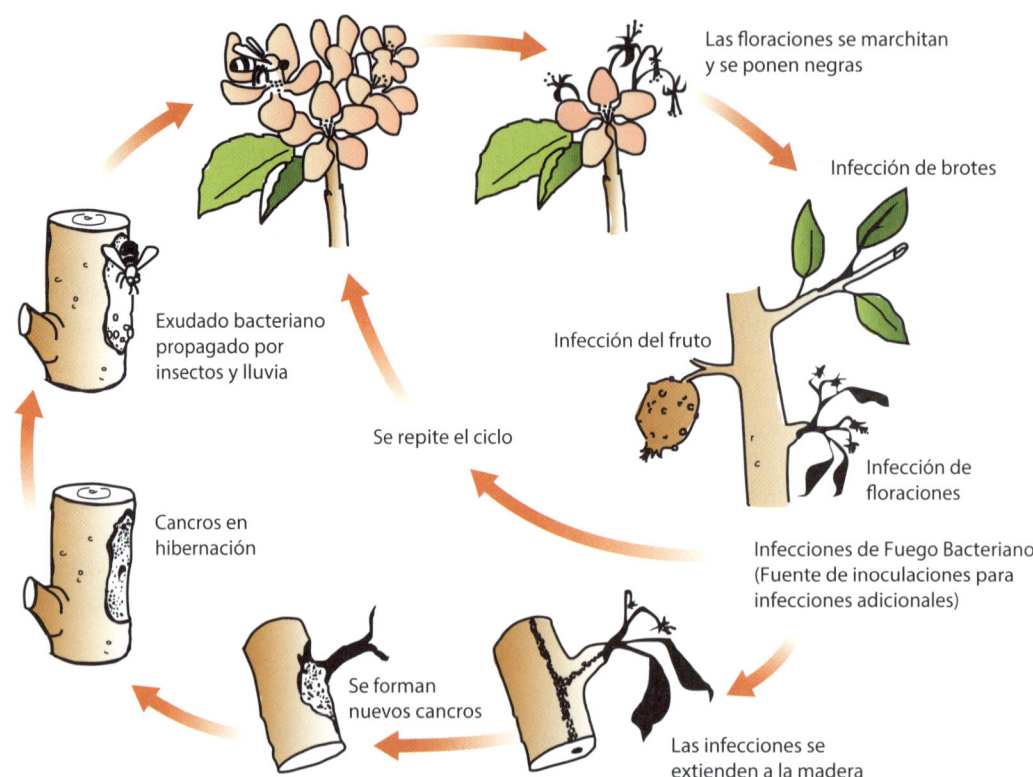

FIGURA 2-26. Ciclo de la enfermedad del fuego bacteriano de la pera y la manzana causada por la bacteria *Erwinia amylovora*. La bacteria sobrevive el invierno en los bordes de los cancros en las ramas y ramitas, y se disemina en la primavera cuando los árboles comienzan a crecer y la savia fluye por los cancros. La salpicadura de lluvia y los insectos atraídos hacia el líquido bacteriano llevan la bacteria hacia las flores. Las bacterias se multiplican rápidamente en las flores e ingresan en otros tejidos del árbol a través de las *estomas, las lenticelas y las heridas*.

totalidad; la infección produce una mucosidad que obstruye el tejido de conducción del agua de la planta infectada. La marchitez destructiva incluye aquellas que se encuentran en los tomates, el algodón, el pepino y el maíz. La bacteria que causa los cancros destruye los tejidos de las plantas, como se aprecia en las plantas con tomates cancros y fuego bacteriano. Se pueden observar zonas manchadas, más comúnmente en las hojas y las frutas; la sarna de la papa, por ejemplo, aparece como manchas localizadas en los tubérculos. La putrefacción invade el tejido carnoso y suele causar un exudado mucoso con un olor nauseabundo. La putrefacción blanda suele ser una infección secundaria que aparecen solo después de que otro patógeno la haya invadido.

Requisitos de crecimiento. Las bacterias ingresan en las plantas y los animales por medio de aberturas naturales y heridas. Una vez que están adentro, algunas bacterias se mueven por medio del flujo de la savia o del torrente sanguíneo; otras se mueven con el flujo de los fluidos entre las células. En la etapa inicial de las enfermedades en la plantas, las bacterias se desarrollan usualmente entre las células. Como las paredes de las células se encuentran dañadas, la bacteria entra al cuerpo y continúa creciendo. En la figura 2-26, se muestra el ciclo de la enfermedad del fuego bacteriano.

Los síntomas de la enfermedad se muestran después de que las bacterias hayan entrado y se hayan desarrollado en el tejido de un organismo. Por ejemplo, la putrefacción blanda y las manchas en las hojas son muchas veces visibles en el mismo día; las infecciones de las agallas del tallo pueden tardar hasta dos años en manifestarse. El tiempo entre la infección y la aparición de los síntomas se denomina período de incubación.

Características de supervivencia. Las bacterias sobreviven principalmente en el interior de las plantas hospederas como parásitos, en las semillas o en la hojarasca en el suelo. A diferencia de los hongos, las bacterias no producen esporas invernales; sin embargo, muchas son capaces de hibernar en las hojarascas de las plantas.

Dispersión y movimiento. Las bacterias pueden ser transportadas de un lugar a otro en las salpicaduras o la corriente del agua y el agua de lluvia, por la humedad y al realizar ciertas actividades de gestión. Las bacterias que sobreviven en la materia orgánica del suelo pueden dispersarse por medio de cualquier actividad que transporte la tierra de un lugar a otro, como el cultivo. Los patógenos bacterianos son llevados a menudo en las semillas infectadas, los esquejes o los trasplantes. Los insectos y los animales también pueden colaborar en la dispersión de las bacterias. Por ejemplo, el escarabajo del pepino, transmite la marchitez bacteriana del pepino y los proconinos transmiten la bacteria que causa la enfermedad de Pierce.

Virus

Identificación. Debido a su pequeño tamaño y transparencia en las células del hospedero, los virus no pueden verse o detectarse de la misma manera que otros patógenos. Por lo tanto, los síntomas de las plantas serán las pistas principales para la detección.

Las enfermedades virales producen una variedad de síntomas en las plantas. Los síntomas comunes de los virus de las plantas incluyen reducción del crecimiento, cambio del color, deformidades y necrosis (muerte) del tejido; puede observarse un grave retraso en el crecimiento y una reducción en la cosecha. Los patrones de mosaicos (Fig. 2-27), un moteado de tejido saludable y descolorido en las hojas, son un síntoma común del virus. Algunos virus enrollan o arrugan hojas; las hojas afectadas pueden ser de un color verde más intenso. El aclaramiento de la nervadura o el amarillamiento de la hoja son típicos de algunas infecciones virales. Algunas enfermedades virales provocan el enanismo de la planta, mientras que otras estimulan brotes cortos y esporádicos o el retraso en el crecimiento y la formación de rosetas (Fig. 2-28). La identificación acertada de un virus en una planta puede realizarse solo mediante pruebas especializadas en los laboratorios.

FIGURA 2-27.

Las franjas decoloradas, las líneas y los patrones de anillos, como aquellos presentes en las hojas infectadas con el virus del mosaico de la alfalfa, son síntomas típicos de ciertos virus.

Requisitos de crecimiento. Todos los virus son parasitarios de las células y requieren una célula hospedera para la supervivencia y la reproducción. No son organismos celulares en sí.

Los virus ingresan a las plantas a través de heridas hechas por insectos o nematodos vectores, lesiones mecánicas o por un grano de polen o injerto infectado. Las primeras partículas del virus pueden aparecer alrededor de 10 horas luego de que el virus haya ingresado en la planta (inoculación). Para que ocurra la infección, el virus se puede mover de célula a célula y multiplicarse en esas células. El movimiento de los virus en la planta varía con el virus y el hospedero.

FIGURA 2-28.

Algunos virus pueden causar crecimiento atrofiado, formando montones apretados (rosetas). Este almendro se ha infectado con el virus del mosaico amarillo duramte varios años y muestra una atrofia grave y una concentración de hojas en las terminales.

Características de supervivencia. Los virus no pueden sobrevivir en la materia vegetal muerta o fuera de un tejido de una planta viva. Los huéspedes alternativos, como las plantas perennes, las malezas o las plantas de cultivo voluntarias proporcionan lugares para hibernar a muchos virus y, muchas veces, son hospederos adecuados para vectores de virus. Los insectos vectores también proporcionan a los virus lugares importantes para hibernar.

Dispersión y movimiento. Los virus pueden ingresar a las plantas solamente por medio de las heridas. Se propagan de planta a planta cuando se utilizan esquejes para producir más plantas (propagación vegetativa); por medio de la savia, las semillas y el polen; por vectores; y por el uso de herramientas contaminadas de poda. Los vectores de los virus de una o más plantas incluyen los áfidos, las chicharras, las moscas blancas, los escarabajos, los trips, los ácaros, los nematodos, los hongos y las cuscutas. Los vectores son específicos de ciertos virus y hospederos, como la cochinilla que esparce el virus del enrollamiento de la hoja en la uva y la remolacha; y los áfidos que esparcen el virus de la rizomanía en los tomates.

Factores abióticos que causan trastornos

Los trastornos abióticos son las enfermedades no infecciosas provocadas por condiciones ambientales perjudiciales, por lo general, como resultado de la actividad humana. Sus síntomas pueden asemejarse al daño causado por las plagas. Los trastornos abióticos pueden ser producto de las deficiencias o los excesos de los nutrientes; temperaturas bajas o altas; niveles tóxicos de sal o pesticidas; contaminación del aire; y mucha o poca agua (Tabla 2-3). Las actividades que compactan la tierra, cambian el nivel de la tierra o dañan a los troncos y las raíces también pueden resultar en plantas enfermas. Además del daño directo, los trastornos abióticos pueden debilitar a las plantas, que son atacadas y dañadas más fácilmente por insectos y patógenos.

TABLA 2-3:

Síntomas comunes del trastorno abiótico y sus causas

Síntomas*	Causa probable
El follaje se marchita, inclina, decolora y cae antes de lo esperado. Las ramitas y ramas pueden secarse. La corteza se agrieta y se desarrollan cancros. La planta puede ser atacada por insectos xilófagos.	deficiencia de agua
El follaje se amarillea y cae. Las ramitas y ramas se secan. Se desarrolla la enfermedad de la raíz de la corona.	exceso de agua o drenaje deficiente
El follaje se decolora, es más pequeño de lo normal, es escaso o deformado y puede caer antes de lo esperado. Las hojas se vuelven amarillas o marrones, en especial a lo largo de los márgenes. El crecimiento de la planta es lento. Las ramas pueden secarse. La corteza se vuelve corchosa.	deficiencia de minerales
El follaje se vuelve marrón, seco y crujiente. Las ramas pueden secarse. Puede sentirse olor a gas natural en el área.	filtración de línea de gas natural subterránea
El follaje o los brotes se vuelven amarillos, más pequeños de lo normal o deformados. Las hojas pueden parecer quemadas, con márgenes muertos y pueden caer.	toxicidad de pesticidas
Se desarrollan áreas amarillas, marrones y luego blancas en la parte superior de las hojas o frutas. El follaje puede morir.	quemadura de sol
Las hojas o acículas se vuelven amarillas, marrones o tienen manchas decoloradas. El follaje puede ser escaso, atrofiado y caer antes de lo esperado.	contaminación de aire
El follaje es inusualmente oscuro.	exceso de luz
Crecimiento excesivo del follaje suculento. El follaje puede parecer quemado y morir. Plantas infectadas con muchos ácaros, áfidos, psílidos u otros insectos que succionan jugos de las plantas.	exceso de nitrógeno
Los brotes, los capullos o las flores se rizan, oscurecen y mueren. Las ramas y toda la planta pueden morir.	escarcha
El follaje, las ramitas o las ramas sufren lesiones. Se pueden desarrollar cancros	granizo o hielo
La corteza o madera muere, a menudo en forma de veta o franja.	rayo
La corteza se agrieta o hunde, a menudo en los lados sur y oeste. Los insectos u hongos xilófagos pueden atacar la madera.	escaldado solar

*Muchos de estos síntomas pueden ser producto de otras causas, incluidos patógenos e insectos.
Fuente: Flint 2012.

A pesar de que se pueden reconocer algunos trastornos abióticos por síntomas como el follaje deformado o la decoloración del follaje, las raíces, los tallos, las frutas o las flores, los trastornos abióticos son difíciles de identificar con certeza. Un historial de campo, los registros de los pesticidas y los fertilizantes utilizados, y las pruebas en el suelo o las muestras del tejido de las hojas pueden ser de ayuda para el diagnóstico. Los patrones de las plantas enfermas en el campo también pueden ayudar a identificar los trastornos abióticos. En general, los síntomas de los trastornos abióticos comienzan precipitadamente y no se esparcen a través de una planta o a otras plantas con el tiempo como pueden hacerlo los daños causados por una plaga.

Capítulo 2, Preguntas de repaso

1. ¿Cuál de las siguientes situaciones es más probable que ocurra si se identifican incorrectamente las plagas?
   - ☐ a. Las plagas pueden escapar antes de que puedan ser eliminadas por la aplicación pesticidas.
   - ☐ b. Puede confundir los insectos beneficiosos con los insectos plaga en el campo.
   - ☐ c. Sus esfuerzos de control de plagas a menudo resultan fallidos, independientemente de las condiciones del lugar.

2. Relacione las características con el tipo de maleza.

1. las hojas tienen nervaduras paralelas	a. las monocotiledóneas
2. las plantas tienen forma de arbusto o de árbol	
3. las hojas tienen nervaduras como una red	b. las dicotiledóneas
4. las plántulas tienen una sola hoja	

3. ¿Cuáles de los siguientes organismos son una plaga de invertebrados?
   - ☐ a. cangrejo de río, camarón y anguilas
   - ☐ b. babosas, caracoles y salamandras
   - ☐ c. garrapatas, ácaros y nematodos

4. ¿Cuáles organismos corresponden a cada uno de los grupos de plagas numeradoss?

1. vertebrados	a. garrapatas
	b. malva
2. vertebrados	c. ardillas terrestres
	d. mildiu polvoriento
3. malezas	e. coquillo amarillo
	f. áfidos
4. patógenos	g. fuego bacteriano
	h. tuzas

5. Solo los especialistas capacitados que utilizan métodos y equipoa especiales pueden identificar positivamente las plagas como _____ y _____.
   - ☐ a. garrapatas, ácaros
   - ☐ b. nematodos, patógenos
   - ☐ c. tuzas, ratas

6. Los síntomas del trastorno abiótico comienzan repentinamente y _____.
   - ☐ a. no se esparcen por la planta o a otras plantas
   - ☐ b. se esparcen rápidamente de una planta a otra
   - ☐ c. es poco común que maten a la planta afectada

7. Anual, bienal y perenne son los tres posibles ciclos de vida de _____.
   - ☐ a. malezas
   - ☐ b. vertebrados
   - ☐ c. patógenos

8. ¿Cuáles de estas plagas atacan tanto a las plantas como a los animales en una granja?
   - ☐ a. trips
   - ☐ b. ácaros
   - ☐ c. piojos

Capítulo 3
Pesticidas

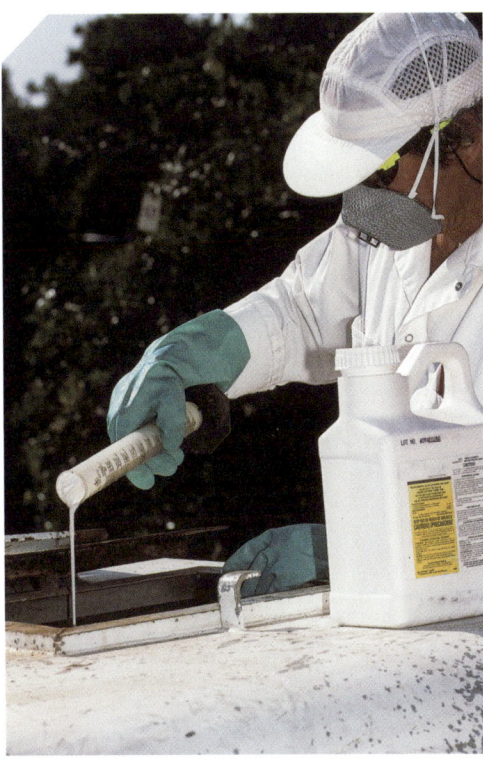

Los pesticidas y sus riesgos 32
Cómo están organizados los pesticidas 34
Adyuvantes 41
Capítulo 3, Preguntas de repaso 42

Expectativas de conocimiento

1. Explique los conceptos de riesgo, exposición y toxicidad, y cómo se relacionan entre ellos.
2. Enumere las categorías de la toxicidad de los pesticidas y las palabras clave, y explique lo que significa cada categoría en términos de los efectos que tienen los pesticidas en los humanos y los animales.
3. Identifique los factores que tienen que considerarse cuando se eligen los pesticidas.
4. Enumere los grupos de pesticidas de acuerdo a la plaga objetivo y describa las funciones de cada grupo.
5. Enumere las familias químicas y describa los riesgos particulares asociados con cada una.
6. Defina el modo de acción y proporcione ejemplos de modos diferentes.
7. Explique cómo varios modos de acción influyen en la elección del pesticida.
8. Explique cómo los pesticidas de contacto y los sistémicos controlan las plagas de manera diferente.
9. Explique por qué los pesticidas se venden como productos formulados.
10. Enumere las distintas formulaciones disponibles y las ventajas y desventajas de cada una.
11. Explique el rol de los adyuvantes en las aplicaciones de pesticida.

Los pesticidas y sus riesgos

Un pesticida es cualquier sustancia que se utiliza para controlar, prevenir, erradicar o repeler cualquier tipo de organismo. Por ejemplo, los adyuvantes que son agregados a una mezcla en el tanque para mejorar la deposición son considerados pesticidas porque se utilizan como parte de un programa para controlar o erradicar las plagas. Cualquier producto utilizado para defoliar o regular el crecimiento de una planta por cualquier razón, también se considera un pesticida. Los reglamentos de California poseen una definición específica del término, se puede encontrar en anexo A.

RIESGO DE PESTICIDAS, EXPOSICIÓN Y TOXICIDAD

Todos los pesticidas son tóxicos. Deben ser tóxicos para eliminar las plagas que se esta intentando controlar. Algunos pesticidas son más tóxicos que otros. El peligro para usted y otros al utilizar pesticidas es una combinación de esta toxicidad y el grado de exposición. La exposición puede darse a través de varias vías (piel, ojos, boca y pulmones), la ruta de exposición puede influenciar el grado de peligro.

Un gran número de factores afecta la toxicidad de un pesticida por cómo se utiliza y se aplica. Estos incluyen el paso del tiempo, las características del agua utilizada para mezclar, las particularidades de la zona de aplicación (tipo de tierra, ubicación, etc.), la formulación, la dosis, y las reacciones químicas que ocurren durante la mezcla. Una vez que se aplican, los pesticidas suelen descomponerse en químicos diferentes o con el tiempo en compuestos químicos. Estos nuevos químicos pueden ser menos o más tóxicos que el pesticida original.

El tiempo que toma a la mitad de lo que se aplicó para descomponerse en las partes que lo constituyen se llama la vida media del pesticida. Los microbios de la tierra, la luz ultravioleta, la temperatura, la calidad del agua utilizada para mezclar o las impurezas combinadas con el pesticida pueden aumentar o disminuir la vida media y pueden influenciar la toxicidad. A veces, las impurezas contaminan a los pesticidas durante la elaboración, la formulación, el almacenamiento o mientras se produce la mezcla. Además del medio ambiente, la naturaleza química del pesticida, su formulación y la dosis aplicada afectan a la toxicidad. Al mezclar dos o más pesticidas, también puede cambiar su toxicidad o alterar su vida media.

EXPERIMENTACIÓN CON PLANTAS Y ANIMALES

Una manera de medir la toxicidad de los pesticidas es darles una dosis conocida a animales de laboratorio y observar los resultados. La manera en que los investigadores descubren la dosis letal o la concentración letal de cada pesticida es la experimentación con animales. A través de la experimentación, los investigadores también deciden la dosis máxima a la cual se puede exponer a ciertos organismos sin causarles daño. Utilizan los resultados de este tipo de experimentos para predecir los riesgos en las personas y los organismos no objetivos.

Los investigadores prueban los pesticidas en ratones, ratas, conejos y perros. También realizan pruebas de toxicidad en plantas y animales que son objetivos si estos organismos se encuentran en riesgo de exposición al pesticida. Los animales que no son objetivos pueden incluir insectos (como las abejas), peces, anfibios (ranas, sapos, salamandras), ciervos, pájaros y otra fauna. Los investigadores también prueban los pesticidas en las plagas objetivo para establecer el volumen de la dosis descrita en las etiquetas de los pesticidas. Estas pruebas también establecen qué tan bien funciona el pesticida bajo diferentes condiciones. La efectividad del pesticida sobre la plaga objetivo se conoce como eficacia.

Dosis letal y concentración letal. Los investigadores dividen a los animales de laboratorio en varios grupos y prueban diferentes rutas de exposición (piel, boca, ojos, pulmones). Clasifican la toxicidad de un pesticida al determinar la cantidad que mata al 50% de una población examinada. Este nivel es la dosis letal, o DL_{50}, que está expresado como los miligramos de pesticida por kilogramo del peso corporal del animal de prueba (mg/kg). Los investigadores también determinan cuánto vapor o polvo de pesticida en el aire o qué cantidad de pesticida

> Explique los conceptos de riesgo, exposición y toxicidad, y cómo se relacionan entre ellos.

Enumere las categorías de la toxicidad de los pesticidas y las palabras clave, y explique lo que significa cada categoría en términos de los efectos que tienen los pesticidas en los humanos y los animales.

que se diluye en las aguas de los ríos, los arroyos o los lagos causan la muerte en el 50% de la población de animales examinada. Este nivel es la concentración letal, o DL_{50}, que está expresada como microorganismos (1 millonésima de g) por litro de aire o agua (µg/l).

CATEGORÍAS DE LA TOXICIDAD DE LOS PESTICIDAS

Las reglamentaciones federales clasifican a los pesticidas en una de las cuatro categorías de acuerdo a su toxicidad y potencial de dañar a las personas, los animales o el medio ambiente (Tabla 3-1). Las etiquetas de los pesticidas indican estas categorías por medio de las siguientes palabras clave:

TABLA 3-1:

Palabras de advertencia de categorías de toxicidad de pesticidas que aparecen en etiquetas aprobadas por la Agencia de Protección Ambiental de los Estados Unidos

	Palabras de advertencia de etiquetas de pesticidas		
Indicadores de peligro	PELIGRO/ PELIGRO VENENO	ADVERTENCIA	PRECAUCIÓN
oral DL_{50}*	hasta e inclusive 50mg/kg	desde 50 hasta 500 mg/kg	superior a 500 mg/kg
inhalación CL_{50}*	hasta e inclusive 0.2 mg/litro (0 - 2,000 ppm)	desde 0.2 hasta 2 mg/litro (2,000 - 20,000 ppm)	superior a 2 mg/litro (superior a 20,000 ppm)
dermal DL_{50}*	hasta e inclusive 200 mg/kg	desde 200 hasta 2,000 mg/kg	superior a 2,000 mg/kg
efectos oculares agudos	corrosivo: causa cicatrización de la córnea y posible opacidad del cristalino que no se puede revertir o irritación que persiste por más de 21 días	causa cicatrización de la córnea y posible opacidad del cristalino que se puede revertir, irritación que puede persistir por más de 8 a 21 días	no causa cicatrización de la córnea, pero igualmente puede provocar daños. La irritación desaparece en siete días o menos
efectos cutáneos (piel) agudos	corrosivo	irritación grave a las 72 horas	irritación moderada a las 72 horas

Nota: *El valor *DL_{50} representa los miligramos (mg) de pesticida por kilogramo (kg) de peso corporal de los animales de ensayo. El valor CL_{50} representa los miligramos de pesticida por litro de aire inhalado por los animales de ensayo.

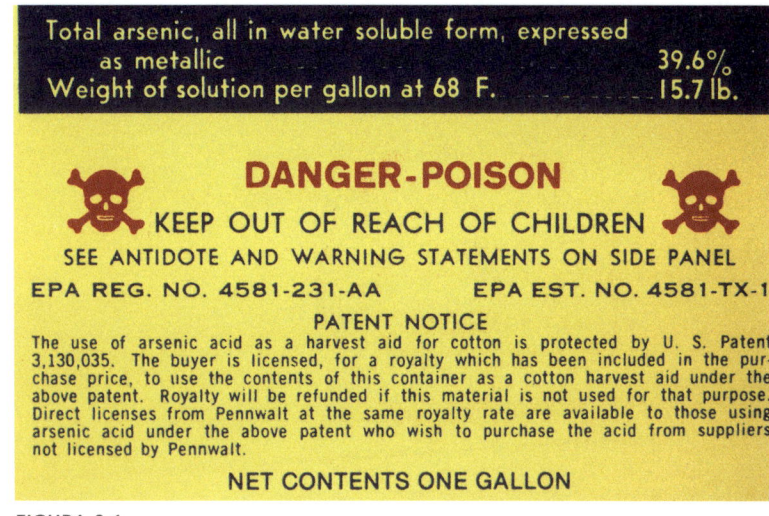

FIGURA 3-1.

Los pesticidas más peligrosos se reconocen por las palabras de advertencia DANGER (en español, peligro) y DANGER-POISON (en español, peligro-veneno) y un cráneo y tibias cruzadas. Tomadas de forma interna, unas pocas gotas de una cucharadita de estos pesticidas probablemente causen la muerte. Estos pesticidas tienen una exposición oral de DL_{50} de 50 mg/kg o menos y dérmica de DL_{50} de 200 mg/kg o menos.

- Categoría I, PELIGRO o PELIGRO - VENENO
- Categoría II, ADVERTENCIA
- Categoría III, PRECAUCIÓN
- Categoría IV, PRECAUCIÓN o ninguna palabra clave

Las palabras clave son específicas de la toxicidad humana grave de los manipuladores. Los pesticidas etiquetados con las palabras PELIGRO o PELIGRO - VENENO (Fig. 3-1) son los más tóxicos o peligrosos y los reglamentos normalmente restringen su uso. La categoría IV de los pesticidas son los menos tóxicos para las personas y, por lo general, son menos peligrosos. Las distintas etiquetas y los requisitos reglamentarios se aplican a cada categoría. Por ejemplo, debe usar un overol al mezclar y aplicar los pesticidas etiquetados PELIGRO o PELIGRO-VENENO y ADVERTENCIA. La mayoría de los pesticidas que dicen PELIGRO son "pesticidas de uso restringido" a nivel federal y requieren un aplicador certificado para manipularlo o supervisar su uso. Algunos pesticidas están designados como "materiales restringidos de California" y regulados también en California. En el caso de estos pesticidas, es probable que haya que solicitar permiso de materiales restringidos o atenerse por otras reglamentaciones de California por el uso ilegal.

Cómo se encuentran organizados los pesticidas

Identifique los factores que tienen que considerarse cuando se eligen los pesticidas.

Los pesticidas se organizan de muchas formas diferentes para ayudarlo a ubicar y seleccionar con facilidad el producto adecuado para controlar las plagas específicas en circunstancias particulares. En esta sección, encontrará pesticidas clasificados por la plaga objetivo (tabla 3-2), familia química (tabla 3-3), modo de acción (tabla 3-4) y formulación (tabla 3-5).

Por plaga objetivo

Los pesticidas se suelen organizar por la plaga objetivo. Algunos pesticidas pueden utilizarse para controlar varios tipos de plagas diferentes. Por ejemplo, los productos con aceite de petróleo

TABLA 3-2:
Pesticidas organizados por plagas objetivo

Objetivo del pesticida	Tipo de pesticida	Ejemplo de pesticida químico y nombre de la marca*
alga	alguicida	sulfato de cobre endotal (Hydrothol 191) hipoclorito de sodio (Clorox)
bacteria	bactericida	oxitetraciclina (Mycoshield) compuestos de cobre (Basic Copper)
aves	avicida	aminopiridina (Avitrol)
peces	piscicida	rotenona (Prentox)
hongos	fungicida	benomilo (Benlate) sulfato de cobre (C-O-C-S) clorotalonil (Bravo)
insectos	insecticida	diazinón (Diazinon) permetrina (Ambush) aceites de petróleo imidacloprid (Gaucho)
mamíferos depredadores	predicida	cianuro de sodio (M-44)
ácaro	acaricida	abamectina (Agri-Mek) propargita (Comite)
nematodos	nematicida	1,3-dicloropropeno (Telone)
roedores	rodenticida	clorofacinona estricnina (Gopher Getter) hidroxicumarina (Warfarin) difenadiona (Diphacin) brodifacoum (Talon) bromadiolona (Maki)
caracoles y babosas	molusquicida	metaldehído (Deadline) fosfato de hierro (Sluggo)
árboles y arbustos leñosos	silvicida	tebuthiuron (Spike) imazapyr (Imazapyr, Arsenal) aceites de petróleo
malezas	herbicida	simazina (Princep) bromoxinil (Buctril) trifluralina (Treflan) paraquat (Gramoxone) aceite de petróleo glifosato (Roundup)

Nota: *Algunos ingredientes activos o productos aquí enumerados podrían no estar actualmente registrados como pesticidas o su registro podría estar cancelado.

Enumere los grupos de pesticidas de acuerdo a la plaga objetivo y describa las funciones de cada grupo.

pueden controlar las malezas, los insectos y las plantas leñosas como los árboles o los arbustos. Otros únicamente se ocupan de un tipo de plaga. Por ejemplo, la atrazina solamente controla malezas. Vea la tabla 3-2 para una lista de pesticidas (junto con los nombres de las marcas) organizado por las plagas objetivo. Cuando se sabe cuál plaga está dañando un lugar, tener los pesticidas organizados por la plaga objetivo hace que sea más fácil encontrar el pesticida más efectivo y menos dañino.

Por familia química

Enumere las familias químicas y describa los riesgos particulares asociados con cada una.

Los expertos agrupan a los pesticidas de acuerdo a la familia química. Este tipo de agrupamiento muchas veces revela características comunes, tales como modo de acción, estructura química y tipos de fórmulas posibles. También puede haber similitudes en la persistencia del medio ambiente (cuánto dura el pesticida en el medio ambiente) y cómo los pesticidas relacionados se descomponen en procesos biológicos. Organizar los pesticidas por la familia química puede ayudar a encontrar el mejor pesticida para una aplicación dada. La tabla 3-3 describe algunas de las familias químicas más conocidas y los nombres comunes de las marcas de los pesticidas con ingredientes activos que corresponden a cada familia.

Por modo de acción

Defina el modo de acción y proporcione ejemplos de modos diferentes.

Las personas a veces organizan los pesticidas por su modo de acción. Este es la forma en la que reacciona para eliminar la plaga de un organismo. Por ejemplo, un insecticida puede actuar como un regulador del crecimiento, un herbicida puede prevenir la fotosíntesis y un fungicida puede interrumpir la generación de esporas. La tabla 3-4 enumera pesticidas comunes de acuerdo a su modo de acción.

Explique cómo varios modos de acción influyen en la elección del pesticida.

La comprensión del modo de acción facilita la selección del pesticida correcto. También ayuda a predecir cuál pesticida trabaja mejor en una situación en particular. Por ejemplo, si la plaga muestra resistencia a un pesticida, un químico con un modo de acción diferente puede reducir el problema (vea "resistencia al pesticida" en el capítulo 11 para más información).

TABLA 3-3:

Pesticidas organizados por familia química

Familia química	Tipos de pesticida	Características químicas	Modo de acción	Nombres comunes*
carbamatos†	insecticidas, fungicidas, herbicidas, molusquicidas, nematicidas	algunos son sumamente tóxicos (interfieren con el sistema nervioso de los humanos y animales) y otros, como el carbarilo, se considera que tienen una toxicidad baja para las personas y los animales. Se descomponen rápido	sistémico, inhibidores de enzimas	carbarilo, metomilo, metam sodio, metam potasio
triazinas	herbicidas	afectan el sistema reproductivo de los peces y tienen efectos negativos sobre la salud de los humanos y animales. Las sustancias químicas se acumulan en el hígado de los mamíferos. Persistentes en el suelo. Se desplazan fácilmente con el agua	sistémico, inhibidores de fotosíntesis	atrazina, simazina, prometrina
piretroides†	insecticidas	interfieren con las funciones de los nervios y el cerebro de los humanos y animales. Se unen firmemente al suelo y persisten en sedimentos de canales	sistémico, interfiere con el transporte de sodio en las células nerviosas de los insectos	bifentrina, permetrina, cipermetrina
organofosfatos†	insecticidas, acaricidas	sumamente tóxicos (interfieren con el sistema nervioso de los humanos y animales). Se descomponen rápido	por contacto, absorbidos a través de la piel, los pulmones o el tracto digestivo	malatión, diazinón, clorpirifós

Notas: *Algunos ingredientes activos o productos aquí enumerados podrían no estar actualmente registrados como pesticidas o su registro podría estar cancelado.
†Tabla 3-3 describe algunas de las familias químicas más conocidas y los nombres químicos comunes de pesticidas con ingredientes activos que pertenecen a cada familia.

Explique cómo los pesticidas de contacto y los sistémicos controlan las plagas de manera diferente.

TABLA 3-4:

Pesticidas organizados por modo de acción

Número de grupo* y modo de acción	Tipo de pesticida	Ejemplo de nombre común y marca del pesticida†
Sistémico		
Grupo 9: bloquea la actividad enzimática necesaria para la supervivencia de las plantas	herbicida	glifosato (Roundup)
Grupo 3: detiene el crecimiento de las plantas	herbicida	orizalina (Surflan)
Grupo 4: regula el crecimiento de la planta	herbicida	ácido 2,4-diclorofenoxiacético (2,4-D)
Grupo 4a: causa parálisis	insecticida	imidaclopride (Admire)
Grupo 2: bloquea las funciones celulares (como la división celular) y causa la muerte celular	fungicida	iprodiona (Rovral)
Contacto		
Grupo 16: bloquea la formación de los exoesqueletos de insectos	insecticida	buprofezina (Courier)
Grupo 22: bloquea la fotosíntesis (fotosistema I)	herbicida	paraquat (Gramoxone SL 2.0, Reglone Desiccant)
Grupo 7: bloquea la fotosíntesis (fotosistema II)	herbicida	propanil (Stam, SuperWham!)
Grupo M5: bloquea la actividad enzimática, paraliza el metabolismo celular	fungicida	clorotalonil (Bravo)
Grupo M2: detiene la germinación de las esporas, bloquea la actividad enzimática	fungicida, acaricida	azufre (Microthiol Disperss)

Notas: *Los números de los grupos se obtuvieron de las etiquetas de los productos y están basados en los estándares WSSA, IRAC o FRAC.
†Algunos ingredientes activos o productos aquí enumerados podrían no estar actualmente registrados como pesticidas o su registro podría estar cancelado.

Por lo general, los pesticidas dentro de una misma categoría química tienen el mismo modo de acción en tipos de plagas específicas. También pueden tener características similares como la estructura química, la persistencia en el medio ambiente y los tipos de formulaciones posibles. La mayoría de los modos de acción caen en uno de los siguientes dos términos generales.

- **Contacto.** Estos pesticidas trabajan sobre plagas que contactan directamente. Por ejemplo, una maleza muere cuando un herbicida de contacto cubre suficiente superficie de la zona de la planta. Solo los insectos que son rociados directamente o han viajado a través de las superficies tratadas son afectados por los insecticidas de contacto.
- **Sistémico.** Estos pesticidas funcionan cuando se les aplica en una zona en particular de una planta o un animal. El pesticida es entonces translocado o movido a través del sistema del organismo. Por ejemplo, un herbicida sistémico que se aplica en la raíz de la planta se mueve a través de su totalidad y la mata. Algunos insecticidas se mueven dentro del insecto para matarlo luego de que coma las hojas de la planta tratada.

Con estos términos generales, los modos de acción se tornan muy específicos y pueden ayudarlo a seleccionar y a usar un pesticida efectivamente. La figura 3-2 muestra la parte de la etiqueta de Atrazine 90DF que define su modo de acción por su número de grupo. Cada número de grupo fue desarrollado por organizaciones como el Comité de Acción de Resistencia a

GROUP 5 HERBICIDE

FIGURA 3-2.

Las etiquetas de los pesticidas tienen una caja como esta que identifica el método de acción del material por grupo.

PESTICIDAS

Explique por qué los pesticidas se venden como productos formulados.

Fungicidas, Herbicidas e Insecticidas y la Sociedad de la Ciencia de la Maleza de Estados Unidos de América. Estas organizaciones se abordan en mayor detalle en el capítulo 11.

Por formulación

Los químicos de los pesticidas en su estado "bruto" o no formulado, por lo general, no son adecuados para el control de plaga. Estos químicos concentrados (ingredientes activos) pueden no mezclarse bien con el agua y pueden ser químicamente inestables. Por estas razones, los fabricantes agregan otros ingredientes para mejorar la efectividad de la aplicación, la seguridad, la manipulación y el almacenamiento. "Otros ingredientes" son todas las sustancias que el fabricante agregó al ingrediente activo del pesticida.

El producto final es una fórmula del pesticida. La fórmula consiste en:
- el ingrediente activo del pesticida
- el portador, como un solvente orgánico o arcilla mineral
- el ingrediente activo en la superficie, usualmente, incluye adhesivos y esparcidores.
- otros ingredientes, como estabilizadores, tintes y químicos, que mejoran o realzan la actividad del pesticida, como anticongelantes para prevenir que el producto se congele

Por lo general, habrá que mezclar una fórmula con agua o aceite para la aplicación final. Sin embargo, los cebos, los gránulos y el polvo están listos para usar sin una mezcla adicional.

La etiqueta enumera la cantidad real de pesticida como porcentaje de ingrediente activo (i.a.). La figura 3-3 muestra el i.a. de GoalTender como aparece en la etiqueta. Algunas etiquetas determinan la cantidad de i.a. en el nombre del pesticida. Por ejemplo, Diazinon 50W es un pesticida en seco que contiene 50% de ingrediente activo por peso. El 50W en su nombre nos dice que 10 libras de esta formulación van a contener 5 libras de diazinon y 5 libras de otros (a veces llamados ingredientes inertes) ingredientes. Con las fórmulas líquidas, la etiqueta enumera las libras de ingrediente activo en 1 galón de pesticida formulado. Por ejemplo, en el Lorsban 4E, el "4" indica que el material contiene 4 libras por galón del ingrediente activo clorpirifós.

Generalmente, las etiquetas indican el tipo de fórmula por las letras que siguen o forman parte del nombre de la marca del pesticida. Seleccionar la fórmula adecuada entre todas las que se encuentran disponibles, puede ser difícil. La tabla 3-5 describe una amplia variedad de tipo de formulación. Vea el capítulo 11 para los métodos que se pueden utilizar para seleccionar la mejor fórmula para su aplicación.

```
Active Ingredient
    oxyfluorfen: 2-chloro-1-(3-ethoxy-4-
    nitrophenoxy)4-(trifluoromethyl)benzene ......................... 41%
Other Ingredients ................................................................. 59%
Total ..................................................................................... 100%
Contains 4 pounds active ingredient per gallon
```

FIGURA 3-3.
Las etiquetas de los pesticidas siempre enumeran la cantidad de ingredientes activos en la fórmula, como se muestra aquí.

Enumere las distintas formulaciones disponibles y las ventajas y desventajas de cada una.

TABLA 3-5:
Formulaciones comunes de pesticidas

Tipo de formulación	Sufijo	Descripción	Beneficios	Desventajas
polvo humectable	W o WP	Los polvos humectables forman una suspensión lechosa en agua y están compuestos por el pesticida y un portador seco finamente molido, generalmente, arcilla mineral.	El costo y los residuos visibles se reducen cuando el porcentaje de ingredientes activos es elevado. Riesgo de fitotoxicidad (daño en la planta) se reduce. Se mezclan bien con muchos otros pesticidas y fertilizantes. Se pueden envasar en sobres solubles en agua para reducir el riesgo de inhalación.	Los peligros aumentan debido al porcentaje elevado de ingredientes activos. La abrasividad contribuye al desgaste de las bombas y boquillas. La agitación siempre es necesaria para mantenerlo en suspensión. Los peligros de inhalación incrementan durante la mezcla y manipulación dado que las partículas de polvo que contienen un porcentaje elevado de ingredientes activos son finas y pueden permanecer suspendidas en el aire durante varias horas.

TABLA 3-5:

Formulaciones comunes de pesticidas (continúa)

Tipo de formulación	Sufijo	Descripción	Beneficios	Desventajas
gránulos dispersables en agua/polvo fluido seco	DF WDG	Esta formulación está compuesta por gránulos pequeños que se deben mezclar con agua antes de su uso.	Menor riesgo de manipulación dado que son menos polvorosos que otras formulaciones. Envasados en recipientes fáciles de verter, su medición y mezcla son más sencillas que con otras formulaciones.	La abrasividad contribuye al desgaste de las bombas y boquillas. La agitación siempre es necesaria para mantener la formulación en suspensión.
polvo soluble	S o SP	Similar al polvo humectable, a excepción de que el pesticida, su portador y todos sus otros ingredientes se disuelven por completo en el agua para formar una verdadera solución.	Una vez disuelto, no necesita mezclado o agitación adicional. No es abrasivo para las bombas o las boquillas. Se puede envasar en sobres solubles en agua para reducir el riesgo de inhalación.	Los peligros de inhalación son mayores durante la mezcla y manipulación dado que las partículas de polvo son finas.
concentrado emulsionable	E o EC	Los concentrados emulsionables son pesticidas solubles en petróleo formulados con agentes emulsionantes (materiales similares al jabón) y otros potenciadores. Cuando se añaden en el agua, forman un líquido lechoso.	Tiene muchos usos diferentes, más que otros tipos de formulación. Penetra los materiales porosos como la tierra, las telas, el papel y la madera mejor que un polvo humectable. Se vierte fácilmente para la mezcla.	La agitación durante la aplicación es necesaria para mantener la emulsión uniforme. Se extiende fácilmente cuando se derrama y su limpieza es difícil. Se absorbe fácilmente por prendas porosas y botas de cuero. Pasa a través de la piel más fácilmente que las formulaciones en polvo. Puede causar lesiones graves si entra en contacto con los ojos. Es más fitotóxico que otros tipos de formulaciones. Contribuye a la descomposición de partes de caucho y plástico, algunas partes de bombas y superficies pintadas.
autosuspensible	F	Una formulación autosuspensible que comparte muchas de las características de los concentrados emulsionables y polvos humectable. Los fabricantes utilizan esta formulación cuando los ingredientes activos no se disuelven en líquidos. Combina partículas de pesticidas finalmente molidas con un portador líquido y emulsificadores.	Fácil de manipular y aplicar.	Las desventajas son similares a los concentrados emulsionables. Deja residuos visibles. Se asienta en el recipiente, por lo que se debe agitar enérgicamente antes de mezclar.
concentrado o solución soluble en agua	S	La formulación del líquido se disuelve por completo en el agua.	No es necesario agitarlo después de la mezcla. No es abrasivo para el equipo de aplicación.	Fácil de salpicar y derramar cuando se manipula.
concentrado en volumen ultra reducido	ULV	Este tipo de formulación tiene una concentración elevada de ingredientes activos y necesita poca o ninguna dilución.	Requiere un rellenado menos frecuente del equipo de aplicación. Las gotas no se evaporan tan rápido como las gotas de otras formulaciones.	El equipo de aplicación debe poder aplicar pequeñas cantidades de pesticida sobre un área grande. La calibración del equipo debe ser muy precisa.

Tipo de formulación	Sufijo	Descripción	Beneficios	Desventajas
suspensión	SL	Una suspensión es una mezcla fluida, acuosa y similar a una pasta hecha de polvo finamente molido. Normalmente, se aplica para proteger las semillas contra los insectos u hongos.	Los residuos son altamente visibles, lo que facilita determinar si la suspensión está distribuida de manera uniforme.	El polvo crea un peligro de inhalación durante la mezcla. Requiere agitación constante para evitar el estancamiento. La abrasividad contribuye al desgaste del equipo.
emulsión inversa		Una formulación líquida de pequeñas gotas de agua suspendidas en aceite. Se disuelve tanto en aceite como en agua. Los concentrados de la emulsión inversa tienen la consistencia de la mayonesa.	Reduce la probabilidad de deriva. El aceite en la formulación reduce el escurrimiento y mejora la resistencia a la lluvia. Mejora la cobertura de la superficie y la absorción dado que actúa como un esparcidor adherente.	Requiere agitación continua. Los usos son limitados. Las normas prohíben algunos usos. Es difícil lograr una cobertura completa en la parte inferior del follaje.
polvo	D	El polvo está hecho de pesticida finamente molido, a menudo combinado con un portador seco que no cuenta con una acción química.	Es poco probable que dañe las superficies cuando se aplica. Puede proporcionar una protección a largo plazo para productos tratados. Se utiliza con frecuencia para controlar los parásitos en el ganado y las aves de corral, y para proteger las semillas.	Deja residuos visibles. La deriva es un peligro importante. Los peligros de inhalación son superiores que algunas otras formulaciones. Las normas restringen las aplicaciones al aire libre sólo a períodos cuando el aire está quieto. El equipo de aplicación es difícil de calibrar. Requiere agitación para detener el estancamiento y apelmazamiento en la tolva.
gránulos	G	Los gránulos están compuestos por un pesticida y un portador en combinación con un agente aglutinante y no se mezclan con agua. Las formulaciones más comunes se encuentran en el rango de mallas de 15 a 30. Mallas es el término que se utiliza para categorizar el tamaño de las partículas de polvo en función del número de alambres en una pulgada de tejido (a mayor tamaño de la malla, más pequeñas son las partículas). Las formulaciones granulares son más persistentes en el medio ambiente que otras formulaciones dado que el ingrediente activo del pesticida se libera lentamente.	Menores probabilidades de deriva que otros tipos de formulaciones debido al gran tamaño. Disminuyen los peligros de niebla de rociado y polvo para el aplicador y el medio ambiente.	Algunos requieren una incorporación mecánica en la tierra. A menudo necesitan humedad para activarse.

TABLA 3-5:

Formulaciones comunes de pesticidas (continuada)

Tipo de formulación	Sufijo	Descripción	Beneficios	Desventajas
pellas	P o PS	Las pellas son idénticas a los gránulos, con la salvedad de que los fabricantes las moldean en función de formas y pesos uniformes específicos. Las pellas se aplican con equipos como sembradoras de precisión para lograr la uniformidad que normalmente es difícil de obtener con los gránulos.	Menores probabilidades de deriva que otros tipos de formulaciones debido al tamaño y peso. La uniformidad de las pellas permite que la aplicación sea más precisa.	El equipo especializado es necesario para la aplicación apropiada.
materiales microencapsulados.		Los fabricantes cubren las partículas de pesticida líquido o seco con una cobertura plástica, lo que produce una formulación microencapsulada. Los pesticidas microencapsulados se mezclan con agua y se rocían de la misma forma que otras formulas rociables. Después del rociado, la cubierta plástica se descompone y libera lentamente el ingrediente activo.	Reducen el riesgo para los aplicadores durante la mezcla y aplicación. La liberación se demora o ralentiza y permite menos aplicaciones cronometradas con una menor precisión y una eficacia de los ingredientes activos por más tiempo. La baja volatilidad reduce el potencial de deriva. Son menos fitotóxicos que otros tipos de formulaciones. Son menos peligrosos para la piel en comparación con otros tipos de formulaciones.	Tienen aproximadamente el mismo tamaño que los granos de polen, por lo que las abejas pueden trasladarlos a las colmenas donde las cápsulas se descomponen y liberan el pesticida y envenenan a las adultas y sus crías. La descomposición a menudo depende de las condiciones del clima, lo que puede causar que sea más lenta de lo esperado y deja mayores residuos de pesticida en áreas tratadas más allá de las entradas restringidas normales o los intervalos de cosecha.
bolsas o paquetes solubles en agua	WSB o WSP	Los fabricantes envasan cantidades previamente pesadas de formulaciones de polvo humectable o polvo soluble en un tipo especial de bolsa plástica. Dado que estas bolsas se colocan en el tanque de rociado, se disuelven y liberan el contenido para mezclarse con el agua.	Ayudan a reducir los peligros de mezcla y carga de algunos pesticidas altamente tóxicos.	La abrasividad contribuye al desgaste del equipo.
cebos		Los cebos son pesticidas combinados con alimento, atrayentes o fagoestimulantes.	Los cebos atraen a las plagas, por lo que los pesticidas a menudo se aplican en pocos lugares.	Los cebos pueden ser atractivos para los organismos no objetivo y los niños. Un equipo especial a menudo es necesario para aplicar correctamente los cebos.
impregnados		Se utilizan en la ganadería para controlar las plagas. Las formas incluyen etiquetas de oreja en el ganado, cintas adhesivas, medallones y tiras plásticas contra insectos.	Las etiquetas de oreja, las tiras plásticas y los medallones permiten el control de las plagas durante períodos más largos dado que el pesticida se transfiere del plástico al pelo o pelaje de los animales.	Algunos impregnados pueden representar un peligro para los humanos si no se manipulan y aplican con cuidado.

Adyuvantes

Explique el rol de los adyuvantes en la aplicación de pesticidas.

Los adyuvantes son los materiales que se pueden agregar al tanque de rociado para mejorar la mezcla y la aplicación del pesticida o para potenciar el rendimiento. Los fabricantes formulan el pesticida para que funcionen bien bajo muchas condiciones de aplicación diferentes. Sin embargo, no pueden formularlas para todas las situaciones posibles. Utilice adyuvantes para personalizar la fórmula de acuerdo a las necesidades específicas y las condiciones locales

Los adyuvantes se utilizan para:
- mejorar la capacidad de humectación de las soluciones de rociado
- controlar la evaporación de las gotas de rociado
- mejorar la resistencia a la intemperie de los pesticidas
- aumentar la penetración de los pesticidas por medio de las cutículas de las plantas o los insectos
- ajustar el pH de la solución de rociado
- mejorar la sedimentación de las gotas de rociado
- mejorar la seguridad de las plantas objetivo
- corregir los problemas de incompatibilidad
- reducir la deriva del rociado

Familiarícese con los tipos de adyuvantes para comprender dónde y cómo utilizarlos. Al elegir los adyuvantes, describa el efecto que quisiera que este tenga. Luego, verifique las etiquetas de los pesticidas y los adyuvantes para asegurarse de que los materiales son compatibles al igual que apropiados para la aplicación del lugar, la plaga objetivo y el equipo de aplicación. Recuerde que los adyuvantes se clasifican como pesticidas y que sus etiquetas suelen requerir más equipo de protección personal que otros materiales en su tanque. Siempre lea y siga todas las instrucciones en la etiqueta del adyuvante antes de mezclarlo.

A menudo, un solo químico posee dos o más funciones de adyuvantes. Algunos ejemplos de estos son los esparcidores adherentes y activadores. Algunos fabricantes también realizan combinaciones de químicos para estos propósitos. Estas combinaciones previamente mezcladas no suelen ser tan efectivas, sin embargo, se utilizan muchos adyuvantes de ingrediente activo únicos en cantidades adaptadas a las necesidades específicas.

Capítulo 3, Preguntas de repaso

1. **El pesticida se define como _____.**
   - ☐ a. cualquier sustancia utilizada para controlar las plagas en cualquier situación
   - ☐ b. solo aquellos químicos registrados para el control de plagas en California
   - ☐ c. ciertos productos de control de plagas derivados de fuentes naturales

2. **Una los grupos de pesticida con la plaga que controla.**

1. acaricida	a. caracoles
	b. malva
2. herbicida	c. ardillas terrestres
	d. ácaros persea
3. molusquicida	e. juncia avellanada
	f. garrapatas
4. rodenticida	g. babosas
	h. tuzas

3. **Una la palabra clave con su DL_{50} oral.**

1. PELIGRO	a. desde 50 hasta 500 mg/kg
2. ADVERTENCIA	b. menos de 50 mg/kg
3. PRECAUCIÓN	c. más de 500 mg/kg

4. **El modo de acción de un pesticida es _____.**
   - ☐ a. cómo se va a descomponer una vez que se libere en el medio ambiente
   - ☐ b. una descripción de su abrasividad luego de mezclarse
   - ☐ c. el método por el cual mata o daña a la plaga objetivo

5. **Una fórmula de pesticidas es una mezcla de _____.**
   - ☐ a. pesticida concentrado y adyuvantes u otros ingredientes que se agregaron a la mezcla del tanque
   - ☐ b. el/los ingrediente(s) activo(s) y otros ingredientes que mejoran la efectividad de la aplicación, la seguridad, la manipulación y el almacenamiento
   - ☐ c. un envoltorio soluble en agua y un químico concentrado que se disuelven completamente en el agua

6. **¿Cuál de los siguientes es más importante para considerar al seleccionar un pesticida para un trabajo?**
   - ☐ a. el consejo de su asesor local de control de plagas, un asesor agrícola y el comisionado agrícola del condado
   - ☐ b. plagas objetivo, condiciones en el lugar de aplicación y los riesgos de los pesticidas y el /los modo(s) de acción
   - ☐ c. cálculos de grado día, Normas para el Control de Plagas de UC IPM y el equipo de aplicación disponible

7. **¿Por qué se utilizan los adyuvantes?**
   - ☐ a. porque hacen más segura la mezcla y la carga
   - ☐ b. previenen la contaminación de las aguas subterráneas
   - ☐ c. para adaptar las fórmulas a las necesidades específicas

8. Una el tipo de formulación del pesticida con su beneficio principal.

1.	polvo humectable (WP)	a.	no es abrasivo para las bombas o las boquillas de rociado
2.	seca fluyente (DF)	b.	reduce la posibilidad de desarrollar fitotoxicidad en las plantas tratadas
3.	polvos solubles (SP)	c.	menos probable que derive que otros tipos de fórmulas
4.	concentrados emulsionables (EC)	d.	envasados en recipientes fáciles de verter que hacen que la medición y la mezcla sean más sencillas que otras formulaciones
5.	gránulos	e.	Tienen muchos usos diferentes, más que otros tipos de formulación

Capítulo 4
Leyes y reglamentos

Registro y etiquetado de pesticidas 46
Capítulo 4, Preguntas de repaso 58

Expectativas de conocimiento

1. Explique el requisito legal de leer, comprender y seguir las instrucciones en la etiqueta de un pesticida.
2. Describa las formas en las que puede hacer que las etiquetas y las fichas de datos de seguridad estén disponibles para sus empleados.
3. Identifique la información que se encuentra en las diferentes partes de la etiqueta.
4. Describa el tipo de información de seguridad proporcionada en la etiqueta de un pesticida.
5. Describa el tipo de información de seguridad proporcionada en la ficha de datos de seguridad (FDS) de un pesticida.
6. Describa dónde encontrar las diversas leyes y reglamentos estatales y federales que abarcan las aplicaciones de pesticidas de uso restringido en su propiedad.
7. Describa por qué, cuándo y cómo obtener un permiso de materiales restringidos.
8. Enumere los métodos legales que se pueden utilizar para notificar a los empleados de las granjas acerca de las aplicaciones de pesticidas y los intervalos de entrada restringida.
9. Describa los requisitos de notificación del uso de pesticidas.

Registro y etiquetado de pesticidas

Explique el requisito legal de leer, comprender y seguir las instrucciones en la etiqueta de un pesticida.

Los fabricantes deben registrar los pesticidas en la Agencia de Protección Ambiental de Estados Unidos (EPA, por sus siglas en inglés) y el Departamento de Reglamentación de Pesticidas (DPR, por sus siglas en inglés) antes de que puedan ser usados, adquiridos o vendidos en California. Estas agencias registran productos pesticidas individuales. El proceso de registro protege a las personas y al medio ambiente de químicos ineficaces o perjudiciales.

Los fabricantes deben proporcionar etiquetas que cumplan con todos los requisitos federales y estatales. Estas etiquetas se convierten en documentos legales y contienen información importante para los usuarios: la etiqueta es la ley. Contiene todas las instrucciones para saber cómo, cuándo y dónde se puede utilizar el pesticida. Algunas etiquetas hacen referencia a otros documentos, como las disposiciones de la Norma de Protección del Trabajador del título 40 del Código de Regulaciones Federales, parte 170 (40 CFR 170). Cualquier documento que se mencione en las etiquetas de los pesticidas forma parte de la etiqueta del pesticida.

ETIQUETAS DE LOS PESTICIDAS

La Norma de Protección del Trabajador establece el formato de las etiquetas de los pesticidas y prescribe la información que debe contener. Sin embargo, algunos envases son demasiado pequeños para tener toda esta información impresa. En estos casos, la EPA de EE.UU. requiere a los fabricantes incluir las instrucciones de uso del producto en un etiquetado adjunto en la forma de un cuadernillo desplegable como un acordeón o un folleto adjunto (Fig. 4-1). Estos cuadernillos, junto con la etiqueta de la base, son el etiquetado del pesticida completo. En los envases de metal o plástico, los fabricantes colocan estas etiquetas en bolsas plásticas pegadas al costado del envase. Por lo general, los envases de papel tienen folletos colocados debajo de las solapas inferiores. En estos casos, la etiqueta de la base adherida al envase debe incluir un comunicado de referencia con las direcciones de uso en el cuadernillo.

FIGURA 4-1.
Las etiquetas suplementarias a menudo se adjuntan a los envases de los pesticidas. Antes de comprar un pesticida, asegúrese de contar con el conjunto completo de etiquetas.

Los reglamentos de California, requieren que las etiquetas de los pesticidas estén disponibles para los empleados en el lugar de uso, por ende, es necesario asegurarse de que la etiqueta se encuentre disponible allí.

Lo mejor es conservar la etiqueta completa de los pesticidas junto al pesticida, ya sea que esté almacenado, se transporte o se mezcle, cargue y aplique, para que los empleados puedan acceder fácilmente a los materiales. Cuando necesite tener una copia de la etiqueta en dos lugares distintos (por ejemplo, si devuelve el envase de pesticida parcialmente lleno al área de almacenamiento pero

Describa las formas en las que puede hacer que las etiquetas y las fichas de datos de seguridad (FDS) estén fácilmente disponibles para sus empleados.

LEYES Y REGLAMENTOS 47

FIGURA 4-2.
La etiqueta del pesticida es un documento legal complejo que debe leer y comprender antes de aplicar un pesticida. Realice las aplicaciones de pesticidas siguiendo estrictamente las instrucciones de la etiqueta.

se dirige a otro lugar para aplicar el pesticida mezclado), puede descargar e imprimir copias adicionales de la etiqueta desde el sitio web del fabricante.

Cuándo leer la etiqueta del pesticida

Lea atentamente la etiqueta del pesticida (Fig. 4-2)

- antes de comprar el pesticida para asegurarse de que está registrado para el uso deseado; confirme que no existen restricciones u otras condiciones que prohíban el uso del pesticida en la zona de aplicación; verifique que su uso es adecuado bajo las condiciones climáticas actuales; asegúrese de que controla la fase de ciclo de vida de la plaga; y averigüe qué equipo de protección personal (EPP) y equipo especial de aplicación debe tener.
- antes de mezclar y aplicar el pesticida para saber cómo mezclar y aplicar los materiales de forma segura; averigüe qué precauciones debe tener para prevenir la exposición a las personas y los organismos no objetivo; e infórmese acerca de cuáles son los primeros auxilios y tratamientos médicos necesarios si llega a ocurrir un accidente.
- al almacenar los pesticidas para saber cómo almacenar apropiadamente el pesticida e informarse sobre las precauciones necesarias para prevenir los riesgos de incendio.
- antes de desechar el pesticida no utilizado y vaciar los recipientes, para evitar la contaminación ambiental y los riesgos para las personas (antes de desecharlos, consulte al comisionado agrícola de su zona por las restricciones y requisitos locales).

> Identifique la información que se encuentra en las diferentes partes de la etiqueta.
>
> Describa el tipo de información de seguridad proporcionada por la etiqueta de un pesticida.

¿Qué contienen las etiquetas de los pesticidas?

Consulte los números correspondientes en la etiqueta de muestra dels pesticida (Fig. 4-3) para ejemplos de las siguientes secciones de las etiquetas de los pesticidas.

1. **Declaración sobre la clasificación de uso.** La EPA de EE.UU. clasifica a los pesticidas como de uso general o de uso restringido. Los pesticidas de uso restringido a nivel federal poseen una declaración especial impresa en la etiqueta en un lugar destacado (como el que se muestra en la figura 4-4). Los pesticidas que no contienen esta declaración son pesticidas de uso general, excepto donde se aplican las restricciones especiales del estado.

RESTRICTED USE PESTICIDE
Due to Toxicity to Fish and Aquatic Organisms
For retail sale to and use only by Certified Applicators, or persons under their direct supervision, and only for those uses covered by the Certified Applicator's certification.

FIGURA 4-3.
Este ejemplo de etiqueta de pesticida muestra las secciones más importantes, que se describen en el texto.

Para más información, consulte la lista del DPR, "Materiales Restringidos en California", disponible a través de los comisionados agrícolas del condado. Algunas etiquetas poseen declaraciones restringidas lo que indica que son exclusivos de uso agrícola o comercial. Una declaración restrictiva es distinta a una declaración sobre la clasificación de uso.

2. **Nombre de la marca.** El nombre de la marca es el mismo que el fabricante le da al producto. Este nombre se utiliza para todas las publicidades y las promociones. También se conoce comúnmente como el nombre comercial del producto.

3. **Ingredientes.** Las etiquetas de los pesticidas indican el porcentaje de ingredientes activos y de otros ingredientes por peso. Otros ingredientes son componentes de la fórmula que no poseen efectos de pesticida. Incluso si no se consideran activos, estos ingredientes

① RESTRICTED USE PESTICIDE
DUE TO TOXICITY TO NON-TARGET INVERTEBRATES, MAMMALS, AND AQUATIC ORGANISMS
FOR RETAIL SALE TO AND USE ONLY BY CERTIFIED APPLICATORS OR PERSONS UNDER THEIR DIRECT SUPERVISION AND ONLY FOR THOSE USES COVERED BY THE CERTIFIED APPLICATOR'S CERTIFICATION.

| Group | 22 | Herbicide |

② **Knock 'em out SC**
Miticide/Insecticide By ToxiK™

③ **Active Ingredient:**
④ Abamectin[1] 8.0%*
Other Ingredients: 92.0%
Total: 100.0%

⑤ [1]CAS No. 71751-41-2

⑥ *Knock 'em out SC Miticide/Insecticide is formulated as a suspension concentrate and contains 0.7 lb abamectin per gallon.

⑦ EPA Reg. No. 123-456
EPA Est. 123-CA321
SCP 1351A-L1K 1217

⑧ **Net Contents**
1 quart (32 fluid ounces)

KEEP OUT OF REACH OF CHILDREN.
⑨ **WARNING/AVISO**
Si usted no entiende la etiqueta, busque a alguien para que se la explique a usted en detalle. (If you do not understand the label, find someone to explain it to you in detail.)

⑩ Manufactured for: ToxiK™, LLC
P.O. Box 0000 Your Town, Your State, 0000€

⑪ **FIRST AID**

If swallowed:
- Call a poison control center or doctor IMMEDIATELY for treatment advice.
- Have person sip a glass of water if able to swallow.
- Do not induce vomiting unless told to do so by a poison control center or doctor.
- Do not give anything by mouth to an unconscious person.

If inhaled:
- Move person to fresh air.
- If person is not breathing, call 911 or an ambulance, then give artificial respiration, preferably by mouth-to-mouth, if possible.
- Call a poison control center or doctor for further treatment advice.

If on skin or clothing:
- Take off contaminated clothing.
- Rinse skin IMMEDIATELY with plenty of water for 15-20 minutes.
- Call a poison control center or doctor for treatment advice.

If in eyes:
- Hold eye open and rinse slowly and gently with water for 15-20 minutes.
- Remove contact lenses, if present, after the first 5 minutes, then continue rinsing eye.
- Call a poison control center or doctor for treatment advice.

NOTE TO PHYSICIAN
Early signs of intoxication include dilation of pupils, muscular incoordination, and muscular tremors. Toxicity following accidental ingestion of this product can be minimized by early administration of chemical adsorbents (e.g. activated charcoal).

If toxicity from exposure has progressed to cause severe vomiting, the extent of resultant fluid and electrolyte imbalance should be gauged. Appropriate supportive parenteral fluid replacement therapy should be given, along with other required supportive measures (such as maintenance of blood pressure levels and proper respiratory functionality) as indicated by clinical signs, symptoms, and measurements.

Have the product container or label with you when calling a poison control center or doctor, or going for treatment.

HOT LINE NUMBER
For 24-Hour Medical Emergency Assistance (Human or Animal) or Chemical Emergency Assistance (Spill, Leak, Fire, or Accident), Call **1-800-000-0000**

⑫ **PRECAUTIONARY STATEMENTS**
Hazards to Humans and Domestic Animals
WARNING/AVISO

May be fatal if swallowed or inhaled. Do not breathe vapor or spray mist. Harmful if absorbed through the skin. Causes moderate eye irritation. Avoid contact with skin, eyes, or clothing. Remove and wash contaminated clothing before reuse.

Personal Protective Equipment
Applicators and other handlers must wear:
- Long-sleeve shirt and long pants
- Chemical-resistant gloves made of: barrier laminate, butyl rubber ≥ 14 mils, nitrile rubber ≥ 14 mils, neoprene rubber ≥ 14 mils, polyvinyl chloride ≥ 14 mils, or Viton® ≥ 14 mils)
- Shoes plus socks

Discard clothing and other absorbent materials that have been drenched or heavily contaminated with this product's concentrate. DO NOT reuse them. Follow manufacturer's instructions for cleaning/maintaining PPE. If no such instructions for washables exist, use detergent and hot water. Keep and wash PPE separately from other laundry.

Engineering Controls: When handlers use closed systems, enclosed cabs, or aircraft in a manner that meets the requirements listed in the Worker Protection Standard (WPS) for agricultural pesticides [40 CFR 170.240(d)(4-6)], the handler PPE requirements may be reduced or modified as specified in the WPS.

IMPORTANT: When reduced PPE is worn because a closed system is being used, handlers must be provided all PPE specified above for "applicators and other handlers" and have such PPE immediately available for use in an emergency, such as a spill or equipment breakdown.

User Safety Recommendations
Users should:
- Wash hands before eating, drinking, chewing gum, using tobacco, or using the toilet.
- Remove clothing/PPE immediately if pesticide gets inside. Then wash thoroughly and put on clean clothing.
- Remove PPE immediately after handling this product. Wash the outside of gloves before removing. As soon as possible, wash thoroughly and change into clean clothing.

12

PRECAUTIONARY STATEMENTS (CONT.)

Environmental Hazards: This product is toxic to fish and wildlife.

DO NOT apply directly to water, to areas where surface water is present, or to intertidal areas below the mean high water mark. Do not contaminate water when disposing of equipment wash water or rinsate. This product is highly toxic to bees exposed to direct treatment on blooming crops or weeds. DO NOT apply this product or allow it to drift to blooming crops or weeds while bees are foraging in/or adjacent to the treatment area.

Use of this product may pose a risk to threatened and endangered species of fish, amphibians, crustaceans (including freshwater shrimp), and insects. All use of this product in the state of California should comply with the recommendations of the California Endangered Species Project. Before using this product in California, consult with your county agricultural commissioner to determine use limitations that apply in your area.

This product may impact surface water quality due to runoff of rain water. This is especially true for poorly draining soils and soils with shallow groundwater. This product is classified as having a medium potential for reaching both surface water and aquatic sediment via runoff for several weeks to months after application. A level, well-maintained vegetative buffer strip between areas to which this product is applied and surface water features such as ponds, streams, and springs will reduce the potential loading of abamectin from runoff water and sediment. Runoff of this product will be reduced by avoiding applications when rainfall is forecast to occur within 48 hours.

Attention: This product contains a chemical known to the State of California to cause birth defects or other reproductive harm.

13

DIRECTIONS FOR USE

It is a violation of Federal law to use this product in a manner inconsistent with its labeling. Knock 'em out SC must be used only in accordance with recommendations on this label or in separately published TOXIK supplemental labeling recommendations for this product.

14

DO NOT apply this product in a way that will contact workers or other persons, or pets either directly or through drift. Only protected handlers are allowed in the area during application. For any requirements specific to your State or Tribe, consult the agency responsible for pesticide regulation.

15

AGRICULTURAL USE REQUIREMENTS

Use this product only in accordance with its labeling and with the Worker Protection Standard (WPS), 40 CFR part 170. This Standard contains requirements for the protection of agricultural workers on farms, forests, nurseries, and greenhouses and handlers of agricultural pesticides. It contains requirements for training, decontamination, notification, and emergency assistance. It also contains specific instructions and exceptions pertaining to the statements on this label about personal protective equipment (PPE) and restricted-entry interval. The requirements in this box only apply to uses of this product that are covered by the Worker Protection Standard.

16

Do not enter or allow worker entry into treated areas during the restricted-entry interval (REI) of 12 hours. Exception: For grape girdling, cane turning, and tying in grapes, do not enter or allow worker entry into treated areas during the restricted-entry interval (REI) of 4 days.

PPE required for early entry to treated areas that is permitted under the Worker Protection Standard and that involves contact with anything that has been treated, such as plants, soil, or water, is:

- Coveralls over short pants and short-sleeved shirt
- Chemical-resistant gloves made of: barrier laminate, butyl rubber ≥ 14 mils, nitrile rubber ≥ 14 mils, neoprene rubber ≥ 14 mils, polyvinyl chloride ≥ 14 mils, or Viton® ≥ 14 mils)
- Shoes plus socks

17

STORAGE AND DISPOSAL

Do not contaminate water, food, or feed by storage or disposal.

Pesticide Storage
Store in a tightly closed container in a cool, dry place.

Pesticide Disposal
Pesticide waste may be hazardous. Improper disposal of excess pesticide, spray mixture, or rinsate is a violation of Federal Law. If these wastes cannot be disposed of by use according to label instructions, contact your State Pesticide or Environmental Control agency, or the Hazardous Waste representative at the nearest EPA Regional Office for guidance in proper disposal methods.

Container Handling [less than or equal to 5 gallons]
Non-refillable container. Do not reuse or refill this container. Triple rinse container (or equivalent) promptly after emptying. Triple rinse as follows: Empty the remaining contents into application equipment or a mix tank and drain for 10 seconds after the flow begins to drip. Fill the container ¼ full with water and recap. Shake for 10 seconds. Pour rinsate into application equipment or a mix tank or store rinsate for later use and disposal. Drain for 10 seconds after the flow begins to drip. Repeat this procedure two more times. Offer for recycling if available or puncture and dispose of in a sanitary landfill, or by incineration, or by other procedures allowed by state and local authorities.

CONTAINER IS NOT SAFE FOR FOOD, FEED, OR DRINKING WATER.

18

CONDITIONS OF SALE AND LIMITATION OF WARRANTY AND LIABILITY

NOTICE: Read the entire Directions for Use and Conditions of Sale and Limitation of Warranty and Liability before buying or using this product. If the terms are not acceptable, return the product at once, unopened, and the purchase price will be refunded.

The Directions for Use of this product must be followed carefully. It is impossible to eliminate all risks inherently associated with the use of this product. Crop injury, ineffectiveness, or other unintended consequences may result because of such factors as manner of use or application, weather or crop conditions, presence of other materials, or other influencing factors in the use of the product, which are beyond the control of TOXIK, LLC or Seller. To the extent permitted by applicable law, Buyer and User agree to hold TOXIK and Seller harmless for any claims relating to such factors.

(*Warranty information continued on supplemental labeling*)

FIGURA 4-4.

Un ejemplo de declaración de uso restringido que se encuentra en la parte superior de la primera página de un pesticida de uso restringido a nivel federal.

aún pueden ser tóxicos, inflamables o plantear otros peligros de seguridad o para el medio ambiente. Sin embargo, algunos son relativamente inofensivos, como la arcilla. Si un pesticida contiene más de un ingrediente activo, la etiqueta establecerá el porcentaje de cada uno. Los fabricantes no suelen identificar individualmente los nombres o porcentajes de otros ingredientes en el pesticida.

4. **Nombre químico.** Las etiquetas deben enumerar todos los químicos que tienen acción pesticida (ingredientes activos) en el producto. Los nombres químicos describen la estructura química de los ingredientes activos y se basan en reglas internacionales de denominaciones.

5. **Nombre químico común o Número CAS.** Los nombres químicos de los ingredientes activos de los pesticidas suelen ser complicados. Por lo tanto, los fabricantes le dan nombres comunes o genéricos a la mayoría de los pesticidas. Por ejemplo, 0,0-dietil 0(2-isopropilo-6-metilo-4pirimidina) tiene el nombre común de diazinón. No todas las etiquetas indican los nombres comunes del pesticida. En su lugar, algunas enumeran el número CAS (Servicio de Resúmenes Químicos, CAS por sus siglas en inglés), como es el caso de esta etiqueta.

6. **Formulación.** Generalmente, las etiquetas enumeran los tipos de fórmula, como emulsificador concentrado, polvo humectable o polvo soluble. Los fabricantes pueden incluir esta información como un sufijo en el nombre de la marca del pesticida. Por ejemplo, en el nombre Princep 80W, la "W" indica una fórmula de polvo humectable. (véase la tabla 3-5 en el capítulo 3 para las definiciones de muchos sufijos que se utilizan en los nombres de marca).

7. **Números de registro y establecimiento.** La EPA de EE.UU. asigna números de registro a cada pesticida. Además, el número de establecimiento identifica el lugar de fabricación o reenvasado. Si es necesario registrar el producto en California (pero no con la EPA de EE.UU.), el Departamento de Reglamentación de Pesticidas asignará un número de registro de California.

8. **Contenido.** Las etiquetas enumeran el contenido neto, por peso o volumen líquido, que contiene el envase.

9. **Palabra clave.** Una parte importante de toda etiqueta es la palabra clave. Las palabras "DANGER" (en español, peligro) y "POISON" (en español, veneno), con un cráneo y huesos cruzados, indican que el pesticida es altamente tóxico. Si se utiliza la palabra "DANGER" por sí sola, es un indicio de que el pesticida plantea un alto riesgo para la salud. La palabra "WARNING" (en español, advertencia) indica una toxicidad moderada y "CAUTION" (en español, precaución) significa una toxicidad baja (véase "categorías de toxicidad de los pesticidas" en el capítulo 3). Durante el proceso de registro, se le asigna una categoría de toxicidad a cada pesticida (de Categoría I, DANGER, a la Categoría IV, que no requiere ninguna palabra de advertencia). El nivel de riesgo determina la palabra clave que los fabricantes deben colocar en sus etiquetas.

10. **Fabricante.** Las etiquetas de los pesticidas siempre contienen el nombre y la dirección del fabricante del producto. Utilice esa dirección si es necesario contactar al fabricante por cualquier razón.

11. **Primeros auxilios.** La declaración de primeros auxilios proporciona información de emergencia. Explica qué hacer para descontaminar a alguien que se expuso al pesticida. Describe los procedimientos de primeros auxilios en caso de ingestión, exposición de la piel y los ojos e inhalación de polvo o vapores. Esta sección le indica cuándo solicitar atención médica.

12. **Avisos de precaución.** Los avisos de precaución describen los peligros de los pesticidas. Lea y siga las instrucciones de los avisos de precaución. Las declaraciones incluyen hasta tres áreas de peligro. Los peligros más preocupantes son hacia las personas y los animales domésticos.

La primera parte de un aviso de precaución explica por qué el pesticida es peligroso, enumera los efectos adversos que pueden llegar a ocurrir si las personas se ven expuestas, y describe el tipo de EPP que hay que utilizar al manipular los envases y al mezclar y aplicar el producto.

La segunda parte de un aviso de precaución describe los peligros para el medio ambiente. Le informa si el pesticida es tóxico para los organismos que no son objetivo como las abejas melíferas, los peces, los pájaros y otra fauna. Aquí es donde se informa cómo evitar la contaminación del medio ambiente.

La tercera parte de un aviso de precaución explica los peligros físicos y químicos especiales. Estos incluyen los riesgos de incendio o explosión y los peligros de los gases.

> Explique el requisito legal de leer, comprender y seguir las instrucciones en la etiqueta de un pesticida.

13. **Instrucciones de uso.** Las instrucciones de uso son una parte importante de la etiqueta de un pesticida. No seguir las instrucciones representa una violación a la ley. Las únicas excepciones son los casos donde las leyes federales o estatales especifican desviaciones aceptables de las instrucciones de la etiqueta. Las instrucciones de uso enumeran todas las plagas objetivo que los fabricantes afirman que su pesticida controla. También incluyen los cultivos, las especies de planta, los animales u otro lugar a los que se puede aplicar el pesticida. Aquí encontrará las restricciones especiales que debe respetar. Estas incluyen los cultivos que se pueden o no plantar en la zona tratada (restricciones del intervalo mínimo para volver a plantar, también llamadas restricciones de rotación de cultivos). También incluyen restricciones sobre alimentar al ganado con residuos agrícolas o dejar pastar al ganado en las plantas tratadas. Estas instrucciones también explican cómo aplicar el pesticida (incluidos los métodos de aplicación permitidos) y proporcionan métodos para ayudar a prevenir la deriva. Especifican la cantidad de pesticida a utilizar, dónde utilizar el material y cuándo aplicarlo (Fig. 4-5). Las instrucciones incluyen los intervalos de cosecha (o intervalos previos a la cosecha) para todos los cultivos, siempre que sea apropiado. Un intervalo de cosecha es el tiempo, en días, requerido después de la aplicación antes de que se pueda cosechar un cultivo agrícola.

BRASSICA LEAFY VEGETABLES CROPS AND TURNIP GREENS
All members of the Brassica Leafy Vegetable Group 5, plus Turnip greens, including: Broccoli, Broccoli raab (rapini), Brussels sprouts, Cabbage, Cauliflower, Cavalo broccolo, Chinese broccoli (gai lon), Chinese cabbage (bok choy), Chinese cabbage (napa), Chinese mustard cabbage (gai choy), Collards, Kale, Kohlrabi, Mizuna, Mustard greens, Mustard spinach, Rape greens, Turnip greens

PEST		QUARTS OF THIS PRODUCT PER ACRE	SPECIFIC DIRECTIONS
Flea beetles Harlequin bug Leafhoppers		½ to 1	Repeat applications as needed up to a total of 4 times per year but not more often than once every 7 days.
Armyworm Aster leafhopper Corn earworm Diamondback moth Fall armyworm Imported cabbageworm	Lygus bugs Spittle bugs Stink bugs Tarnished plant bug	1 to 2	

FIGURA 4-5.
Muchas etiquetas de pesticidas cuentan con tablas como estas que muestran las tasas de aplicación y las instrucciones para controlar las plagas enumeradas en cultivos específicos. Estas tablas se encuentran en la sección "Instrucciones de Uso" de la etiqueta del pesticida.

14. **Declaración de uso indebido.** La declaración de uso indebido recuerda a los usuarios que deben aplicar los pesticidas de acuerdo a las instrucciones de la etiqueta.

15. **Requisitos de uso agrícola.** Esta declaración especial aparece en la sección de "instrucciones de uso" en las etiquetas de los pesticidas aprobados para su uso en la producción agrícola, invernaderos y viveros comerciales, y bosques. Se refiere a la Norma de Protección del Trabajador (40 CFR 170). Se deben utilizar los pesticidas de acuerdo a estos estándares al igual que los requisitos en la etiqueta del pesticida. Proporciona información sobre el EPP requerido por los trabajadores que tengan que entrar durante los intervalos de entrada restringida. También proporciona el intervalo de entrada restringida para los trabajadores (véase el No. 16, más abajo).

16. **Declaración de entrada restringida.** Por lo general, debe transcurrir un período de tiempo antes de que se pueda ingresar a una zona tratada a menos que se utilice el EPP. Este período se conoce como el intervalo de entrada restringida. Estos intervalos pueden variar de acuerdo a la toxicidad y los peligros especiales asociados con el pesticida. El cultivo o lugar que se trata, y su ubicación geográfica, también influyen en la duración de

este intervalo. Algunos usos de pesticidas en California requieren intervalos de entrada restringida más largos de los que se encuentran indicados en la etiqueta del pesticida. Consulte con el comisionado agrícola del condado para más información.

17. **Instrucciones de almacenamiento y desecho.** Esta sección contiene instrucciones para almacenar y desechar el pesticida de forma adecuada y vaciar los envases de los mismos. La depuración correcta de los pesticidas no utilizados y sus recipientes reduce los peligros para los humanos y el medio ambiente. Algunos pesticidas tienen requisitos especiales de almacenamiento porque un almacenamiento inadecuado hace que pierdan su eficacia. El almacenamiento inadecuado puede incluso causar explosiones o incendios.

18. **Garantía.** Los fabricantes suelen incluir una garantía y un descargo de responsabilidad en las etiquetas de los pesticidas. Estos datos le informan sobre sus derechos como comprador y limitan la responsabilidad del fabricante.

Describa el tipo de información de seguridad proporcionada por la ficha de datos de seguridad (FDS) de un pesticida.

FICHAS DE DATOS DE SEGURIDAD

Además de la etiqueta, también habrá que revisar la Ficha de Datos de Seguridad (FDS) del pesticida, anteriormente conocida como Hoja de Datos de Seguridad del Material (MSDS, por sus siglas en inglés). La FDS proporciona información detallada sobre los peligros del pesticida (Fig. 4-6). La información que se encuentra en una FDS incluye (pero no se limita a):

- características químicas de los ingredientes activos y otros ingredientes peligrosos
- riesgos de incendios y explosiones
- riesgos para la salud
- características de reactividad e incompatibilidad
- información sobre el almacenamiento
- procedimiento de emergencia en caso de derrame o fuga
- índices DL_{50} y LC_{50} para varios animales de experimentación
- números de teléfono de emergencia del fabricante

Los fabricantes preparan estas hojas y las ponen a disposición de toda persona que venda, almacene o manipule pesticidas. Pregúntele a su empleador por ellas, o, si trabaja por cuenta propia, las puede conseguir a través del fabricante de químicos o del proveedor de pesticidas. Puede obtener las FDS de cada pesticida etiquetado, y los empleadores deben guardarlas en un lugar accesible y claramente etiquetado.

FIGURA 4-6.
Este extracto de la ficha de datos de seguridad (FDS) de un pesticida ilustra varias secciones que a menudo cuentan con información diferente a la que aparece en la etiqueta del producto (por ejemplo, la palabra de advertencia de una FDS podría ser distinta a la de la etiqueta). Las secciones ilustradas incluyen la identificación del producto, la identificación de los peligros y la información reglamentaria. Utilice siempre el pesticida de acuerdo con la información proporcionada en la etiqueta del mismo.

Secciones de una ficha de datos de seguridad

Los cambios de los reglamentos de la Administración de Seguridad y Salud Ocupacional (OSHA, por sus siglas en inglés) han estandarizado los temas y el formato de las FDS. Estas normas exigen que todas las FDS contengan las siguientes 16 secciones.

1. **Identificación.** La identificación del producto incluye el nombre de la marca del producto como aparece en la etiqueta, al igual que cualquier manera alternativa de identificar al producto, como otro nombre comercial o sinónimos, nombre(s) químico(s) o el número de registro de la EPA de EE.UU. Esta sección también describe los usos recomendados del producto y sus restricciones y proporciona el nombre, la dirección y el número telefónico del fabricante, junto con (en algunas etiquetas) una clasificación del modo de acción. Los números de teléfono de emergencia también se encuentran impresos aquí.

2. **Identificación de riesgos.** Esta sección debe especificar las palabras clave, junto con todos los símbolos o descripciones de símbolos (Fig. 4-7) y avisos de precaución. Esta sección también debe incluir descripciones adicionales de los riesgos que se hayan identificado durante el proceso de clasificación, pero que no informan de la clase actual del pesticida. La información sobre los ingredientes cuya toxicidad aguda no ha sido probada también puede incluirse aquí en determinadas circunstancias.

3. **Composición/información de los ingredientes.** La información sobre la composición del pesticida está incluida en esta sección. Cada ingrediente clasificado, aditivo e impureza se encuentra listado, junto con los nombres comunes y sinónimos, los números del servicio de resúmenes químicos (CAS, por sus siglas en inglés) u otros identificadores

FIGURA 4-7.
Clases de peligro y pictogramas que pueden utilizarse en la sección 2 de una Ficha de Datos de Seguridad, "Identificación de peligros". Los pictogramas comunican los peligros específicos asociados a los pesticidas.

Pictogramas y Clases de Peligros según el SGA

Oxidantes	Inflamables Auto Reactivos Pirofónicos Auto Calentable Emite Gas Inflamable Peróxidos Orgánicos	Explosivos Auto Reactivos Peróxidos Orgánicos
Toxicidad Aguda (Severa)	Corrosivos	Gases Bajo Presión
Carcinógeno Sensibilizador Respiratorio Toxicidad Reproductiva Toxicidad al Órgano Objetivo Mutagenicidad Toxicidad por Aspiración	Toxicidad Ambiental	Irritante Sensibilizador Dérmico Toxicidad Aguda (nociva) Efectos Narcóticos Irritación del Tracto Respiratorio

y el porcentaje de cada ingrediente en la fórmula sin diluir. También se puede ver una nota sobre cualquier ingrediente que no es revelado debido a una declaración de secreto comercial.

4. **Medidas de primeros auxilios.** Las declaraciones en esta sección proporcionan información necesaria para acceder y responder a los incidentes de exposición, incluidas las diferentes maneras en que las personas se ven expuestas, los síntomas principales (tanto agudos como tardíos) y los pasos inmediatos que se pueden tomar para tratar a la persona expuesta. Las indicaciones especiales para el tratamiento médico también se encuentran en esta sección.

5. **Medidas contra incendios.** En esta sección se describe el potencial del pesticida para generar un riesgo de incendio, incluidos los químicos peligrosos que pueden liberarse durante el incendio. Incluye una lista de medios de extinción adecuados (por ejemplo, agua, espuma, polvo seco) y, cuando sea necesario, medios de extinción inadecuados. Además, encontrará información específica para los bomberos, como una lista de equipo de protección personal e instrucciones para evitar la contaminación ambiental.

6. **Medidas en caso de derrame accidental.** Durante un derrame de pesticida (liberación accidental), lea esta sección para informarse acerca del EPP, precauciones y procedimiento que tendría que realizarse para contener el derrame y comenzar con la limpieza. Esta sección enumera los materiales recomendados para la limpieza del pesticida y las opciones de eliminación.

7. **Manipulación y almacenamiento.** Aquí se puede encontrar una explicación de las precauciones que se deben tener para manipular el pesticida de forma segura. Además, puede encontrar una descripción de las condiciones de almacenamiento seguro para los pesticidas.

8. **Controles de exposición/protección personal.** Esta sección proporciona el límite de exposición permitida (PEL, por sus siglas en inglés) de la OSHA y cualquier otro límite de exposición utilizado por el fabricante para describir la exposición máxima permitida. También se indican los controles técnicos adecuados, medidas de protección personal y EPP requeridos para evitar la exposición al ingrediente activo o a otros ingredientes que suponen un riesgo para la salud.

9. **Propiedades físicas y químicas.** Cuando se conocen, en esta sección se enumerarán las 17 propiedades físicas y químicas del pesticida. Las propiedades descritas incluyen el aspecto de la formulación,, su olor, inflamabilidad o límite explosivo, solubilidad y viscosidad, entre otros.

10. **Estabilidad y reactividad.** La información de la estabilidad y la reactividad del pesticida se enumeran en esta sección. Aquí encontrará una lista de químicos o condiciones que producen inestabilidad, reactividad o incompatibilidad durante la mezcla y el almacenamiento. Puede encontrar cuál es la probabilidad de experimentar reacciones riesgosas, al igual que las condiciones que hay que evitar (como la descarga estática, la exposición al calor extremo o las vibraciones) para reducir malas reacciones. También enumera productos de descomposición peligrosos para ayudarlo a evitar la exposición involuntaria a sustancias nocivas.

11. **Información toxicológica.** Esta sección detalla los efectos crónicos y agudos de los pesticidas a través de las cuatro posibles rutas de exposición (inhalación, ingestión, contacto con la piel y con los ojos) para las exposiciones de largo y corto plazo. Aquí encontrará medidas numéricas de la toxicidad (como las estimaciones de la DL_{50} basadas en estudios con animales), así comoe los síntomas relacionados con las características físicas, químicas y toxicológicas del pesticida. Si se descubre que el pesticida es un posible carcinógeno, esa información también se incluirá aquí.

12. **Información ecológica (no obligatoria).** En esta sección, podrá verse la toxicidad del pesticida en las zonas y los organismos susceptibles. Por ejemplo, puede mencionarse la

DL$_{50}$ para las abejas melíferas, al igual que la información sobre la vida media del pesticida en el suelo o en el agua a ciertas temperaturas. También podrá encontrarse información sobre la movilidad del pesticida en el suelo, su potencial de bioacumulación y otros efectos adversos que puede tener en el medio ambiente.

13. **Consideraciones sobre la eliminación (no obligatoria).** En esta sección se pueden encontrar instrucciones detalladas para la manipulación segura y la eliminación adecuada de los residuos, los contenedores de pesticidas y los envases contaminados.
14. **Información sobre el transporte (no obligatoria).** Esta sección puede incluir cualquier información relacionada con el transporte local o de larga distancia del pesticida. Por ejemplo, aquí podrá ver la clase de peligro para el transporte del Departamento de Transporte o de otra organización, así como una lista de los principales peligros ambientales del pesticida. También se pueden encontrar precauciones especiales para los usuarios que vayan a transportar el pesticida de un lugar a otro, tanto si lo transportan de un lugar a otro en la misma propiedad o de un pueblo a otro.
15. **Información reglamentaria (no obligatoria).** En esta sección, se pueden observar los reglamentos de seguridad, sanidad, y medio ambiente que pertenecen al pesticida. Para los pesticidas registrados para el uso en California, podrá verse un mensaje de advertencia de la Proposición 65.
16. **Otra información.** Esta sección cuenta con información que el fabricante cree importante pero que no corresponde a ninguna de las otras secciones. Puede incluir el historial de revisión o la fecha de preparación de la FDS y también puede incluir un breve análisis de la responsabilidad del fabricante u otra información sobre el producto (véase OSHA 2012).

REGLAMENTOS QUE ABARCAN LA MANIPULACIÓN DE LOS MATERIALES RESTRINGIDOS EN SU PROPIO TERRENO

Describa dónde encontrar las diversas leyes y reglamentos estatales y federales que abarcan el uso restringido de pesticidas en su propiedad.

Existen reglamentos estatales y federales que informan cómo se pueden utilizar los materiales restringidos en sus propios terrenos o los que administre. Estos reglamentos incluyen el requisito de realizar exámenes de certificación específicos para demostrar que entiende cómo manejar los pesticidas de forma segura. Además, debe obtener un permiso del comisionado agrícola de su condado para aplicar los materiales restringidos en California, incluso si serán aplicados en su propiedad. Su permiso puede contener requisitos locales adicionales para el uso de materiales restringidos específicos. Los reglamentos que cubren el uso de pesticidas en California se encuentran en el título 3, división 6 del Código de Reglamentos de California y se consideran equivalentes a las regulaciones federales. Consulte el sitio web del Departamento de Reglamentación de Pesticidas: cdpr.ca.gov/docs/legbills/calcode/chapter_.htm, para revisar estos reglamentos.

Describa por qué, cuándo y cómo obtener un permiso de materiales restringidos.

Cómo obtener un permiso de materiales restringidos

Antes de aplicar cualquier material restringido por el estado o el condado en su propiedad, es

FIGURA 4-8.

Las etiquetas pueden requerir la publicación de señales de advertencia como ésta para impedir que las personas no ingresen en una zona recientemente tratada. Las señales deben incluir un cráneo y tibias cruzadas en el centro y la palabra DANGER (peligro) con letras lo suficientemente grandes como para leer desde una distancia de 25 pies.

necesario que obtenga un permiso para materiales restringidos. Para obtener un permiso, el dueño de la propiedad u operador de la empresa debe solicitarlo al comisionado agrícola de su condado. Esta solicitud debe enumerar las áreas que se van a tratar, su ubicación y tamaño, cultivos o productos, problemas de plaga, nombres de los materiales restringidos en California que se solicita aplicar, y el método de aplicación, y se debe confirmar que se han considerado métodos de mitigación alternativos. Si usted es propietario o administra varios lugares en un mismo condado (por ejemplo, campos diferentes), todos pueden estar cubiertos por un único permiso siempre y cuando se identifique y se describa cada lugar.

Su solicitud de permiso también debe incluir un mapa o una descripción de los alrededores y especificar cualquier lugar que pueda ser dañado por los pesticidas. Estos pueden incluir ríos, escuelas, hospitales, campos de trabajo, zonas residenciales, hábitats de especies en peligro de extinción y cultivos o ganado susceptibles de sufrir daños por pesticidas.

Requisitos de notificación

Debe notificar a los empleados que trabajan en su granja de cualquier aplicación de pesticida y de los intervalos de entrada restringida que estarán en vigencia si van a trabajar a menos de ¼ de milla de la/las zona(s) tratadas. Tendrá que informarles el lugar de tratamiento, la hora, el nombre del pesticida y cualquier precaución que deberán tomar. Las etiquetas de los pesticidas pueden especificar el método de notificación que debe utilizar, como la señalización o la notificación oral, o ambas. Si no se especifica el método, podrá notificar a los trabajadores de forma oral o mediante un cartel. Los reglamentos de California requieren señalizaciones en el campo si el intervalo de entrada restringida excede las 48 horas. Para un espacio cerrado (como un invernadero), los reglamentos exigen la publicación de la notificación si el intervalo de entrada restringida excede las 4 horas, excepto si el lugar se encuentra cerrado por completo (como un invernadero). En ese caso, el área debe ser señalizada sin importar la duración del intervalo de entrada restringida (Fig. 4-8). En todos los casos, usted o su empleador están obligados a indicar la información específica de aplicación, así como la FDS del pesticida en una ubicación central fácilmente disponible para los empleados que ingresen a los campos tratados. La información específica de la aplicación y la correspondiente FDS deben exhibirse durante un total de 30 días más la duración de los intervalos de entrada restringida después de que se haya aplicado un pesticida. Después de ese tiempo, los registros de las aplicaciones de pesticidas por sitio, las etiquetas y las FDS de estos pesticidas deben guardarse en un lugar donde puedan estar a disposición de los empleados que lo soliciten. Consulte la Serie de Información de Seguridad con Pesticidas (PSIS) A-8 y A-9 para información sobre la señalización y asegúrese de exhibir estos folletos en una ubicación central y en los lugares de descontaminación permanentes que presten servicio a 11 o más trabajadores de campo o manipuladores. Ambos PSIS A-8 y A-9 están disponibles en varios idiomas en la página web del Departamento de Reglamentación de Pesticidas: cdpr.ca.gov.

Requisitos de notificación de uso

Debe presentar una notificación de uso de pesticida (PUR) al comisionado agrícola de su condado cada mes para todos los pesticidas agrícolas aplicados. El PUR debe presentarse antes del día 10 del mes siguiente a la aplicación del pesticida. Cuando obtenga su permiso, su comisionado agrícola le explicará la información necesaria que debe reportar luego de que se realicen las aplicaciones de pesticidas en su propiedad y cómo entregar esta información. El comisionado agrícola del condado luego transmite la información al Departamento de Reglamentación de Pesticidas. Se puede encontrar un formulario PUR de muestra en la barra lateral 4-1.

Enumere los métodos legales que se pueden utilizar para notificar a los empleados de las granjas acerca de las aplicaciones de pesticidas y los intervalos de entrada restringida.

Describa los requisitos de notificación de uso de pesticidas.

BARRA LATERAL 4-1

Ejemplo de formulario de notificación de uso de pesticidas (PUR)

Este formulario PUR brinda un ejemplo de lo que tendrá que llenar para completar los reportes mensuales del uso de pesticidas. Dado que estos formularios suelen estar adaptados de acuerdo a las oficinas del comisionado agrícola local, pueden variar con respecto a la foto que mostramos aquí.

Capítulo 4, Preguntas de repaso

1. **Los reglamentos de California requieren de señalizaciones en el campo si el intervalo de entrada restringida excede _____.**
   - ☐ a. 48 horas
   - ☐ b. 24 horas
   - ☐ c. 12 horas

2. **¿Cuáles documentos se consideran parte de la etiqueta de un pesticida?**
   - ☐ a. cualquier documento que se encuentre publicado en su lugar de trabajo
   - ☐ b. cualquier documento al que se haga referencia en la etiqueta
   - ☐ c. cualquier documento que sea proporcionado por los proveedores de pesticidas

3. **Relacione la sección de la etiqueta con la información que se encuentra ahí:**

1. Instrucciones de uso	a. cuándo solicitar atención médica
2. Primeros auxilios	b. si el producto es o no tóxico para las abejas melíferas
3. Declaraciones de precaución	c. la lista de todas las plagas objetivo que el fabricante afirma que el producto controla
	d. la cantidad de tiempo que debe pasar antes de que cualquiera persona pueda ingresar a una zona tratada a menos que se utilice el EPP
4. Declaración de entrada restringida	e. restricciones del intervalo mínimo para la replantación o la rotación de cultivos
	f. qué EPP usar al manipular los envases y al mezclar y aplicar el producto

4. **Relacione la información necesaria con la mejor fuente de la misma.**

1. Cómo limpiar después de un derrame de pesticida	a. etiqueta
2. Cómo aplicar correctamente el pesticida	
3. Cómo deshacerse de los envases de pesticida	b. ficha de datos de seguridad
4. Cómo evitar reacciones peligrosas	

5. **Verdadero o falso**

   ☐ Verdadero ☐ Falso a. Los permisos de materiales restringidos los expide la División de Gestión de Plagas y Licencias del Departamento de Reglamentación de Pesticidas

   ☐ Verdadero ☐ Falso b. La etiqueta es la ley.

   ☐ Verdadero ☐ Falso c. Los empleados deben tener acceso a los registros de uso de pesticidas para los campos tratados y para los materiales que manipulan.

   ☐ Verdadero ☐ Falso d. Se debe reportar todo uso de pesticida agrícola al comisionado agrícola del condado una vez al año.

   ☐ Verdadero ☐ Falso e. Se debe tener un permiso de materiales restringidos antes de que esté autorizado a aplicar cualquier material restringido en California en su propiedad.

   ☐ Verdadero ☐ Falso f. Los reglamentos que cubren el uso de pesticida en California se pueden encontrar en el título 3, división 6 del Código de Reglamentos de California.

Capítulo 5
Riesgos para el medio ambiente

El medio ambiente y los peligros del uso de pesticidas 60
Características de los pesticidas 60
Comportamiento de los pesticidas en el medio ambiente 61
Impactos ambientales de las aplicaciones de pesticidas 65
Capítulo 5, Preguntas de repaso 69

Expectativas de conocimiento

1. Explique los riesgos potenciales para el medio ambiente asociados con los pesticidas.
2. Describa las características de los pesticidas y cómo influyen en la posibilidad de que se desplacen fuera del lugar de trabajo.
3. Enumere los tipos de movimiento de pesticidas fuera del lugar de trabajo.
4. Distinga entre fuentes puntuales y no puntuales de contaminación ambiental por pesticidas.
5. Describa los factores que influyen en el movimiento de los pesticidas fuera del lugar de trabajo.
6. Enumere las características de un lugar determinado que influyen en el potencial de que un pesticida llegue a las aguas superficiales o aguas subterráneas.
7. Explique cómo pueden acumularse los residuos de pesticidas en los productos agrícolas.
8. Identifique la toxicidad y el potencial de residuos de los pesticidas que se aplican comúnmente en los animales o en los productos agrícolas de origen animal.
9. Describa las formas en que los pesticidas pueden afectar a los organismos no objetivo.

El medio ambiente y los peligros del uso de pesticidas

Explique los posibles riesgos medioambientales asociados con los pesticidas.

El estado de California ha estado activo en la reglamentación de los pesticidas desde que se aprobó la primera ley de pesticidas en 1901. El Departamento de Reglamentación de Pesticidas de California (DPR, por sus siglas en inglés) y los comisionados agrícolas del condado colaboran con la Agencia de Protección Ambiental de Estados Unidos (EPA, por sus siglas en inglés) para regular el uso de pesticidas. Estas agencias enfrentan un desafío cada vez mayor: proteger al público, los trabajadores y al medio ambiente y, al mismo tiempo, permitir a los cultivadores controlar las plagas mediante el uso de pesticidas. En California, los legisladores se aseguran de que haya normas de pesticidas seguras y adecuadas, y también se aseguran de que los usuarios de los pesticidas sigan esas normas.

Los riesgos para el medio ambiente que se abordan en este capítulo incluyen la contaminación de las aguas superficiales (lagos, arroyos, canales de riego, etc.) y de las aguas subterráneas (acuíferos), el daño a los organismos no objetivo (por ejemplo, polinizadores, especies en peligro, vida silvestre en su hábitat natural, etc.) y la contaminación de zonas delicadas (por ejemplo, escuelas, colmenares, hábitat de animales domésticos, áreas silvestres, casas, etc.). Relacionado con estos temas están las diversas formas en que los pesticidas se escapan de las zonas tratadas e ingresan en el medio ambiente, como la deriva, la lixiviación, la escorrentía y por medio de los residuos que se mueven en el ambiente antes de que el pesticida se descomponga. Además, se tratarán los factores que influyen en el movimiento de los pesticidas fuera del sitio de aplicación.

El medio ambiente está compuesto por todo lo que nos rodea. Incluye no sólo los elementos naturales que la palabra ambiente suele traer a la mente, sino también las personas y los componentes fabricados en nuestro mundo. Cualquier persona que utilice un pesticida debe considerar cómo afecta ese pesticida al medio ambiente.

Características de los pesticidas

Describa las características de los pesticidas y cómo influyen en la posibilidad de que los pesticidas se desplacen fuera del sitio de aplicación.

Para comprender cómo se desplazan los pesticidas en el medio ambiente, primero se deben entender las diferentes características físicas y químicas de los pesticidas, y cómo cambia la interacción de un pesticida con el medio ambiente. Estas características son:

- Solubilidad: la capacidad de un pesticida para disolverse en un líquido; los pesticidas solubles tienen más probabilidades de desplazarse con el agua en el desagüe o de moverse en el agua a través del suelo (lixiviación) que los pesticidas menos solubles en agua, como los que se disuelven en aceite (Fig. 5-1).
- Adsorción: es el proceso mediante el cual un pesticida se une a las partículas del suelo; un pesticida que se adsorbe a las partículas del suelo tiene menos probabilidades de lixiviación que un producto químico que no se adsorbe firmemente al suelo, pero aún así puede desplazarse fuera del lugar a través de la erosión del suelo.
- Persistencia: la duración en que un pesticida se mantendrá presente y activo en su forma original antes de descomponerse; cuanto más tarde un pesticida en descomponerse, mayor tiempo permanecerá en el medio ambiente (Fig. 5-2).
- Volatilidad: la tendencia de un pesticida a transformarse en gas o vapor; las posibilidades de volatilización aumentan a medida que la temperatura y el viento también aumentan y cuando la humedad relativa se encuentra baja (Fig. 5-3).

Vapor Pressure:	Paraquat Dichloride	$7.5 \times 10^{(-8)}$ mmHg @ 77°F (25°C)
Vapor Density:	Not available	
Relative Density:	1.07 - 1.13 g/ml @ 68°F; 9.12 lbs/gal	
Solubility(ies):	Paraquat Dichloride	620 g/l @ 68°F (20°C)

FIGURA 5-1.

En la sección 9 de una FDS de un pesticida se enumeran las propiedades químicas del material. Aquí, podrá ver las condiciones bajo las cuales el ingrediente activo de un pesticida se disuelve en agua.

RIESGOS PARA EL MEDIO AMBIENTE

FIGURA 5-2.

Un ejemplo de una declaración en una FDS que describe la persistencia del pesticida en el medio ambiente.

> **Persistance and degradability**
>
> **Oxyfluorfen**
> **Biodegradability:** Material is expected to biodegrade very slowly (in the environment). Fails to pass OECD/EEC tests for ready biodegradability.
>
> **Theoretical Oxygen Demand:** 1.305 mg/mg
>
> **Stability in Water (½-life)**
> Hydrolysis, 3.9 d, pH 5 - 9, Half-life Temperature 20°C

FIGURA 5-3.

Un ejemplo de una declaración en una FDS que describe la volatilidad de un pesticida. Los pesticidas altamente volátiles tienen valores de presión de vapor superiores a 1×10^{-4}. Este pesticida tiene un índice de presión de vapor de 10×10^3. Es tan volátil que es necesario incorporarlo al suelo directamente después de su aplicación.

> **9. PHYSICAL AND CHEMICAL PROPERTIES**
>
> **Appearance:** Grey-tan granule
> **Loose bulk Density:** 41 - 56 lb/cu ft.
>
> **Solubility in H_2O**
> **Active Ingredient** – 375 mg/l (25°C) Miscible with common organic solvents
> **Vapor Pressure**
> **Active Ingredient** – 10×10^3 mPa (25°C)

Distinga entre fuentes puntuales y fuentes no puntuales de contaminación ambiental por pesticidas.

Enumere los tipos de movimiento de pesticidas fuera del lugar de trabajo.

Comportamiento de los pesticidas en el medio ambiente

La contaminación ambiental por pesticidas puede producirse de varias maneras (Fig. 5-4). Puede ser resultado de la deriva, cuando las corrientes del viento y del aire llevan los pesticidas lejos de la zona de aplicación. También puede producirse cuando los pesticidas que se han aplicado se escurren por la tierra hasta las fuentes de agua superficial o cuando los pesticidas persistentes se filtran en las aguas subterráneas. Los pesticidas también pueden alejarse del lugar de aplicación sobre o dentro de objetos, plantas o animales.

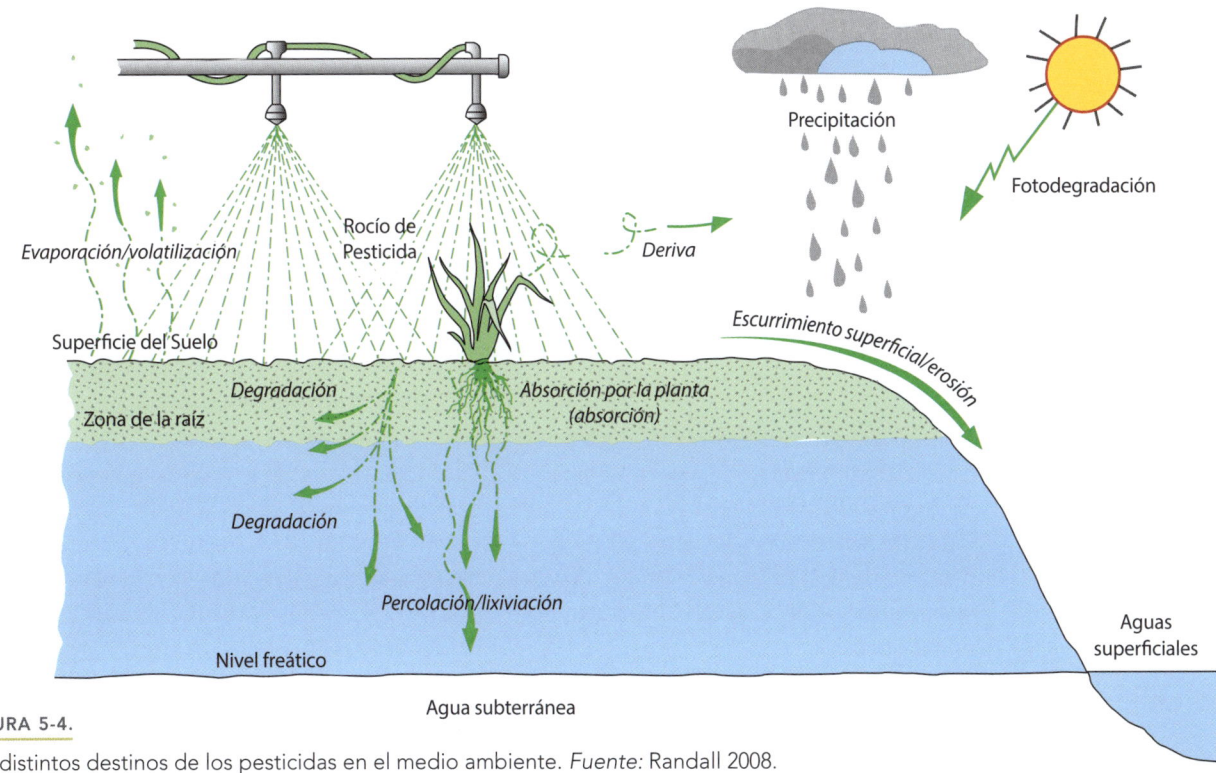

FIGURA 5-4.

Los distintos destinos de los pesticidas en el medio ambiente. *Fuente:* Randall 2008.

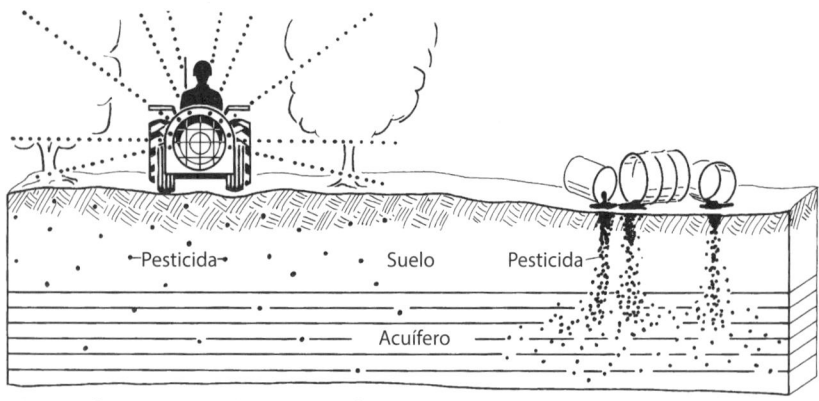

FIGURA 5-5.
Las fuentes de contaminación puntual son zonas donde se vierten grandes cantidades de pesticidas u otros contaminantes en un solo lugar. Las fuentes de contaminación no puntual surgen de aplicaciones normales de pesticidas u otros materiales en una zona amplia.

Describa los factores que influyen en el movimiento de los pesticidas fuera del sitio de aplicación.

Enumere las características de un lugar determinado que influyen en el potencial de un pesticida de alcanzar el agua superficial o subterránea.

A veces, el daño ambiental puede ocurrir incluso cuando el pesticida que se haya aplicado permanece en la zona objetivo. Por ejemplo, si las especies no objetivo se encuentran en un campo bajo tratamiento o ingresan a dicho campo poco después de que se haya realizado la aplicación, podrían envenenarse. Algunos pesticidas son tan persistentes que permanecen en el medio ambiente durante muchos años después de su aplicación. Por lo tanto, las zonas que anteriormente se utilizaban para el cultivo y que desde entonces se han utilizado con otros fines, pueden seguir teniendo residuos de estos pesticidas.

La contaminación ambiental también puede ocurrir por medio de fuentes puntuales y no puntuales de contaminación (Fig. 5-5). Derramar o verter pesticidas o agua de enjuague repetidamente en un lugar específico, como cerca del lugar donde se limpia el equipo, en o alrededor de las áreas de almacenamiento de pesticidas o en lugares donde los pesticidas se mezclan y cargan regularmente, se llama contaminación de fuente puntual. La contaminación de fuentes no puntuales proviene de las aplicaciones realizadas en una zona amplia. El movimiento de los pesticidas hacia los arroyos o las aguas subterráneas en la lluvia o el agua de irrigación seguido de la aplicación al voleo en un campo agrícola es un ejemplo de contaminación de fuente no puntual.

Factores que influyen en el movimiento fuera del lugar de aplicación

Existen numeroso factores que hacen que el movimiento de los pesticidas fuera del lugar de aplicación sea más o menos posible en el medio ambiente. Esto incluye las características físicas del lugar de aplicación, el clima, el tipo de equipo de aplicación utilizado, las propiedades químicas del pesticida aplicado y el comportamiento humano.

Factores que influyen en el movimiento en el agua

Los factores que influyen en el índice de erosión y escorrentía incluyen la pendiente, la cobertura vegetal, las características del suelo, el volumen y la velocidad del agua que se desplaza ladera abajo, la cantidad e intensidad de irrigación y de lluvia y la temperatura. Estos factores influyen en la cantidad de agua que se escurre y en la que se traslada al suelo (infiltración). Algunos pesticidas persistentes se adhieren a la tierra y pueden ser arrastrados por el agua. Esto se llama erosión. Además, la solubilidad de un pesticida en el agua contribuye a la contaminación del agua superficial, ya que escorrentía (el movimiento de los pesticidas en el agua que fluye sobre el suelo) puede fácilmente llevar los pesticidas solubles lejos del lugar de aplicación.

Los factores que influyen en la lixiviación (la infiltración de agua que contiene pesticidas a través del suelo hacia las aguas subterránea, Fig. 5-6) incluyen las características químicas y físicas de un pesticida, como tener un índice alto de solubilidad, un índice bajo de adsorción o un alto índice de persistencia y las propiedades del suelo como la textura, la estructura y la cantidad de materia orgánica. La figura 5-7 muestra un ejemplo de la declaración de la etiqueta de un pesticida que describe la cantidad de lixiviación que se puede esperar cuando el material se aplica en varios tipos de suelos.

Los factores que influyen en la existencia de la contaminación del canal directo de agua (Fig. 5-8) incluyen la manipulación imprudente de los pesticidas cerca de pozos o fuentes de aguas superficiales (lagos, ríos, etc.), el drenaje indebido del agua utilizada para la limpieza del equipo de

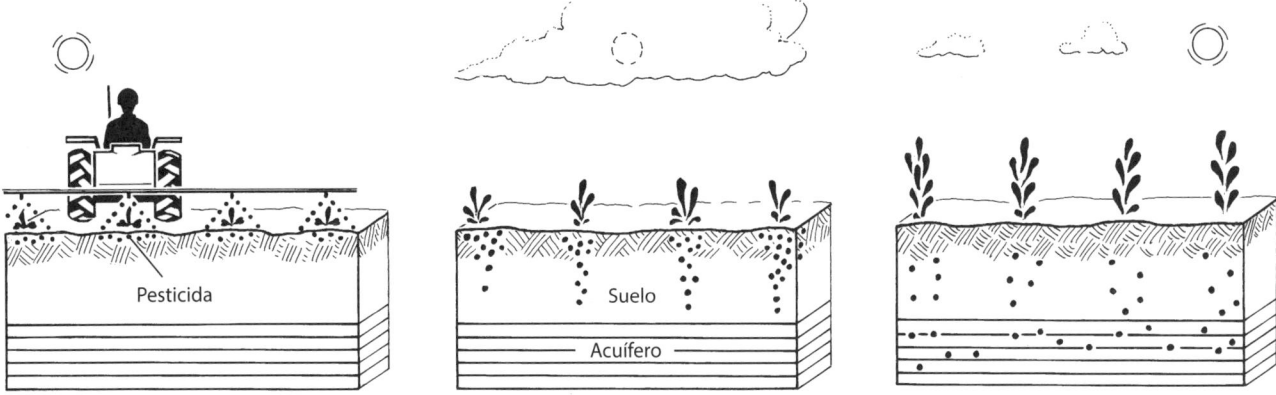

FIGURA 5-6.

El agua entra en los acuíferos por filtrado a través de la tierra. A medida que el agua pasa a través del suelo, puede disolver algunos pesticidas y llevarlos al acuífero. Este proceso se llama lixiviación.

FIGURA 5-7.

Un ejemplo de la declaración de una etiqueta que indica el potencial de lixiviación del pesticida cuando se aplica en distintos tipos de suelo.

Soil Texture Guide for Application Rates

Rates listed for incorporated treatments of Treflan HFP are based on Soil Texture Class (coarse, medium, or fine) and soil organic matter content. A fine textured soil (e.g., clay loam) will require a higher application rate than a coarse textured soil (e.g., loamy sand). In the table below, find the Soil Texture Class (coarse, medium, or fine) corresponding to the Soil Texture to be Treated. Choose the proper rate for each application based on the Soil Texture Class and specific crop Directions for Use. Do not exceed the listed maximum use rates.

Soil Texture Class	Soil Texture to be Treated
Coarse (Light) Soils	Sand, loamy sand, sandy loam
Medium Soils	Loam, silty clay loam[1], silt loam, silt, sandy clay loam[1]
Fine (Heavy) Soils	Clay, clay loam, silty clay loam[1], silty clay, sandy clay, sandy clay loam[1]

[1]Silty clay loam and sandy clay loam soils are transitional soils and may be classified as either medium or fine textured soils. If silty clay loam or sandy clay loam soils are predominantly sand or silt, they are usually classified as medium textured soils. If they are predominantly clay, they are usually classified as fine textured soils.

FIGURA 5-8.

Los pozos de agua son canales directos hacia un acuífero y pueden proporcionar conexiones entre varios acuíferos. Los pesticidas y otros contaminantes pueden pasar al agua subterránea directamente a través de los pozos.

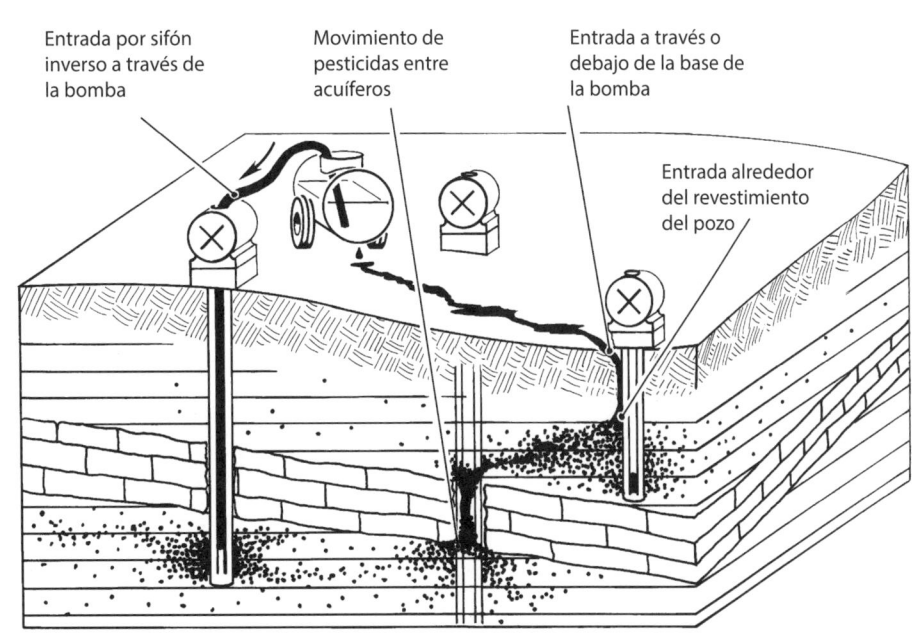

aplicación en cuerpos de agua o pozos y la falta de uso de protecciones contra los reflujos al llenar los tanques de pesticidas o al inyectar pesticidas en un sistema de irrigación.

Factores que influyen en el movimiento en el aire

El movimiento de los pesticidas fuera del lugar de aplicación por el viento o las corrientes de aire se denomina deriva. Los pesticidas pueden ser transportados lejos del lugar en el aire como gotas de pulverización, vapores o partículas sólidas, incluso en partículas de suelo que son arrasadas por el viento. Los factores que influyen en la deriva de los pesticidas incluyen la volatilidad del pesticida, el tamaño de las gotas de pulverización, la altura de liberación, la dirección y la velocidad del viento, la temperatura y la humedad, el potencial de la inversión térmica y la lluvia.

Factores que influyen en el movimiento sobre o dentro de objetos, plantas y animales

Los pesticidas pueden alejarse del sitio de aplicación sobre o dentro de objetos u organismos que se mueven o son movidos fuera del lugar de aplicación. La persistencia de un pesticida determina la probabilidad de que se desplace fuera del sitio de aplicación. Por ejemplo, si un pesticida persiste en el medio ambiente durante mucho tiempo, puede permanecer en la superficie del arado u otro equipo a medida que lo movilice. Las personas o los animales que toquen ese equipo se pueden enfermar por exposición accidental. El suelo arado con equipos cubiertos de residuos puede contaminarse, y esos residuos pueden envenenar a los organismos que son beneficiosos para el suelo o matar a los cultivos recién plantados.

Residuos

Explique cómo pueden acumularse los residuos de plaguicidas en las mercancías agrícolas.

Identifique la toxicidad y el potencial de residuos de los pesticidas que se aplican comúnmente a los animales o a los productos agrícolas de origen animal.

Siempre que se aplique un pesticida, permanecerá en forma de residuo durante un tiempo en las superficies tratadas. La naturaleza química del pesticida o la persistencia de la fórmula afecta la cantidad de residuos. La frecuencia y la cantidad de pesticida utilizado (acumulación) también determinarán la cantidad de residuos presentes. Por ejemplo, cuanto más seguido se aplique un pesticida a un cultivo, más probable será la acumulación de residuos en la superficie de esos cultivos. Por último, los residuos están sujetos a la interacción con el medio ambiente (descomposición o recombinación).

Los residuos son importantes y necesarios porque proporcionan la exposición continua que mejora las posibilidades de controlar ciertas plagas, como los parásitos que infestan al ganado. Sin embargo, los residuos no son deseados cuando exponen a las personas, los animales domésticos o la vida silvestre a niveles insalubres de pesticidas. Los materiales de los pesticidas que no lleguen a la superficie de tratamiento pueden permanecer como residuos en el suelo, el agua o en las zonas no objetivo. Los residuos también pueden transferirse a los productos animales como la leche, cuando los pesticidas permanecen en la piel, el pelaje o el cabello del animal. Además, los envases vacíos de pesticidas poseen una pequeña cantidad de residuos. Esos residuos, junto con los mismos envases, deben desecharse de manera apropiada para prevenir la contaminación ambiental (Fig. 5-9).

Evitar residuos peligrosos

Reduzca las posibilidades de crear residuos peligrosos de plaguicidas tomando las siguientes medidas:

- Cumplir con las restricciones de la etiqueta con respecto al momento, la ubicación y la tasa de aplicación al usar el índice de efectividad más bajo siempre que sea posible.
- Realizar pruebas de compatibilidad antes de mezclar en el tanque dos o más pesticidas.
- Aplicar pesticidas durante los períodos de inactividad o barbecho, o cuando las vacas, las cabras y las ovejas no estén lactando, para evitar rociar productos comestibles o contaminar los productos animales, siempre que sea posible.
- Evitar derrames de pesticidas y limpiar de forma inmediata cualquier derrame accidental.
- Llenar el equipo de aplicación con un espacio de aire o una válvula antirretorno para evitar que la mezcla de pesticidas se desvíe nuevamente a los pozos.

FIGURA 5-9.
Los residuos de pesticidas incluyen recipientes parcialmente llenos de pesticidas que no se han utilizado, mezclas sobrantes en los tanques de rociado, agua de enjuague de los recipientes de pesticidas, agua de enjuague del interior y exterior del equipo de rociado y, como se muestra aquí, recipientes vacíos de pesticidas.

- Calibrar el equipo de aplicación adecuadamente y realizar una medición precisa de la zona que se planea rociar.
- Seleccionar pesticidas que se descompongan rápidamente siempre que sea posible, y utilizar fórmulas que reduzcan la probabilidad de deriva.
- Controlar la cantidad y el tiempo de irrigación del agua para eliminar la escorrentía y disminuir la velocidad de filtración.
- Reducir la erosión del suelo mediante practicas como la reducción de la labranza, la agricultura de contornos, el cultivo en terrazas, los canales de agua revestidos de pasto y el drenaje subterráneo.
- Recolectar y reusar el agua de cola (el agua que se escurre por el extremo inferior de un campo) de los campos de regadío para mantener los residuos dentro del lugar de tratamiento.

Impactos ambientales de las aplicaciones de pesticidas

Algunos tipos de pesticidas utilizados pueden ser dañinos para organismos que no son objetivo en el lugar de aplicación y en el entorno circundante, incluidas las zonas delicadas de los alrededores como los ríos, los lagos y los acuíferos. Antes de realizar una aplicación de pesticidas, familiarícese con la zona de tratamiento y sus alrededores. Evite utilizar pesticidas que perturben a los enemigos naturales y a otros organismos beneficiosos, que puedan llegar a los suministros de agua dulce, o que dañenla fauna o las plantas no objetivo.

Recuerde que los resultados de la exposición accidental a los pesticidas no siempre se evidencian de inmediato. Las consecuencias a largo plazo del movimiento fuera del sitio de aplicación pueden incluir la acumulación de pesticidas en los animales y el suelo, problemas con la reproducción y las crías de vida silvestre, y el desarrollo de enfermedades en organismos, por lo demás sanos, mucho después de la exposición inicial.

Impactos en los suministros de agua y las zonas delicadas

Aguas subterráneas. La posible contaminación de las aguas subterráneas con pesticidas es un problema serio, porque dependemos de esta para beber, irrigar y muchos otros propósitos. Alrededor de dos tercios del agua de la que dependemos es el agua subterránea: es nuestra fuente más importante de agua dulce.

El agua subterránea en California es muy vulnerable a la contaminación dado que se encuentra directamente debajo de muchos terrenos cultivados, industriales y residenciales. Cuando se produce, la contaminación puede ser muy difícil o imposible de combatir. Hay que tener especial cuidado en mantener los pesticidas fuera del agua subterránea, ya que puede tomar cientos de años poder eliminar estos contaminantes.

Aguas superficiales. El agua superficial (en canales de riego, arroyos, estanques y lagos) también es una fuente importante de agua potable. Por lo tanto, la contaminación de aguas superficiales con los pesticidas es una preocupación sanitaria. Los pesticidas que se desplazan en el agua de escorrentía o con los sedimentos erosionados pueden llegar a las fuentes de agua superficial, creando un peligro para la salud de las personas y la fauna de esa zona.

Zonas delicadas. Además de las fuentes de agua, las zonas delicadas incluyen lugares en los que los organismos vivos pueden ser fácilmente perjudicados por un pesticida. Las zonas delicadas incluyen (pero no se limitan a):
- Escuelas, parques infantiles, áreas de recreación, hospitales y vecindarios
- Hábitats de especies en peligro de extinción
- Hábitats de colmenas y abejas melíferas, refugios de vida silvestre y parques
- Lugares donde se mantienen, confinan o cuidan animales domésticos y ganado
- Campos para cultivos de comida o forrajes que no figuren en las etiquetas de los pesticidas

Siempre que sea posible, tome precauciones especiales para evitar aplicaciones en las zonas delicadas. Dejar una zona sin tratar alrededor de un lugar delicado es una forma práctica de evitar su contaminación. En otros supuestos, la zona delicada puede estar cerca de un lugar que se utiliza para mezclar y cargar, almacenar, desechar o lavar el equipo de los pesticidas. Se deben tomar precauciones o reubicar el lugar de trabajo para evitar la contaminación accidental de las zonas delicadas. Consulte la etiqueta para ver si hay indicaciones que le adviertan sobre restricciones especiales alrededor de zonas delicadas.

El estado de California tiene reglamentos estrictos sobre la aplicación de pesticidas en los productos agrícolas producidos cerca de escuelas públicas K-12 y los planteles de guarderías autorizadas (centros escolares). Además de exigir la notificación al centro escolar de las aplicaciones de pesticidas previstas, los reglamentos establecen la restricción de la aplicación de pesticidas de lunes a viernes de 6 a. m. a 6 p. m. (excepto en días festivos y durante las vacaciones escolares, cuando las instalaciones se encuentran cerradas), dentro de una distancia específica del centro escolar. Se aplican dos tipos de restricción de distanciamiento para la aplicación al aire libre: tanto ¼ de milla (1320 pies) o 25 pies, depende del tipo de equipo de aplicación que se utilice y el tipo de pesticida utilizado. No hay restricciones de distanciamiento cuando la aplicación se realiza dentro de un espacio cerrado, a menos que se aplique un fumigante, que está prohibido a menos de ¼ de milla de un centro escolar. Además, los rociadores de mochila que incorporan un pulverizador de aire están prohibidos a menos de ¼ de milla de un recinto escolar.

Impactos en los organismos no objetivo

Describa las formas en que los pesticidas pueden afectar a los organismos no objetivo.

Los pesticidas pueden afectar directamente a los organismos no objetivo, causando daños inmediatos. Cuando un pesticida no es selectivo, matará a la plaga al igual que a muchos de los enemigos naturales de la plaga. A veces, cuando se aplica un producto químico más selectivo, la aplicación aún puede afectar a los enemigos naturales al destruir la plaga de la cual dependen para alimentarse. Cuando los enemigos naturales mueran o se marchen por falta de presas, suelen necesitar más tiempo que la plaga para aumentar el tamaño de su población. Dado que la zona no posee enemigos naturales que normalmente mantienen a la plaga bajo control, las poblaciones de plagas pueden crecer rápidamente y, a veces, ser mayores que antes del tratamiento con pesticida. Este fenómeno se conoce con el nombre de resurgimiento de plagas.

Especies en peligro de extinción. Una especie en peligro está al borde de la extinción a lo largo de toda o una porción significativa de su área de distribución. Una especie amenazada es probable que se convierta en una especie en peligro de extinción en un futuro próximo. Los organismos encargados de hacer cumplir la ley restringen el uso de ciertos pesticidas en zonas donde viven especies en peligro de extinción. Para más información, consulte la oficina local de la Extensión Cooperativa de la Universidad de California. Los asesores de estas oficinas también pueden brindarle información acerca de los métodos de control de plagas que no son químicos y ayudarlo a integrarlos a un plan existente de manejo de plagas. Para más información sobre cómo crear un programa de MIP, consulte los capítulos 1 y 11. Para obtener información sobre las leyes de especies en peligro de extinción, la identificación de áreas de hábitats de especies en peligro de extinción, y las maneras de proteger las especies en peligro de extinción, consulte con la oficina local o regional del Departamento de Pesca y Vida Silvestre de California, el comisionado agrícola de su condado o la página web del DPR. El DPR mantiene una base de datos virtual llamada PRESCRIBE (cdpr.ca.gov/docs/endspec/prescint.htm) que puede ayudarlo a saber si hay alguna especie en peligro de extinción que viva cerca del lugar de aplicación. La base de datos también enumera las restricciones vigentes para los pesticidas que puede aplicar en en ese lugar.

Abejas y otros polinizadores. Ciertos tipos de aplicaciones de insecticidas y fungicidas pueden matar a las abejas melíferas y a otros polinizadores. Los polinizadores son más susceptibles si se aplican pesticidas dañinos mientras se encuentran en busca de néctar o polen. Ciertos pesticidas pueden lastimar a las abejas sociales que viven en colmenas si son llevadas allí por las abejas adultas en busca de alimento. Dada la importancia de los polinizadores en nuestro medio ambiente, es necesario notificar a los apicultores que se encuentren en un radio de 1 milla del lugar de aplicación si el pesticida que será aplicado puede llegar a perjudicar a las abejas y si las plantas que ellas visitarán están floreciendo. La barra lateral 5-1 proporciona un ejemplo de la declaración de "protección de los polinizadores" de la etiqueta de un pesticida que se sabe que es peligroso para las abejas.

BARRA LATERAL 5-1

MUESTRA DE LA ETIQUETA DE ABEJAS DE LA EPA DE EE.UU., "PROTECCIÓN DE LOS POLINIZADORES".

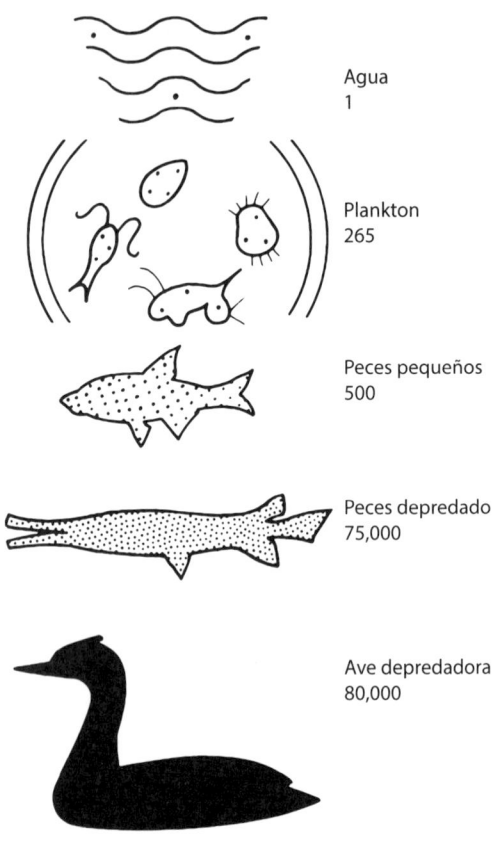

FIGURA 5-10.
La bioacumulación es la forma en que los pesticidas se concentran a través de la cadena alimenticia biológica. Los microorganismos y las algas que contienen pesticidas son ingeridos por pequeños invertebrados y peces en eclosión. Por su parte, los peces más grandes y las aves se comen estos organismos. Cada uno pasa mayores cantidades de pesticidas a los animales más grandes.

Otros impactos. Las aplicaciones de pesticidas persistentes pueden provocar un envenenamiento secundario de organismos no objetivo (bioacumulación). La bioacumulación (figura 5-10) ocurre cuando ciertos pesticidas se acumulan lentamente dentro de los cuerpos de los depredadores que se alimentan de animales que han ingerido o absorbido pequeñas cantidades de estos pesticidas. Con el paso del tiempo se acumulan mayores cantidades de estos pesticidas en el cuerpo de los depredadores, lo que puede afectar a su salud y a su capacidad de reproducción y puede causar una muerte prematura. Los depredadores también pueden morirse luego de la exposición a una gran dosis de pesticida, que sucede cuando se alimentan de roedores envenenados con pesticidas. Estas muertes involuntarias relacionadas con los pesticidas se llaman muertes secundarias.

Los pesticidas que se aplican al ganado y a las aves de corral pueden lastimar a los animales si ingieren accidentalmente el pesticida (por ejemplo, cuando se asean) o si los pesticidas se aplican en exceso. Los síntomas del intoxicación por pesticidas en los animales de granja son similares a los que se observan en los seres humanos. Llame inmediatamente a un veterinario si observa irritaciones de la piel, malestar o ampollas; salivación excesiva, temblores, vómitos, depresión o hiperexcitabilidad; o fiebre, problemas respiratorios, desorientación, convulsiones o muerte. Asegúrese de que la etiqueta del pesticida y de que la ficha de datos de seguridad (FDS) estén fácilmente disponiblespara ayudar en el diagnóstico y el tratamiento.

Si aplica incorrectamente los herbicidas podría matar accidentalmente plantas que no son su objetivo, incluidos los cultivos cercanos. Muchas especies de plantas son importantes en las zonas naturales y subdesarrolladas en la granja donde usted trabaja porque protegen la cuenca hidrográfica, reducen la erosión, proporcionan alimento y refugio a organismos beneficiosos y la vida silvestre, y son parte de la flora natural. Cuando el equilibrio ecológico de una zona es alterado, como con la destrucción involuntaria de la flora natural por herbicidas, es probable que las plantas de mala hierba se apoderen del área. Estas especies indeseables generalmente no proporcionan el alimento y el refugionatural que necesitan los organismos beneficiosos y la fauna silvestre.

Otro problema asociado con el uso de pesticidas es el brote de una plaga secundaria. Las plagas secundarias se controlan normalmente mediante enemigos naturales o la competición de la plaga primaria. La eliminación de los enemigos naturales o de la plaga primaria suele dar lugar a un aumento de las poblaciones de plagas secundarias que pueden causar daños económicos.

Capítulo 5, Preguntas de repaso

1. **Verdadero o falso**

   ☐ Verdadero ☐ Falso a. La contaminación de aguas subterráneas es un problema cuando se utilizan pesticidas persistentes.

   ☐ Verdadero ☐ Falso b. La contaminación de la fuente puntual proviene de pesticidas que se han derramado sobre una zona amplia.

   ☐ Verdadero ☐ Falso c. Los pesticidas que se desvían del lugar objetivo pueden perjudicar a los organismos no objetivos.

   ☐ Verdadero ☐ Falso d. Identificar dónde se encuentran las zonas delicadas de su granja antes de aplicar los pesticidas incrementará las posibilidades de contaminar estas zonas.

   ☐ Verdadero ☐ Falso e. La contaminación de fuentes no puntuales proviene de los pesticidas que desplazan a los arroyos o a las aguas subterráneas después de una aplicación al voleo en una zona amplia.

2. **Relacione el término con su definición.**

1. Solubilidad	a. la capacidad de un pesticida de permanecer presente y activo en su forma original durante un período prolongado antes de descomponerse
2. Adsorción	b. la tendencia de un pesticida de convertirse en gas o vapor
3. Persistencia	c. una medida de la habilidad de un pesticida para disolverse en un líquido
4. Volatilidad	d. el proceso que experimenta un pesticida cuando se une a las partículas del suelo

3. **Relacione la situación con el tipo de movimiento fuera del sitio de aplicación que, es más probable que ocurra.**

1. Se aplica un pesticida a alta presión utilizando boquillas de orificio pequeño y el viento aumenta la velocidad.	a. deriva
2. El agua de lluvia arrastra un pesticida soluble a través del suelo a un acuífero.	
3. El agua de irrigación transporta el pesticida de un campo recién tratado a un riachuelo cercano.	b. escorrentía
4. Se aplica un pesticida durante la formación de una inversión térmica.	
5. En una pendiente se debe aplicar un pesticida soluble, justo antes de una tormenta.	c. lixiviación
6. El agua de enjuague de la limpieza del equipo se vierte junto a un campo tratado en una zona de protección de aguas subterráneas.	

4. **Cuanto más a menudo se aplique un pesticida a un cultivo, más probabilidades habrá de experimentar _____.**

   ☐ a. acumulación de residuos en las superficies de los cultivos
   ☐ b. crecimiento de los cultivos a un ritmo más acelerado
   ☐ c. concentración de especies invasoras

5. **La bioacumulación puede ocurrir a los depredadores en el medio ambiente cuando repetidamente _____.**
   - ☐ a. se asean luego de haber entrado a una zona recientemente tratada
   - ☐ b. comen organismos que fueron expuestos a ciertos pesticidas
   - ☐ c. transportan residuos de pesticidas a las madrigueras, las guaridas o los nidos

6. **Un insecticida no-selectivo puede matar _____.**
   - ☐ a. la plaga de insectos y sus enemigos naturales
   - ☐ b. sólo la plaga de insectos secundaria
   - ☐ c. un solo tipo de plaga de insectos

Capítulo 6
Riesgos para los seres humanos

Probabilidad de riesgos para los seres humanos 72
Efectos dañinos de la exposición a pesticidas 77
Otros problemas asociados a los pesticidas 79
Capítulo 6, Preguntas de repaso 80

Expectativas de conocimiento

1. Describa las formas en que las personas se exponen a los pesticidas y cuáles son las vías de ingreso.
2. Enumere las tareas que se asocian más comúnmente con la exposición accidental a los pesticidas y explique por qué estas tareas son peligrosas.
3. Describa cómo el movimiento del pesticida fuera del sitio de aplicación pone en peligro la salud de los humanos.
4. Nombre las condiciones del sitio de aplicación que pueden cambiar e influir en los riesgos asociados con la aplicación de pesticidas.
5. Explique los riesgos para los seres humanos asociados con los pesticidas.
6. Enumere los riesgos asociados con los pesticidas comúnmente utilizados en o cerca de los animales.
7. Explique cómo pueden contribuir los siguientes puntos a los peligros para los seres humanos asociados con el uso de pesticidas:
    a. dosis incorrecta
    b. momento incorrecto de aplicación
    c. aplicación incorrecta del pesticida
8. Describa los posibles efectos de la exposición a los pesticidas en las personas (agudos, crónicos).

Probabilidad de riesgos para los seres humanos

Los pesticidas, al igual que otros productos químicos venenosos, perjudican a las personas al interferir con las funciones biológicas. El tipo y grado del daño depende de la toxicidad del pesticida y la cantidad que ingrese en los tejidos. Algunos pesticidas son muy tóxicos y producen daños en dosis pequeñas. Unas pocas gotas de estos podrían causar daños graves o la muerte.

Todos los pesticidas, incluso los menos tóxicos, presentan riesgos potenciales, por lo que debe evitarse la exposición al trabajar con ellos. Todos los pesticidas deben tratarse con respeto. Es imposible predecir exactamente qué efectos puede ocasionar la exposición prolongada y repetida a los pesticidas.

Los síntomas de la intoxicación por pesticidas pueden variar ampliamente. Si usted sospecha que ha estado expuesto a algún pesticida, consulte con un médico y prepárese para describir el pesticida y la forma en que pudo haber estado expuesto a él.

CÓMO SE EXPONEN LAS PERSONAS A LOS PESTICIDAS

Las personas entran en contacto con los pesticidas de varias maneras, por ejemplo, durante la mezcla y la carga, la aplicación e incluso durante el lavado de la ropa de trabajo. Los incidentes más graves de exposición suceden cuando los recipientes con pesticidas se manipulan incorrectamente durante el transporte y el almacenamiento de los pesticidas. Las actividades de transporte y almacenamiento son particularmente peligrosas dado que los pesticidas que se manipulan están concentrados. Cuando se producen accidentes, la exposición a estos productos químicos concentrados puede causar más daño a las personas y al medio ambiente. El mezclado y la aplicación también son causas frecuentes de accidente debido a la sobreexposición de los pesticidas. Para reducir considerablemente los riesgos de exposición, asegure los pesticidas correctamente para transportarlos, almacénelos en recipientes adecuados y en instalaciones debidamente equipadas, use ropa de trabajo apropiada y el equipo de protección personal (EPP) requerido durante todas las tareas de manipulación. Además, siga las recomendaciones de la etiqueta para la entrada restringida y los intervalos previos a la cosecha y las instrucciones de lavado y almacenamiento del EPP para proteger a todos.

Mientras trabaje con los pesticidas, los derrames accidentales pueden resultar en exposiciones graves. La ropa de protección y la respuesta rápida a emergencias reducen las posibilidades de lesiones severas si hay un accidente.

También es posible que las personas estén expuestas a pequeñas cantidades de pesticidas si viven en zonas cercanas al lugar donde usted esté rociando. Por ejemplo, los eventos de deriva pueden resultar en residuos de pesticidas superiores a los límites legales en frutas y vegetales que la gente recolecta en sus jardines. También pueden contaminar la ropa limpia tendida cerca a los lugares de aplicación, y los juguetes al aire libre en jardines cercanos o incluso pueden ingresar a las casas por medio de ventanas abiertas. La escorrentía y la lixiviación pueden contaminar el agua potable de las personas al contaminar pozos, lagos, arroyos y acuíferos. Al momento de la aplicación, es necesario pensar en la ubicación de la gente y en los recursos de los cuales dependen. Incluso cuando los pesticidas permanecen en el objetivo, las personas pueden estar expuestas a residuos de pesticidas si ingieren productos

Describa las formas en que las personas se exponen a los pesticidas y a las vías de ingreso.

Enumere las tareas que se asocian más comúnmente con la exposición accidental a pesticidas y explique por qué estas tareas son riesgosas.

Describa cómo el movimiento de pesticidas fuera del lugar de trabajo pone en peligro la salud humana.

FIGURA 6-1.

Los niños representan el grupo principal de víctimas de envenenamiento por pesticidas no agrícolas. El almacenamiento incorrecto de los pesticidas llevados al hogar desde los lugares de trabajo es una de las principales formas en que los niños encuentran e ingieren pesticidas.

> Mencione las condiciones del lugar de aplicación que pueden cambiar e influir en los riesgos asociados con la aplicación de pesticidas.
>
> Explique los riesgos para los seres humanos asociados con los pesticidas.
>
> Enumere los riesgos asociados con los pesticidas comúnmente utilizados en o cerca de los animales.

tratados antes de que expire el intervalo de cosecha o si tocan el follaje recientemente tratado. La planificación cuidadosa puede ayudar a evitar exposiciones accidentales de usted y de otras personas al pesticida.

Uno de los tipos más trágicos de lesiones por pesticidas es el causado por el almacenamiento de pesticidas en envases de alimentos o bebidas (Fig. 6-1). Se han reportado muchos casos de niños que han ingerido pesticidas de envases de refrescos. No almacene nunca los pesticidas en nada que no sea el envase en el que se compraron. No se lleve a casa productos químicos agrícolas para utilizarlos en el hogar. A menos que tenga control sobre los envases, mantenga los pesticidas bajo llave en un lugar de almacenamiento que sea inaccesible para los niños y los adultos no capacitados.

Exposición relacionada con el trabajo

Los aplicadores y manipuladores de pesticidas son los que corren el mayor riesgo de exposición a los pesticidas porque trabajan estrechamente con materiales tóxicos. Los aplicadores corren el mayor riesgo durante la mezcla y la carga debido a la mayor posibilidad de exposición por derrames y salpicaduras de pesticidas concentrados. La exposición a pesticidas concentrados es lo que también hace que el transporte y el almacenamiento de pesticidas sean tan riesgoso para las personas. Los trabajadores, los conductores de tractores, los irrigadores y otros empleados de las granjas se arriesgan a exponerse si transportan pesticidas o trabajan en zonas recientemente tratadas. Los intervalos de entrada restringida son restricciones importantes diseñadas para proteger a los trabajadores agrícolas de la exposición (Fig. 6-2). Métodos como la toma de notas de las condiciones en el lugar de aplicación que pueden cambiar rápidamente y aumentar el potencial de deriva (como la velocidad y la dirección del viento, la temperatura, la nubosidad, etc.) y realizar aplicaciones de rociado cuando los trabajadores no se encuentren en las cercanías, también pueden ayudar. Otro paso importante es capacitar a los empleados para que aprendan a evitar el contacto con los residuos de los pesticidas. Para más información acerca de las variables que puedan ser un peligro en los lugares de aplicación, véase el capítulo 5 y 8.

FIGURA 6-2.
Los intervalos de entrada restringida posteriores a las aplicaciones de pesticidas agrícolas han ayudado a reducir los daños en los trabajadores agrícolas. Los agricultores a menudo colocan carteles en los campos tratados, como el que se muestra aquí, para advertir a los trabajadores que no ingresen sin Equipo Personal de Protección (EPP) durante el intervalo de entrada restringida.

Las personas que mantienen o reparan el equipo de aplicación pueden entrar en contacto con los residuos de pesticidas en esos equipos. Los pesticidas solubles en aceite son una gran preocupación. Estos se acumulan en depósitos de grasa y en las superficies aceitosas y pueden ser difíciles de retirar. Limpiar el equipo de aplicación con frecuencia reduce los residuos de pesticidas y disminuye los riesgos de los trabajadores de mantenimiento y los operadores. Si no se puede limpiar el equipo antes de su reparación o mantenimiento, los mecánicos deben usar el EPP requerido para evitar la exposición. Las personas que limpian o reparan el equipo contaminado con pesticidas son consideradas manipuladoras de pesticidas y deben realizar la capacitación para la manipulación de pesticidas.

Cuando se utilizan pesticidas persistentes, la exposición accidental puede suceder incluso después de la cosecha. Para proteger a los consumidores y a los trabajadores de campo de la exposición a los pesticidas, los reglamentos establecen intervalos previos a la cosecha (la menor cantidad de días previos a la cosecha en el que un pesticida puede aplicarse) para productos tratados.

Es difícil para los trabajadores de invernaderos y viveros poder evitar el contacto con las superficies tratadas dado que los invernaderos por lo general poseen muchas plantas en espacios reducidos. Además, los viveros tienen ventilación limitada, lo que puede aumentar el potencial de respirar bruma o vapores de rociado. También aumenta el riesgo de que el polvo o la bruma entre en contacto con la piel o los ojos durante las aplicaciones.

Si algún empleado agrícola manipula pesticidas aplicados alrededor o en el ganado o las aves de corral, deben conocer los peligros exclusivos de la tarea y cómo evitarlos. Estos riesgos incluyen mayores probabilidades de exposición mediante las salpicaduras de los líquidos desde las cubas de inmersión de las ovejas y el ganado, y los polvos en suspensión liberados de las bolsas de polvo para el ganado o las cajas de polvo para las aves de corral. También, dado que algunos rociadores se utilizan en espacios cerrados como en los gallineros, los trabajadores de la ganadería tendrán algunos de los mismos problemas que los que trabajan en invernaderos u otros lugares con ventilación limitada.

Cómo entran los pesticidas en el cuerpo

Los tejidos de una persona expuesta pueden absorber ciertos tipos de pesticidas. Los pesticidas entran en el cuerpo por medio de la piel, los ojos, los pulmones o la boca (Fig. 6-3). Puede encontrar métodos detallados de respuesta a emergencias y métodos de tratamiento para todos los tipos de exposición en el capítulo 12.

Exposición cutánea

El contacto con la piel (o dérmico) es la ruta de exposición del pesticida más común. Si ciertos pesticidas entran en contacto con la piel, pueden provocar un sarpullido o una irritación leve (conocido como dermatitis). Otros tipos de pesticidas causan lesiones más severas, como quemaduras. También puede intoxicarse si su piel absorbe un pesticida. Cuando los pesticidas son absorbidos por la piel, la sangre los llevará a otros órganos del cuerpo.

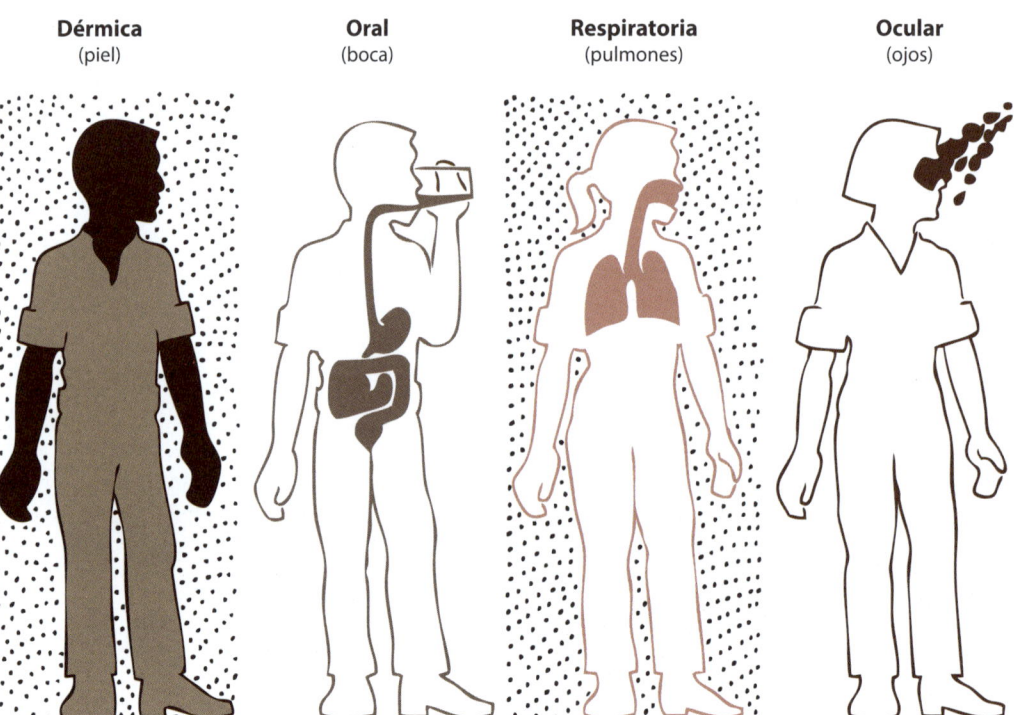

FIGURA 6-3.

Las formas más comunes en que ocurre la exposición a los pesticidas son a través de la piel (dérmica), la boca (oral), los pulmones (respiratoria) y los ojos (ocular).

RIESGOS PARA LOS SERES HUMANOS

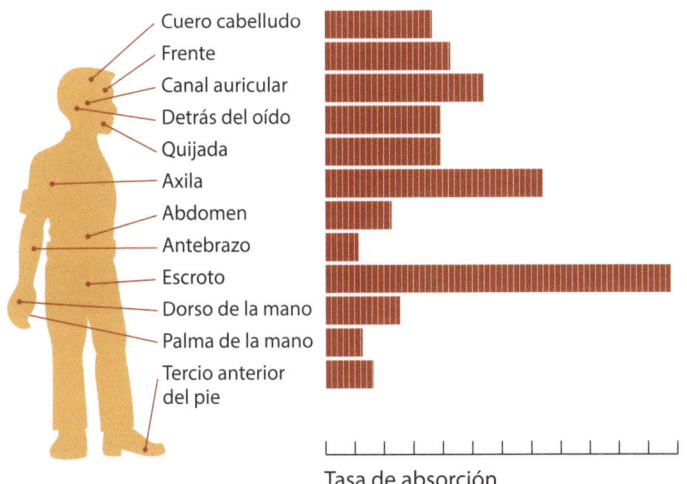

FIGURA 6-4.
Las distintas partes del cuerpo absorben los pesticidas a través de la piel a ritmos diferentes. Esta ilustración muestra los resultados de un estudio inicial en el que los investigadores colocaron cantidades mínimas de metilparatión en áreas del cuerpo de varios voluntarios. Determinaron las tasas de absorción a través de la medición de las sustancias químicas presentes en la orina de los voluntarios después de un período conocido. (La prueba de pesticidas en seres humanos no está permitida en Estados Unidos). Fuente: Feldmann 1967.

La capacidad de un pesticida para atravesar la piel depende de sus características químicas y su formulación. Los pesticidas que son solubles en aceite atraviesan la piel con más facilidad que aquellos que se disuelven en agua, por ejemplo. La cantidad de pesticida que la piel absorbe también depende de qué parte del cuerpo esté expuesta. En una prueba donde se utilizó el insecticida organofosforado paratión (Fig. 6-4), los investigadores descubrieron que el antebrazo es la parte menos susceptible para la absorción de pesticidas. Las palmas de las manos absorben el paratión ligeramente más rápido que el antebrazo. El cuero cabelludo, la cara y la frente son cuatro veces más susceptibles. En este estudio, el área genital fue la más susceptible del cuerpo para la absorción del paratión. Esta zona fue casi doce veces más susceptible que el antebrazo.

Para prevenir la exposición de la piel a los pesticidas, siempre utilice ropa de trabajo y el EPP requerido cuando la manipulación forme parte de su trabajo o cuando ingrese a lugares recientemente tratados. Asegúrese de lavarse las manos meticulosamente antes de utilizar el baño cuando trabaje con o cerca de pesticidas. También evite el contacto con plantas, animales e instalaciones recientemente tratadas, siempre que sea posible. Véase el capítulo 7 para más información sobre el EPP.

Exposición ocular

Algunas fórmulas de pesticidas pueden dañar sus ojos. Además, los ojos proveen otra ruta de ingreso de ciertos pesticidas en su cuerpo. Las leyes del estado de California establecen el uso de gafas protectoras:

- durante todas las actividades de mezcla y recarga
- mientras se ajusta, limpia o repara el equipo contaminado de mezcla, carga o aplicación
- durante la mayoría de los tipos de aplicación terrestre

Proteja sus ojos utilizando una careta protectora, gafas o lentes de seguridad.

Exposición respiratoria

Los pulmones absorben rápidamente algunos pesticidas y la sangre los transporta a otras partes del cuerpo. Algunos pesticidas pueden causar graves lesiones en los pulmones. Es difícil evitar respirar polvo o vapor durante la mezcla o aplicación a menos que se utilice el equipo respiratorio apropiado. Utilice siempre los respiradores requeridos en la etiqueta durante la mezcla y la aplicación. Si las etiquetas de los pesticidas, los reglamentos o las normas del empleador exigen el uso de respiradores, los empleados que realicen la manipulación deben ser evaluados por un médico y estar clínicamente aptos antes de poder usar un respirador en el trabajo. Asegúrese de

FIGURA 6-5.
Un miembro del personal especialmente capacitado del departamento de Salud y Seguridad Ambiental de la UC ANR realiza una prueba de ajuste de respirador para un aplicador de pesticidas visitante.

que cualquier respirador que utilice se ajuste correctamente y esté en buenas condiciones. La prueba de ajuste debe realizarse antes de utilizar por primera vez un respirador y, posteriormente, cada año (Fig. 6-5). Además de estas pruebas anuales, deberá comprobar el ajuste de su mascarilla de respiración antes de cada uso para asegurarse de que lo protegerá mientras manipula pesticidas. Para obtener más información sobre los respiradores, las pruebas de ajuste y la comprobación del ajuste, véase el capítulo 7. Para una lista detallada de los requisitos para el uso de respiradores por parte de los empleados que manipulan pesticidas, consulte la Serie de Información de Seguridad con Pesticidas A-5.

Exposición por medio de la boca (oral)

Es muy extraño que alguien beba o coma accidentalmente un pesticida. La excepción es cuando los pesticidas se almacenan o se colocan indebidamente en envases de alimentos o bebidas. Los pesticidas almacenados en envases de comida o bebida pueden fácilmente confundirse por algo que es seguro de consumir o beber. Los pesticidas que se almacenan de manera incorrecta son específicamente peligrosos si hay niños cerca.

La exposición por medio de la boca sucede más comúnmente si los materiales rociados o el polvo de los pesticidas salpican o vuelan a la boca durante la mezcla o la aplicación. A veces, la ingestión de un pesticida sucede cuando se come o se bebe algo que ha sido contaminado. También puede ingerir pesticidas si fuma o se coloca goma de mascar en su boca al manipular pesticidas.

El recubrimiento de la boca, el estómago y los intestinos absorberán fácilmente los pesticidas. Si ingiere suficiente, o a veces hasta pequeñas cantidades, podría enfermarse. El EPP, como un respirador o un careta protectora, disminuye los riesgos de que el pesticida llegue a su boca. Consulte el capítulo 7 para obtener información sobre los EPP que ayudan a proteger a las personas de la exposición oral.

Antes de comer, beber o fumar, asegúrese de lavarse las manos minuciosamente. Mantenga la comida y las bebidas lejos de las zonas donde se aplican o mezclan los pesticidas. Nunca coloque pesticidas en envases de alimentos o bebidas. Conserve todos los pesticidas en sus contenedores originales. No mezcle o mida los pesticidas con utensilios que alguien podría utilizar más tarde para cocinar o servir comida, y no utilice los recipientes de comida para medir los pesticidas.

Cómo la aplicación incorrecta de pesticidas pone en peligro la salud de los seres humanos

La aplicación incorrecta de pesticidas puede ocurrir en cualquier momento y puede ser el resultado de un comportamiento intencional, accidental o descuidado del manipulador de pesticidas. La aplicación incorrecta de pesticidas es peligrosa por muchas razones y se debe ser cuidadoso cuando se aplican pesticidas para evitar situaciones que contribuyen a errores antes, durante y después de las actividades de manipulación de pesticidas.

La aplicación incorrecta incluye la aplicación del pesticida erróneo, la aplicación de la cantidad equivocada de pesticida o la aplicación de pesticidas en el lugar o el cultivo incorrecto.

Explique cómo cada uno de los siguientes elementos puede contribuir a los riesgos para los seres humanos asociados con el uso de pesticidas:

- dosis incorrecta
- momento incorrecto de aplicación
- aplicación incorrecta del pesticida

RIESGOS PARA LOS SERES HUMANOS

Aplicar el pesticida erróneo

La falta de atención a las operaciones de mezcla o dar las instrucciones incorrectas a un empleado puede resultar en la aplicación errónea de un pesticida. Además del posible daño a las plantas o las superficies en la zona tratada, utilizar los pesticidas erróneos lo expone a usted y a otros empleados a riesgos adicionales. La mezcla y la aplicación pueden realizarse utilizando un equipo de protección personal incorrecto, lo cual resultaría en posibles lesiones para el aplicador.

Aplicar una cantidad errónea de pesticida

Hay dos tipos de errores que las personas cometen cuando aplican una cantidad errónea de pesticida:
1. aplican poca cantidad de pesticida
2. aplican mucha cantidad de pesticida

Aplicar una cantidad de pesticida inferior a la indicada en la etiqueta no es ilegal, pero a menudo no se consigue controlar la plaga objetivo, lo que supone una pérdida de tiempo y dinero. Sin embargo, el problema más importante producto de una aplicación menor de la proporción que sugiere la etiqueta es el desarrollo de resistencia al pesticida. Si progresa la resistencia al pesticida, un pesticida que previamente funcionaba cuando se aplicaba en proporciones indicadas por la etiqueta, ya no lo hará. Las plagas que sobreviven a aplicaciones reiteradas del mismo pesticida requieren la introducción de un nuevo pesticida cuyo desarrollo tomará tiempo y dinero, y eso será más perjudicial para las personas y el medio ambiente.

La aplicación de una mayor cantidad de pesticida de lo indicado por la etiqueta es ilegal: puede perjudicar al medio ambiente y amenazar la salud de los seres humanos. Este tipo de problemas ocurren como resultado de un equipo mal calibrado, la mezcla incorrecta de los productos químicos en el tanque de rociado o un cálculo erróneo de los porcentajes de aplicación de la etiqueta. Los residuos de los pesticidas aplicados en exceso pueden durar más tiempo del esperado o causar daño a las superficies en la zona tratada.

Aplicar el pesticida en el lugar o el cultivo incorrecto

Otra forma de accidente implica la aplicación de pesticidas en el lugar incorrecto. Esto puede ser un serio problema si el lugar (o cultivo) no está incluido en la etiqueta del pesticida o si hay personas trabajando en el lugar.

Efectos dañinos de la exposición a pesticidas

> Describa los posibles efectos de la exposición a pesticidas en las personas (agudos, crónicos).

Efectos agudos de la exposición a pesticidas

La toxicidad aguda es la medida del daño (sistemático o de contacto) causado por un único evento de exposición. Los efectos agudos de la exposición a pesticidas suceden poco después del evento, por lo general, dentro de las 24 horas. Los síntomas de un evento de exposición aguda a pesticidas dependen de la dosis, el período de exposición y su propia química y peso corporal.

Los fabricantes enumeran los efectos sistemáticos y de contacto además de la palabra clave en la etiqueta. La toxicidad aguda sistemática y por contacto se indica por medio de las palabras clave y se explica con más detalle en las "declaraciones de precaución" de la etiqueta del producto en la sección, "peligroso para los humanos y animales domésticos".

Efectos crónicos de la exposición a pesticidas

La toxicidad crónica de un pesticida se determina sometiendo a los animales de experimentación a una exposición prolongada a un ingrediente activo, por lo general, 2 años. Los efectos nocivos que ocurren con dosis pequeñas y repetidas a lo largo del tiempo se llaman efectos crónicos. Si un producto causa efectos crónicos en animales de laboratorio, el fabricante debe incluir una advertencia de toxicidad crónica en la etiqueta del producto. Esta información también está incluida en la ficha de datos de seguridad. La toxicidad crónica de un pesticida es más difícil de determinar por medio del análisis de laboratorio que la toxicidad aguda. Recuerde que las palabras clave para fórmulas específicas se determinan al utilizar información de los estudios de toxicidad aguda y no tienen en cuenta los efectos crónicos o a largo plazo.

Sensibilización

La sensibilización es un desarrollo gradual de una reacción alérgica a un tipo de pesticida o producto químico. Es similar a lo que les sucede a ciertas personas luego de tocar hiedra venenosa reiteradamente en el transcurso del tiempo. Las primeras exposiciones a la hiedra venenosa pueden causar un sarpullido leve o no causar ningún tipo de problemas. Sin embargo, a lo largo del tiempo las personas pueden sensibilizarse a la planta. Una vez que las personas se sensibilizan, desarrollarán un sarpullido que empeorará cada vez que toquen la hiedra venenosa.

Del mismo modo, si uno se expone una y otra vez a una cantidad normal de un pesticida, puede sensibilizarse a este. Una vez que se haya sensibilizado a un pesticida, como con la hiedra venenosa, los síntomas suelen empeorar con el contacto repetido. La exposición normal no es lo mismo que la sobreexposición a los pesticidas. Si sufre de dolores de cabeza, erupciones o se marea cuando trabaja con un pesticida determinado o cuando ingresa a una zona donde se utilizó recientemente el pesticida, podría haberse sensibilizado al mismo. No todas las personas se sensibilizan a los pesticidas, pero aquellos que sí lo hagan deberán evitar la exposición al pesticida que causa la reacción adversa.

Efectos tardíos de la exposición a pesticidas

Los efectos tardíos son enfermedades o lesiones que no aparecen inmediatamente (dentro de las 24 horas) después de la exposición a un pesticida. Pueden retrasarse durante semanas, meses o incluso años. El que usted experimente efectos tardíos dependerá del pesticida, del grado y la vía de exposición, y de la frecuencia con la que haya estado expuesto. En el apartado "Avisos de precaución", la etiqueta indica los efectos tardíos que el pesticida puede causar y cómo evitar las exposiciones que lo llevarán a estas. Será necesario utilizar un equipo protector adicional y tomar precauciones adicionales para reducir el riesgo de efectos retardados. Los efectos tardíos pueden ser causados tanto por una exposición aguda o exposiciones crónicas a un pesticida.

Síntomas de la exposición a pesticidas

Se puede sufrir una lesión por una sola dosis masiva absorbida durante una exposición a un pesticida (aguda) o por dosis más pequeñas absorbidas durante exposiciones repetidas a lo largo de un periodo de tiempo prolongado (crónico). La exposición accidental a algunos pesticidas puede causar daños permanentes o irreversibles, lo que puede resultar en enfermedades de largo plazo, discapacidad o incluso la muerte. Los incidentes de exposición moderados pueden resultar en síntomas más generales como sudoración, náuseas, dolores de pecho, irritación de la piel, hinchazón o mareos, entre otros.

Cuando ha sido expuesto a una gran dosis de pesticida como para producir lesiones o intoxicación, se puede experimentar la aparición de los síntomas tanto de forma inmediata como tardía. Los síntomas inmediatos son aquellos que se observan poco después de la exposición, conocidos como inicio agudo. Los síntomas tardíos son aquellos que aparecen 24-48 horas luego del incidente de exposición. A veces, los síntomas de la exposición a pesticidas pueden no ser detectados durante semanas, meses o incluso años. Estos se denominan síntomas crónicos y pueden confundirse fácilmente por otro tipo de enfermedades, dado que pueden aparecer mucho tiempo después de la exposición inicial.

Otros problemas asociados a los pesticidas

Enfermedades relacionadas con el calor. Cuando se aplican pesticidas utilizando cualquier tipo de EPP, se puede acabar con síntomas de enfermedades relacionadas con el calor. Las enfermedades relacionadas con el calor suceden cuando el cuerpo no puede enfriarse, lo que ocasiona que aumente la temperatura central del cuerpo. Esta condición puede ocurrir cuando la temperatura del aire es cercana o más cálida que la temperatura corporal normal y la humedad está elevada. La sangre que circula por el cuerpo no logra bajar la temperatura, entonces se comienza a sudar para intentar enfriarse. Pero la sudoración solo es efectiva cuando el nivel de humedad es lo suficientemente bajo para permitir la evaporación y si los fluidos y las sales que se pierden se reponen con la suficiente frecuencia.

Si el cuerpo no logra deshacerse del exceso de calor, lo acumulará. Y cuando esto sucede, la temperatura central del cuerpo aumenta y su ritmo cardíaco se acelera. A medida que el cuerpo continúa acumulando calor, se comenzará a perder la concentración y será difícil enfocarse en el trabajo, se puede tornar irritable o enfermo y, por lo general, perder las ganas de beber agua. La siguiente etapa suele ser el desmayo. Las enfermedades relacionadas con el calor pueden incluso llevar a la muerte si no logra enfriarse.

Los síntomas relacionados a las enfermedades por el calor pueden parecerse a ciertos tipos de intoxicación por pesticidas, por ello proporcione al personal de emergencia o médico la información detallada sobre los acontecimientos que rodean el incidente Los reglamentos de California requieren que los empleados que manipulan y trabajan en el campo reciban entrenamientos para reconocer, evitar y tratar enfermedades relacionadas con el calor, así come entrenamientos para reconocer enfermedades provocadas por pesticidas. Para obtener más información, consulte los reglamentos de la OSHA del estado de California, sección 3395, "Prevención de las enfermedades por calor".

Capítulo 6, Preguntas de repaso

1. La vía más común de exposición a los pesticidas es por medio de la _____.
   - ☐ a. boca
   - ☐ b. piel
   - ☐ c. ojos

2. El traslado fuera del lugar de trabajo de los pesticidas puede perjudicar la salud de los seres humanos, ¿de qué manera? Seleccionar todas las que correspondan.
   - ☐ a. puede provocar que los residuos excedan los límites legales en cultivos de alimentos
   - ☐ b. puede contaminar frutas y vegetales en los huertos familiares
   - ☐ c. puede contaminar aguas superficiales y subterráneas que se utilizan para beber
   - ☐ d. puede contaminar ropa colgada en tendederos en el exterior

1. ¿Cuáles condiciones en un lugar pueden cambiar rápidamente y afectar el resultado de la aplicación de un pesticida? Seleccionar todas las que correspondan.
   - ☐ a. tipo y contenido del suelo
   - ☐ b. velocidad y dirección del viento
   - ☐ c. temperatura y nubosidad
   - ☐ d. presencia de lagos y arroyos

2. La mezcla y la carga se consideran unas de las actividades más riesgosas porque _____.
   - ☐ a. el EPP recomendado no protege lo suficiente cuando las personas están en contacto directo con pesticidas concentrados
   - ☐ b. las instrucciones de las etiquetas suelen ser difíciles de seguir cuando se miden y mezclan pesticidas concentrados
   - ☐ c. los derrames y las salpicaduras son más peligrosos cuando se trabaja con pesticidas concentrados

3. ¿Qué riesgos ayudan a prevenir los intervalos previos a la cosecha? Seleccionar todas las que correspondan.
   - ☐ a. exponer a los consumidores a niveles de residuos de pesticidas peligrosos en las frutas y vegetales
   - ☐ b. exponer a los trabajadores de campo a los residuos excesivos de pesticidas en los cultivos que cosechan
   - ☐ c. exponerse a uno mismo a residuos de pesticidas peligrosamente elevados durante la aplicación

4. ¿Cuál es la diferencia entre la exposición crónica y aguda a los pesticidas?
   - ☐ a. la exposición crónica es el resultado del contacto a corto plazo con cualquier cantidad de pesticida; la exposición aguda es el resultado del contacto a largo plazo con una mínima cantidad de pesticida
   - ☐ b. la exposición crónica es el resultado de un único incidente con una dosis baja; la exposición aguda es el resultado de un único incidente con una dosis alta
   - ☐ c. La exposición crónica es la exposición repetida a pequeñas cantidades de pesticidas; la exposición aguda es una exposición de corta duración a una gran dosis de pesticida

5. En un día húmedo de verano, usted nota que un compañero de trabajo tiene problemas para concentrarse en el trabajo que debe realizar, está irritable y comienza a decir que no se siente bien. Cuando le ofrece una bebida fría, no muestra ningún interés por ella. Su compañero de trabajo padece de _____.
   - ☐ a. enfermedades relacionadas con el calor
   - ☐ b. agotamiento
   - ☐ c. gripe

Capítulo 7
Equipo de protección y seguridad personal

Preservar la seguridad de las personas 82
Controles técnicos 84
Equipo de protección personal 96
Capítulo 7, Preguntas de repaso 98

Expectativas de conocimiento

1. Describa la capacitación de seguridad y el mantenimiento de registros para los trabajadores de campo y los manipuladores de pesticidas.
2. Explique de qué manera el equipo de protección personal (EPP, por sus siglas en inglés), puede proteger a una persona de los riesgos asociados a los pesticidas.
3. Describa la responsabilidad del dueño del campo o el administrador de proporcionar el EPP necesario a los empleados para mezclar, recargar, aplicar y almacenar los pesticidas.
4. Enumere varios EPP que los manipuladores de pesticidas utilizan para protegerse de la exposición a estos.
5. Explique cómo elegir el EPP más efectivo para un trabajo, incluido el entendimiento de los límites para protegerse,
6. Describa cómo usar, limpiar, mantener y guardar el EPP reutilizable y cómo desechar el EPP desechable.
7. Enumere los diferentes tipos de controles técnicos (cabinas cerradas, sistemas cerrados, bolsas solubles en agua) y explique cuándo se utilizan.

Preservar la seguridad de las personas

Todos los manipuladores de pesticidas - aplicador, mezclador, recargador, colocador de señales, etc. - y trabajadores agrícolas de entrada temprana (aquellos que ingresan a una zona antes de que haya terminado el intervalo de entrada restringida) están obligados legalmente a recibir una capacitación de seguridad y a seguir todas las instrucciones del EPP en la etiqueta del producto y con respecto a las leyes y regulaciones del estado de California. Lo que las etiquetas de los pesticidas enumeran del EPP mínimo que se debe utilizar para la manipulación o para las actividades de entrada temprana, los reglamentos de California, por lo general, requieren más de lo que se detalla en las etiquetas. Para mayor seguridad más allá de lo que se exija por reglamentación puede decidir usar EPP adicional; sin embargo, no se puede excluir ningún equipo mencionado en la etiqueta o en los reglamentos y se deben seguir los requisitos con mayores restricciones de EPP que se encuentren enumerados. A veces, una etiqueta tiene diferentes requisitos de EPP para los manipuladores de pesticidas y los trabajadores de entrada temprana, por ello, se deben leer bien las etiquetas (vea el capítulo 4 para más información sobre cómo encontrar requisitos de EPP en las etiquetas de los pesticidas).

Las siguientes secciones describen la capacitación para los empleados manipuladores y trabajadores de campo. También definen los tipos de EPP que están típicamente disponibles para proteger de las exposiciones y analizan cómo limpiar y mantener el EPP para permanecer seguro en el trabajo.

Describa la capacitación de seguridad y el mantenimiento de registros para los trabajadores de campo y los manipuladores de pesticidas.

Capacitación y seguridad del personal

El estado de California estipula que:
- los manipuladores reciban una capacitación anual sobre la seguridad en el uso de pesticidas antes de manipularlos
- los trabajadores de campo reciban una capacitación anual sobre la seguridad en el uso de pesticidas antes de ingresar a un campo tratado
- la capacitación anual sobre la seguridad debe realizarse en un idioma que los empleados comprendan y en un lugar que esté relativamente libre de distracciones
- el instructor debe estar presente durante toda la capacitación

A continuación encontrará los tipos de capacitaciones requeridas por las leyes federales y del estado de California para los trabajadores que manipulen o estén de otra forma en contacto directo con los pesticidas como parte de su trabajo.

Capacitación

Las leyes de pesticidas de California establecen estándares mínimos de capacitación para todos los empleados que trabajan en cualquier puesto en el campo (vea el anexo B para referencias a reglamentos específicos). Las personas que manipulen pesticidas como parte de su trabajo necesitarán una capacitación adicional específica sobre los pesticidas que utilizarán, detallado en la barra lateral 7-1. Esta capacitación es obligatoria y tendrá que ser dictada por un instructor habilitado (enumerado en "Responsabilidades del empleador", a continuación) y debe tratar los siguientes temas:

Utilizar pesticidas de forma segura
- Por qué se debe lavar la ropa de trabajo antes de usarla nuevamente, lavar la ropa separada del resto de la ropa sucia y usar ropa limpia de trabajo a diario.
- Por qué es necesario lavarse las manos minuciosamente antes de comer, fumar, beber o pasar al baño, y por qué es necesario bañarse exhaustivamente luego del período de exposición.
- Por qué no se debe nunca llevar los pesticidas o sus envases al hogar.
- Qué información de seguridad en el uso de pesticidas se encuentra en las fichas de datos de seguridad.

BARRA LATERAL 7-1

CRITERIOS PARA LA CAPACITACIÓN DEL MANIPULADOR DE PESTICIDAS

La capacitación anual para la seguridad del trabajo con pesticidas de empleados que los manipulen tiene que incluir, al menos, la siguiente información. La capacitación no es necesaria si los trabajadores o los empleados pueden comprobar que dicha capacitación se haya tomado en el lapso de un año.

INFORMACIÓN ADICIONAL QUE SE DEBE TENER EN CUENTA

- Cómo se debe manipular, abrir y levantar recipientes; cómo verter; y cómo operar el equipo de mezcla y aplicación.
- Cómo enjuagar tres veces y desechar el recipiente de manera adecuada.
- Cómo restringir el pesticida a la zona o el sitio de aplicación.
- Cómo evitar la contaminación de personas, animales, vías fluviales y zonas delicadas.
- Cómo manipular funciones no rutinarias o situaciones de emergencia; tales como derrames, fugas o incendios.
- Cómo y dónde almacenar los recipientes; cómo proceder cuando los recipientes no se pueden colocar bajo llave.
- Cómo leer y entender las etiquetas de los pesticidas y las hojas de datos de seguridad, incluidas las palabras clave, consejos de advertencia, instrucciones de primeros auxilios, índice de aplicación, e instrucciones de mezclado y aplicación.
- Por qué y cuándo debe utilizar diferentes tipos de equipos de protección personal (PPE por sus siglas en inglés).
- Cómo colocar y usar adecuadamente el EPP y cómo inspeccionar el desgaste y posibles daños.
- Cómo colocar, usar y mantener el equipo respiratorio.
- Cuándo y cómo utilizar cabinas cerradas, sistemas de mezcla cerrados y otros equipos de seguridad y controles técnicos.
- Cómo asegurar y transportar de manera segura pesticidas en un vehículo.
- Cuándo se requiere supervisión médica y qué tipo de supervisión médica debe ser proporcionada por su empleador.

- Emergencias y salud
- Dónde es más probable que las personas encuentren pesticidas o residuos de pesticidas en el ambiente de trabajo.
- Cómo notificar a los trabajadores y otras personas para que no ingresen a las zonas restringidas.
- Cómo reducir los riesgos potenciales para los niños y las mujeres embarazadas de la exposición a los pesticidas.
- Cómo los pesticidas entran en el cuerpo (piel, ojos, pulmones, boca).
- Cómo reconocer síntomas de la exposición a los pesticidas.
- Cómo notar la diferencia entre los efectos de sensibilidad crónica, aguda o tardía de los pesticidas.
- Cómo administrar los primeros auxilios e implementar los procesos de descontaminación de emergencia.
- Dónde encontrar los nombres, las direcciones y los teléfonos de la clínica, el médico o la sala de emergencias del hospital que pueden ofrecer tratamiento médico inmediato y cuándo pedir asistencia médica.
- Dónde encontrar las normas de la empresa para informar acerca de las heridas o enfermedades y recibir tratamiento médico.
- Cómo reconocer y evitar las enfermedades relacionadas con el calor y cómo actuar si llegara a ocurrir.
- Información legal y derechos de los trabajadores
- Cuáles leyes y reglamentos aplican en su caso y por qué es importante cumplir con ellas.
- Por qué los trabajadores de su campo deben tener al menos 18 años para manipular los pesticidas o realizar tareas de entrada temprana.
- Cómo los empleados o sus representantes designados tienen el derecho a recibir información sobre los pesticidas a los cuales el empleado puede exponerse y cómo los empleados están protegidos contra los despidos u otra discriminación si hacen cumplir sus derechos.
- Cómo los empleados pueden denunciar violaciones sospechosas del uso de pesticidas a las agencias locales o estatales.
- Cómo localizar y acceder a los documentos pertinentes al programa de comunicación de riesgos de la granja, las etiquetas de los pesticidas, las hojas con información de seguridad en el uso de pesticidas, las hojas de datos de seguridad, los registros de pesticidas utilizados y otros documentos importantes.

Explique de qué manera el equipo de protección personal (EPP) puede proteger a una persona de los riesgos asociados a los pesticidas.

Las responsabilidades del empleador

El empleador es responsable de proveer el EPP y la capacitación que los empleados necesitan de acuerdo a las etiquetas de los pesticidas y los reglamentos del estado de California. Estos reglamentos cubren todas las tareas de los empleados desde mezclar, cargar, almacenar o cualquier otro tipo de manipulación de los pesticidas, tanto como un aplicador certificado o bajo la supervisión de un aplicador certificado. Es la responsabilidad del empleador que el equipo sea de fácil acceso y no podrá obligar a los empleados a pagarlo ellos mismos. El empleador también es responsable de que el EPP se encuentre limpio y bien mantenido, ya sea por un empleado o un tercero. Si necesita información de la capacitación, contacte a la oficina del comisionado agrícola del condado.

Además, todos los trabajadores agrícolas que ingresan a las zonas tratadas dentro de los 30 días de la expiración de cualquier intervalo de entrada restringida deben recibir una capacitación relacionada con los pesticidas, incluida una explicación de las leyes y reglamentos estatales y federales pertinentes. Los instructores calificados deben capacitar, anualmente a los trabajadores de campo y a los manipuladores de pesticida que trabajan en zonas agrícolas. Los instructores calificados incluyen a:

- asesores del control de plagas (PCAs)
- aplicador certificado privado o comercial
- silvicultores certificados
- consultores agrícolas de la Universidad de California
- ciertos biólogos del condado
- personas que hayan presenciado un programa de capacitación de instructores aprobado por el DPR

Además, es necesario mantener el registro de las capacitaciones brindadas a los trabajadores de campo y los manipuladores (vea el anexo C para una muestra de los formularios de los registros).

Describa la responsabilidad del dueño del campo o el administrador de proporcionar el EPP a los empleados para mezclar, recargar, aplicar y almacenar los pesticidas.

Enumere varios EPP que los manipuladores de pesticidas utilizan para protegerse de la exposición a los pesticidas.

Explique cómo elegir el EPP más efectivo para un trabajo, incluido el entendimiento de los límites para protegerse.

Describa cómo usar, limpiar, mantener y guardar el EPP reutilizable y cómo desechar el EPP desechable.

Equipo de protección personal

El EPP ofrece varios niveles de protección, depende del tipo de material resistente utilizado. Algunos elementos del EPP simplemente actúan como barreras para mantener los materiales secos o líquidos lejos de la piel. Otros ofrecen una mejor protección contra los productos a base de agua. Algunos ofrecen protección de los químicos que componen los pesticidas concentrados. Algunos tipos de EPP son reutilizables, lo que significa que pueden usarse repetidamente hasta que se desgasten (pero tienen que limpiarse al final de cada día laboral antes de poder volver a utilizarlos). Otros tipos de EPP son desechables, lo que significa que solo pueden utilizarse una vez y luego deben desecharse al final de cada turno laboral. El EPP desechable no puede lavarse.

Ropa de trabajo para los trabajadores de campo y los manipuladores

Las camisas, los pantalones, los zapatos u otras prendas de trabajo comunes no se consideran EPP a pesar de que las etiquetas de los pesticidas muchas veces indican qué prendas específicas de ropa de trabajo tienen que usarse durante ciertas actividades. En California, si se manipulan pesticidas habría que usar por lo menos camisas de manga larga, pantalones largos, calcetines y calzado cerrado, incluso si no lo establece la etiqueta (Fig. 7-1). Si trabaja en una zona donde pueda entrar en contacto con residuos de pesticidas, tiene que usar al menos camisa de manga larga, pantalones largos, calcetines y calzado cerrado. Asegúrese de que la camisa de manga larga y los pantalones largos estén hechos de un material resistente y no tengan agujeros ni estén rasgados. Ajústese el cuello de la camisa por completo para tener la parte baja del cuello protegida. La tela con el tejido más tupido proporciona una mejor protección, pero igual absorberá líquidos. Las telas que no están tejidas absorben el líquido más lentamente.

Ropa resistente a los químicos. El término resistente a los químicos significa que no se produce ningún movimiento significativo de pesticida a través del material durante el período

FIGURA 7-1.
Si manipula pesticidas, debe usar una camisa de manga larga, pantalones largos, calcetines y zapatos cerrados, por más que la etiqueta no indique su uso. Los reglamentos de California requieren que los empleados encargados de la manipulación usen protección ocular y guantes para la mezcla y carga, por más que la etiqueta no requiera su uso.

de uso. Algunos EPP solo son resistentes al agua. La resistencia al agua hace referencia al EPP que evita que una pequeña cantidad de partículas rociadas finas o pequeñas salpicaduras de líquidos penetren la ropa y lleguen a la piel. Los materiales impermeables (a prueba de líquidos) mantienen alejados a los materiales solubles en agua, pero no necesariamente evitarán que los productos de aceite a base de solventes penetren. Los materiales impermeables incluyen los artículos hechos de plástico o caucho. Lea el envoltorio del EPP cuidadosamente para determinar si los artículos protectores son resistentes a los químicos, a prueba de líquidos o resistentes al agua. Asegúrese de que el revestimiento de la ropa de protección sea de materiales no absorbentes para evitar la contaminación con pesticidas (Fig. 7-2).

Al tomar una decisión sobre cuál EPP utilizar, siga estas instrucciones generales:

- algodón, cuero, tela y otros materiales absorbentes que no son resistentes a los químicos, incluso si se los utiliza con fórmulas secas
- el polvo a veces se mueve a través del algodón y otros materiales tejidos igual de rápido que las fórmulas líquidas; también pueden permanecer en las fibras incluso hasta después de varios lavados
- no utilizar un sombrero que tenga una banda de tela o cuero y no utilizar tela o guantes de tela, calzado o delantales
- la tela es muy difícil o imposible de limpiar luego de que se contamina con pesticida y, por lo general, es muy costoso para desecharse y reemplazarse luego de su uso

La habilidad de un material determinado de protegerlo del pesticida está directamente relacionado con el tipo de líquido utilizado en la fórmula. Observe las indicaciones por si el material no es químicamente resistente al pesticida que está utilizando. A veces, es fácil darse cuenta cuándo el plástico o el caucho no son resistentes al pesticida. El material puede cambiar de color, volverse más blando o esponjoso, hincharse o hacerse burbujas, disolverse o volverse gelatinoso, partirse o agujerearse, o ponerse rígido o quebradizo. Si se presenta cualquiera de estos cambios, deseche esos artículos y elija otro tipo de material resistente.

OVEROLES

Los overoles tienen que usarse encima de una camisa de manga larga, pantalones largos y calcetines al manipular pesticidas, a menos que en la etiqueta se especifique lo contrario. Al usar un overol, cierre las aberturas firmemente para que cubra todo el cuerpo (excepto los pies, las manos, el cuello y la cabeza). Cuando se utiliza un overol de dos piezas, no faje la camisa o el saco en la cintura, la camisa

FIGURA 7-2.
Asegúrese de que los forros de las prendas de protección estén fabricados con materiales no absorbentes para evitar la contaminación por pesticidas.

FIGURA 7-3.
Los overoles de dos piezas resistentes a las sustancias químicas deben tener una chaqueta que caiga por debajo de la cintura para proporcionar la protección adecuada durante las actividades que requieren manipular pesticidas.

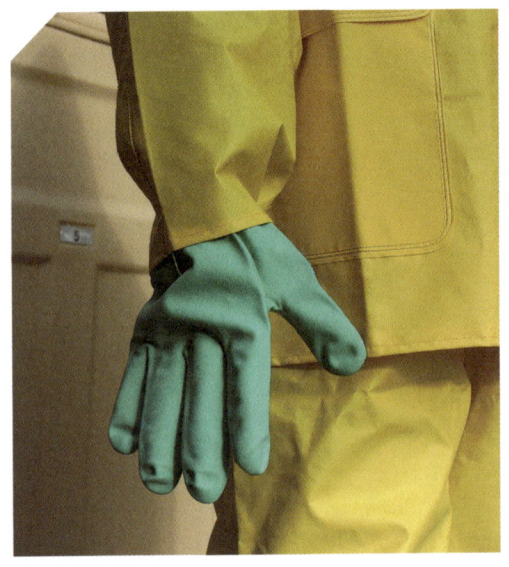

tiene que estar bien extendida por debajo de la cintura del pantalón y suelta alrededor de la cintura (Fig. 7-3). Asegúrese de que los overoles sean de un material resistente como Tyvek™ o Tyvek™ laminado, a menos que la etiqueta especifique que los overoles sean de algún otro material. Recuerde que la protección que ofrecen los overoles resistentes a los químicos depende de la tela y las características del diseño, como las solapas sobre las cremalleras (Fig. 7-4A), los elásticos en las muñecas y la cintura (Fig. 7-4B), las costuras unidas y selladas.

Varios factores determinan qué tanto protege un overol. Primero, el overol tiene que quedar suelto. Cada capa de ropa y cada capa de aire entre el pesticida y la piel proporcionan una protección extra. Por esa razón, el overol tiene que quedar suelto. Si el overol queda muy ajustado, no habrá una capa protectora de aire entre esta, la ropa de trabajo y la piel.

Trajes resistentes a los químicos

Algunas etiquetas de pesticidas requieren que el manipulador use un traje resistente a los químicos. Por lo general, esto significa que el pesticida es muy peligroso por los efectos agudos o crónicos. En esta instancia, es necesario ser aún más precavido para evitar que el pesticida entre en contacto con la piel.

La única desventaja de los trajes resistentes a los químicos es que pueden resultar muy calurosos. A menos que se manipule el pesticida en ambientes fríos o controlados, las enfermedades relacionadas con el calor se convierten en una gran preocupación. Si la etiqueta de un pesticida establece que se requiere el uso de trajes resistentes a los químicos, no se puede manipular el pesticida cuando la temperatura del día es mayor a 80 °F o si la temperatura de las noches es mayor a 85 °F.

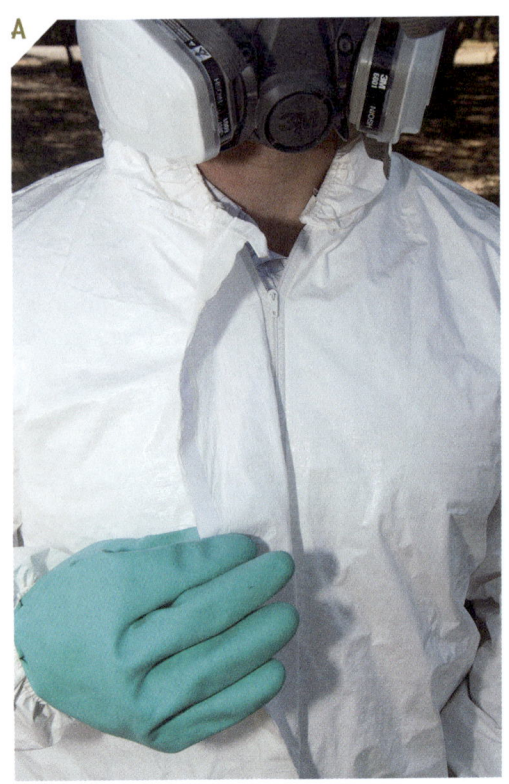

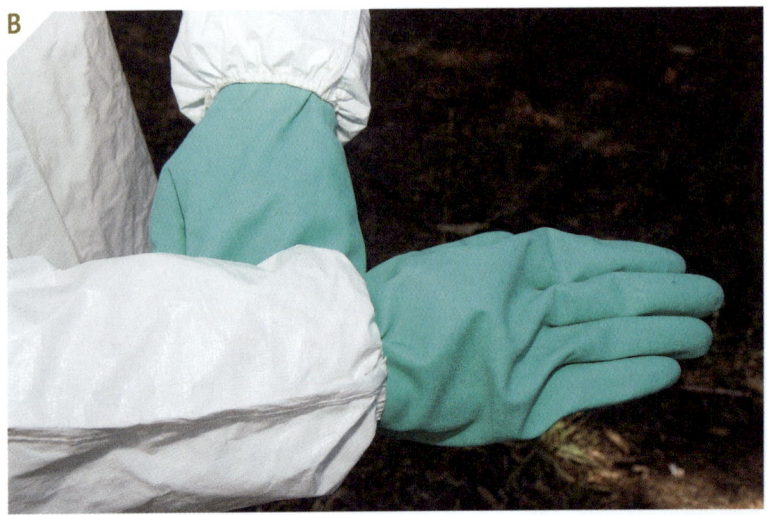

FIGURA 7-4.
La protección ofrecida por los overoles resistentes a las sustancias químicas depende de las características de la tela y el diseño, como solapas sobre cremalleras (A), elástico en las muñecas y los tobillos (B) y costuras atadas y selladas.

Se estará exento de estos requisitos de la temperatura si el pesticida se aplica desde una cabina con aire acondicionado. Las actividades de manipulación también pueden realizarse si se utiliza un dispositivo para controlar la temperatura, como un chaleco de hielo debajo del EPP. Hay que tener mayor precaución para evitar las enfermedades relacionadas con el calor cuando:

- las temperaturas superan los límites reglamentarios
- las temperaturas llegan a niveles inseguros y provocan síntomas de las enfermedades relacionadas con el calor (incluso si están por debajo del máximo reglamentario)

Hay que beber mucha agua y tomar los descansos regulares para enfriarse cuando la temperatura es muy alta.

DELANTAL RESISTENTE A LOS QUÍMICOS

Un delantal protege de las salpicaduras, los derrames y las oleadas de polvo, y protege los overoles u otras prendas. La etiqueta del producto especifica que use un delantal resistente a los químicos al mezclar o recargar pesticidas o al limpiar el equipo de aplicación. Incluso si la etiqueta no requiere que se utilice un delantal, es una buena idea usarlo cuando se manipulan concentrados de pesticidas.

Escoja un delantal lo suficientemente largo que cubra por lo menos desde el cuello hasta los tobillos (Fig. 7-5). Algunos delantales poseen mangas y guantes incorporados. Este tipo de delantal protege los brazos, las manos y el frente del cuerpo al eliminar el espacio donde se juntan las mangas y los guantes (o las mangas y el delantal).

Un delantal puede representar un riesgo de seguridad cuando se trabaja alrededor de equipos con partes móviles, como la toma de fuerza de un tractor (PTO, por sus siglas en inglés). Si un delantal queda enganchado en la maquinaria, utilice un traje resistente a los químicos. Deseche el delantal si se rasga o agujerea.

GUANTES

En el trabajo las zonas que más probablemente se exponen a los pesticidas son las manos y los antebrazos. Los estudios muestran que las personas que mezclan los pesticidas reciben el 85% del total de exposición en las manos y el 13% en los antebrazos. El estudio revela que si se utilizan guantes resistentes a los químicos la exposición disminuye en un 99%. Además de las ganancias significativas, los reglamentos de California requieren que los manipuladores usen guantes resistentes a los químicos cuando se mezcla y recarga cualquier tipo de pesticida. Los empleadores deben proporcionarles a los manipuladores guantes resistentes a los químicos hechos del material especificado en las etiquetas de los pesticidas. Si la etiqueta no especifica que los guantes son necesarios o si solo establece que son necesarios los guantes resistentes a los químicos o impermeables, los manipuladores pueden escoger utilizar los guantes de cualquier material resistente a los químicos, si son del grosor adecuado.

Los guantes de cuero o tela absorben el agua y los pesticidas, por eso sólo deben utilizarse durante la manipulación de los pesticidas en caso de que esté especificado en la etiqueta. En muchas situaciones, es una buena idea usar guantes hechos de caucho natural,

FIGURA 7-5.

Siga las instrucciones de la etiqueta para el uso de los delantales impermeables. Seleccione un estilo con pechera amplia para una mayor protección.

laminación que actúe de barrera, de butilo, de nitrilo, de polietileno, PVC, Viton o neoprene (Fig. 7-6), como esté especificado en la etiqueta. Escoja un material que ofrezca la mejor resistencia al pesticida que utilizará, los materiales más gruesos ofrecen una mejor protección (los reglamentos de California especifican que la mayoría de los guantes resistentes a los químicos sean de al menos 14 milímetros). La figura 7-7 muestra una declaración de lo requisitos de los guantes que se puede encontrar en una etiqueta. Escoja materiales que resistan las perforaciones y el desgaste. El DPR desarrolló un cuadro como tarjeta de código clave para los guantes impresos en una tarjeta de plástico que cabe en la billetera (Fig. 7-8) para ayudar a las personas a seleccionar la mejor opción de guantes para cada situación.

Utilice los guantes sin forro, ya que la tela que se utiliza en los forros puede absorber el pesticida. Los forros incorporados hacen que los guantes sean peligrosos de usar y difíciles de limpiar. Se pueden utilizar guantes con forros tejidos y desmontables para mantener las manos abrigadas o para absorber el sudor, a menos que la etiqueta diga lo contrario. El forro del guante no debe sobresalir del guante resistente a los químicos. Los reglamentos de California prohíben lavar y reusar el forro de los guantes, así que si decide usarlos, debe desecharlos ni bien se contaminen o al final de cada turno de trabajo.

Los guantes deben ser lo suficientemente largos como para que lleguen a la mitad del antebrazo. Por lo general, utilice las mangas de la ropa de protección por afuera de los guantes para que el pesticida no llegue a la piel. Sin embargo, algunas situaciones de aplicación especiales requieren que se mantenga una mano, o ambas, sobre la cabeza mientras se rocían los líquidos. En estos casos, introduzca la manga del brazo elevado por dentro del guante. Tenga cuidado cuando baje el brazo para prevenir que los pesticidas ingresen en el guante. No tiene que haber un espacio entre el guante y la manga. Use ropa de protección con elásticos en la cintura ya que proporcionan una mejor protección.

FIGURA 7-6.
Use únicamente guantes sin forro y resistentes a las sustancias químicas hechos con butilo, nitrilo, neopreno, caucho natural, laminado de barrera, polietileno, cloruro de polivinilo (PVC, por sus siglas en inglés) o Viton.

Applicators and other handlers must wear:
- Long-sleeved shirt and long pants
- Chemical-resistant gloves made of: barrier laminate, butyl rubber ≥ 14 mils, nitrile rubber ≥ 14 mils, neoprene rubber ≥ 14 mils, polyvinyl chloride ≥ 14 mils, or Viton® ≥ 14 mils
- Shoes plus socks

FIGURA 7-7.
Mención de requisito de guantes como se observa en la etiqueta del pesticida.

dpr Clave para Selección de Categoría de Guante

Código en la Etiqueta	Materiales Requeridos Bajo la Ley	Código del Material*
A	1,2,3,4,5,6,7,8	1 Laminate
B	1,2	2 Butyl
C	1,2,3,4,7,8	3 Nitrile
D	1,2	4 Neoprene
E	1,3,4,8	5 Natural
F	1,2,3,8	6 Polyethylene
G	1,8	7 PVC
H	1,8	8 Viton

Todos, menos Laminate y Polyethylene deben ser de 14 mils o más gruesos.
* El Material está en Inglés, cómo lo require la etiqueta.

Restricciones del Respirador

Tipo N	SIN ACEITE EN LA MEZCLA: Desechar al Final del Día
Tipo R	ACEITE EN LA MEZCLA: Desechar después de 8 horas
Tipo P	ACEITE EN LA MEZCLA: Desechar al Final del Día
Vapor Orgánico	Desechar al Final del Día

Siga siempre instrucciones en etiqueta y condiciones del permiso.

Para mayores informes contactea su Comisionado Agrícola local o al Departamento de Reglamentación de Pesticidas de California
Salud y Seguridad del Trabajador

dpr (916) 445-4222 http://cdpr.ca.gov Abril 2021

FIGURA 7-8.
La tarjeta de código clave simplificado de guante del Departamento de Reglamentación de Pesticidas puede ayudarlo a escoger el guante correcto para su situación. Cabe cómodamente en la cartera o el bolsillo y también contiene restricciones del respirador. Puede conseguir una en la oficina comisionado agrícola de tu condado o solicitarla directamente a través del DPR. *Fuente:* DPR.

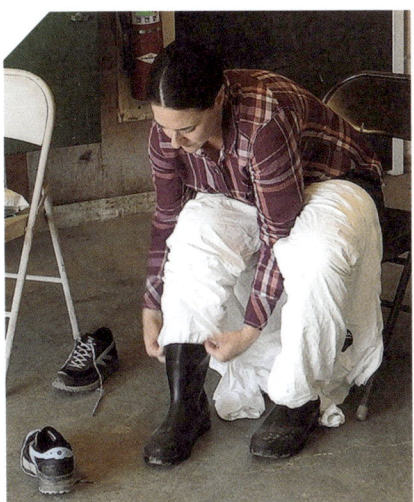

FIGURA 7-9.
El calzado resistente a los químicos protege los pies de la exposición a los pesticidas.

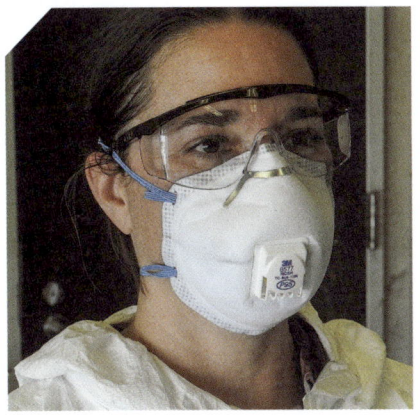

FIGURA 7-10.
Salvo que la etiqueta especifique el tipo de gafas, debe usar gafas de seguridad con una pieza para la ceja y protecciones laterales para manipular pesticidas.

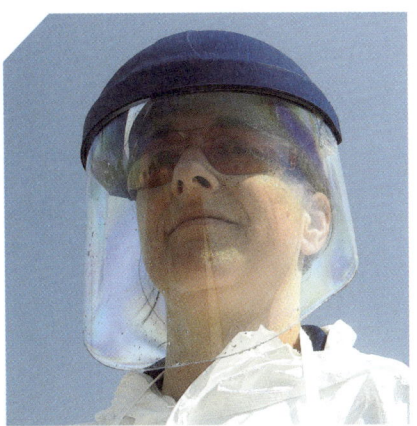

FIGURA 7-11.
Las gafas de protección protegen los ojos durante la mezcla y aplicación de los pesticidas. Algunos diseños permiten que el usuario use anteojos graduados.

Calzado

Los manipuladores de pesticidas muchas veces llegan a tener pesticida en los pies, por eso siempre se deben usar zapatos resistentes y calcetines al estar cerca de pesticidas o residuos de ellos. Se debe usar un calzado que sea impermeable o resistente a los químicos cuando se manipulan los concentrados de pesticidas o se realizan las aplicaciones o incluso cuando los residuos presentan un riesgo para los pies. No se debe usar un calzado de tela o cuero cuando se manipula pesticida porque estos materiales lo absorben fácilmente y no pueden descontaminarse. Las etiquetas de algunos pesticidas requieren el uso de botas impermeables o cobertores de botas. Seleccione el calzado de protección hecho de caucho u otro material resistente a los químicos. Escoja el material que mejor protección ofrecerá de los pesticidas con los que trabaje.

Si hay una posibilidad de que un pesticida llegue a entrar en contacto con los pies o las piernas, utilice botas resistentes a los químicos que lleguen más arriba del tobillo y al menos a mitad de rodilla (comúnmente conocidas como botas de irrigador). Se deben usar botas impermeables para ingresar o caminar por las zonas tratadas cuando las superficies estén todavía húmedas con rociado. El calzado impermeable se encuentra disponible en estilos de botas y calzados convencionales. Utilice la parte de abajo de los pantalones de protección por afuera del calzado para evitar que entre cualquier rociado o salpicaduras (Fig. 7-9).

Proteja sus ojos

Los ojos son muy sensibles a ciertas fórmulas de pesticidas, en especial, a las concentradas. Los ojos absorben fácilmente los pesticidas. En el estado de California, los reglamentos requieren que los manipuladores usen protección para los ojos aprobada por la ANSI (Instituto Nacional Estadounidense de Estándares) durante la mayoría de las actividades de manipulación de pesticidas, incluso si la etiqueta no lo requiere. Por lo general, los manipuladores no necesitan utilizar protección para los ojos cuando:

- los pesticidas se aplican con un rociador de cabina cerrada
- los pesticidas se inyectan o incorporan en el suelo
- los pesticidas se aplican mediante boquillas de rociado instaladas en un vehículo, y montadas abajo del operador, con las boquillas apuntando hacia abajo
- se realiza control de plaga con cebos aplicados en las madrigueras de vertebrados con equipo para evitar entrar en contacto con el material

Sin embargo, a pesar de estas situaciones es necesario tener a mano la protección para los ojos en un recipiente resistente a los químicos.

Algunos ejemplos de lentes protectores son las gafas, la careta protectora y los anteojos de seguridad con protectores en ambas cejas y en los costados. Algunas etiquetas requieren un tipo especial de protección ocular. Si la etiqueta de los pesticidas no requiere el tipo de protección ocular, se deben utilizar gafas protectoras (clasificado "Z87.1" o "Z87+" en letras con relieve y permanente) certificadas por la ANSI con protección frontal, lateral y en las cejas (Fig. 7-10, Fig. 7-11, Fig. 7-12). Evite aplicar pesticidas si está usando lentes de contacto, ya que estos absorberán los pesticidas y se los transmitirán a los ojos, causando una exposición crónica.

Cuando la etiqueta especifique lentes protectores, los manipuladores deben tener consigo en todo momento 1 pinta de agua (o lavaojos). Cada persona

FIGURA 7-12.
Las caretas proporcionan cierta protección ocular y evitan que los pesticidas salpiquen el rostro. Úselas con las gafas de seguridad o los anteojos de seguridad para una mayor protección ocular.

puede transportar su agua (o lavaojos) o puede estar a su lado en una cabina cerrada o la aeronave. Cuando se mezclan o recargan los pesticidas con etiquetas que requieren gafas protectoras o cuando se usa un sistema de mezcla cerrado, tiene que haber una estación de lavado de ojos en el lugar de mezcla y carga. Vea el capítulo 12 para una descripción detallada de qué hacer si el pesticida ingresa en los ojos. Los reglamentos específicos para la descontaminación se encuentran en el Apéndice D.

Proteger las vías respiratorias

Las vías respiratorias están formadas por los pulmones y otras partes del sistema respiratorio. Son mucho más absorbentes que la piel. Si las etiquetas de los pesticidas, los reglamentos, las políticas del lugar de trabajo o las condiciones del permiso ordenan el uso de respiradores, los empleados que realicen la manipulación deben ser evaluados por un médico y estar clínicamente aptos antes de poder colocarse un respirador en el trabajo.

Cuando el empleado utiliza una protección respiratoria que es requerida por la etiqueta del pesticida, las condiciones de uso de materiales restringidos, los reglamentos o por la política del lugar de trabajo, los empleadores deben proteger la salud y el bienestar de sus empleados al hacer lo siguiente:

- seleccionar a una persona para ser el "administrador del programa de respiradores" (ver glosario).
- preparar un programa de protección respiratoria por escrito con procedimientos específicos del lugar de trabajo para:
    - seleccionar respiradores
    - evaluaciones médicas de los empleados
    - procesos de exámenes de aptitud para los respiradores ajustados
    - uso adecuado en situaciones de rutina y de emergencia
    - limpiar, guardar, inspeccionar, reparar, mantener y reemplazar los respiradores
    - respiradores suplidores de aire (si correspondiera)
    - capacitar a los empleados en donde exista un peligro inmediato para la vida o la salud (IDLH, por sus siglas en inglés) (si correspondiera)
    - capacitar a los empleados en el uso correcto de los respiradores
    - evaluación efectiva
- luego de que un programa esté en vigor, trabajar con un médico u otro profesional de la salud certificado para determinar la aptitud médica de los empleados para utilizar un respirador o cualquier condición que el empleado deba seguir para usar un respirador.
- capacitar a los empleados en el uso de los respiradores y volver a capacitarlos una vez al año
- realizarle al empleado una prueba de adaptación del respirador que vaya a utilizar antes de usarlo y nuevamente una vez al año
- guardar los registros del programa durante 3 años
- documentar las consultas anuales con los empleados en la efectividad del programa
- revisar el programa anualmente, realizar ajustes de ser necesario

Equipo respiratorio

Los respiradores tienen que ajustarse adecuadamente para que sean seguros y efectivos. Tienen que estar en buenas condiciones de trabajo y limpiarse luego de cada período de exposición diario. El vello facial evita que los respiradores se ajusten y lo protejan, ya que no pueden ajustarse bien a la cara. Por esta razón, los reglamentos prohíben a los aplicadores de pesticidas con vello facial que utilicen respiradores ajustados. Los reglamentos también establecen que todos los manipuladores tienen que probarse respiradores ajustados antes de usarlos. Una persona capacitada tiene que llevar a cabo estas pruebas. En la tabla 7-1 se enumeran diferentes tipos de respiradores.

EQUIPO DE PROTECCIÓN PERSONAL Y SEGURIDAD PERSONAL

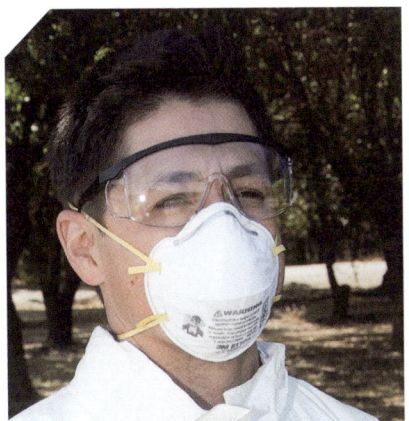

FIGURA 7-13.
Algunas etiquetas de pesticidas requieren el uso de respiradores con filtro de polvo y niebla aprobados por el Instituto Nacional de Salud y Seguridad Ocupacional (NIOSH, por sus siglas en inglés).

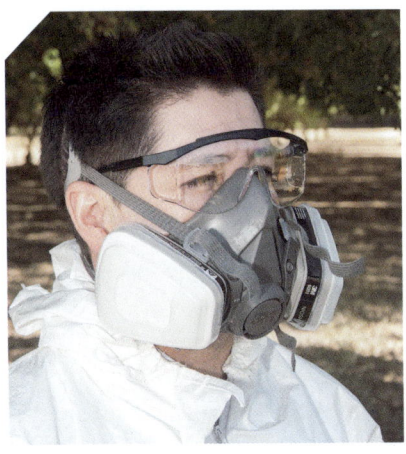

FIGURA 7-14.
En el caso de determinados pesticidas, las etiquetas requieren el uso de respiradores con filtro para la eliminación de vapores orgánicos con un prefiltro aprobado para pesticidas. Deben estar aprobados por el NIOSH.

TABLA 7-1:

Tipos de respiradores

Tipo de respirador*	Descripción
mascarillas faciales de filtrado de uso único (mascarillas de polvo/niebla, respiradores de partículas) (Figura 7-13)	Livianas, suaves, bastante cómodas, con dos tiras elásticas para mantenerlas en su lugar. Deben llevar el número de aprobación de NIOSH TC-84A o indicar que se han aprobado de acuerdo a la parte 84 del Código de Reglamentos Federales. Se debe probar el ajuste de este tipo de respiradores de la misma forma que otros respiradores ajustados.
respiradores con cartucho (Figura 7-14)	Pantallas faciales ceñidas de caucho, filtros de cartucho de dos niveles (vida efectiva limitada) específicos para un contaminante particular, una válvula de exhalación unidireccional y al menos dos bandas elásticas y ajustables para la cabeza. Los respiradores con cartucho se encuentran disponibles en estilos de cobertura total y media del rostro. Se utilizan para eliminar los niveles bajos de los vapores de pesticidas. El polvo y la niebla también se pueden filtrar al agregar un prefiltro de polvo y niebla. Los respiradores con cartuchos químicos absorben gases o vapores peligrosos y generalmente cuentan con un filtro externo de polvo/niebla (Figura 7-15).
respiradores con canastro	Pantallas faciales ceñidas de caucho, individuales, a menudo llamadas mascarillas de gas. Los respiradores con canastro son principalmente de mascarilla con cobertura total del rostro. Son requeridas cuando se utilice fosfuro de aluminio. De otra forma, son similares en características y funciones a los respiradores de cartucho.
respiradores a batería con purificador de aire (Figura 7-16)	Fuerzan el aire filtrado a través de una cámara hacia una capucha, casco o mascarilla facial. El motor, la bomba, las baterías y los filtros se llevan en un cinturón. Se utilizan para trabajos muy largos de aplicaciones. Las personas con vello facial pueden usar la capucha, el casco u otro estilo suelto.
respiradores con suplidor de aire o atmósfera (aparatos de respiración autónoma, respirador con suministrador de aire) (Figura 7-17)	Protegen al trabajar con cantidades concentradas de fumigantes o pesticidas altamente tóxicos. Proporcionan aire desde tanques presurizados (cantidad limitada de aire) o mangueras largas conectadas a una bomba de aire (rango limitado). Se encuentran disponibles en pantallas de cobertura total y media del rostro o cuentan con una capucha o un casco con un protector facial de plástico transparente. Un regulador de presión de demanda recibe aire fresco en la inhalación para mascarillas, las capuchas tienen un flujo de aire continuo alrededor de toda la cabeza. Las personas con vello facial o anteojos pueden usar las capuchas. La limpieza correcta y el mantenimiento son esenciales para una operación segura.

Nota: *Se debe utilizar protección ocular con los respiradores que cubren la mitad del rostro. Asegúrese de poder usar el respirador cómodamente con su elección de protección ocular.

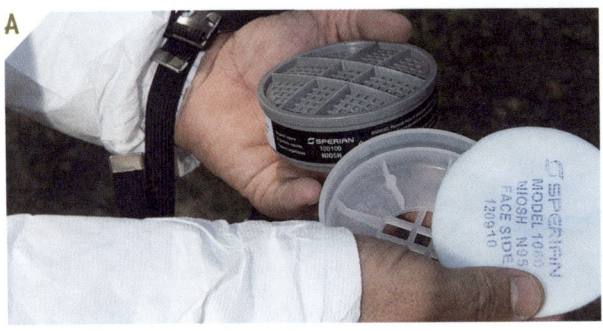

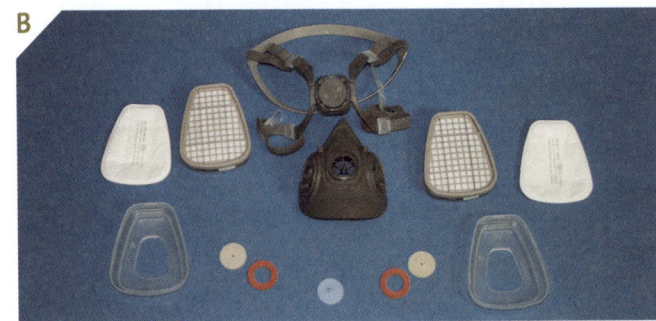

FIGURA 7-15.
Muchos respiradores con filtro cuentan con cartuchos filtrantes desmontables (A, B). Asegúrese de que los cartuchos que utilice estén aprobados para el tipo de pesticida a aplicar. Por ejemplo, los cartuchos con la designación "OV" (vapores orgánicos) se pueden usar como protección para la mayoría de los pesticidas.

FIGURA 7-16.
Un ventilador a pila lleva el aire filtrado a través de una manguera flexible hacia una cubierta (A) en este respirador con purificador de aire motorizado. Este diseño permite usar anteojos. Las personas con barba y patillas pueden usar este tipo de respirador. Los filtros, el motor y el paquete de baterías se colocan en una correa de cintura (B).

Limpiar y mantener el EPP

Siempre hay que mantener el EPP en buenas condiciones. El EPP es eficaz siempre y cuando no esté contaminado por algún pesticida y funcione adecuadamente. Por ello, se debe lavar con frecuencia y también inspeccionar. Reemplace o repare el equipo cuando haya algún problema.

Cuando termine con cualquier trabajo en el que se manipule o se esté expuesto a pesticidas, quítese el EPP de inmediato. Comience por lavar los guantes por fuera con detergente y agua antes de quitarse el resto del EPP. Lave el exterior de otros artículos resistentes a los químicos antes de quitarse los guantes. Esta práctica evita entrar en contacto con la parte contaminada del artículo al quitárselo. Si alguna otra prenda tiene pesticidas, también cámbielas. Determine si los artículos contaminados deben desecharse o limpiarse para volver a usarlos.

Ropa resistente a los químicos

No vuelva a usar ropa resistente a los químicos contaminada hasta que la haya lavado. Lave las prendas contaminadas al final de cada día de trabajo. Al lavarlas de inmediato, se reducen las posibilidades de que usted u otros se expongan a los residuos. Deseche la ropa que se haya remojado con pesticidas; envíe toda la ropa contaminada a un lugar de desecho que acepte piezas que tengan residuos de pesticidas. Lave la ropa que esté contaminada mediana o ligeramente. Deseche toda la ropa resistente a los químicos que sea desechable luego de cada día de trabajo.

Cámbiese la ropa contaminada en su lugar de trabajo, de ser posible. Vacíe los bolsillos y los puños para eliminar cualquier residuo de pesticida. Hasta poder lavarlos, coloque la ropa contaminada en una

FIGURA 7-17.
Este equipo de respiración autónomo (SCBA) le proporciona al usuario aire no contaminado a través de un tanque de aire comprimido.

bolsa de plástico limpia. Nunca vuelva a utilizar las bolsas de plástico, dado que pueden acumular residuos de pesticidas. No mezcle la ropa contaminada con cualquier otra ropa sucia antes, durante o después de lavarla.

Ropa de trabajo. Lave la ropa de trabajo con agua caliente y detergente líquido en una lavadora separada de las prendas del resto de la familia. Los detergentes líquidos eliminan los pesticidas a base de aceite mejor que el detergente en polvo. La barra lateral 7-2A describe los mejores métodos para lavar la ropa contaminada con pesticida.

BARRA LATERAL 7-2A Y 7-2B

TÉCNICAS PARA EL LAVADO DE LA ROPA Y EQUIPO PERSONAL DE PROTECCION (EPP) CONTAMINADOS CON PESTICIDAS

A. PROCEDIMIENTO PARA LAVAR ROPA CONTAMINADA CON PESTICIDA

1. Mantenga la ropa contaminada con pesticida separada del resto de la ropa para lavar.
2. No toque la ropa contaminada con sus manos desprotegidas; utilice guantes de caucho o deposite la ropa desde la bolsa de plástico dentro de la lavadora.
3. Lave pocas cantidades de ropa por vez. No mezcle ropa contaminada con diferentes pesticidas; lávelas en cargas diferentes.
4. Antes de lavarla, deje la ropa en remojo:
   a. Remoje en un balde o lavadora automática o rocíe las prendas afuera con una manguera de jardín
   b. Utiliza solventes comerciales para remojar la ropa o aplica rociadores en el prelavado o jabón para ropa para aflojar las manchas.
5. Lave las prendas en una lavadora automática con el agua a la temperatura más alta, nivel de agua alto y ciclo de lavado normal (12 minutos). Utilice la máxima cantidad de jabón líquido permitido. Nunca use cloro o amonia para lavar ropa contaminada—ellos no quitan la mayoría de los pesticidas, y cuando se mezclan con pesticidas, liberan vapores tóxicos que pueden matarlo.
6. Si las prendas todavía poseen olor a pesticida o manchas visibles, repita el paso 5 varias veces hasta que la ropa esté completamente limpia.
7. Limpie la lavadora antes de utilizarla nuevamente, repita el paso 5 con el agua más caliente permitida, ciclo de lavado normal y jabón para ropa, pero todavía sin colocar ropa.
8. Cuelgue la ropa al aire libre en una soga para evitar contaminar la secadora automática.

No intente lavar ropa que esté muy contaminada; destrúyala llevándola a un lugar para desechos autorizado. Estas sugerencias le ayudarán a reducir las posibilidades de contaminar su lavandería familiar con pesticidas:

1. Siempre que sea posible, póngase ropa de protección desechable que pueda tirarse luego de usarla.
2. Siempre use toda la ropa de protección requerida cuando trabaja con pesticidas.
3. Todos los días, use ropa de protección limpia cuando trabaja con pesticidas. Lave la ropa contaminada a diario.
4. Quítese la ropa contaminada en el lugar de trabajo y vacíe los bolsillos y los puños. Coloque la ropa en una bolsa de plástico limpia hasta que pueda lavarla. Mantenga la ropa contaminada separada del resto de la ropa para lavar.
5. Quítese inmediatamente la ropa si le cayó un concentrado de pesticida sobre ella.

B. PROCEDIMIENTO PARA LAVAR EL EPP CONTAMINADO

1. Lave solo pocas prendas a la vez para que haya abundante agitación y agua para la dilución.
2. Lave los artículos separados del resto de la ropa en una lavadora. Utilice detergente líquido potente y agua caliente en el ciclo más largo. Seleccione el ciclo de lavado con dos enjuagues.
3. Utilice dos ciclos de lavado completos para lavar los artículos que se encuentran contaminados desde hace poco o mucho tiempo. (Si el EPP está muy contaminado, colóquelo en una bolsa de plástico, etiquételo y llévelo a un lugar donde se encarguen de los desechos tóxicos).
4. Haga funcionar la lavadora por lo menos una vez más con un ciclo entero sin colocarle ropa, solo con jabón y agua caliente para limpiar la lavadora antes de lavar alguna otra prenda.

Botas y guantes

Lave los guantes y las botas de caucho debajo de un chorro de agua para eliminar los residuos de pesticidas antes de quitárselos. Utilice detergente mezclado con agua y un cepillo suave, luego enjuáguelos con agua limpia (Fig. 7-18). El interior de la bota no tiene que mojarse. Al final de cada día, lave los guantes de caucho con jabón y agua tibia. Inspeccione si tienen agujeros cuando los lave y deséchelos si encuentra alguno. Los guantes se pueden lavar (separados del resto de la ropa) en una lavadora si se colocan en una bolsa de tela. Utilice agua tibia y lávelos de acuerdo a las instrucciones que figuran a continuación para la ropa de protección. Los guantes tienen que darse vuelta para secarlos. Guarde las botas y los guantes en una bolsa de plástico para mantenerlos limpios y evitar el deterioro. Recuerde que los forros de los guantes no pueden lavarse y volver a utilizar; hay que tirarlos al finalizar cada actividad de manipulación de pesticidas.

Caretas protectoras y gafas

Lave las gafas, las caretas protectoras, las gafas protectoras con protectores y los cuerpos de los respiradores y las piezas faciales luego de cada día de uso. Lave con cuidado las caretas protectoras y las gafas para evitar rayar el plástico. Sumérjalos en agua tibia con jabón. El residuo del pesticida se puede eliminar con un trapo húmedo y suave o un cepillo blando (Fig. 7-19). No frote los lentes antiniebla, ya que se reduciría la efectividad. Enjuague bien con agua limpia y séquelos o páseles un rollo de tela de algodón suave; si se frotan podrían rayarse. Examine que las gafas y los protectores faciales no tengan rasguños, grietas o pérdida de la elasticidad de las bandas elásticas. Puede reemplazar los lentes rayados en muchos estilos sin cambiar las gafas en su totalidad. Guarde las gafas y las caretas protectoras faciales en una bolsa de papel para mantenerlos limpios.

Respiradores

Inspección. Debe inspeccionar los respiradores dos veces, para ver si están desgastados o dañados: una antes de usarlo la primera vez en cada día y nuevamente antes limpiarlos luego de cada día laboral. Examine las bandas elásticas para ver si se encuentran deterioradas, rasgadas o si perdieron la elasticidad; y reemplácelas si es necesario. Quite los filtros y reemplace los empaques si están quebradizos, rotos o deformados. El conjunto de válvulas son partes esenciales de un respirador con cartuchos y tienen que estar en buen estado de funcionamiento. Hágalas a un lado e inspeccione las aletas de la válvula para detectar desgaste, deformidades o perforaciones. Reemplace las partes que piense que podrían llegar a tener una fuga. Cheque las roscas de todas las válvulas y las partes de los cartuchos para asegurarse de que se encuentran en buen estado y que los asientos de las válvulas están suaves. Busque grietas y rayones.

Examine la pieza que va en la cara para detectar grietas, cortes, rayones y cualquier

FIGURA 7-18.
Limpie las botas antes de quitárselas. Use un cepillo y agua jabonosa. Luego, enjuague con agua pura. No permita que la parte interior de las botas se moje. Deje que las botas se aireen después de lavarlas. Guárdelas en una bolsa plástica limpia una vez que se sequen.

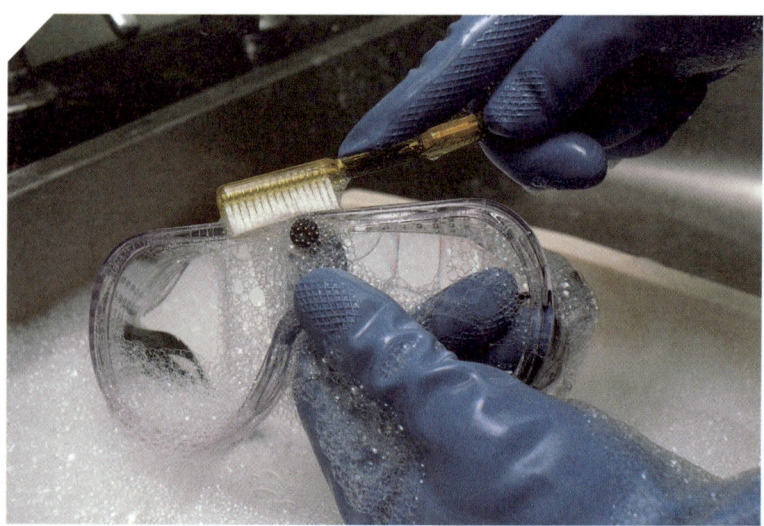

FIGURA 7-19.
Limpie las gafas y lentes de seguridad, y la careta con jabón y agua tibia. Use un cepillo suave o un paño para eliminar los residuos de los pesticidas. Seque y guarde en una bolsa plástica limpia.

FIGURA 7-20.
Después de su uso, quite los cartuchos y lave los respiradores con jabón y agua tibia. Use un cepillo suave o paño para eliminar los residuos de los pesticidas.

signo de deterioro. Si encuentra algún daño, reemplace las partes.

Al reemplazar partes de un respirador, utilice solo partes autorizadas para la reposición para esa marca y modelo. Si utiliza partes no autorizadas, el respirador no cumplirá con las leyes y podría ponerlo en peligro. Si conserva un respirador para uso de emergencia o como repuesto, inspecciónelo al menos una vez al mes.

Limpieza. Luego de quitar los filtros de los cartuchos de los respiradores, sumerja la parte de la cara, los empaques y la válvula en agua tibia y detergente líquido suave. No utilice compuestos abrasivos o limpiadores que contengan alcohol u otros químicos similares. Debe utilizar desinfectantes si más de una persona utiliza el mismo respirador. Utilice un cepillo suave o un trapo para eliminar cualquier residuo de pesticida (Fig. 7-20). Enjuague el respirador y las válvulas en agua limpia. Deje secar los filtros al aire en vez de dejarlos bajo el sol directo o aplicarles calor. El calor y la luz solar pueden dañar los filtros o acelerar el desgaste. Los cartuchos removibles de los respiradores tienen que desecharse al final de la jornada laboral, incluso si el respirador se utilizó solo por una o dos horas.

Luego de que se haya secado por completo, vuelva a armar el respirador y guárdelo en una bolsa de plástico limpia para protegerlo de la suciedad y la exposición a partículas del aire.

Deseche los respiradores de cartucho de uso único de acuerdo a las instrucciones de del fabricante. No intente limpiar los respiradores de cartucho desechables.

Si se quita el respirador entre las actividades de manipulación, siga estas instrucciones:
- limpie la parte del cuerpo y la cara del respirador con un trapo limpio
- reemplace los tapones, si es posible, de los cartuchos, los canastros y los prefiltros
- selle el respirador en un recipiente resistente y hermético, como las bolsas de plástico con cierre. Si no sella el respirador de inmediato luego de cada uso, las partes desechables tendrán que reemplazarse más seguido. Esto se debe a que los cartuchos y los canastros continúan recolectando impurezas siempre que estén expuestos al aire.

Lavar el EPP

Asegúrese de que las personas que limpian y mantienen el EPP sepan que tocar estos artículos contaminados con pesticidas puede hacerles daño. Enséñeles a colocarse guantes y un delantal y a trabajar en una zona bien ventilada, si es posible, y evitar inhalar el vapor de la lavadora o secadora.

Siga las instrucciones del fabricante para limpiar los artículos resistentes a los químicos. Si el fabricante especifica limpiar el artículo pero no proporciona instrucciones detalladas, siga las instrucciones en "procedimiento para lavar el EPP contaminado" en la barra lateral 7-2B. Algunos artículos resistentes a los químicos que no son planos, como los guantes, el calzado y los overoles, deben lavarse dos veces, una para lavar el exterior del artículo y la segunda para darle vuelta y lavar su interior. Algunos artículos que son resistentes a los químicos, como las botas resistentes y los sombreros o cascos rígidos, pueden lavarse a mano con agua caliente y un detergente líquido para limpieza profunda.

Guardar el EPP

Nunca utilice el EPP para cualquier otro propósito que no sea la manipulación de pesticidas. Guarde el EPP en un lugar limpio y seco, protegido de las temperaturas extremas y de la luz cuando no se utilice/esté en uso. Si es posible, coloque estos artículos en bolsas de plástico selladas. La luz, el calor, la suciedad y la contaminación de aire contribuyen a una descomposición de la goma, el plástico y los productos de goma sintética. Nunca guarde el EPP en lugares donde se almacena el pesticida.

Límites de protección

La cantidad de protección ofrecida por el EPP es limitada: nunca brinda una protección total. De todas formas hay que evitar que el pesticida se derrame, salpique o se rocíe sobre el cuerpo. El equipo ayuda a reducir la exposición, pero hay que hacer todo lo posible para evitar que la exposición ocurra.

Los pesticidas que quedan atrapados cerca de la piel no pueden descomponerse por el movimiento del aire o la volatilización. Por lo tanto, si el pesticida entra en contacto con la piel o ropa antes de colocarse el EPP, el equipo podría aumentar la cantidad de pesticida que se absorberá. También contaminará el interior de la prenda de protección. Siempre use el EPP limpio sobre ropa limpia.

Los EPP que no quedan ajustados al cuerpo también pueden engancharse en el equipo con partes móviles, como el PTO de un rociador de pesticidas y podrían causar alguna herida. Tenga en cuenta los alrededores cuando utilice un EPP holgado para prevenir posibles riesgos.

Controles técnicos

> Enumere los diferentes tipos de controles técnicos (cabinas cerradas, sistemas cerrados, bolsas solubles en agua) y explique cuándo se utilizan.

Los controles técnicos protegen a las personas durante la mezcla, carga o aplicación de los pesticidas. Estos aparatos protectores se consideran EPP, a pesar de que no se coloquen en el cuerpo. Los empleadores deben proporcionarlos a los manipuladores si el EPP es requerido por las etiquetas de los pesticidas o reglamentos del estado de California. Los controles de ingeniería incluyen las cabinas cerradas, los sistemas de mezcla cerrados, el envoltorio de los pesticidas y los aparatos para monitorear la atmósfera. Es importante recordar que siempre que se realizan actividades fuera de estos controles técnicos, hay que colocarse todo el EPP requerido. Todo este EPP tiene que estar disponible en un recipiente resistente a los químicos y debe colocarse tan pronto como deje de utilizar el control técnico protector (cuando se sale de la cabina cerrada de un rociador durante o inmediatamente después de una aplicación).

Cabinas cerradas. Las cabinas cerradas de los tractores lo protegen de la exposición a los pesticidas (Fig. 7-21) mientras realiza una aplicación. Algunos protegen de las gotas y la bruma de rociadores y ofrecen un ambiente cómodo y con aire acondicionado también. Sin embargo, estas cabinas no reemplazan los requisitos detallados en la etiqueta a menos que se especifique que los respiradores especificados sean una pantalla facial de filtrado. Los respiradores de media cara

FIGURA 7-21.
Las cabinas cerradas protegen a los operadores de la exposición a los pesticidas. Este modelo incluye un sistema de aire filtrado de pesticidas que permite que el operador no necesite usar un respirador en el interior de la cabina.

o de cara completa de todos los tipos, de ser necesario, deben utilizarse mientras se realiza una aplicación desde adentro de este tipo de cabinas.

Sistemas de mezcla cerrados. Los empleados deben usar un sistema de mezcla cerrado cuando mezclen, recarguen, diluyan o transfieran las fórmulas líquidas de los pesticidas con ciertas declaraciones cautelares en la etiqueta, como se ilustra en las figuras 7-22A y B. Existen dos tipos de sistemas de mezcla cerrados Nivel 1 y Nivel 2.

- Un sistema de Nivel 1 elimina el pesticida del recipiente y enjuaga el recipiente limpio mientras todavía se encuentra conectado al sistema cerrado. Si mezcla los pesticidas líquidos con las declaraciones en la etiqueta que especifican "mortal si la piel lo absorbe" o algo similar, se debe utilizar un sistema Nivel 1.
- Un sistema Nivel 2 elimina el pesticida del recipiente pero no lo enjuaga. Se debe utilizar un sistema de mezcla Nivel 2 si se mezclan pesticidas líquidos con declaraciones de la etiqueta que especifiquen, "puede ser mortal si la piel lo absorbe", "corrosivo, provoca lesiones en la piel" o algo similar.

Los sistemas de mezcla cerrados posibilitan medidas de pesticidas específicas y seguras para colocar en los tanques de rociado. No todas las situaciones requieren un sistema de mezcla cerrado. Para averiguar si la situación requiere el uso de un sistema de mezcla cerrado, revise los reglamentos de la página web del DPR: cdpr.ca.gov/docs/legbills/calcode/chapter_.htm. Vea la Serie A-3 de Información de Seguridad con Pesticidas del DPR para los requisitos de los sistemas de mezcla cerrados.

Envasado. El envasado especial del pesticida ayuda a reducir la exposición a los ingredientes activos del pesticida concentrado. Este envasado incluye bolsas solubles en agua previamente pesadas y paquetes de fórmulas en polvo. Estos se disuelven en los tanques de rociado para reducir la exposición al polvo. De acuerdo a las regulaciones los pesticidas envasados de esta forma se consideran sistemas de mezcla cerrados.

FIGURA 7-22.
Los sistemas de mezcla cerrados son necesarios al mezclar más de un galón de pesticidas líquidos PELIGROSOS por día para la producción de un producto agrícola. Estos sistemas permiten medir los pesticidas líquidos con precisión. La mayoría enjuaga los recipientes vacíos (A). Esta etiqueta muestra dos de las tres notas de advertencia que requieren el uso de un sistema de mezcla cerrado en California (B). La tercera es "mortal si se absorbe a través de la piel".

Capítulo 7, Preguntas de repaso

1. **El EPP lo protege de la exposición a los pesticidas al _____.**
   - ☐ a. mantener los materiales secos y líquidos lejos de la piel
   - ☐ b. cubrir solo la parte más vulnerable del cuerpo
   - ☐ a. prevenir accidentes en el lugar de trabajo

2. **¿Los manipuladores de pesticidas deben capacitarse en cuáles de las siguientes tres áreas temáticas?**
   - ☐ a. manejo integrado de plagas, identificación de plagas y mantenimiento de equipos de aplicación
   - ☐ b. sistemas de mezcla cerrados, requisitos de EPP y lectura de las etiquetas de los pesticidas
   - ☐ c. utilización segura de pesticidas, emergencias y salud, e información legal y derechos de los trabajadores

3. **¿Quién es responsable de comprar, limpiar y mantener el EPP necesario por las etiquetas de los pesticidas?**
   - ☐ a. trabajadores
   - ☐ b. empleadores
   - ☐ c. fabricantes

4. **Una el EPP con la protección que ofrece:**

1. overol	a. se pone directamente encima de su ropa de trabajo (camisa de manga larga, pantalones largos, y calcetines) para protegerlos de la contaminación por pesticidas
2. trajes resistentes a los químicos	b. protege los overoles y resguarda de las salpicaduras, los derrames y las oleadas de polvo
3. delantales resistentes a los químicos	c. protege los pulmones de los pesticidas que hay en el aire
4. gorros resistentes a los químicos	d. protege cuando una gran cantidad de pesticida podría depositarse en la ropa durante un extenso período
5. guantes	e. protegen los ojos y evitan que los líquidos le salpiquen la cara durante la mezcla
6. careta protectora	f. protege de la exposición por encima o de la exposición a muchas partículas transportadas en el aire
7. respirador	g. evita que el pesticida contamine las manos y los antebrazos

5. Una la situación con el EPP más apropiado.

1. Se está rociando una gran cantidad de pesticida PELIGROSO que es probable que caiga en la ropa y puede permanecer en el aire mientras se realiza la aplicación. Las temperaturas son moderadas.	a. protección para la cabeza resistente a los químicos, gafas, guantes y overoles
2. Se está rociando un pesticida con ADVERTENCIA por encima de su cabeza, en los árboles:	b. sistemas de mezcla cerrados, overoles, gafas protectoras, protección respiratoria y guantes
3. se mezcla y, luego, carga un pesticida en polvo con una declaración cautelar con la inscripción "mortal si lo absorbe la piel".	c. trajes resistentes a los químicos, protección respiratoria, gafas, guantes y gorro

6. Verdadero o falso

☐ Verdadero ☐ Falso a. El EPP reutilizable debe limpiarse al final de cada día laboral, antes de volver a utilizar el equipo.

☐ Verdadero ☐ Falso b. Es necesario realizar una prueba de adaptación individual para asegurarse de que el respirador se adapte adecuadamente y funcione de forma efectiva para protegerlo.

☐ Verdadero ☐ Falso c. Los overoles que no son tejidos y las capuchas marcadas como "desechables" pueden utilizarse hasta 7 días laborales.

☐ Verdadero ☐ Falso d. Evite las enfermedades relacionadas con el calor al utilizar menos del EPP requerido y al realizar la aplicación lo más rápido posible.

☐ Verdadero ☐ Falso e. El EPP puede empeorar un incidente de exposición si lo coloca encima de la ropa que ha sido contaminada por pesticidas y no ha limpiado apropiadamente.

7. Los controles técnicos pueden ayudar a proteger de las exposiciones a los pesticidas, ¿cuáles de las siguientes se pueden incluir?
   ☐ a. cabinas cerradas y sistemas de mezcla cerrados
   ☐ b. dispositivos SCBA y envases de pesticidas solubles en agua
   ☐ c. materiales resistentes a los químicos y dispositivos para monitorear la atmósfera

Capítulo 8
Utilizar pesticidas de forma segura

Seguridad para el aplicador de pesticidas 102
Métodos de aplicación seguros 111
Limpieza del equipo de aplicación.................................... 113
Limpieza personal 113
Capítulo 8, Preguntas de repaso 114

Expectativas de conocimiento

1. Describa las formas en que los aplicadores garantizan la seguridad de las personas antes, durante y después de la aplicación de pesticida.
2. Explique por qué y en qué situaciones es importante comunicarse con las personas que se encuentran en la zona en la cual se aplicará pesticida.
3. Describa cómo restringir el ingreso a las zonas donde se utilizan o se han utilizado pesticidas.
4. Enumere los procedimientos y las precauciones de seguridad para el transporte de pesticidas en un vehículo.
5. Enumere los componentes de una zona de almacenamiento adecuada.
6. Describa métodos para mezclar y cargar pesticidas de forma segura, incluido el equipo, la ubicación y los procedimientos utilizados en el proceso.
7. Explique cómo procesar adecuadamente todos los tipos de envases de pesticidas para su eliminación.
8. Describa cómo identificar las zonas potencialmente sensibles que podrían verse afectadas negativamente por la aplicación, la mezcla y la carga, el almacenamiento y la eliminación del pesticida y el lavado del equipo.
9. Describa los procedimientos a seguir para una limpieza segura y eficaz después de manipular pesticidas, incluyendo la limpieza del equipo de aplicación, como también la descontaminación personal.

Seguridad para el aplicador de pesticida

Usted es la clave para prevenir los accidentes con pesticidas. Al seguir las indicaciones de la etiqueta de los pesticidas y las leyes y reglamentos de los pesticidas, se pueden evitar la mayoría de los problemas. Además, cuando se mezclan los pesticidas entre ellos o con otros materiales, realice una prueba en un frasco pequeño para asegurarse de que la combinación sea segura. Asimismo, compruebe el equipo para asegurarse de que esté funcionando bien. Recuerde que los equipos que están fallando, rotos o desgastados causan accidentes. Por último, nunca tome alcohol o consuma drogas antes, durante o inmediatamente después de aplicar los pesticidas.

Este capítulo describe cómo evitar la exposición a los pesticidas durante su trabajo. Para evitar problemas relacionados con los pesticidas, debe:
- leer y seguir las instrucciones en las etiquetas de los pesticidas
- cumplir con todas las leyes, reglamentos y condiciones de los permisos para materiales restringidos que se refieren a la manipulación, el almacenamiento y la aplicación de pesticidas en su situación de trabajo
- utilizar hábitos de trabajo seguros
- usar el equipo de protección personal (EPP) requerido
- proteger a las personas de la exposición a los pesticidas
- evitar las prácticas que puedan perjudicar a las plantas o y los animales no objetivo
- mantener los pesticidas en los objetivos.

PLANIFICAR LAS APLICACIONES PARA GARANTIZAR LA SEGURIDAD

La planificación de las aplicaciones de pesticida ayuda a prevenir los accidentes. En primer lugar, infórmese sobre los pesticidas que utilizará examinando las fichas de datos de seguridad y las etiquetas de los pesticidas. De esta manera, sabrá cuáles son los peligros de exposición y las medidas que puede tomar para evitarlos. Inspeccione las zonas en las que va a trabajar para encontrar posibles riesgos que puedan afectar su seguridad. Por último, planifique lo que podría hacer si se produce un accidente. Utilice la lista de verificación en la barra lateral 8-1 para ayudarlo a planificar las futuras aplicaciones de pesticidas.

Planificar para accidentes

Planifique para la posibilidad de un accident. Este proceso incluye encontrar una instalación médica antes de que necesite atención de emergencia. También, averigüe dónde buscar ayuda para la limpieza de derrames. Coloque en su vehículo o en un lugar visible en su lugar de trabajo el nombre, la dirección y el número de teléfono del centro médico más cercano a su lugar de trabajo. Anote también, los números de teléfono del departamento local de bomberos, el sheriff y la patrulla de caminos (véase la barra lateral 12-1 en el capítulo 12) y guarde una copia de la etiqueta para llevarla si fuera necesario. El número de emergencia 9-1-1, por lo general, le proporciona acceso inmediato a la asistencia médica, servicios de bomberos locales y organismos de seguridad; sin embargo, no es un reemplazo para los números de teléfono que les tendría que proporcionar a los manipuladores y a otros en el lugar de trabajo.

Planifique qué hacer si se produce un derrame de pesticidas y esté listo para proteger al público del peligro. Conozca los primeros auxilios adecuados que debe prestar a las víctimas de la exposición a pesticidas o de enfermedades relacionadas con el calor. Comprenda los pasos que debe tomar para reducir el daño a usted mismo o a otros en caso de accidente. Asegúrese de tener suficiente agua de emergencia para lavarse los ojos y la piel. Para más información acerca de la planificación y la respuesta a emergencias, consulte el capítulo 12.

Proteger a las personas en o cerca de la zona de aplicación

En la agricultura, los trabajadores de campo pueden estar trabajando cerca del lugar en el que se realiza la aplicación del pesticida. Usted debe proteger a los trabajadores del campo de cualquier

---

Describa de qué manera los aplicadores garantizan la seguridad de las personas antes, durante y después de las aplicaciones de pesticidas.

Explique por qué y en qué situaciones es importante comunicarse con los vecinos y otras personas que se encuentran en la zona antes de realizar una aplicación de pesticidas.

Describa cómo restringir el ingreso a las zonas donde se utilizan o han utilizado pesticidas.

BARRA LATERAL 8-1

LISTA DE CONTROL PARA LA PLANIFICACIÓN DE LA APLICACIÓN DE PESTICIDAS

PERSONAL
- ¿Control médico y análisis de sangre necesario?
- ¿Correctamente capacitado para este tipo de aplicación?

PESTICIDA
- ¿Leyó y entendió la etiqueta en su totalidad?
- ¿Comprobó que el uso sea consistente con la plaga a tratar y el área de aplicación?
- ¿Leyó la ficha de datos de seguridad para obtener información de los riesgos?
- ¿Obtuvo certificados y permisos necesarios?
- ¿Sabe la proporción adecuada de pesticida que hay que aplicar?

EQUIPO
- ¿Equipo de protección personal adecuado (botas, guantes, equipo respiratorio, ropa de protección, protección para los ojos, protección para la cabeza)?
- ¿Equipo necesario para medir y mezclar?
- ¿Equipo apropiado de aplicación para este trabajo (capacidad del tanque, rango de presión, volumen del caudal, tamaño de la boquilla, bombeo compatible con el tipo de fórmula?)
- ¿El equipo de aplicación se encuentra calibrado adecuadamente?
- ¿Tiene agua para emergencias y suministros de primeros auxilios?
- ¿Suministros necesarios para contener derrames o fugas (materiales absorbentes, suministros de limpieza, recipiente de contención)?

TRANSPORTE
- ¿Transporte seguro de los pesticidas al sitio de aplicación?
- ¿Los pesticidas y los recipientes están protegidos contra el robo y el acceso no autorizado?
- ¿Los vehículos están debidamente señalizados y se han obtenido los permisos necesarios para el transporte de materiales y residuos peligrosos?
- (si corresponde)

MEZCLA Y CARGA
- ¿Se ha localizado un lugar seguro para la mezcla y la carga?
- ¿Se dispone de agua limpia para la mezcla?
- ¿Se ha comprobado el pH del agua?
- ¿Se han obtenido los adyuvantes adecuados para corregir el pH, evitar la formación de espuma y mejorar la descarga?
- ¿Se ha comprobado la compatibilidad de las mezclas de pesticida en el tanque o de las combinaciones de pesticidas con fertilizadores?
- ¿Se ha enjuagado tres veces los contenedores de líquidos y se ha introducido el líquido de enjuague en el tanque de rociado?

LUGAR DE TRATAMIENTO
- ¿Se han inspeccionado los límites del lugar de tratamiento?
- ¿Se han identificado los lugares ecológicamente vulnerables dentro y alrededor del lugar a ser tratado?
- En aplicaciones agrícolas, ¿se ha notificado a las personas que trabajan o viven cerca del lugar de tratamiento, incluidos los trabajadores del campo y sus supervisores?
- ¿Se ha colocado la señalización necesaria en el lugar de tratamiento?
- ¿Se han constatados y señalado los tipos de suelo? (Si estos son factores que influyen en la eficacia del pesticida).
- ¿Se ha protegido adecuadamente al ganado, mascotas, abejas melíferas y otros animales?
- ¿Se ha definido la ubicación y profundidad de las aguas subterráneas? (Si corresponde).
- ¿Se han identificado los riesgos dentro del sitio a ser tratado, incluido cables eléctricos y tomas, fuente de encendido, obstáculos, pendientes pronunciadas y otras condiciones peligrosas?
- ¿Las plantas localizadas en el lugar de tratamiento están en buenas condiciones para la aplicación del pesticida (estado de crecimiento adecuado, no están bajo presión de humedad u otros requisitos especificados en la etiqueta del pesticida)?

CONDICIONES METEOROLÓGICAS
- ¿El clima es adecuado para la aplicación (poco viento, temperatura adecuada, sin neblina o lluvia)?

APLICACIÓN
- ¿Se ha establecido un patrón de aplicación adecuado para el área de tratamiento, los peligros y las condiciones meteorológicas imperantes?
- ¿Se ha seleccionado la dosis de aplicación que proporcionará una cobertura más uniforme?
- ¿Se ha comprobado con frecuencia el equipo durante la aplicación para asegurarse de que todo funciona correctamente y proporciona una aplicación uniforme?

LIMPIEZA
- ¿El equipo de aplicación se ha limpiado y descontaminado correctamente después de la aplicación?
- ¿El equipo de protección personal se almacena de forma segura y se limpia o lava de acuerdo a los métodos autorizados?
- ¿Los materiales desechables se queman o se eliminan de forma autorizada?

ELIMINACIÓN DE RESIDUOS
- ¿Los envases de papel de los pesticidas se queman o se eliminan de acuerdo a la reglamentación local?
- ¿Los envases de plástico o metal se enjuagan tres veces?
- ¿Los envases de plástico y metal se almacenan adecuadamente hasta que se reciclan o se eliminan apropiadamente?

ALMACENAMIENTO
- ¿LA instalación de almacenamiento es apropiada para los pesticidas?
- ¿Los pesticidas no utilizados se devuelven al proveedor o se almacenan en una instalación bajo llave para su uso posterior?

INFORMES
- ¿Los informes necesarios se presentan ante el organismo solicitante?

SEGUIMIENTO
- ¿¿Se han inspeccionado las zonas de tratamiento después de la aplicación para garantizar que el pesticida ha controlado las plagas objetivo sin causar daños indebidos a los organismos no objetivo o a las superficies de los artículos en la zona de tratamiento??

DAÑOS
- Si se han producido daños, ¿se ha informado de ellos con prontitud?

tipo de exposición a pesticidas. No permita que los trabajadores entren en una zona que está siendo tratada con pesticidas. Los empleadores también deben evitar que los trabajadores ingresen a las zonas de exclusión de aplicación (AEZ) creadas por esa aplicación. Además, no se permite a los trabajadores entrar en los campos tratados durante los intervalos de entrada restringida, a menos que estén capacitados como trabajadores de entrada temprana (trabajadores que ingresan en un área después de que se haya completado la aplicación del pesticida, pero antes de que el intervalo de entrada restringida u otra restricción haya terminado). Si su aplicación puede afectar a otras personas en la zona (residentes, etc.), debe asegurarse de que sepan que deben permanecer en el interior durante el período de aplicación. Realice las aplicaciones de pesticida cuando no haya personas ni trabajadores cerca. Esto puede momentos ser muy temprano por la mañana, durante las últimas horas de la tarde o durante la noche. Prevenir la deriva también disminuye los riesgos de exposición de los trabajadores del campo en las zonas contiguas.

Intervalo de entrada restringida

El intervalo de entrada restringida (REI) es el tiempo que debe pasar luego de una aplicación de pesticida antes de que cualquier persona (excepto los trabajadores capacitados de entrada temprana) pueda ingresar en la zona tratada. Las etiquetas de los pesticidas y el Código de Reglamentos de California, título 3 (3 CCR) enumeran los REI. Siempre revise las etiquetas de los pesticidas al igual que el 3 CCR para los REI que corresponden a su situación. Las recomendaciones del uso de pesticidas escritas por asesores certificados de control de plagas deben indicar el REI requerido. El comisionado agrícola local también podrá proporcionarle esta información. Cuando el REI de la etiqueta es diferente de los requisitos del estado de California, se aplica el REI más extenso. Además, cuando se mezclen pesticidas con diferentes REI, se debe utilizar el intervalo más largo de la lista. Deberá consultar con la oficina del comisionado agrícola del condado para REI especiales cuando se aplican mezclas de ciertos pesticidas. Incluso si la etiqueta no requiere la colocación de carteles de advertencia, deberá colocarlo si el REI excede las 48 horas.

FIGURA 8-1.
Algunas etiquetas de pesticidas requieren que se señalicen las zonas tratadas. Además, un área se debe señalizar si el intervalo de entrada restringida es superior a 48 horas. Todas las aplicaciones en invernadero deben estar señalizadas cuando el intervalo de entrada restringida es superior a cuatro horas, salvo que el acceso se controle cuidadosamente durante todo el intervalo de entrada restringida.

Colocación de carteles

En ocasiones, se deberán colocar carteles de advertencia en las zonas tratadas (Fig. 8-1). La colocación de carteles es una forma de notificar a los empleados y a otras personas sobre un área tratada y sus zonas de contención. Los reglamentos exigen que los carteles que se coloquen sean de un material durable. Los carteles deben estar impresos en inglés y en otro idioma que no sea el inglés y que sea comprendido por la mayoría de los trabajadores. Los carteles deben tener un cráneo con la palabra DANGER (PELIGRO) en letras lo suficientemente grandes como para ser leídas desde una distancia de 25 pies. Si el intervalo de entrada restringida es mayor a 7 días, el cartel también debe tener:

- el nombre del pesticida
- la fecha de finalización del intervalo de entrada restringida
- el nombre del operador de la propiedad
- cualquier identificación del campo

Si se aplican pesticidas de la categoría I por medio de un sistema de irrigación (quimigación), se deberá colocar un cartel de advertencia adicional. Verifique las etiquetas de los pesticidas y las leyes federales, estatales y locales vigentes para determinar los requisitos de la publicación de los carteles. Las oficinas del comisionado agrícola del condado cuentan con esta información.

Para anunciar una zona tratada, coloque los carteles en los puntos de ingreso habituales. Si no hay puntos de ingreso evidentes, los carteles deben colocarse en las esquinas de las zonas tratadas. En el caso de las áreas que no estén cercadas al lado de carreteras y otro tipo de derechos de paso, los carteles no deben tener una separación mayor a 600 pies. Los carteles tienen que colocarse en la zona antes de realizar la aplicación (pero no 24 horas antes de realizar la aplicación). Los carteles deben permanecer en el lugar a lo largo del REI. Podrán retirarse dentro de los tres días luego del REI y antes de permitirles a los trabajadores ingresar a la zona tratada. Consulte la tabla 8-1 para ver una lista de carteles, la información que deben contener y la situación en que debe utilizarse cada uno.

Notificación

En los sitios agrícolas, antes de aplicar cualquier pesticida se debe notificar a todos los empleados de las operaciones agrícolas que se encuentran trabajando en un rango de ¼ de milla de la zona en tratamiento. Realice esta notificación oralmente o mediante la colocación de carteles de advertencia, a menos que las etiquetas de los pesticidas especifiquen el método que se debe utilizar. Como recordatorio, debe colocar carteles de advertencia si el REI excede las 48 horas, incluso si la etiqueta no lo especifica. Informe a los trabajadores de cuándo tiene previsto realizar la aplicación para que se retiren y no vuelvan a entrar en la zona tratada. Dígales qué pesticidas va a aplicar y explíqueles los riesgos si se exponen. Dígales también cuándo pueden volver a entrar en el área.

Transporte de pesticidas

Los vehículos utilizados para el transporte de pesticidas deben estar en buenas condiciones mecánicas, incluyendo la cadena de tracción, el chasis y todos los tanques de almacenamiento y las conexiones. En particular, asegúrese de que los componentes de seguridad y control como los frenos, los neumáticos y la dirección funcionen adecuadamente. Un vehículo que no esté bien mantenido es, por sí solo, un riesgo de seguridad; y si se le agrega el pesticida, aumenta el riesgo potencial de lesiones o contaminación en caso de accidente. Siempre lleve el equipo necesario para realizar reparaciones en caso de que hubiese un problema mientras que el vehículo está en uso.

Enumere los procedimientos y las precauciones de seguridad para el transporte de pesticidas en un vehículo.

Nunca lleve pesticidas en el compartimento de pasajeros de un vehículo ya que el derrame de productos químicos y vapores nocivos pueden perjudicar a los ocupantes gravemente. Los pesticidas derramados pueden ser difíciles o imposibles de eliminar del interior del vehículo, lo que podría provocar una exposiciones prolongada. Si los pesticidas deben ser transportados en una camioneta, furgoneta o vehículo cerrado similar, ventile los compartimientos de carga y de pasajeros, y mantenga a los pasajeros y las mascotas alejados de los pesticidas durante su transporte. Recuerde que la carga puede desplazarse si hay un choque o si se frena de repente. Colocar una barrera de seguridad entre las zonas de pasajeros y de carga es una buena idea.

La zona de carga debe ser capaz de contener de forma segura los recipientes y protegerlos de roturas y pinchazos o choques que puedan dañarlos (Fig. 8-2). Las cajas de carga cerradas proporcionan la mayor protección pero no siempre son prácticas. Las cajas de carga también ofrecen el beneficio agregado de seguridad contra los niños curiosos, ladrones o vándalos. Los camiones con plataformas resultan convenientes para cargar y descargar, pero tenga en cuenta precauciones para minimizar la posibilidad de robo o pérdida de los envases con los giros bruscos o los caminos irregulares. Jamás apile los envases de los pesticidas a una altura superior a los costados del vehículo. Asegúrese de que los camiones con plataforma tengan rejillas laterales y traseras, y anillos de amarre, tacos o rejillas para simplificar el trabajo de asegurar la carga. Antes de cargar, inspeccione la zona de carga en busca de clavos, piedras, puntas filosas u objetos que puedan dañar los contenedores. Las plataformas de acero son mejores que las de madera porque

TABLA 8-1:

Letreros de advertencia en inglés y español y cuándo colocarlos

Letreros	Información requerida	Cuándo colocarlos
	las palabras "peligro pesticidas" un pictograma de un cráneo con huesos cruzados las palabras "no entre"	si va a aplicar pesticidas en un invernadero u otro lugar completamente cerrado si va a aplicar pesticidas en un espacio cerrado con una REI de más de cuatro horas si la REI requerida por la etiqueta es mayor a 48 horas si la etiqueta requiere la advertencia en el terreno
	las palabras "peligro pesticidas" un pictograma de un cráneo con huesos cruzados las palabras "no entre" el nombre del pesticida el nombre del cultivador la fecha de caducidad del REI	si el IER es mayor a siete días
y	las palabras "peligro pesticidas" un pictograma de un cráneo con huesos cruzados las palabras "no entre" el nombre del pesticida el nombre del cultivador la fecha de caducidad del REI y las palabras "no entre" un pictograma con la señal de alto y la palabra "stop" las palabras "pesticidas en agua de riego"	si el REI es mayor a siete días y los pesticidas se aplican en agua de riego (quimigación)
y	las palabras "peligro pesticidas" un pictograma de un cráneo con huesos cruzados las palabras "no entre" y las palabras "no entre" un pictograma con la señal de alto y la palabra "stop" las palabras "pesticidas en agua de riego"	si va a aplicar pesticidas en un invernadero u otro lugar completamente cerrado a través de un sistema de irrigación (quimigación) si va a aplicar pesticidas en un espacio cerrado a través de un sistema de irrigación (quimigación) y el REI es mayor a cuatro horas si el pesticida se aplica en agua de riego (quimigación) y la etiqueta requiere la advertencia en el terreno, o el REI para el pesticida quemigado es mayor a las 48 horas
	la palabra "peligro" las palabras "área de almacenamiento de venenos" las palabras "se prohíbe la entrada a todo personal sin autorización" las palabras "mantener las puertas cerradas cuando no esté en uso"	si almacena pesticidas de PELIGRO O ADVERTENCIA

FIGURA 8-2.
Transporte los pesticidas en la zona de carga del vehículo, jamás en el área de pasajeros. Asegure los recipientes en la zona de carga y protéjalos de la humedad y el daño. Jamás transporte personas, animales, alimentos, forraje o prendas en la misma área.

se pueden limpiar más fácilmente después de un derrame. Existen dispositivos para algunos vehículos que protegen la carga de pesticidas en caso de colisión trasera. En California, es necesario asegurar los pesticidas de manera que se puedan evitar derrames en o afuera del vehículo. Los envases de papel, cartón o similares deben cubrirse (cuando sea necesario) para evitar que se mojen. Si se transporta un envase de servicio, asegúrese de que sus etiquetas incluyan el nombre y la dirección de la persona responsable del envase, el nombre del pesticida y la palabra clave del pesticida, de acuerdo con las regulaciones.

Operador del vehículo

La persona que conduzca el vehículo de transporte puede ser responsabilizada por lesiones, contaminación y daños causados por los derrames de pesticidas. El conductor puede ser la única persona capaz de responder a un derrame. En algunas instancias, el conductor puede tener que ayudar al personal de emergencia de primera respuesta cuando llegan a la escena. En California, el conductor es el responsable de contactar a las agencias de respuesta a emergencias y de asegurar la limpieza del material derramado si sucede un accidente. Antes de transportar cualquier producto pesticida, determine:

- con quién debe ponerse en contacto en caso de emergencia
- qué hay que informar a las agencias gubernamentales y al personal de respuesta a emergencias
- cómo limpiar (o a quién contactar para limpiar) un derrame de pesticidas

Todas las personas involucradas en el transporte de pesticidas deben recibir capacitaciones sobre los procedimientos básicos de respuesta a emergencias, incluido el control del derrame y los procedimientos de notificación de emergencia. Consulte el capítulo 12 para obtener información específica sobre cómo responder a un incendio, derrame o fuga de pesticidas.

Antes de retirarse de la granja con un cargamento de pesticidas, asegúrese de que la información técnica de todos los pesticidas y la información de emergencia para la respuesta a derrames se encuentren en el vehículo. Para obtener más información sobre el transporte de pesticidas en las carreteras públicas de California y para recibir actualizaciones de las leyes, contacte las siguientes agencias:

- Patrulla de Caminos de California
- Comisión de Servicios Públicos de California
- la Oficina de Servicios de Emergencia del Gobernador

La barra lateral 8-2 enumera los lugares en los que se puede obtener información y comprobar los reglamentos relativos al transporte de pesticidas.

Almacenamiento de pesticidas

Aunque muchos agricultores utilizan construcciones existentes o áreas dentro de construcciones existentes para el almacenamiento de pesticidas, siempre es mejor construir una instalación separada sólo para el almacenamiento de los pesticidas. Los pesticidas se deben almacenar en lugares cerrados, en superficies impermeables (de concreto) y protegidos de la lluvia. Un lugar de almacenamiento de pesticidas bien diseñado y mantenido:

- protege a las personas y a los animales de la exposición

Enumere los componentes de una zona de almacenamiento adecuada.

> **BARRA LATERAL 8-2**
>
> ## DÓNDE OBTENER INFORMACIÓN Y REGLAMENTACIÓN SOBREA EL TRANSPORTE DE PESTICIDAS
>
> **PARA EL TRASLADO INTERESTATAL DE PESTICIDAS**
> Departamento de Transporte de EE. UU
> Oficina local de California
> 1325 J Street, Suite 1540
> Sacramento, CA 95814-2941
> (916) 930-2760
>
> **PARA EL TRASLADO DE PESTICIDAS DENTRO DE CALIFORNIA**
> Patrulla de Caminos de California
> Unidad de Seguridad de los Transportistas
> Oficinas de División
>
> División Norte
> 2485 Sonoma Street
> Redding, CA 96001-3026
> (530) 225-2715
>
> División del Valle
> 2555 First Avenue
> Sacramento, CA 95818
> (916) 731-6300
>
> División del Golden Gate
> 1551 Benicia Road
> Vallejo, CA 94591-7568
> (707) 551-4180
>
> División Central
> 5179 North Gates Avenue
> Fresno, CA 93722-6414
> (559) 277-7250
>
> División Sur
> 411 N. Central Avenue, Suite 410
> Glendale, CA 91203
> (818) 240-8200
>
> División Fronteriza
> 9330 Farnham Street
> San Diego, CA 92123-1216
> (858) 650-3600
>
> División Costera
> 4115 Broad Street, #B-10
> San Luis Obispo, CA 93401-7963
> (805) 549-3261
>
> División Interna
> 847 E.Brier Drive
> San Bernardino, CA 92408-2820
> (909) 806-2400

- reduce las posibilidades de contaminación ambiental
- evita que los pesticidas se dañen por las temperaturas extremas y el exceso de humedad
- protege los pesticidas del robo, el vandalismo y el uso no autorizado
- reduce la probabilidad de responsabilidad civil

Un área de almacenamiento de pesticidas adecuada requerirá que usted realice todo lo siguiente:

- coloque carteles de advertencia que sean visibles desde al menos 25 pies de distancia en puertas y ventanas para alertar a las personas si hay pesticidas de PELIGRO o ADVERTENCIA almacenados en el interior (véase la tabla 8-1).
- mantenga los puntos de entrada bajo llave para evitar el robo de los pesticidas o el acceso de personas no autorizadas.
- asegúrese de que la escorrentía no sea un problema y que la zona no sea propensa a inundaciones (es decir, que no esté cerca de un arroyo u otro cuerpo de agua).
- verifique que la zona esté al menos a 100 pies de un pozo para evitar la contaminación accidental del agua subterránea.
- asegúrese de que el área esté bien ventilada y aislada o con temperatura controlada para regular la calidad del aire y la temperatura.
- mantenga los pesticidas fuera de la luz solar directa para evitar el sobrecalentamiento.
- utilice accesorios de iluminación e interruptores a prueba de chispas para proporcionar una buena iluminación a los manipuladores de pesticidas que trabajan en la zona de almacenamiento.
- elija pisos y estanterías que estén hechos de materiales impermeables, sin grietas y fáciles de limpiar después de un derrame o una fuga.
- utilice contenedores de contención secundaria para limitar las fugas y los derrames a un espacio confinado.
- Almacene sólo los contenedores de pesticidas, el equipo y un kit de derrames en el lugar. Guarde los alimentos y el EPP en otro lugar.
- Mantenga los envases de pesticidas con sus etiquetas a la vista y asegúrese de que todas las etiquetas sean legibles.

Mezclar pesticidas de forma segura

Describa los métodos para mezclar y cargar pesticidas de forma segura, incluido el equipo, la ubicación y los procedimientos utilizados en el proceso.

Los métodos para mezclar pesticidas de forma segura son los mismos cuando se trata de grandes o pequeñas cantidades. Usted debe:

- leer las indicaciones de mezclado en la etiqueta de todos los pesticidas que vaya a utilizar
- determinar qué pesticida necesitará para la mezcla y la aplicación, y solicitar lo que aún no tenga a mano
- verificar que el equipo de rociado no tenga grietas o fugas y asegurarse de que los filtros, las pantallas y las boquillas estén limpias
- tener a mano suficiente agua limpia para enjuagarse los ojos y para suministrar instalaciones de descontaminación para limpiarse todo el cuerpo en caso de un accidente
- elegir el orden adecuado para agregar los productos químicos, incluyendo los adyuvantes, el tanque de rociado (en el capítulo 11 se describe el orden correcto de mezclado)

Sistemas cerrados de mezcla y carga

En California, es necesario utilizar un sistema de mezcla cerrado Nivel 1 o Nivel 2 cuando los empleados mezclen o carguen pesticidas líquidos con toxicidad dérmica aguda, que está indicado por cualquiera de las siguientes declaraciones de precaución en la etiqueta:

- Mortal si se absorbe a través de la piel (Nivel 1)
- Puede ser mortal si se absorbe a través de la piel (Nivel 2)
- Corrosivo, provoca lesiones en la piel (Nivel 2)

Existen dos tipos principales de sistemas cerrados de mezcla y carga. Un tipo utiliza dispositivos mecánicos para enviar el pesticida desde el contenedor hasta el equipo. El otro tipo utiliza envases solubles en agua. Para más información acerca de los envases solubles en agua, véase "bolsas o envases solubles en agua (WSB o WSP)" en la Tabla 3-5. Para más información sobre los sistemas de mezcla cerrados del Nivel 1 y 2, incluidos los requisitos de EPP, véase "controles técnicos" en el capítulo 7.

Mezcla y carga de pesticidas

Los envases de pesticidas están disponibles en diferentes unidades de peso y volumen. Siempre que pueda, planifique una mezcla que utilice una cantidad de pesticida igual y pesada previamente. El precio de la unidad puede ser más costoso si se compra el pesticida en envases más pequeños. Sin embargo, el costo será menor cuando se tome en cuenta la conveniencia y la seguridad agregada de no tener que pesar o medir. No abra los envases de pesticidas en paquetes solubles en agua, dado que pueden contener fórmulas muy peligrosas. Deberá calibrar el equipo de aplicación para utilizar la totalidad del paquete.

Seleccione un lugar para mezclar que esté al menos a 100 pies de cualquier boca de pozo sin protección y que pueda limpiar fácilmente en caso de un accidente. Cuando no se utilicen paquetes previamente pesados, mida y pese los pesticidas en un lugar abierto y despejado. Si está al aire libre, colóquese contra el viento para reducir las posibilidades de exposición. Lea la etiqueta del pesticida para conocer el EPP específico que se requiere para mezclar y cargar los pesticidas. Independientemente de lo que diga la etiqueta del pesticida, debe utilizar una careta, gafas u otro tipo de protección ocular y guantes resistentes a los productos químicos cuando se realizan actividades de mezcla y carga. Siempre mida y vierta los pesticidas por debajo del nivel de los ojos para reducir las posibilidades de derrames o salpicaduras en la cara o los ojos (Fig. 8-3).

FIGURA 8-3.
Siempre debe verter y medir los pesticidas por debajo del nivel de los ojos. Si realiza una medición al aire libre, párese contra el viento. Use el EPP requerido por la etiqueta para los mezcladores al usar pesticidas medidos.

FIGURA 8-4.
Vierta cuidadosamente los pesticidas al tanque de rociado. Enjuague los recipientes de medición y vacíe y enjuague tres veces los envases de pesticidas líquidos. Vierta las soluciones de enjuague dentro del tanque de rociado.

Explique cómo procesar adecuadamente todos los tipos de envases de pesticidas para su eliminación.

Después de medir o pesar la cantidad correcta de pesticida, viértala con cuidado en el depósito de rociado parcialmente lleno (no más que tres cuartas partes) (Fig. 8-4). Enjuague el recipiente de medición y vierta la solución de enjuague dentro del tanque de rociado. Sea cuidadoso al enjuagar para evitar salpicaduras. Muchos sistemas de mezcla cerrados tienen dispositivos de lavado del recipiente para bombear la solución de enjuague dentro del tanque de rociado. A menos que se enjuague automáticamente, vacíe el recipiente de líquidos dentro del tanque de rociado durante 30 segundos después de vaciarlos. Enjuague y vacíe los recipientes tres veces más (triple enjuague). La barra lateral 8-3 muestra instrucciones sencillas para un correcto triple enjuague de los envases de pesticidas. Como precaución adicional, debe perforar todos los envases que se hayan enjuagado tres veces para evitar que se vuelvan a usar. Incluso después del triple enjuague, no puede dejar estos envases sin asegurar, así que guárdelos en su área de almacenamiento seguro de pesticidas hasta que pueda llevarlos a un centro de reciclado de envases de pesticidas o a un sitio

---

BARRA LATERAL 8-3

PROCEDIMIENTO DE TRIPLE ENJUAGUE PARA RECIPIENTES CON PESTICIDAS

PROCEDIMIENTO

1. Cuando el recipiente se encuentra vacío, déjelo escurrir en el tanque de rociado o mezclado durante al menos 30 segundos.
2. Agregue la cantidad correcta de agua al recipiente, como se indica a continuación:

Tamaño del recipiente	Solución de enjuague necesaria
5 galones o menos	¼ del volumen del recipiente
más de 5 galones	⅕ del volumen del recipiente
28 galones o más	no requiere triple enjuague – devolver al proveedor

3. Cierre el recipiente.
4. Agite el contenedor o ruédelo para que la solución se esparza por todo el interior.
5. Vierta el contenido del recipiente al tanque de rociado o mezcla. Después de vaciarloo, déjelo escurrir durante otros 30 segundos.
6. Realice los pasos 2 al 5 otras dos veces más.
7. Perforar el recipiente para evitar que se reutilice.

CANTIDAD DE INGREDIENTE ACTIVO EXTRAÍDO DE UN RECIPIENTE DE 5 GALONES AL ENJUAGARLO TRES VECES

Fase de enjuague	Cantidad de ingrediente activo (i.a.) restante*
escurrir	14.1875 gramos de i.a.
1er enjuague	0.2183 gramos de i.a.
2do enjuague	0.0034 gramos de i.a.
3er enjuague	0.00005 gramos de i.a.

Nota: *Después de drenar, se supone que un recipiente de 5 galones todavía contiene 1 onza de pesticida formulado. Esto equivaldría a 14.1875 gramos de i.a. si la fórmula contuviera 4 libras de i.a. por galón.

FIGURA 8-5.
Al llenar un tanque de rociado, asegúrese de que haya un espacio de aire entre el tubo de llenado y el nivel superior del agua en el tanque. Esto evita el reflujo de agua contaminada con pesticidas hacia el suministro de agua.

que acepte residuos no peligrosos (como los basureros de Clase II).

Para las bolsas que contienen pesticidas secos, siga estas indicaciones de vaciado:

- Abra y vacíe la bolsa de manera que no quede ningún material de pesticida en la bolsa que pueda verterse, escurrirse o eliminarse de otra manera.
- Vacíe la bolsa del pesticida por completo y mantenga la bolsa boca abajo durante 5 segundos luego de que se detenga el flujo continuo.
- Enderece la costura de la bolsa para que quede en su posición original (aplanada).
- Sacuda la bolsa dos veces y manténgala boca abajo durante 5 segundos luego de que se detenga el flujo continuo.
- Consulte con el comisionado agrícola del condado para saber cómo desechar correctamente las bolsas de pesticidas.

No permita que el tanque de rociado rebose durante el llenado. Además, nunca deje que la manguera, la tubería o cualquier otro dispositivo de llenado toque el líquido del depósito. Si llena el tanque por medio de una abertura superior, deje un espacio de aire entre el depósito de rociado y el dispositivo de llenado para evitar el reflujo (Fig. 8-5). Este espacio debe ser como mínimo dos veces el diámetro del tubo de llenado. El uso de un espacio de aire evita que la mezcla de rocío se desvíe hacia el suministro de agua después de frenar el flujo de agua. Los sistemas de llenado lateral o inferior requieren válvulas de retención para evitar el reflujo de los pesticidas hacia el suministro de agua. Para conocer los métodos de mezcla eficaces, consulte "mezcla de pesticidas" en el capítulo 11.

MÉTODOS DE APLICACIÓN SEGUROS

Para utilizar pesticidas de forma segura y efectiva, manténgalos dentro de la zona de tratamiento y aplíquelos en las cantidades correctas. Evite los derrames, las fugas y la deriva, ya que desperdician pesticida y pueden dejar residuos en áreas no objetivo. Calibre el equipo de aplicación con regularidad, ya que una calibración deficiente del equipo puede hacer que llegue demasiado o muy poco pesticida al lugar de destino. Las aplicaciones seguras de pesticidas requieren:

- utilizar el equipo apropiado
- desarrollar buenos métodos de aplicación
- reducir o eliminar la deriva del rociado
- conocer todos los riesgos potenciales

Los métodos de aplicación seguros requieren:

- trabajar con el clima
- controlar el tamaño y la deposición de la gota
- conocer el lugar de aplicación y sus peligros
- desarrollar patrones de aplicación para el lugar que eviten los riesgos y las condiciones ambientales riesgosas
- dejar zonas (franjas) de contención para proteger zonas sensibles

> Describa cómo identificar las posibles zonas delicadas (pozos, escuelas, hábitat de la fauna silvestre, etc.) que podrían ser perjudicadas por la aplicación, la mezcla y carga, el almacenamiento, el desecho y el lavado del equipo de la aplicación del pesticida.

Trabajar en distintos climas

El clima puede influir significativamente en la seguridad y la eficacia de las aplicaciones de pesticidas en zonas agrícolas. Su efecto en las aplicaciones de pesticidas en invernaderos y otros espacios cerrados es más sutil. En la tabla 8-2 se explican diversas condiciones meteorológicas y los peligros asociados.

Características del lugar y riesgos para el medio ambiente

Observe cuidadosamente el lugar donde se aplicará un pesticida, señalando las áreas ambientalmente sensibles donde la deriva, la lixiviación, la escorrentía y los residuos del pesticida harán el mayor daño. Las zonas delicadas incluyen estanques, arroyos o pantanos y áreas donde el agua se mueve con facilidad, como las cuencas hidrográficas. Estos son fáciles de ver cuando se observa una zona destinada a la aplicación de pesticidas y habría que evitarla. Las etiquetas de los pesticidas por lo general indican una distancia mínima con respecto al agua superficial (una zona de contención) para una aplicación segura. Las áreas delicadas también incluyen campos sobre acuíferos o cerca de sumideros o pozos. Dado que algunas zonas sensibles, como los acuíferos, no pueden verse cuando se observan los lugares de aplicación, lo mejor es consultar los mapas de Áreas de Protección de Aguas Subterráneas (GWPA) del DPR (véase la página web del Departamento de Reglamentación de Pesticidas de California, cdpr.ca.gov/docs/emon/grndwtr/gwpamaps.htm) para averiguar si la lixiviación, la escorrentía o ambos son problemas importantes. Consulte siempre al comisionado agrícola del condado si la propiedad que está tratando se

TABLA 8-2:

Distintas condiciones meteorológicas y sus peligros asociados

Condiciones meteorológicas	Descripción	Peligros asociados
temperatura del aire (grados Farenheit)	Las temperaturas superiores a 80-85 grados se consideran elevadas. La etiqueta del pesticida indicará si un producto se puede aplicar en temperaturas elevadas. Las temperaturas inferiores a 40 grados se consideran bajas. La etiqueta del pesticida indicará si un producto puede volverse inestable a temperaturas bajas.	temperaturas elevadas: • descomposición del pesticida (degradación) • volatilización del pesticida • fitotoxicidad (daño a la planta) temperaturas altas a moderadas: • daño a las abejas melíferas y otros polinizadores que son activos dentro de este rango de temperatura temperaturas bajas (inferiores a 40 grados): • desestabilización química que reduce la efectividad
inversión térmica	El aire caliente a 20-100 pies o más por encima del suelo forma una capa que bloquea el movimiento vertical del aire (Figura 8-6). Las gotas finas de rociado y los vapores del pesticida quedan atrapados en la capa de inversión, donde se concentran.	deriva a larga distancia de gotas finas de pesticida o vapores
precipitación, niebla, rocío abundante	La precipitación se presenta de diferentes formas, como lluvia, aguanieve y nieve. Las nubes de pequeñas gotas de agua en o cerca de la superficie de la tierra se llaman niebla. Cuando el vapor de agua se concentra en gotas (generalmente, durante la noche), forma el rocío.	dilución y degradación de pesticidas • el material es arrastrado por las superficies tratadas • escurrimiento en el agua de la superficie • lixiviación en las aguas subterráneas • deriva en las nubes de niebla
soleado y despejado	La luz ultravioleta es producida por el sol y es más intensa en los climas soleados y despejados.	descomposición del pesticida (degradación)
velocidad del viento	La velocidad del viento es la velocidad medida del aire en movimiento en la atmósfera.	velocidades del viento por encima de las 10 millas por hora: • deriva • volatilización • deposición irregular de pesticidas velocidades de viento por debajo de las 3 millas por hora: • deposición irregular de pesticidas • posible inversión térmica

FIGURA 8-6.
Una inversión térmica se produce por una capa de aire cálido que se encuentra por encima del aire más fresco, cerca del suelo. El aire cálido impide que el aire cerca del suelo se eleve, similar a la tapadera de una olla.

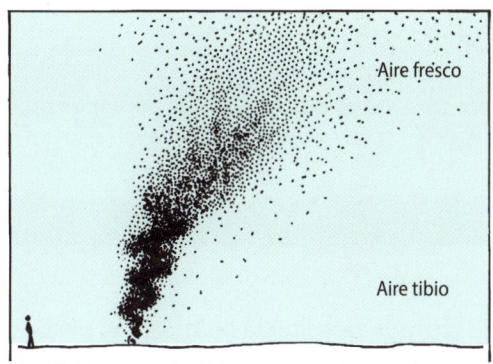
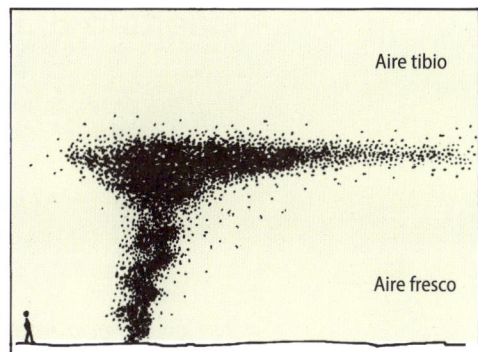
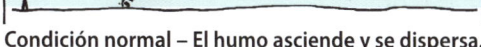

encuentra cerca o en una GWPA para asegurarse de que en verdad esté dentro de la misma. Sin embargo, siempre que las aguas subterráneas estén presentes, asegúrese de verificar las etiquetas de los pesticidas y la lista de protección de aguas subterráneas de California para averiguar si el producto es probable que se filtre. De ser así, no debería aplicar el producto en ese lugar.

Las áreas delicadas también incluyen hogares, escuelas, hospitales, parques, áreas de juegos, zonas comerciales y otros lugares donde las personas pueden trabajar, vivir o jugar. La ubicación y el tipo de cultivos, especialmente aquellos cerca del lugar de aplicación, también deben considerarse cuando se hace la selección de los pesticidas. Si los cultivos vecinos no se encuentran enumerados en la etiqueta de los pesticidas y el producto deriva hacia ellos, y los contamina, esos cultivos deberán ser destruidos.

Limpieza del equipo de aplicación

Luego de cada uso, debe limpiar y descontaminar el equipo de aplicación. De lo contrario, los residuos que permanezcan en los tanques podrían contaminar la próxima mezcla de pesticidas. Los residuos de pesticidas en el exterior del equipo de aplicación pueden ser peligrosos para las personas que vayan a manejarlos o repararlos. Por lo tanto, lave el exterior del equipo de aplicación con agua y una pequeña cantidad de detergente, si es necesario. Limpie el equipo en una zona donde pueda contener el escurrimiento o en el lugar de aplicación.

Limpieza personal

Después de utilizar pesticidas, limpie su EPP, báñese minuciosamente y vístase con ropa limpia y descontaminada. Al bañarse, preste mucha atención al lavarse el cabello y las uñas. Coloque la ropa que utilizó durante la aplicación del pesticida en una bolsa de plástico limpia hasta que pueda lavarla. Jamás coma, beba, fume o pase al baño hasta que se haya bañado por completo. Siempre lave la ropa de trabajo separada del resto de la ropa, especialmente si la lleva a casa para lavarla. Podrá encontrar información adicional sobre la limpieza y el mantenimiento de la ropa de trabajo y el EPP en el capítulo 7.

Describa los procedimientos a seguir para una limpieza segura y eficaz después de manipular pesticidas, incluido la limpieza del equipo de aplicación, como también la descontaminación personal.

Capítulo 8, Preguntas de repaso

1. **¿Qué situación requiere que se les notifique a las personas en la zona de la aplicación del pesticida?**
   - ☐ a. cuando los empleados trabajan a menos de ¼ de milla del lugar de tratamiento
   - ☐ b. cuando los empleados cuelgan ropa para secar fuera de las casas cercanas
   - ☐ c. cuando las familias de los empleados tienen jardines que podrían verse afectados por la deriva

2. **Cuando el intervalo de entrada restringida (REI) para el pesticida que está aplicando es de 8 días. ¿Cómo mantendrá a las personas fuera del campo tratado durante ese período?**
   - ☐ a. coloque carteles de advertencia en los puntos de entrada habituales o, en el caso de un campo no cercado, en las esquinas de la zona tratada
   - ☐ b. notifique verbalmente a los trabajadores del campo sobre el REI antes de la aplicación y recuérdeles de nuevo después de la aplicación
   - ☐ c. instale una barrera temporal alrededor de la zona tratada que permanezca cerrada mientras dure el REI

3. **Cuando se transportan pesticidas en un vehículo, se debe _____.**
   - ☐ a. asegurar los envases dentro del compartimento del pasajero
   - ☐ b. cargarlos en la zona de carga de un camión, pero hacer que alguien viaje en esa zona también para asegurarse de que los envases permanezcan intactos durante el traslado
   - ☐ c. asegurar los envases en la zona de carga del vehículo después de corroborar que no haya nada que pueda dañar los envases durante el traslado

4. **Una instalación de almacenamiento de pesticidas adecuada debe estar _____.**
   - ☐ a. protegida por un sistema de seguridad y equipada con un teléfono para emergencias
   - ☐ b. bajo llave y claramente identificada como instalación de almacenamiento de pesticidas
   - ☐ c. bien iluminada y provista de suficientes estantes de madera resistentes para el almacenamiento

5. **Relacione la zona delicada con las medidas utilizadas para protegerla:**

1. lagos, estanques o arroyos	a. Elija pesticidas con menor probabilidad de deriva y que sean menos tóxicos para las personas y los animales. Deje una zona de contención contigua a estas características del paisaje.
2. acuíferos, sumideros o pozos	b. Compruebe en la etiqueta la distancia adecuada que debe mantener conrespecto a estas características del paisaje y utilice una fórmula con menos probabilidades de tener problemas de escorrentía.
3. parques, escuelas, zonas de juego o áreas recreativas	c. Compruebe los mapas del Área de Protección de Aguas Subterráneas (GWPA) del DPR y evite el uso de pesticidas que se filtren para proteger estas características del paisaje. Lea la etiqueta para conocer el potencial de lixiviación de un pesticida.

6. **¿Cuál declaración acerca del triple enjuague de los envases de los pesticidas es verdadera?**
    - ☐ a. Debe usar un EPP adicional para un enjuague triple con un sistema cerrado.
    - ☐ b. Los envases con triple enjuague pueden llevarse a un basurero de Clase II.
    - ☐ c. El triple enjuague no es necesario si pretende reciclar el envase.

7. **Las temperaturas elevadas durante o poco después de la aplicación de un pesticida puede causar un aumento en _____.**
    - ☐ a. el potencial de lixivación y deriva a larga distancia
    - ☐ b. la absorción y translocación
    - ☐ c. la fitotoxicidad y descomposición

Capítulo 9
Equipo de aplicación

Equipo de aplicación 118
Métodos y equipo de aplicación 125
Mantenimiento del equipo de aplicación 133
Capítulo 9, Preguntas de repaso 134

Expectativas de conocimiento

1. Enumere los componentes de un equipo de aplicación líquido y explique cómo funcionan juntos.
2. Identifique los componentes del equipo de aplicación líquido que funcionan mejor con diferentes tipos de fórmulas de pesticidas.
3. Describa cómo reconocer el deterioro en varios componentes.
4. Describa la variedad de boquillas disponibles, incluidos el diseño, el tamaño, los ángulos y la potencia.
5. Enumere los factores importantes a considerar cuando se escoge una boquilla para una aplicación específica.
6. Enumere los tipos de equipo de aplicación y describa las ventajas y limitaciones de cada tipo.
7. Enumere los tipos de equipo de aplicación utilizados para aplicar líquidos y describa la situación en la que tiene que utilizarse cada uno.
8. Enumere los tipos de equipo de aplicación utilizados para aplicar en polvo y describa la situación en la que tiene que utilizarse cada uno.
9. Enumere los tipos de equipo de aplicación utilizados para aplicar granos y describa la situación en la que tiene que utilizarse cada uno.
10. Enumere los tipos de equipo de aplicadores de cebo y explique cómo funcionan.
11. Describa cómo mantener y limpiar los diferentes tipos de equipos.
12. Describa la situación en la que los sistemas de quimigación pueden utilizarse.

Equipo de aplicación

La selección, el uso, el mantenimiento y la calibración adecuada del equipo de aplicación contribuyen a garantizar que los pesticidas se apliquen de forma segura, precisa y efectiva. En este capítulo, aprenderá acerca de los métodos de aplicación y equipamiento utilizados más frecuentes en contextos agrícolas, incluidos el tratamiento en profundidad de las boquillas y su selección. También se informará sobre la precisión de las herramientas agrícolas: los sistemas electrónicos que lo ayudarán a dirigir los pesticidas con más precisión que la que se logra con los medios tradicionales.

EQUIPO DE APLICACIÓN LÍQUIDA

La mayoría de los equipos de aplicación líquida utilizan la presión hidráulica o el aire para generar las gotitas del pesticida y movilizarlas al objetivo. Este equipo se puede operar de forma manual o bien propulsada por fuentes mecánicas como la toma de fuerza de un tractor (PTO) o un motor eléctrico, de gasolina o diésel. El equipo utilizado para aplicar los pesticidas que no son fumigantes por medio de sistemas de irrigación (quimigación) también se considera un equipo de aplicación líquida. El equipo de quimigación incluye componentes especializados que son tratados con más detalle en *El uso seguro y eficaz de los pesticidas*.

El equipo de aplicación líquida consta de varias partes, incluidas:
- un tanque para mezclar y retener el pesticida
- una bomba u otro aparato para crear presión para mover el líquido dentro del equipo
- una o más boquillas para descomponer el rociado en pequeñas gotitas y dirigirlas al objetivo y poder regular su flujo
- una malla filtradora o colador, y un manómetro
- en algunos equipos: ventiladores, reguladores de presión, escurridores, válvulas de control, agitadores, auges o pistolas rociadoras manuales, mangueras, acoplamientos y accesorios, descargadores, cámaras de equilibrio, inyectores químicos, pantallas de rociado y equipo de sistema cerrado para la mezcla (Fig. 9-1).

Cualquiera de los componentes mencionados, pueden intercambiarse o ajustarse para acomodarlos a las condiciones cambiantes, las diferentes plagas y varias fórmulas (Fig. 9-2) y tendrían que reemplazarse inmediatamente cuando se desgasten o dañen.

Componentes del equipo y reconocimiento del desgaste

Tanques. Los tanques de acero inoxidable resisten la oxidación y la corrosión, y podrá utilizarlos con la mayoría de los pesticidas sin ningún inconveniente, a pesar de que son más costosos que otros tipos de tanques. También hay versiones de estos tanques que vienen galvanizados o recubiertos, así que escoja cuidadosamente el tipo de tanque de metal dado que algunos recubrimientos no pueden utilizarse con algunos ingredientes activos de pesticidas específicos. Todos los tanques de metal deben revisarse regularmente para asegurarse de que no haya óxido ni corrosión y los tanques recubiertos también tienen que revisarse para comprobar que no haya rayones o astillas que expongan el metal a los materiales corrosivos. Un técnico especializado puede reparar los tanques de acero inoxidable.

Los tanques de fibra de vidrio son fuertes y resistentes, como también fáciles de reparar con resina si el lugar en el que se dañaron es pequeño. Los tanques de fibra de vidrio deben chequearse atentamente para observar si hay rayones o abrasión, dado que estos pueden ocasionar la absorción de líquidos del pesticida. Esta absorción puede producir la contaminación de futuras mezclas en el tanque.

Los tanques de termoplástico son livianos y duraderos, pero terminan flexibilizándose y deformándose si se calientan. A diferencia de los tanques de fibra de vidrio, los rayones y desgastes leves no causan problemas de absorción, pero son más difíciles de reparar si se perforan o agrietan. Los tanques de termoplástico también pueden degradarse con las exposiciones a la luz solar y

EQUIPO DE APLICACIÓN

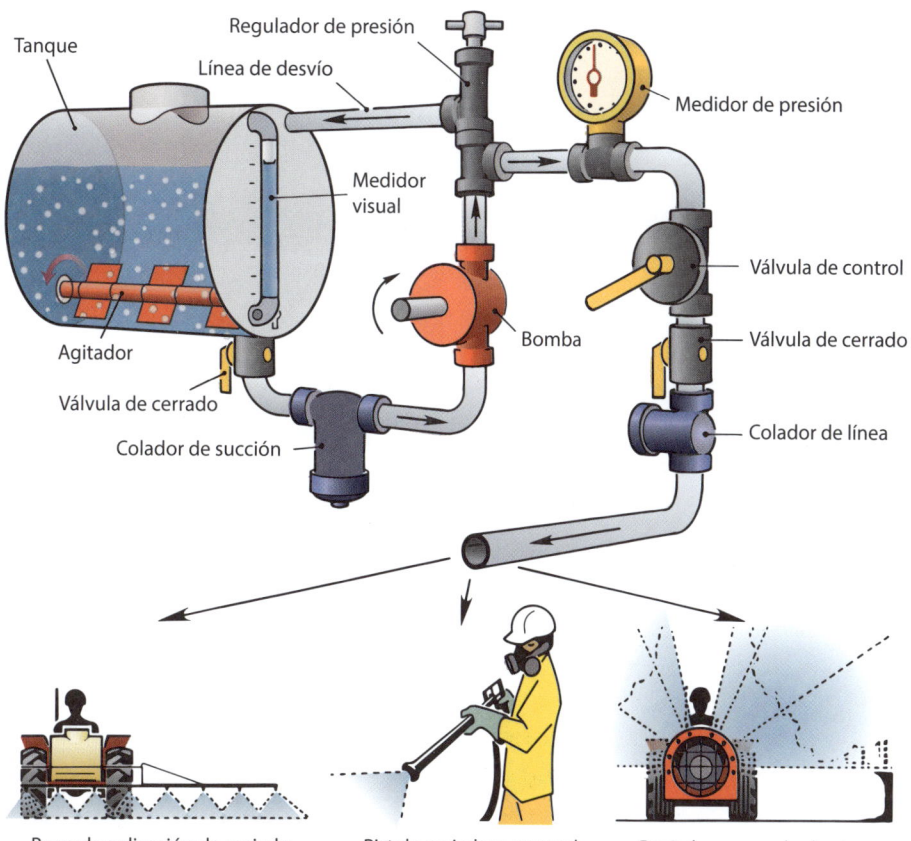

FIGURA 9-1.
El equipo de aplicación de líquidos generalmente incluye un tanque para mezclar y contener los pesticidas (a menudo equipado con un agitador) y una bomba para crear presión hidráulica, y también puede incluir un regulador de presión, un manómetro, una válvula de control y distintos tipos de filtros. El rocío se emite a través de boquillas en una barra de rociado, un colector o una pistola rociadora manual y se puede dispersar a través de un ventilador.

> Use centrifugal pumps which provide propeller shear action for dispersing and mixing this product. The pump should provide a minimum of 10 gallons per minute per 100 gallon tank size circulated through a correctly positioned sparger tube or jets.

FIGURA 9-2.
Algunas etiquetas indican equipos y componentes especializados que son necesarios para aplicar el material correctamente.

---

las condiciones climáticas a largo plazo. Si se observan algunas fisuras con forma de tela de araña (pequeñas grietas interconectadas) en cualquier superficie del tanque termoplástico, significa que el tanque está comenzando a debilitarse y hay que reemplazarlo.

Bombas. Las bombas de diafragma son un estilo popular utilizado en varios tipos de equipo de rociado. Estas bombas resisten bien los químicos abrasivos y corrosivos porque solo el diafragma resistente a los químicos entra en contacto con los líquidos bombeados. También son fáciles de mantener y reparar. Las bombas de diafragma solo tienen pocas partes móviles (Fig. 9-3). Por lo general, los diafragmas se desgastan luego de un tiempo, por ello, hay que reemplazarlos cuando comiencen tener fugas. Se nota cuando hay una fuga porque el aceite en el depósito del tanque se torna de un color blanquecino. Los solventes a base de petróleo en fórmulas de concentrados emulsificables aceleran el deterior de estos componentes de goma. También pueden rasgarse bajo mucha presión. Hay que reemplazar las válvulas de goma cuando dejan de cerrar adecuadamente.

Las bombas de rodillo se encuentran dentro de los tipos de bombas menos costosas. En estas bombas, unas series de rodillos caben en las ranuras alrededor de la circunferencia del disco giratorio o el impulsor (Fig. 9-4). Las bombas de rodillo están sujetas a un desgaste significativo, especialmente por los materiales abrasivos como los polvos humectables. Los rodillos hechos de caucho duran más tiempo. Sin embargo, se deberá utilizar rodillos de nylon o teflón para bombear los pesticidas a base de petróleo como los aceites o las emulsiones porque dichos pesticidas deterioran el caucho. Normalmente, los rodillos desgastados se pueden reemplazar con facilidad.

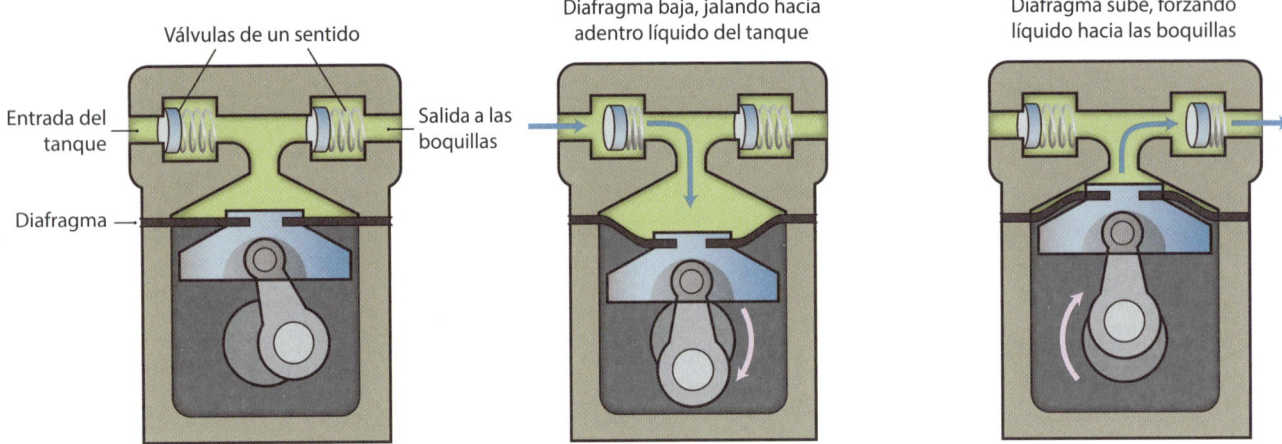

FIGURA 9-3.

En una bomba de diafragma, un diagrama flexible se mueve arriba y abajo a través de un mecanismo de leva. Dicha oscilación mueve el líquido a través de válvulas unidireccionales. Algunas bombas de diafragma incorporan dos o tres diafragmas que se mueven a través de la misma leva.

FIGURA 9-4.

Las bombas de rodillo están compuestas por rodillos cilíndricos que se mueven hacia adentro y afuera de ranuras en un rotor giratorio. Esta acción crea el espacio para los líquidos durante la mitad del giro del rotor y descarga el líquido por la cámara de bombeo durante el resto de la rotación del rotor.

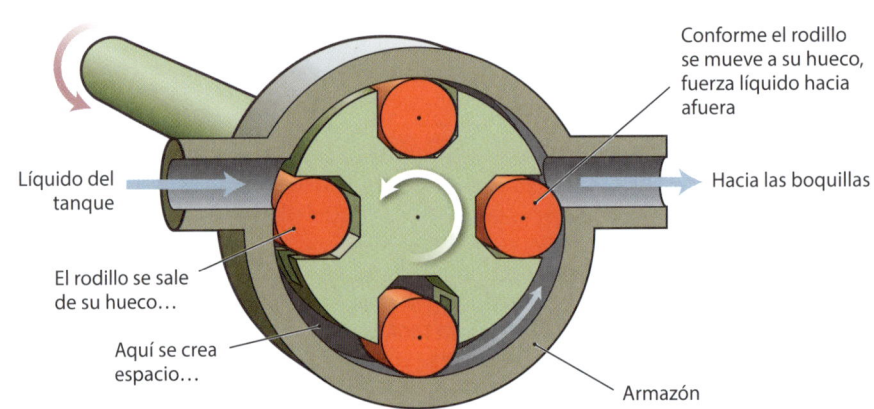

Por lo general, las bombas de pistones son el tipo de bombas más costosas, pero son necesarias si se realizan muchas aplicaciones con alta presión o si se utiliza presión alta y baja con el equipo de rociado con regulador de caudal. Las bombas de pistones funcionan forzando a los fluidos a través de las válvulas unidireccionales a medida que los pistones se mueven dentro de sus cilindros (Fig. 9-5). La presión de pulsación puede ser un problema con las bombas de pistones, ya que se encuentra en bombas de diafragma. En estos casos, puede utilizarse una cámara de compensación para nivelar los pulsos. Los químicos abrasivos provocan un desgaste en las bombas de pistones, a pesar de que la mayoría posee chaquetas de cilindro y tapas de los pistones fáciles de reemplazar. Las bombas de pistones más costosas tienen chaquetas de pistones de acero inoxidable o cerámica para evitar el desgaste.

Los fabricantes producen bombas centrífugas utilizando plástico de alto impacto, aluminio, hierro fundido o bronce. Estas bombas son resistentes y adaptables a una gran variedad de aplicaciones de rociado. Se pueden utilizar para rociar materiales abrasivos porque no hay contacto directo con las partes en movimiento. Un impulsor de alta velocidad crea la acción de bombeo que hace que los líquidos salgan de la bomba (Fig. 9-6). Por lo general, son fáciles de reparar y funcionan bien para altos volúmenes de rociadores de turbina.

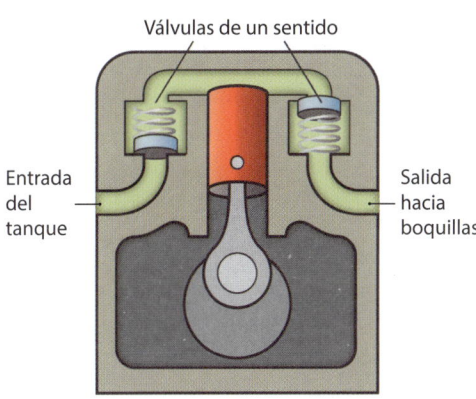 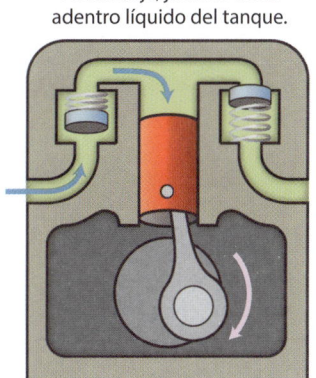 

FIGURA 9-5.
Esta secuencia muestra cómo funciona una bomba de pistón. El movimiento descendente del pistón extrae el líquido a través de una válvula unidireccional hacia el cilindro. Cuando el pistón se mueve hacia arriba, el líquido se expulsa a través de otra válvula unidireccional. Algunas bombas contienen varios pistones que trabajan uno frente al otro.

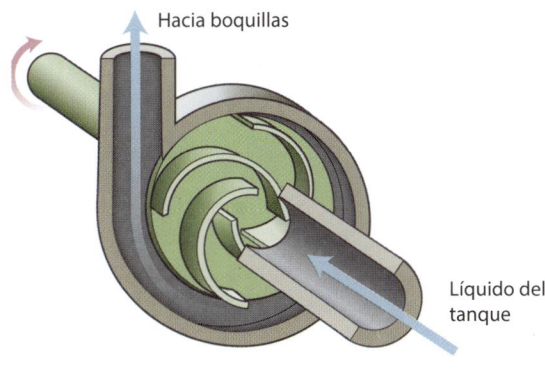

FIGURA 9-6.
En una bomba centrífuga, el líquido ingresa cerca de la parte media de un rotor con paletas. A medida que el rotor gira, el líquido se aleja desde el centro por la fuerza centrífuga. Los rotores deben girar a un nivel alto de rpm para crear la presión necesaria para la mayoría de las aplicaciones de pulverizaciones.

Describa la variedad de boquillas disponibles, incluidos el diseño, el tamaño, los ángulos y la potencia.

Agitadores mecánicos. Estos agitadores requieren un poco de mantenimiento, especialmente donde los ejes pasan por las paredes del tanque. Las empaquetaduras y los engrasadores evitan las fugas pero necesitan ajustes periódicos y mantenimiento. Asegúrese de utilizar grasa de grado marino en los rodamientos y las juntas que están expuestos a los líquidos. Además, periódicamente, ajuste y déle mantenimiento a las bandas o las cadenas.

Coladores y pantallas del filtro. Hay que chequear las pantallas del filtro en los coladores para asegurarse de que no estén obstruidas (NUEVO). Si se nota que disminuye la presión dentro del sistema y hay una tensión inusual en la bomba, chequee las pantallas de filtro para ver si se encuentran obstruidas. Normalmente, los coladores se encuentran ubicados adelante y, a veces, atrás de la bomba y adelante de las boquillas. Para mejores resultados, lea el catálogo del fabricante de las boquillas para el tamaño indicado de la pantalla de la boquilla que haya seleccionado.

Boquilla. Los fabricantes hacen boquillas de diferentes materiales, de los cuales todos están sujetos a desgastarse. Las boquillas gastadas no generan patrones adecuados de gotitas ni regulan el flujo de acuerdo a las especificaciones del fabricante, lo que resulta en una cobertura insuficiente del pesticida y tamaños impredecibles de las gotitas (Fig. 9-7). El diseño de la boquilla (incluidos los metales o los plásticos de los que están compuestos), los tipos de materiales que se rocían y la presión de rociado influencian la cantidad de desgaste en la boquilla. Los estilos de las boquillas tipo abanico plano con orificios afilados, al principio, se desgastan mucho más rápido que, por ejemplo, las puntas desbordadas con un orificio circular. También, a medida que aumenta el ángulo del patrón de rociado, el desgaste de las boquillas también aumenta. Además, el tamaño del orificio afecta el desgaste: los orificios más grandes se gastan más lento que los más pequeños.

Los materiales rociados influencian el desgaste de manera diferente, depende de la cantidad de sólido disuelto o suspendido en el líquido. Las soluciones verdaderas (como las mezclas realizadas

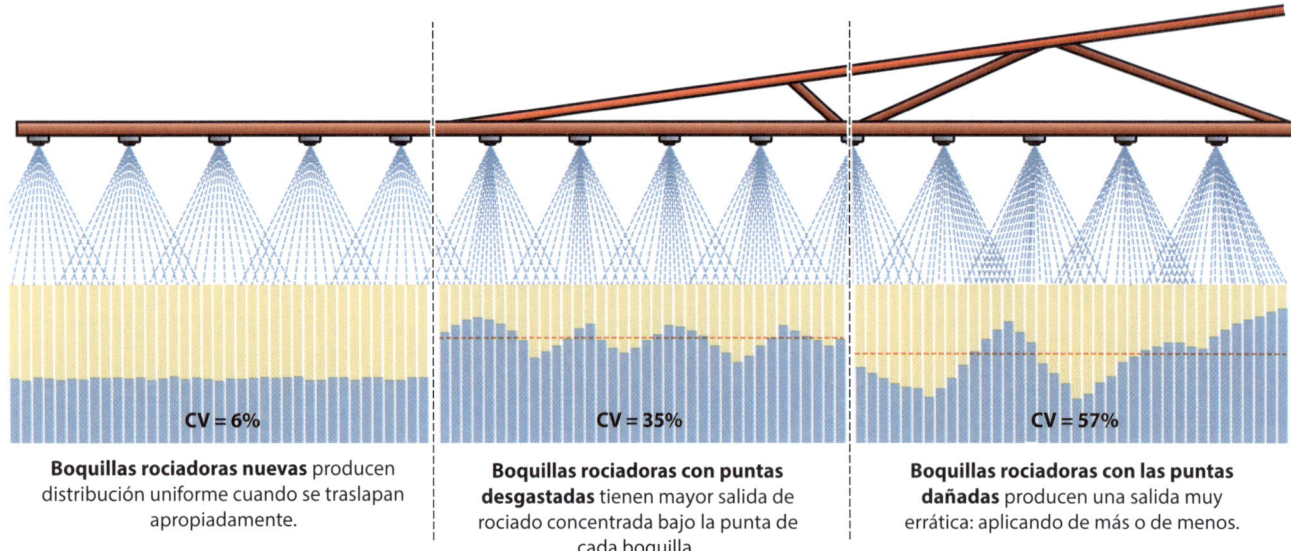

Boquillas rociadoras nuevas producen distribución uniforme cuando se traslapan apropiadamente.

Boquillas rociadoras con puntas desgastadas tienen mayor salida de rociado concentrada bajo la punta de cada boquilla.

Boquillas rociadoras con las puntas dañadas producen una salida muy errática: aplicando de más o de menos.

FIGURA 9-7.
El rociado con boquillas gastadas o dañadas causa variaciones inaceptables en la cantidad de pesticidas depositados en una zona. Este gráfico ilustra lo que puede ocurrir cuando la potencia difiere en más del 10% entre la boquilla de la misma barra (CV = coeficiente de variación) Fuente: TeeJet.

con fórmulas de polvo soluble) provocan el menor deterioro, mientras que las suspensiones (como las mezclas realizadas con polvo humectable) provocan más desgaste.

El sólido que influencia el desgaste puede ser cualquier ingrediente de la fórmula. El ritmo de desgaste de la boquilla, incluso cuando se utiliza el mismo tipo de pesticida a lo largo del tiempo, varía. A veces las compañías químicas realizan pequeños cambios en las fórmulas que no afectan el desempeño del pesticida pero influencian el desgaste de la boquilla. Asimismo, las fórmulas del mismo pesticida pueden variar de un fabricante a otro. Algunos pesticidas forman cristales bajo ciertas condiciones del pH del agua, la temperatura del agua y la presencia de otros químicos. Estos cristales a menudo aumentan el desgaste de las boquillas. También, la presión más alta de los líquidos aumenta el ritmo de desgaste de la boquilla.

A medida que la boquilla se desgasta, el volumen y el patrón de rociado cambian y afecta la aplicación. Hay que reemplazar las boquillas cuando ya no emitan las cantidades precisas de pesticida o el patrón de rociado deseado.

La salida de las boquillas del mismo tamaño, utilizadas juntas en una barra, no tiene que variar entre sí por más del 10%. Si lo hicieran, es una indicación de que habría que cambiar las boquillas. Para asegurarse de que el desgaste sea uniforme, asegúrese de utilizar boquillas que estén hechas del mismo material. Las boquillas pueden estar hechas de cualquiera de los siguientes materiales:

- Las boquillas de latón son medianamente económicas pero se desgastan muy rápido por la abrasión. El latón es un material aceptable si no se utilizan rociados abrasivos o si se reemplazan las boquillas con frecuencia.
- Las boquillas de acero inoxidable no se corroen y resisten la abrasión. Aunque el acero inoxidable endurecido se desgasta excepcionalmente bien, estas boquillas son más costosas que la mayoría del resto. Para solucionar el problema del costo, algunos fabricantes producen las boquillas de plástico con insertos de acero inoxidable; de esta manera reducen el costo y aumentan la vida útil de la boquilla.
- Las boquillas de aluminio y monel (aleación de níquel) resisten la corrosión pero son altamente susceptibles a la abrasión porque están hechas de estos metales blandos. Evite utilizar boquillas de aluminio y monel a menos que se necesite una resistencia de corrosión específica.

Enumere los factores importantes a considerar cuando se elige una boquilla para una aplicación específica.

- Las boquillas de plástico son las menos costosas. El material del plástico resiste la corrosión, pero las boquillas que están hechas totalmente de plástico pueden hincharse si se exponen a solventes orgánicos. El plástico también tiene una baja resistencia a la abrasión. Utilice boquillas de plástico sólido únicamente con pesticidas seleccionados. Algunas boquillas plásticas poseen insertos de orificios de acero inoxidable, lo que las hace mucho más resistentes al desgaste. Los insertos también reducen los problemas de hinchazón.
- Las boquillas de carburo de tungsteno y de cerámica son altamente resistentes a la abrasión y la corrosión. Para reducir los costos, los fabricantes utilizan los insertos de carburo de tungsteno o cerámica con cuerpos de boquillas de metal. Utilice estos tipos de boquillas para los rociadores de alta presión y abrasivos. Las boquillas de cerámica son, por lo general, accesibles y duran bastante tiempo, pero son frágiles y muchas se agrietan si se aprietan demasiado.

Seleccionar boquillas

Se puede aumentar la seguridad y la efectividad del control de plagas si se selecciona la mejor boquilla para el método de aplicación, la plaga objetivo, las condiciones del lugar y el equipo particular. Esta sección explica las diferentes boquillas utilizadas en la agricultura de las plantas y los métodos utilizados para seleccionar la boquilla indicada para cierto trabajo.

La boquilla de rociado que se escoge afecta directamente el tamaño de la gotita, la uniformidad del rociado, la cobertura del rociado y el potencial de la deriva, lo que afecta directamente el control de la plaga, la economía y la calidad del medio ambiente. A pesar de que las boquillas se han desarrollado para prácticamente todo tipo de aplicación de rociado, solo algunos tipos de boquillas se utilizan comúnmente para aplicar pesticidas y combinar los pesticidas con la fertilización. La mayoría de los pesticidas que se utilizan en las aplicaciones terrestres (rociando las hileras de cultivos o malezas) se aplican con un tipo de boquilla designado para producir un patrón de rociado estrecho y plano (Fig. 9-8). La tabla 9-1 compara una muestra de una boquilla de rociado popular utilizada para rociar pesticidas en zonas agrícolas e ilustra el patrón de rociado. La figura 9-9 muestra los códigos de colores que representa los tamaños de gotitas estandarizados utilizados por los fabricantes de las boquillas para facilitar la selección de las mismas.

FIGURA 9-8.
La mayoría de los pesticidas se aplican con un tipo de boquilla diseñada para producir un patrón de rociado estrecho y plano, como este.

Códigos de colores por el tamaño de las gotas

Categoría	Símbolo	Clave de color	Rango VMD aprox. (micras)
Extremadamente fina	XF	Morado	< 60
Muy fina	VF	Rojo	60–145
Fina	F	Naranja	146–225
Mediana	M	Amarillo	226–325
Gruesa	C	Azul	326–400
Muy Gruesa	VC	Verde	401–500
Extremadamente Gruesa	EC	Blanco	501–650
Ultra Gruesa	UC	Negro	> 650

FIGURA 9-9.
Categorías de tamaño de gota para boquillas con símbolos y códigos de color.

TABLA 9-1:

Boquillas comunes y sus usos

Tipo de boquilla	Descripción	Ilustración del patrón de rociado	Usos recomendados
Abanico plano			
uniforme	Patrón en forma de abanico con distribución uniforme de gotas a lo largo del ancho del abanico.		Usar para aplicar herbicidas, insecticidas y fungicidas de preemergencia y postemergencia. Usar a presiones de 20-40 psi. Mantener la presión tan baja como sea posible al rociar malezas. Usar en una barra al aplicar bandas separadas de rociado que no deben superponerse.
descentrada	Patrón en forma de abanico con ángulo hacia un lado.		Usar para aplicaciones de herbicidas en tierras de huertas o viñedos en ambos lados de la hilera de plantas. Usar en los extremos de las barras de rociado para extender el patrón del rociado. Usar a presiones de 20-40 psi. Mantener la presión tan baja como sea posible al rociar malezas. Requiere una superposición del 100%.
baja presión	Patrón en forma de abanico con menos gotas en los laterales que en el centro del patrón.		Usar para aplicar herbicidas, insecticidas y fungicidas de preemergencia y postemergencia. Usar a presiones de 20-60 psi. Mantener la presión tan baja como sea posible al rociar malezas. Apropiada para la superposición con otras boquillas para producir un ancho de banda amplio.
rango ampliado (al voleo)	Patrón amplio en forma de abanico que va desde gotas finas a gruesas.		Usar para las aplicaciones en el suelo o por vía foliar cuando se requiere una mejor cobertura que la que se puede obtener con las boquillas de inundación turbo. Más adecuada para el uso con controladores electrónicos que controlan la tasa de rociado a través del ajuste de la presión de rociado o la modulación por ancho de pulso. Usar a presiones de 10-30 psi para aplicaciones en tierra y 30-60 para aplicaciones foliares (las presiones superiores a 25 psi pueden incrementar el riesgo de deriva).
Cono			
hueca	Patrón de cono hueco de gotas finas en ángulos de 20-110 grados.		Usar para aplicaciones de postemergencia de herbicidas de contacto, fungicidas de contacto e insecticidas de contacto en follajes densos. A menudo se usa con rociadores de turbina. Usar a presiones de 40-120 psi.
sólida	Patrón de cono sólido de gotas grandes en ángulos de 20-110 grados.		Usar para aplicar herbicidas de preemergencia e incorporados al suelo. Usar cuando se precisen gotas más pesadas para reducir la deriva o se requieran grandes volúmenes para garantizar la cobertura completa. Usar a presiones de 40-120 psi.
Cámara de turbulencia (turbo)			
inundadora	Patrón amplio en forma de abanico de gotas gruesas.		Usar para aplicar herbicidas sistémicos incorporados al suelo de postemergencia y preemergencia, fungicidas sistémicos e insecticidas sistémicos. Requiere una superposición de al menos 50% para una aplicación uniforme apropiada. Usar en una barra para aplicar pesticidas en el suelo y cuando sea necesario reducir la deriva. Usar a presiones de 5-20 psi.

TABLA 9-1:

Boquillas comunes y sus usos (continúa)

Tipo de boquilla	Descripción	Ilustración del patrón de rociado	Usos recomendados
plana	Patrón amplio, plano y cónico en forma de abanico de gotas gruesas.		Originalmente diseñada para el uso en la aplicación de productos de postemergencia, pero se puede utilizar en cualquier aplicación para reducir la deriva. Usar con reguladores automáticos de rociado. Requiere una superposición del 50 al 60% para lograr una aplicación uniforme a lo largo de la barra. Usar a presiones de 15-100 psi.
Otros			
chorro sólido	Chorro sólido de presión alta o baja. La presión alta descompone el rociado en gotas finas a medianas.		Usar en barras en cultivos en hilera para aplicar todo tipo de pesticidas en bandas. Usar a presiones de 5-200 psi.
inundadora	Patrón amplio en forma de abanico de gotas gruesas.		Usar para aplicar herbicidas incorporados al suelo y mezclas de herbicidas y fertilizantes líquidos. Usar en una barra cuando se requiera un volumen más elevado de líquido y la deriva sea un problema. Usar a presiones de 5-20 psi.
al voleo	Patrón amplio en forma de abanico que va desde gotas finas a gruesas.		Usar en rociadores sin barra para lograr un barrido amplio (30-60 pies) en lugares donde una barra no es práctica, como el rociado de una hilera final, pasturas y huertas. Usar para aplicaciones de herbicidas para controlar la malezas y los matorrales en pasturas o pastizales. Usar a presiones de 10-30 psi.
inyección de aire/ inducción de aire/ Venturi	Patrón amplio en forma de abanico de gotas gruesas. También puede tener un patrón cónico hueco.		Usar en una barra para aplicaciones de alta presión cuando se necesita reducir la deriva. Se usa para el control de malezas de hoja ancha. Usar a presiones de 40-50 psi y superiores.

Enumere los tipos de equipo de aplicación y describa las ventajas y limitaciones de cada tipo.

Enumere los tipos de equipo de aplicación utilizados para aplicar líquidos y describa la situación en la que tiene que utilizarse cada uno.

Enumere los tipos de equipo de aplicación utilizados para aplicar en polvo y describa la situación en la que tiene que utilizarse cada uno.

Enumere los tipos de equipo de aplicación utilizados para aplicar gránulos y describa la situación en la que tiene que utilizarse cada uno.

Métodos y equipo de aplicación

La tabla 9-2 describe varios métodos de aplicación, tales como los tratamientos localizados, en banda y al voleo. También está incluida la situación en la cual se puede utilizar un método particular, las ventajas y desventajas del método, y el equipo utilizado para realizar tales aplicaciones.

MANTENIMIENTO DEL EQUIPO DE APLICACIÓN

La aplicación efectiva del pesticida depende del correcto ajuste y mantenimiento del equipo de aplicación. Los programas de mantenimiento periódico e inspecciones frecuentes ayudan a evitar

TABLA 9-2:
Métodos de aplicación de pesticida y equipos comúnmente usados en contextos agrícolas

Método de aplicación	Situaciones	Beneficios y desventajas	Equipo
aplicaciones de rociado directa y en banda	Tratamiento de cultivo en hileras para controlar los insectos, las enfermedades y las malezas. Tratamiento de zonas agrícolas no cultivadas y praderas para evitar el crecimiento de las malezas. Tratamiento de diferentes plagas del ganado y las aves de corral. Tratamiento de malezas en huertas y viñedos.	Beneficios: Utilizan menos pesticida que otros métodos, por lo que reducen el costo por tratamiento. Se pueden orientar de manera muy efectiva como aplicación de rociado directa, rociado de cobertura y rociado de resguardo. Se pueden utilizar en distintas etapas del ciclo de vida del cultivo. Desventajas: Requieren equipo especial para que las aplicaciones sean más específicas. Las boquillas de algunos sistemas están equipadas con mangueras de descarga o tiras delgadas de metal que pueden girar y rotar las boquillas a medida que el aplicador se desplaza por el campo. Este giro accidental puede reducir la uniformidad del patrón de rociado y causar deriva.	rociadores hidráulicos (líquidos) rociadores de barra de baja presión rociadores de barra con montaje frontal esparcidores de gránulo rociadores de disco giratorio rociadores de cizalladura de aire
tratamientos locales, tratamientos de rociado húmedo, tratamientos vertibles	Tratamiento temprano de las infestaciones de ácaros e insectos que están concentrados en unas pocas zonas y aún no se han propagado a otras partes del campo. Tratamiento de las parcelas de malezas dispersas por todo un campo que son más altas que las plantas o los cultivos deseados. Tratamiento de lindes de campos con herbicidas o insecticidas para prevenir la infestación del campo. A menudo se utiliza para aplicar fungicidas en áreas limitadas. Tratamiento de aves de corral y ganado para una variedad de plagas.	Beneficios: Los rociadores pequeños y de mano pueden alcanzar áreas que los rociadores montados en tractores o autopropulsados no pueden alcanzar. Los pequeños rociadores mantienen los pesticidas sobre el objetivo y reducen la contaminación ambiental cuando se calibran y utilizan correctamente. Pueden reducir la cantidad de pesticida necesario para controlar las plagas desde un 70 a un 90% por encima de las aplicaciones al voleo. Desventajas: Los rociadores de mochila (alforja) son cansadores para cargar y operar, y solo pueden tratar un área pequeña. El ritmo de marcha para los rociadores que se trasladan debe permanecer estable para garantizar la cobertura apropiada, incluso en las áreas pequeñas. Un ritmo de marcha estable puede ser difícil de mantener, dependiendo del terreno. Usted no podrá controlar el volumen de rociado dispensado de un punto a otro, por lo que muchas áreas podrían recibir más material de lo necesario y otras podrían recibir menos.	rociadores con jeringa rociadores de mochila o alforja accionados a mano (accionados por palanca, bomba de gatillo, soplador de niebla, extremo de manguera, bomba manual de presión y arrastre, aire comprimido) rociadores de carretilla con y sin motor rociadores de mochila con motor rociadores de haciendas aplicador de mecha o leva de lona aplicadores de llovizna pistola rociadora con liberador de gatillo
rociado de precisión (porción de tierra), tratamientos de rociado de humedad, tratamientos de llovizna	Tratamiento temprano de las infestaciones de ácaros e insectos que están concentrados en unas pocas áreas y aún no se han propagado a otras partes del campo. Tratamiento de las parcelas de malezas dispersas por todo un campo que son más altas que las plantas o los cultivos deseados. Tratamiento de lindes de campos con herbicidas o insecticidas para prevenir la infestación del campo. A menudo se utiliza para aplicar fungicidas en zonas limitadas. Tratamiento de ganado vacuno y algunas aves de corral para una variedad de plagas.	Beneficios: Para rociadores con GPS y controles de tasa instalados, los pesticidas se pueden dirigir con exactitud hacia áreas precisas. Pueden reducir la cantidad de pesticida necesario para controlar las plagas desde un 70 a un 90% por encima de las aplicaciones al voleo. Desventajas: Los controladores de sistemas pueden ser costosos inicialmente y requieren que el operador comprenda cómo programar dichos sistemas. Estos rociadores requieren más mantenimiento durante su vida útil que otros tipos de rociadores.	rociadores de barra equipados con sistemas vra rociadores de disco giratorio aplicadores de llovizna rociadores de volumen ultra reducido

TABLA 9-2:

Métodos de aplicación de pesticida y equipos comúnmente usados en contextos agrícolas (continúa)

Método de aplicación	Situaciones	Beneficios y desventajas	Equipo
basal	Tratamiento de que crecen alrededor de la base de árboles y vides establecidos. Tratamiento de insectos que infestan la base de árboles y vides establecidos. Eliminación de plantas leñosas problemáticas que tienen un diámetro inferior a ocho pulgadas o que tienen una corteza muy delgada.	Beneficios: El pesticida aplicado en la corteza para la eliminación de plantas leñosas de plaga se mueve sistemáticamente por toda la planta para matarla. Causa poco o ningún daño en las plantas aledañas si el rociador se orienta con precisión. Se puede usar para el control de malezas e insectos en huertas y viñedos donde las plantas están bien establecidas, lo que permite que el aplicador libere precisamente los pesticidas en las zonas afectadas y reduzca la cantidad de pesticida necesario para controlar las plagas. Desventajas: Los tratamientos no se pueden realizar en climas lluviosos o si se pronostican tiempos lluviosos. Las personas y los animales pueden estar fácilmente expuestos a los pesticidas de las cortezas tratadas en áreas de actividad animal y humana. La actividad de protección puede ser de corta duración, dependiendo del producto aplicado. La efectividad del tratamiento depende de la temperatura durante e inmediatamente después de la aplicación, como así también de la edad de la planta y del acorchamiento o grosor de la corteza.	rociadores con jeringa rociadores de bomba de gatillo rociadores de mochila de volumen bajo aplicadores de mecha
al voleo	Tratamiento de insectos y enfermedades en áreas de follaje denso. Tratamiento de plagas en huertas. Tratamiento de áreas grandes donde hay numerosos insectos o malezas (una gran densidad de plagas) Utilizado en pasturas y praderas donde las malezas han desplazado plantas sensibles deseadas.	Beneficios: Proporciona una buena penetración y cobertura de las superficies de las plantas y el pelo animal, en especial en follajes densos y cuando el pelo de los animales es grueso. Los tanques grandes en algunos equipos permiten el tratamiento de muchos acres en una sola aplicación. Se puede usar en muchas situaciones diferentes. Desventajas: Puede causar riesgo de deriva si el tamaño de la gota es muy pequeño para las condiciones del lugar. Las condiciones del sitio de aplicación pueden causar depósitos irregulares de pesticida. Las plagas generalmente no se distribuyen de manera uniforme en el campo, por lo que este tipo de aplicación puede causar el desperdicio de parte del pesticida. Requiere mucha agua, electricidad y combustible.	sopladores de mochila rociadores con funda de aire rociadores túnel (utilizan boquillas hidráulicas) rociadores de turbina rociador de huertas con boquillas hidráulicas, boquillas de cizalladura de aire (en máquinas con abanicos centrífugos) o boquillas rotatorias (montadas delante de abanicos propulsores) rociadores con barras oscilantes rociadores hidráulicos de alta presión rociadores con auxiliar de aire, esparcidores de prociadores electromagnéticos aplicadores granulares de flujo de aire montados en tractores rociador a motor

TABLA 9-2:

Métodos de aplicación de pesticida y equipos comúnmente usados en contextos agrícolas (continúa)

Método de aplicación	Situaciones	Beneficios y desventajas	Equipo
leva tipo lona o de mecha montajes de autoaplicador	Tratamiento de malezas altas en cambios y pasturas, en especial cuando la deriva es una preocupación. Tratamiento de parásitos externos en animales.	Beneficios: El equipo reduce la deriva al orientar los herbicidas con una precisión extrema. El pesticida se deposita directamente en las plantas con plagas. Los aplicadores de mecha permiten la aplicación selectiva de pesticidas de amplio espectro. Los animales se tratan automáticamente cuando se mueven a zonas instaladas con autoaplicadores. Desventajas: Los aplicadores de mecha se deben controlar cuidadosamente para evitar la sobresaturación y el goteo o para que la mecha no se seque mucho. Las mechas pueden acumular suciedad en sus superficies, lo que evita que los pesticidas lleguen a las plantas objetivo. Las especies de malezas deben ser más altas que las plantas deseables. La mayoría de los animales se deben entrenar para aceptar los dispositivos.	aplicador de mecha leva de lona leva rotatoria de barra cerrada (Todos estos pueden estar en una barra fijada a un VTT o tractor. Las barras también se pueden llevar en la mano). caucho de cara y del dorso cables cuerdas bolsas de polvo cajas de polvo
sumergido, vertido, pulverizado-sumergido	Tratamiento de la enfermedad de la raíz previo a trasplantar. Tratamiento de nematodos previo a trasplantar. Tratamiento de insectos que afectan a las raíces previo a trasplantar. Tratamiento del ganado de los parásitos externos.	Beneficios: Previene la propagación de plagas a través de la contaminación del suelo causado por cultivos trasplantados. Los sistemas se pueden mecanizar para reducir el riesgo de exposición de los trabajadores e incrementar la eficiencia. Aplicación controlada significa que el pesticida se libera con mucha precisión en las partes afectadas de la planta o el animal. Los animales inmersos son tratados de forma completa y uniforme. Los tratamientos vertibles son convenientes y reducen los riesgos de exposición para los trabajadores. Desventajas: Pueden ser costosos y llevar mucho tiempo. No se ha demostrado que todos los tratamientos de inmersión funcionen efectivamente. El riesgo de exposición es elevado cuando los sistemas no están mecanizados.	cubas de inmersión sistemas mecánicos que trabajan con cubas de pesticidas para gotear plantas o animales máquinas de rociado-sumergido
foliar	Se utiliza en aplicaciones de insecticidas y fungicidas en cultivos. Se utiliza en aplicaciones de herbicidas después de que la maleza emerge (mejor usar cuando es pequeña y se encuentra en crecimiento activo, cuando está más establecida como en la etapa inicial de florecimiento, durante el crecimiento activo en el otoño o cuando la malezas es más alta que las plantas de cultivo).	Beneficios: Aplicado directamente en el área afectada de las plantas. Flexible. Puede tratar muchos problemas diferentes durante una variedad de etapas del desarrollo de la plaga. Desventajas: Dependiendo del método de aplicación, la deriva puede ser un problema. Puede afectar especies no objetivo. El escurrimiento puede ser un problema.	aspersor frío pistola electrostática asistida por aire aspersor por pulso rociadores hidráulicos de volumen bajo rociadores pulverizadores hidráulicos de volumen alto rociadores electrostáticos aplicador de mecha o leva de lona rociador a motor rociadores de barra con montaje trasero rociadores túnel aplicadores de llovizna

TABLA 9-2:

Métodos de aplicación de pesticida y equipos comúnmente usados en contextos agrícolas (continúa)

Método de aplicación	Situaciones	Beneficios y desventajas	Equipo
aplicación en el suelo: saturación incorporación en el suelo surco	Tratamiento de malezas, insectos, nematodos o patógenos previo o durante la plantación. Tratamiento de malezas, insectos o patógenos antes o después de la plantación.	Beneficios: Se puede usar para tratar muchas plagas diferentes en distintas etapas de desarrollo. Se puede usar para evitar problemas con nematodos y patógenos. Puede ser la única forma viable de deshacerse de las plagas de los nematodos, en especial en cultivos de vides y árboles. Los tratamientos de saturación permiten enfocarse con precisión en las plantas o los árboles afectados por la plaga. Los tratamientos por cursos permiten enfocarse con precisión y utilizar volúmenes bajos de pesticidas, lo que reduce los peligros ambientales. Los pesticidas de incorporación en el suelo se mezclan bien con la tierra, por lo que no son propensos a la deriva (aunque la filtración puede ser un problema. Lea siempre la etiqueta para conocer las precauciones). Desventajas: En los tratamientos de incorporación en el suelo, el pesticida se debe distribuir de manera uniforme dentro del suelo para tratar la plaga objetivo o ser captado por las raíces de las plantas a medida que crecen. Los tratamientos de saturación pueden ser intensivos en cuanto al tiempo, el agua y el trabajo. La filtración puede ser un problema, en especial en suelos arenosos.	rociadores por surco de microtubos de volumen bajo vehículo montado o barra de herramientas remolcada y sujetada con dientes de cincel que permiten la mezcla del pesticida en el suelo mientras la aplicación continúa esparcidores de gránulo rociador de barras de volumen bajo
inyección en el suelo	Tratamiento de nematodos, insectos, malezas y patógenos previo a la plantación	Beneficios: Aborda problemas antes de la plantación del cultivo, lo cual es muy importante para los cultivos a largo plazo, como los árboles o vides. Los dientes a lo largo de la barra de herramientas se pueden ajustar para penetrar el suelo a distintas profundidades, por lo que el sistema es flexible. Desventajas: Este método es costoso. Muchas sustancias químicas utilizadas en la inyección en el suelo son problemáticas para el ambiente y requieren permisos de materiales restringidos y licencias especiales de pesticidas o certificaciones para los aplicadores.	vehículo montado o barra de herramientas elevada con dientes de cincel
quimigación Describa la situación en la que los sistemas de quimigación pueden utilizarse.	Tratamiento de malezas, insectos o patógenos en áreas grandes antes o después de la plantación.	Beneficios: Puede utilizar el equipo de irrigación existente para aplicar pesticidas. Muy eficiente. Utiliza cantidades precisas de pesticidas medidos por sistemas de control. Desventajas: Se deben comprar e instalar equipos especializados que pueden ser costosos. Los sistemas son complejos y deben cumplir con todos los requisitos estatales y locales para la protección del agua subterránea. Puede dar lugar a aplicaciones irregulares si los sistemas no se mantienen apropiadamente o si se tratan suelos ondulados o irregulares.	La instalación depende de los sistemas de irrigación disponibles en el lugar.
disposición de los cebos	Control de plagas vertebradas e invertebradas.	Beneficios: Puede mantener alejados a los organismos no objetivo, dependiendo del diseño. Puede colocarse fuera del alcance de organismos no objetivo, mascotas y niños. Utiliza solo la cantidad de pesticida necesario para controlar la plaga objetivo. Desventajas: Se deben comprar e instalar equipos especializados que pueden ser costosos.	inyectores operados a mano aplicadores mecánicos de cebo (dispositivos de madriguera) Estaciones de cebado

> Enumere los tipos de equipo de aplicadores de cebo y explique cómo funcionan.
>
> Describa cómo mantener y limpiar los diferentes tipos de equipos.

accidentes o derrames causados por mangueras rotas, conexiones defectuosas, tanques dañados u otros problemas.

Antes de cada uso, el equipo de aplicación debe inspeccionarse por si se encuentra desgaste, corrosión o daño. Reemplace o repare los componentes defectuosos. Luego de cada aplicación, limpie el equipo minuciosamente. Hay que utilizar el EPP, incluidos los guantes de goma y las gafas de protección, cuando se lave o repare el equipo. Cuando no se utilice, guarde el equipo de tal manera que se pueda evitar el deterioro o el daño.

Equipo de aplicación líquida

Prevenir problemas

Siga los siguientes pasos de prevención para reducir los problemas de mal funcionamiento o descompostura del rociador, y para mantener la aplicación uniforme y precisa.

Utilizar agua limpia. El agua que contiene arena o sedimento provoca un desgaste rápido de la bomba y las pantallas, y las boquillas pueden obstruirse. Siempre que sea posible, utilice el agua bombeada directamente de un pozo y asegúrese de que todas las mangueras y los tubos de llenado estén limpios. Siempre hay que filtrar el agua antes de colocarla en los tanques de rociado y la estación de llenado tiene que situarse en el lado descendente del sistema de filtrado. Además, mida el pH del agua para asegurarse de que sea el adecuado para el uso que se le pretende dar al pesticida. (Vea la barra lateral 11-2, en la que se describe cómo verificar y ajustar el pH del agua).

Mantenga las pantallas en su lugar. Las pantallas de los filtros eliminan las partículas extrañas de los rociadores líquidos. Es un fastidio quitar los desechos recolectados por las pantallas, pero la acumulación de los desechos es un indicador de que las pantallas están cumpliendo su función (Fig. 9-10). Si se quitan las pantallas porque continúan tapándose, solo aumenta el desgaste de las bombas y las boquillas y puede provocar que se tapen las boquillas, lo que ocasionará que la aplicación sea imprecisa. Asegúrese de que las pantallas sean del tamaño adecuado para el tipo de pesticida que se aplicará. Si se tapan excesivamente, intente eliminar la causa; por ejemplo, cambie la fuente de agua y limpie las boquillas.

FIGURA 9-10.
Limpie los controles con frecuencia para evitar la obstrucción de las boquillas y las mangueras desde y hacia las bombas.

Utilice químicos que sean compatibles con el rociador y la bomba. Los químicos de rociado son corrosivos para algunos metales y pueden acelerar la descomposición de los componentes de caucho o plástico. Reconozca las limitaciones en el equipo rociador existente. Evite los problemas al modificar el equipo para acomodar los pesticidas corrosivos. De lo contrario, utilice el equipo solo para los químicos que no son corrosivos. A veces, es posible reemplazar las partes del rociador con materiales resistentes a la corrosión.

Limpiar las boquillas adecuadamente. Las boquillas de los rociadores están hechas para especificaciones exactas. Nunca se debe utilizar un objeto metálico para limpiar o eliminar los desechos. Estos podrían dañar el orificio; y así cambiar el patrón de rociado y su volumen desfavorablemente. Las boquillas se lavan enjuagándolas con agua limpia o una solución de detergente. Con un cepillo suave, quite las partículas atascadas. Los proveedores de boquillas

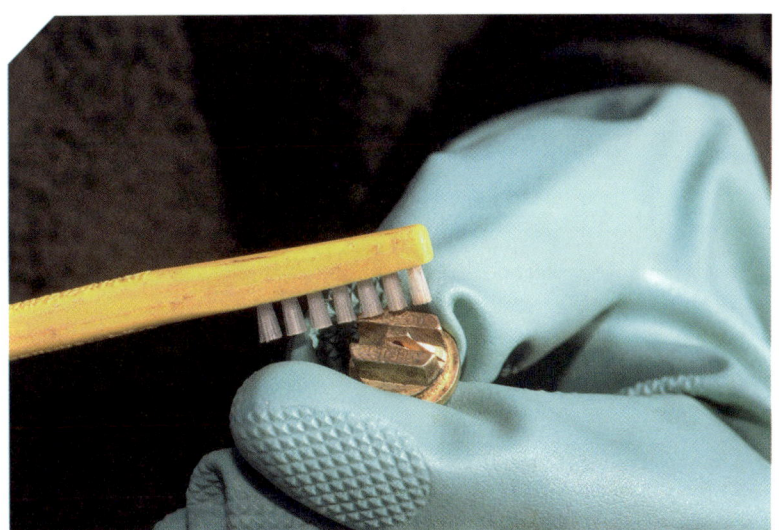

FIGURA 9-11.
Para limpiar una boquilla obstruida, use aire comprimido o agua para purgar el orificio. Jamás ponga la boca en una boquilla. Use un cepillo suave para quitar los objetos atascados. No use ningún tipo de dispositivo metálico para eliminar la suciedad, dado que podría dañar el orificio.

venden cepillos especiales para este propósito. Siempre hay que utilizar guantes de caucho cuando se manipula o limpia las boquillas de rociado. Nunca las sople con la boca, ya que las boquillas, por lo general, contienen residuos de pesticidas. De ser necesario, utilice un compresor de aire, pero proteja sus ojos y su piel (Fig. 9-11).

Enjuague los rociadores antes de usarlos. Utilice agua limpia para enjuagar los rociadores nuevos y los que saque de donde estaban guardados. Al enjuagarlos, se eliminan las partículas extrañas, la suciedad y otros desechos. El proceso de fabricación puede dejar astillas metálicas, suciedad u otros residuos en el tanque o la bomba. Al almacenar el equipo de rociado se da la posibilidad de que se contamine con tierra, hojas, heces de roedores y óxido.

Limpie el rociador luego de usarlo. Es importante limpiar el equipo de rociado al final de cada trabajo. Limpie el rociador de acuerdo a las instrucciones en la etiqueta del pesticida utilizado. Si se siguen las instrucciones de la etiqueta, se asegurará de que se elimine la mayoría de los residuos que pueden contaminar las futuras mezclas en el tanque o dañar al cultivo o las superficies tratadas. Evite dejar las mezclas de los pesticidas en los rociadores durante la noche o por períodos más largos. El contacto prolongado aumenta las posibilidades de corrosión o deterioro de los componentes del rociador. Algunos pesticidas se asentarán y será más difícil volverlos a poner en suspensión luego de haber quedado en un rociador inactivo, y podrían causar problemas de obstrucción. Luego de mezclarlos con agua, algunos pesticidas pierden la efectividad rápidamente. Por último, los pesticidas que se dejan descuidados en los rociadores podrían presentar un riesgo para las personas, la fauna o el medio ambiente.

Si es posible, aplique los restos del material del rociador en un objetivo apropiado (registrado). De lo contrario, trate las mezclas de los pesticidas sin uso como un desecho peligroso. Asimismo, algunos pesticidas son difíciles de quitar por completo del tanque y se necesitará utilizar limpiadores especiales para eliminar completamente los residuos. Lea las etiquetas de los pesticidas ya que puede haber recomendaciones del uso de limpiadores específicos. En caso de que haya que aplicar un pesticida que es difícil de limpiar, utilice tanques separados, especialmente cuando se utilizan herbicidas.

Limpie el rociador y enjuague el tanque en el campo dentro del lugar de aplicación siempre que sea posible. De no serlo, contenga el agua de enjuague y utilícela para mezclar otros pesticidas del mismo tipo. Recuerde que la limpieza repetida en una ubicación específica puede resultar en la contaminación de esa zona a menos que contenga cuidadosamente el agua de enjuague. Si el agua contaminada no se puede utilizar en la siguiente mezcla del tanque, transpórtela a un vertedero o basurero hasta que se acepten los desperdicios peligrosos (conocidos como un lugar de desecho de Clase I). Jamás se debe tirar el agua de enjuague al suelo o en el desagüe o las líneas de alcantarillas. Si la próxima vez se utilizará un pesticida diferente en el rociador, será necesario hacer una limpieza más profunda. Lea la etiqueta del pesticida utilizado previamente para saber cuáles son los agentes de limpieza recomendados para el tanque.

Inspección y mantenimiento

Realice inspecciones de mantenimiento regulares y periódicas en el equipo de rociado para mantenerlo en buenas condiciones. Encárguese de un mantenimiento simple, como engrasar los rodamientos y las líneas de impulsión, mientras inspecciona el equipo. Siempre verifique los posibles problemas:

- mangueras debilitadas
- conexiones con fuga
- daño en el tanque o el revestimiento protector del tanque
- reguladores o manómetro rotos
- boquillas desgastadas
- rodamientos deteriorados
- neumáticos dañados (si tiene)
- otros defectos o desgastes mecánicos

El equipo con un motor autónomo requiere mantenimiento adicional. Los niveles de aceite y agua tienen que revisarse de manera regular. Cambie los filtros de aire, aceite y el aceite del motor de acuerdo a las recomendaciones del fabricante. Limpie y haga el mantenimiento de las baterías.

Aplicadores de polvo y gránulos

Limpie minuciosamente los aplicadores de polvo y gránulos luego de cada uso, pero asegúrese de quitar todo el pesticida y sus residuos. Una vez que esté limpio, lubrique las cadenas, el eje de mezcla del rodamiento y otras partes móviles de acuerdo a las instrucciones del fabricante. Inspeccione el equipo en busca de deterioro y corrosión. Repare las zonas oxidadas o corroídas para evitar que empeoren.

Aplicadores de polvo

Antes de utilizar un aplicador de polvo, inspecciónelo cuidadosamente. Vea el interior de la bolsa o la cámara para asegurarse de que esté seco y sin residuos o posibles obstrucciones. Luego, inspeccione las roscas donde las boquillas o las puntas de aplicación se juntan y asegúrese de que estén limpias. Luego, cerciórese de que la punta del aplicador se encuentra firmemente unido. Por último, revise las puntas de aplicación y las extensiones para ver si tienen grietas y reemplace cualquier accesorio dañado o desgastado. Deseche los aplicadores rotos o desgastados como haría con cualquier otro artículo contaminado con pesticida.

Luego de usarlo, limpie el equipo con un cepillo de nylon con agua y jabón. Cerciórese de que las partes que entran en contacto con los pesticidas se encuentren completamente secas antes de volverlos a utilizar. Cuidadosamente, revise las tapas, las roscas y los tubos de aplicación para ver si tienen grietas o si están dañados o tienen un desgaste evidente. Si encuentra alguna falla (como grietas en el plástico o corrosión en las partes de metal), quite y reemplace las partes desgastadas antes de utilizar el aplicador nuevamente.

Aplicadores de gránulos

Antes de utilizar un aplicador de gránulos, verifique que no esté desgastado y asegúrese de que no haya residuos de pesticidas en la tolva o en cualquier otro lado de la máquina. Quite y reemplace las partes desgastadas o dañadas y cerciórese de que no haya obstrucciones antes de cargar el equipo. Verifique que la tapa del equipo esté en su lugar (en los aplicadores que tienen); esto ayuda a proteger las partes móviles que se dañan con facilidad por la tierra o los residuos de los pesticidas.

Luego de cada uso, vacíe y lave minuciosamente los aplicadores de gránulos. Habitualmente, lo único que necesitará para quitar el residuo del pesticida del equipo es agua fría; sin embargo, algunos pesticidas requerirán fregar o usar agua caliente para aflojar los residuos acumulados. Puede ser útil cerrar el esparcidor para que la tolva se pueda llenar por completo con agua y luego vaciarse. Si es necesario utilizar limpiadores abrasivos, cerciórese de no dañar el equipo mientras trabaja.

Solo lubrique los aplicadores de gránulos si el fabricante lo recomienda. Tenga cuidado con la lubricación excesiva, ya que la grasa puede aumentar la acumulación de residuos de pesticidas y suciedad que pueda dañar las partes móviles del aplicador. Lea las recomendaciones del fabricante atentamente para averiguar si el equipo requiere lubricación antes de hacerlo.

Mantenimiento del equipo de quimigación

El monitoreo periódico del sistema de quimigación puede ayudar a tener la certeza de que están funcionando de forma segura y efectiva. Los siguientes artículos deben inspeccionarse cuidadosamente antes de comenzar con las actividades de quimigación:

- válvula de verificación de la tubería principal
- válvula de vacío
- desagüe de baja presión
- válvula de control de la línea de inyección química
- el panel de control principal para el sistema de irrigación y la planta de bomba
- bomba de inyección química del enclavamiento de seguridad
- sistema de inyección (colador lineal, válvula manual y tanque de almacenamiento químico)
- bomba de irrigación
- bomba de inyección
- fuente de potencia

Repare o reemplace todas las partes que encuentre dañadas o desgastadas. Asegúrese de recalibrar el sistema cada vez que se realice un mantenimiento y se hayan reemplazado algunas partes.

Enjuague de los sistemas de inyección e irrigación

El equipo de quimigación tiene que lavarse minuciosamente luego de cada uso para asegurar la operación segura durante la próxima aplicación. Luego de completar una aplicación, haga correr el sistema de irrigación durante al menos 10 minutos para enjuagar cualquier químico que pueda quedar. Si se está utilizando riego por goteo, es posible que haya que hacer circular el sistema durante más de 10 minutos, ya que el agua tarda más en recorrer los sistemas de poco volumen. Para cualquier sistema de irrigación que se apaga automáticamente al final de cada aplicación, asegúrese de enjuagarlo lo antes posible luego de que finalice el apagado. También se deben enjuagar los sistemas que se hayan apagado debido a un mal funcionamiento o la pérdida de la presión del agua. Haga esto lo antes posible luego de darse cuenta de que se ha apagado. En ambas situaciones, es mejor enjuagar el sistema durante al menos 30 minutos para estar seguro de que todos los rastros del pesticida fueron eliminados del sistema.

Utilice agua limpia para enjuagar el sistema de inyección luego de cada uso para evitar que se acumulen los pesticidas. Es mejor enjuagar el sistema de inyección mientras se irriga para que cualquier pesticida que se elimina se aplique al mismo sitio.

Capítulo 9, Preguntas de repaso

1. **Una el método de aplicación con el principal inconveniente:**

1.	aplicaciones de rociado directa y en banda	a.	la filtración puede ser un problema, en especial en suelos arenosos
2.	al voleo	b.	requiere mucha agua, electricidad y combustible
3.	sumergir o rociado-sumergido de aplicaciones	c.	requiere equipo especial para que las aplicaciones sean más específicas
4.	incorporación en el suelo	d.	requiere un equipo especializado y una configuración para cumplir con los requisitos reglamentarios para la protección de las aguas subterráneas
5.	quimigación	e.	El riesgo de exposición es más alto cuando los sistemas no están mecanizados

2. **Verdadero o falso**

   ☐ Verdadero ☐ Falso a. Las bombas de pistones son las mejores bombas para utilizar para rociar fórmulas abrasivas.

   ☐ Verdadero ☐ Falso b. Las boquillas con orificios más grandes se desgastan más despacio que las que tienen orificios más pequeños.

   ☐ Verdadero ☐ Falso c. Los tanques de fibra de vidrio deben revisarse cuidadosamente para ver si tienen rasguños o abrasión, dado que absorben pesticidas que pueden contaminar la próxima mezcla en el tanque.

   ☐ Verdadero ☐ Falso d. Las boquillas más costosas están hechas de metal.

   ☐ Verdadero ☐ Falso e. Si la presión del rociador desciende y hay un esfuerzo inusual en la bomba, la causa puede ser que las pantallas de los filtros estén tapadas.

   ☐ Verdadero ☐ Falso f. Puede quitar con seguridad las partículas que estén atoradas en una boquilla con un alambre de cobre fino.

   ☐ Verdadero ☐ Falso g. La limpieza repetida de un rociador en una ubicación específica puede resultar en la contaminación de esa zona a menos que contenga cuidadosamente el agua de enjuague.

   ☐ Verdadero ☐ Falso h. Lleva más tiempo enjuagar un sistema de irrigación de goteo luego de la quimigación que otros tipos de sistemas de irrigación.

3. Una la boquilla con su patrón de rociado y los usos:

1.	boquillas de abanico plano y baja presión	a.	estas boquillas producen un patrón amplio en forma de abanico de gotas gruesas. Se utilizan con una bomba para aplicar herbicidas en las situaciones donde es necesario reducir la deriva
2.	boquillas de abanico plano uniforme	b.	estas boquillas crean más gotitas de rocío en el centro y menor cantidad de gotitas en los costados para que el patrón disminuya en los extremos. Se utilizan con herbicidas aplicados en el suelo, fungicidas e insecticidas
3.	boquillas de cono sólido	c.	estas boquillas producen una distribución pareja de las gotitas en un patrón amplio en forma de abanico. Se utilizan cuando se quiere evitar que el rociado del herbicida, el fungicida o el insecticida se superponga
4.	inyección de aire/ inducción de aire/ boquillas Venturi	d.	estas boquillas se utilizan para aplicar grandes volúmenes de herbicidas incorporados en el suelo y de preemergencia. Producen grandes gotas que ayudan a reducir la deriva.
5.	chorro sólido	e.	estas boquillas se utilizan en barras en cultivos en hilera para aplicar todo tipo de pesticidas en bandas en presiones que oscilan de 5-200 psi.

4. Si suele rociar fórmulas abrasivas, debería utilizar boquillas hechas de _____. Seleccionar todas las que correspondan.
   - ☐ a. aluminio y metal
   - ☐ b. cerámica
   - ☐ c. plástico sólido
   - ☐ d. acero inoxidable
   - ☐ e. carburo de tungsteno
   - ☐ f. metal

5. Una la situación de aplicación con el aplicador de líquido apropiado:

1.	Quiere controlar malezas altas en campos o pasturas, y la deriva es una preocupación grave.	a.	máquina de rociado-sumergido
2.	Quiere controlar los insectos o las enfermedades en zonas de follaje denso.	b.	rociador de barras de volumen bajo
3.	Quiere controlar parásitos externos en el ganado que debe tratarse en forma pareja,	c.	aplicador de mecha
4.	Tiene que controlar los nematodos en los árboles y los cultivos de vides.	d.	rociadores turbina

Capítulo 10
Calibración del equipo de aplicación de pesticidas

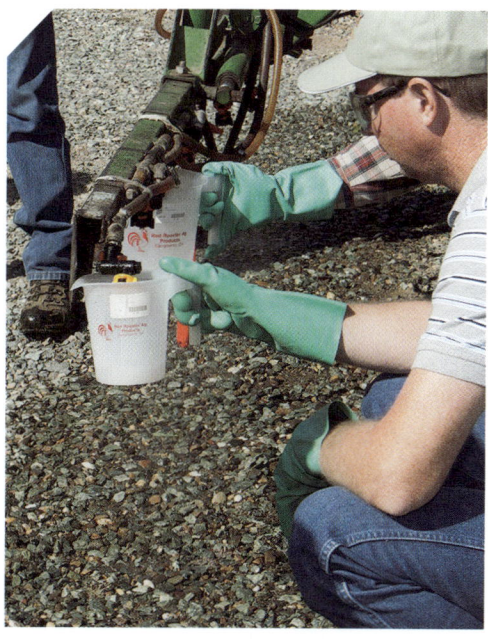

Por qué es esencial la calibración 138
Métodos para calibrar el equipo 138
Cálculo del ingrediente activo, soluciones porcentuales y diluciones en partes por millón 158
Utilización de monitoreos y reguladores de sistemas 161
Capítulo 10, Preguntas de repaso 163

Expectativas de conocimiento

1. Defina la calibración y explique por qué una calibración precisa es esencial para un control de plagas seguro y eficaz.
2. Enumere las herramientas necesarias para realizar la calibración.
3. Enumere las variables que hay que calcular para calibrar un rociador.
4. Describa cómo calibrar los rociadores de líquido, y poder calcular la velocidad, los galones por minuto y la salida de la boquilla mediante fórmulas.
5. Describa los métodos utilizados para determinar cuánto pesticida colocar en la tolva o el tanque para un índice de aplicación específico sobre la superficie total del sitio de aplicación.
6. Describa la mejor forma de cambiar la salida de varios equipos de aplicación de pesticidas y las consecuencias de cada cambio.
7. Describa cómo calibrar los aplicadores de pesticidas en seco.
8. Describa cómo determinar la cantidad correcta de pesticida necesaria para una aplicación en particular, incluido la dilución correcta de un pesticida correctamente.
9. Describa cómo poder calcular la concentración del ingrediente activo de los pesticidas con las fórmulas.
10. Explique cómo los controles del sistema pueden impactar en la calibración del equipo y los cálculos necesarios para aplicar los pesticidas de forma efectiva.
11. Explique la importancia de calibrar correctamente los sensores que forman parte de un sistema de control.

Defina la calibración y explique por qué un ajuste preciso es esencial para un control de plagas seguro y eficaz.

Por qué es esencial la calibración

El término calibración hace referencia a todos los ajustes que se realizan para asegurarse de que se aplica la cantidad correcta de pesticida a la zona tratada. La razón principal para calibrar el equipo de aplicación es determinar cuánto pesticida colocar en el tanque o la tolva y cuál debería ser el índice de aplicación. La calibración es necesaria para:

- controlar eficazmente las plagas
- proteger la salud de las personas, el medio ambiente y las superficies tratadas
- realizar aplicaciones efectivas y eficientes
- determinar el volumen de rociado
- aplicar los pesticidas a niveles legales

Control eficaz de las plagas. Los fabricantes de pesticidas gastan millones de dólares para investigar sus productos. Su investigación incluye determinar la cantidad correcta de pesticida que debe aplicarse para controlar eficazmente las plagas objetivo. La calibración del equipo antes de cada aplicación ayuda a asegurarse de que la cantidad adecuada de pesticidas se aplicará efectivamente. Aplicar la cantidad correcta ayuda a garantizar el control efectivo de las plagas y minimizar la posibilidad de que se desarrolle resistencia en las poblaciones de plagas objetivo. Si la aplicación no es efectiva debido a la mala calibración, entonces podría ser necesario volver a aplicar o el rendimiento del cultivo podría disminuir.

Preocupaciones ambientales. La mala calibración de los equipos de aplicación de pesticidas puede causar daños ambientales. La calibración del equipo para mantener los índices de aplicación dentro de los requisitos de la etiqueta ayuda a proteger a las personas, al ganado, los insectos beneficiosos y la fauna silvestre. También reduce el potencial de contaminación del agua superficial, el agua subterránea y el aire.

Protección de las superficies tratadas. Algunos pesticidas pueden dañar las superficies tratadas cuando se utilizan índices superiores de los que se establecen en la etiqueta, lo cual causa problemas como la fitotoxicidad (daños a las plantas), manchado o corrosión. Los fabricantes evalúan estos problemas potenciales mientras hacen pruebas de los químicos para determinar las concentraciones seguras. La calibración del equipo ayuda a evitar utilizar cantidades de pesticidas perjudiciales durante la aplicación.

Prevenir el desperdicio de recursos. Utilizar la cantidad incorrecta de pesticida desperdicia el pesticida, el tiempo y el dinero. La calibración adecuada ayuda a utilizar menos combustible y reduce los costos laborales y el desgaste y descompostura del equipo.

Preocupaciones legales. Los aplicadores que no calibran adecuadamente el equipo pueden terminar utilizando el pesticida de forma incorrecta y, por lo tanto, pueden quedar sujetos a delitos penales y civiles, resultando en multas, tiempo en la cárcel y demandas. Los aplicadores son responsables de las lesiones o los daños provocados por la aplicación indebida del pesticida, por eso, se debe calibrar el equipo antes de la aplicación.

Métodos para calibrar el equipo

La barra lateral 10-1 enumera las herramientas necesarias para calibrar el equipo de aplicación de pesticidas. Coloque estos artículos en una caja de herramientas y utilícelos solo para calibrar su equipo (Fig. 10-1). Conserve las herramientas limpias y en buenas condiciones; haga que la calibración del equipo sea profesional. El equipo de aplicación de líquidos y el equipo de aplicación de polvo o granulado requieren diferentes métodos de calibración.

NOTA: El equipo de aplicación de pesticidas y la descarga del equipo de aplicación que se está calibrando pueden contener residuos de pesticidas. Utilice siempre guantes resistentes a los productos químicos y otro equipo de protección personal (EPP) para evitar la contaminación con el pesticida. Lea el capítulo 7 para obtener información sobre la selección del EPP adecuado.

Enumere las herramientas necesarias para realizar la calibración.

CALIBRACIÓN DEL EQUIPO DE APLICACIÓN DE PESTICIDAS

BARRA LATERAL 10-1

HERRAMIENTAS NECESARIAS PARA LA CALIBRACIÓN

1. **Cronómetro.** Utilice un cronómetro para medir la velocidad de desplazamiento y del caudal. Nunca dependa de un reloj de muñeca a menos que tenga la función de cronómetro.
2. **Cinta métrica.** Utilice una cinta métrica de 100 pies impermeable y que no sea elástica para marcar la distancia recorrida y medir el ancho de la franja del rociado.
3. **Recipiente calibrado.** Utilice un recipiente de 1 o 2 cuartos de galón, calibrado para onzas líquidas, para medir el caudal de la boquilla del rociador.
4. **Balanza.** Utilice una balanza pequeña que pueda medir libras y onzas para pesar granos recolectados de un recolector de granos. Las medidas de peso más exactas las logran las balanzas que tienen una capacidad máxima de 5 a 10 libras.
5. **Calculadora de bolsillo.** Utilice una calculadora de bolsillo para realizar cálculos en el campo.
6. **Manómetro.** Utilice un manómetro preciso y calibrado que tenga ajustes compatibles con los de la boquilla del rociador para controlar la presión de la barra y para calibrar la presión del rociador.
7. **Caudalímetro.** Utilice un caudalímetro conectado a una manguera flexible o un tubo de alimentación para medir la cantidad de agua colocada en un tanque. También puedes utilizar este dispositivo para medir la capacidad del tanque y para determinar la cantidad de líquido utilizado durante el calibrado. Tanto el caudalímetro mecánico como el electrónico se encuentran disponibles; de no estarlo, se puede utilizar un balde calibrado de 5 galones en su lugar.
8. **Cinta de señalización.** Utilice cinta de señalización de plástico de colores para marcar distancias medidas al determinar la velocidad de aplicación.

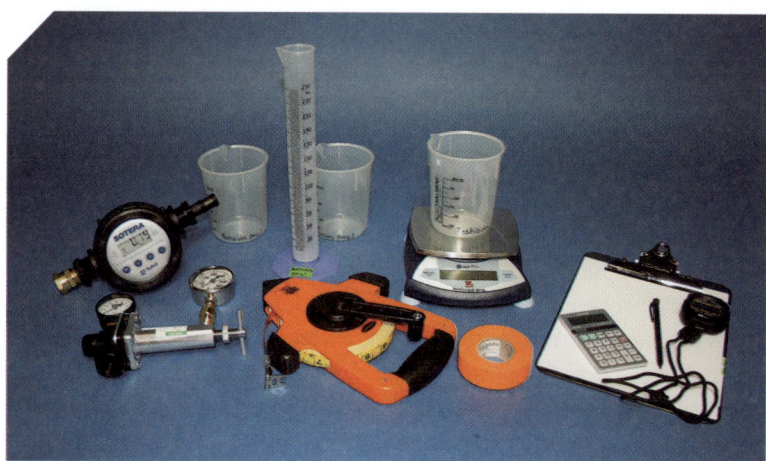

FIGURA 10-1.
Para calibrar un rociador de pesticidas se necesitan unas cuantas herramientas sencillas. Estas incluyen un cronómetro, una cinta métrica, varios recipientes calibrados, una balanza, una calculadora de bolsillo, un manómetro, un caudalímetro y una cinta de señalización.

Enumere las variables que hay que calcular para calibrar un rociador.

Describa cómo calibrar los rociadores de líquido, y poder calcular la velocidad, los galones por minuto y la salida de la boquilla utilizando las fórmulas.

CÓMO CALIBRAR LOS ROCIADORES DE LÍQUIDOS

Con el fin de calibrar adecuadamente los rociadores de líquidos, es necesario medir estos cuatro factores:

- capacidad del tanque
- velocidad de desplazamiento
- caudal
- ancho de la franja del rociador

Antes de realizar cualquier medición, asegúrese de inspeccionar el rociador como se describe en el capítulo 9. Una vez que el rociador se encuentre en buenas condiciones, utilice la siguiente fórmula básica para la calibración:

Volumen de rociado (gpa) = caudal (gpm)/ índice del suelo (es la velocidad x el ancho de la franja)

Las fórmulas para determinar los galones por acre (gpc), caudal (en galones por minuto o gpm), velocidad y ancho de la franja pueden encontrarse en las barras laterales a lo largo de este capítulo.

Capacidad del tanque. Mida físicamente la capacidad del tanque de rociado (o los tanques, si el equipo tiene más de uno).

Nunca se base en la clasificación del tamaño del tanque del fabricante. Puede ser estimado o puede no tener en cuenta las conexiones instaladas dentro del tanque. Además, la capacidad de las líneas de rociado, las bombas y los filtros influyen en el volumen del tanque. Para calibrar el equipo de forma precisa, es necesario saber exactamente cuánto líquido contiene el tanque de rociado.

Coloque el rociador en una superficie perfectamente plana. Asegúrese de que el tanque se encuentre completamente vacío, luego cierre todas las válvulas para evitar fugas de agua. Agregue cantidades medidas de agua limpia hasta que llene el depósito por completo. Utilice un caudalímetro unido a una manguera (Fig. 10-2) o un balde u otro recipiente del que sepa cuál es el volumen. Un balde de 5 galones funciona bien para rociadores más pequeños. Asegúrese de calibrar y marcar el balde antes de utilizarlo para llenar el tanque. Si no utiliza un caudalímetro, utilice recipientes calibrados de menor volumen para llenar el tanque por completo. Tome nota del volumen total de agua que colocó en el depósito. Pinte o grabe esta cifra en el exterior del tanque para tener una referencia permanente.

Mientras llene el tanque, calibre el indicador del tanque. Haga marcas en el tanque o el indicador a medida que coloca volúmenes de agua medida. Si la unidad no posee un indicador, marque los incrementos de volumen en una varilla. Luego, siempre conserve esta varilla con el tanque. Utilice las marcas de 1 galón para los tanques con una capacidad de 10 galones o menos. Utilice incrementos de 5 o 10 galones para los tanques con una capacidad de 50 galones o menos. Para tanques más grandes, utilice incrementos de 10 a 20 galones. Una vez que calibre el indicador o la varilla, podrá medir cuánto líquido hay en el tanque cuando no se encuentra completamente lleno. Siempre vuelva a colocar los tanques en una superficie plana para leer el indicador o la varilla.

FIGURA 10-2.
Los caudalímetros, similares al que se muestra, se pueden usar para medir el volumen de los tanques de rociado.

Velocidad de desplazamiento. La velocidad de desplazamiento siempre se debe medir en condiciones reales de funcionamiento dado que el deslizamiento de los neumáticos varía en las pendientes y con las diferentes superficies del terreno. Por ejemplo, para calibrar un rociador de huertos, llene el depósito con agua hasta la mitad y llévelo al huerto. Calibre los rociadores para hileras de cultivo y campos en los mismos campos que planeé tratar. Los tractores se mueven con mayor velocidad sobre el pavimento o las superficies lisas que sobre la tierra blanda o terrones. No confíe nunca en los velocímetros del tractor para medir las millas por hora. El deslizamiento de las ruedas del tractor y la vibración del tamaño de los neumáticos produce hasta un 30% de diferencia entre la velocidad real y la indicada. Cuando se calibra un rociador de mochila o manual, camine sobre un terreno similar al de la zona que planea rociar.

Utilice una cinta de 100 pies para medir cualquier distancia conveniente. Puede ser más o menos de 100 pies, pero la precisión de la calibración aumenta si se utilizan distancias más largas (desde 200 a 300 pies). A veces, se eligen múltiplos de 88 pies porque esa es la distancia en la que se cubre 1 minuto cuando se viaja a 1 milla por hora. En los huertos o viñedos, una cierta cantidad de árboles o vides proporciona una medida conocida útil como referencia. Indique el principio y el fin de la distancia medida con cinta de señalización de color.

Pídale a alguien que conduzca (o camine, en el caso de calibrar un rociador de mochila) a través de la distancia medida. Mantenga la velocidad deseada para una aplicación real. Elija una velocidad dentro de un rango apropiado para el equipo de aplicación, el tamaño de la planta y la cantidad y la densidad del follaje. Las plantas más jóvenes con hojas más pequeñas pueden proporcionar una velocidad de desplazamiento más rápida que una planta madura (huerto o viñedo) o una planta con follaje tupido. Tendrá que permanecer con el rango de velocidad apropiado del equipo luego de justificar el tamaño de la planta y el follaje. Si se utiliza un tractor, anote la posición del acelerador, el cambio y la velocidad del motor del tractor (rpm). Asegúrese de llevar el equipo hasta la velocidad real de aplicación antes de cruzar la primera marca. Utilice un cronómetro para determinar el tiempo, en minutos y segundos, requerido para atravesar la distancia medida (Fig. 10-3). Para mejores resultados, repita el proceso dos o tres veces y calcule

CALIBRACIÓN DEL EQUIPO DE APLICACIÓN DE PESTICIDAS

FIGURA 10-3.
Mida y marque una distancia conocida al calcular la velocidad de desplazamiento del equipo de aplicación. Use un cronómetro para calcular el tiempo de desplazamiento del rociador a través de la distancia medida.

el promedio. Siga el procedimiento de la barra lateral 10-2 para calcular la velocidad real del equipo. También puede utilizar un GPS para verificar las medidas que tomó, usando la cinta de señalización y el cronómetro para garantizar la precisión.

Caudal. Mida la salida real del rociador cuando las boquillas estén nuevas, luego, compruebe periódicamente el desgaste de las boquillas. Los fabricantes imprimen cuadros que muestran la salida de los tamaños de una boquilla en particular con presiones de rociado específicas. Sin embargo, hay que comprobar la salida bajo condiciones reales de operación. Los cuadros de los fabricantes son más precisos cuando se utilizan boquillas nuevas. Las boquillas usadas pueden tener diferentes índices de salida debido al desgaste.

BARRA LATERAL 10-2

CALCULAR LA VELOCIDAD DE DESPLAZAMIENTO DEL EQUIPO DE APLICACIÓN

Paso 1. Convierta los minutos y los segundos en minutos al dividir los segundos (y cualquier fracción del segundo) por 60.

EJEMPLO

Su viaje tardó 1 min y 47.5 seg.

$$47.5 \text{ seg} \div 60 \text{ seg/min} = 0.79 \text{ min}$$

Sume estos valores:

$$1 \text{ min} + 0.79 \text{ min} = 1.79 \text{ min}$$

Paso 2. Obtenga el tiempo de recorrido promedio al sumar los minutos convertidos de cada recorrido y dividirlos por el número de recorridos.

EJEMPLO

Se realizaron tres recorridos.

Recorrido 1 = 1 min, 47.5 seg = 1.79 min
Recorrido 2 = 1 min, 39.8 seg = 1.66 min
Recorrido 3 = 1 min, 52.0 seg = 1.87 min
Total = 5.32 min

$$5.32 \text{ min} \div 3 \text{ recorridos} = 1.77 \text{ min/tiempo promedio de recorrido}$$

Paso 3. Divida la distancia medida por el tiempo promedio. Esto le dirá cuántos pies se recorrieron por minuto.

EJEMPLO

La distancia medida son 227 pies.

$$227 \text{ pies} \div 1.77 \text{ min} = 128.25 \text{ pies/min}$$

Paso 4. Si quiere definir la velocidad en millas por hora, divida la cifra de pies por minuto por 88 (la cantidad de pies que recorre en 1 minuto a 1 milla por hora).

EJEMPLO

$$128.25 \text{ pies/min} \div 88 \text{ pies/min/milla/hr} = 1.46 \text{ millas/hr}$$

Sin embargo, cada boquilla nueva puede llegar a tener pequeñas variaciones en la salida real. Los rociadores con manómetros pueden no ser muy precisos, lo que agregará errores a la salida estimada que se obtenga de estos cuadros. Reemplace los manómetros que parezcan inexactos o pruébelos con un comprobador casero o comercial.

Mida la salida del líquido del rociador en galones por minuto (gpm) bajo las condiciones reales de aplicación: a la presión correcta y la velocidad del motor del tractor (rpm) y con todas las boquillas abiertas si el rociador tiene más de una. Seleccione uno de los dos métodos descritos a continuación, de acuerdo al tipo de rociador que esté calibrando. El primer método funciona para los rociadores de baja presión, los rociadores Venturi asistidos por aire y pequeñas unidades manuales. Requiere recolectar un volumen de agua de boquillas individuales durante un tiempo calculado. El segundo método, para los rociadores de operadores aéreos y de alta presión, mide la salida del rociador durante un período conocido.

Método de recolección para los rociadores de baja presión y manuales. Los rociadores de baja presión se calibran midiendo la cantidad de rocío que se descarga por las boquillas, usando solamente agua limpia. Esto incluye rociadores de barra de baja presión, rociador de mochila y aplicadores de gotitas controladas. Si el rociador tiene más de una boquilla, recolecte agua de cada una por separado, lo que le permitirá comparar la salida de cada boquilla y darse cuenta si alguna tiene alguna falla o desgaste. Será necesario un cronómetro y un recipiente calibrado para realizar mediciones. Habrá que utilizar guantes resistentes a los químicos para evitar el contacto de la piel con el agua que puede estar contaminada con residuos de pesticidas. Colóquese en dirección contraria a las boquillas para evitar que un fino vapor o rocío entre en contacto con la cara o la ropa. Utilice gafas de protección para evitar que le entren gotas de rociado en los ojos.

Para los rociadores de baja presión utilizados en aplicaciones agrícolas, llene el depósito al menos hasta la mitad con agua. Comience el rociado y lleve el sistema hasta la presión normal de funcionamiento. Ponga en marcha los agitadores hidráulicos si estos van a estar en funcionamiento durante la aplicación real. Jamás opere el equipo fuera de su rango de funcionamiento normal o la bomba podría dañarse. Si se está calibrando un rociador impulsado por PTO, cerciórese de que la velocidad del motor del tractor (rpm) sea la misma que la que se utiliza en la calibración a la velocidad de avance. Si estas no son iguales, la presión de salida de la bomba será diferente. Ajuste la presión para cumplir con los requisitos de la situación del rociador y las recomendaciones del fabricante de la boquilla. Compruebe la presión instalando un manómetro calibrado en cualquier extremo de la barra, remplazando una de las boquillas. Abra las válvulas de todas las boquillas y tome nota de la presión, haga los ajustes necesarios y retire el manómetro. Cuando todas las boquillas estén operando a la presión adecuada, recoja el flujo durante un tiempo determinado, generalmente, de 15 segundos a 1 minuto (Fig. 10-4).

Tome nota del volumen de líquido recolectado de cada boquilla u orificio y el tiempo en segundos que le llevó recolectar cada cantidad. Utilice un formato similar al formulario de la barra lateral 10-3. Determine la salida en onzas líquidas por segundo de cada boquilla al dividir el volumen por el número

FIGURA 10-4.
Para determinar la producción de cada boquilla, tome muestras del líquido en un período medido. Asegúrese de que el rociador esté operando a la presión que se usaría bajo las condiciones reales de campo. Use guantes de goma y protección ocular, dado que los líquidos podrían contener trazas de pesticida.

CALIBRACIÓN DEL EQUIPO DE APLICACIÓN DE PESTICIDAS

de segundos que llevó recolectarlo. Convierta las onzas por segundo en galones por minuto.

La salida de las diferentes boquillas, por lo general, varía. En el ejemplo del paso 1 de la barra lateral 10-4, la salida oscila desde 0.250 galones por minuto a 0.328 galones por minuto. La variación entre las boquillas no debería ser mayor al 5%. La salida de cualquier boquilla no tendría que exceder el índice de salida del fabricante por más del 10%. Calcule el porcentaje de variación como se muestra en el ejemplo del paso 2 de la barra lateral 10-4. Las boquillas 3 y 5 en este ejemplo excede estas cantidades y tienen que ser reemplazadas.

El cambio de una boquilla podría afectar la presión de todo el sistema, entonces si se reemplaza una boquilla, vuelva a comprobar el caudal de todas las boquillas. Luego de cambiar las boquillas, reajuste el regulador de presión para mantener la presión deseada y vuelva a calcular la salida como en el paso 1 de la barra lateral 10-5.

BARRA LATERAL 10-3
REGISTRO DE MUESTRA DE CAUDAL DE LA BOQUILLA

Boquilla	Volumen (onza líquida)	Tiempo (seg)
1	12.5	23.2
2	12.0	22.5
3	15.5	24.8
4	14.5	26.1
5	19.0	27.2
6	13.0	23.9

BARRA LATERAL 10-4
CALCULAR LOS GALONES POR MINUTO DE CAUDAL PARA ROCIADORES DE BAJA PRESIÓN

Paso 1. Determine los galones por minuto (gpm) de caudal de cada boquilla al dividir las onzas líquidas recolectadas por el tiempo (en segundos) y multiplicar el resultado por 0.4688. Este ejemplo usa caudales de boquilla de la barra lateral 10-3

EJEMPLO

Boquilla	Caudal (onza líquida)	÷	Tiempo (seg)	=	Caudal por seg	×	0.4688	=	gpm
1	12.5	÷	23.2	=	0.539	×	0.4688	=	0.253
2	12.0	÷	22.5	=	0.533	×	0.4688	=	0.250
3	15.5	÷	24.8	=	0.625	×	0.4688	=	0.293
4	14.5	÷	26.1	=	0.556	×	0.4688	=	0.261
5	19.0	÷	27.2	=	0.699	×	0.4688	=	0.328
6	13.0	÷	23.9	=	0.544	×	0.4688	=	0.255
							Caudal total	=	1.640

Paso 2. Calcule los porcentajes de variación de la caudal de la boquilla evaluada. Divida los galones actuales por minuto de caudal por el caudal evaluado. Reste 1 de ese número y multiplíquelo por 100.

EJEMPLO

Boquilla	÷	gpm evaluados	gpm actuales	=		=	1.00	=	Caudal real de la boquilla	×	100	=	Variación del porcentaje
1	÷	0.250	0.253	=	1.012	=	1.00	=	0.012	×	100	=	1.2
2	÷	0.250	0.250	=	1.000	=	1.00	=	0.000	×	100	=	0.0
3	÷	0.250	0.293	=	1.172	=	1.00	=	0.172	×	100	=	17.2
4	÷	0.250	0.261	=	1.044	=	1.00	=	0.044	×	100	=	4.4
5	÷	0.250	0.328	=	1.312	=	1.00	=	0.312	×	100	=	31.2
6	÷	0.250	0.255	=	1.020	=	1.00	=	0.020	×	100	=	2.0

Los dispositivos para verificar el rociado son ayudas para la calibración que proporcionan una representación visual del patrón de rociado realizado por las boquillas en las barras de rociados horizontales. Coloque este aparato portátil debajo de una barra y recoja la salida de varias boquillas. Luego de la recolección, rote el dispositivo de la posición horizontal a la vertical. El líquido drenará en una serie de viales de vidrio espaciados uniformemente. Los flotadores dentro de estos viales subirán a la parte superior del líquido. En ese momento se podrán observar variaciones en los niveles del líquido, y así se podrá determinar las boquillas con problemas y las que haya que ajustarles la altura.

Método de liberación moderada para los rociadores de desplazamiento de aire y de alta presión. Debido a la capacidad de desplazamiento de aire y las altas presiones de los rociadores de mayor tamaño, es difícil recolectar el rociado de las boquillas. En cambio, se puede averiguar la salida del rociador a lo largo del tiempo al medir cuánta agua utilizó el rociador.

Empiece colocando el rociador en una superficie plana y llene el tanque al nivel máximo que pueda duplicarse cuando se vuelva a llenar. Un método conveniente es llenar el tanque con agua limpia al punto donde comience a desbordarse. En esta situación, debe mantener la manguera fuera del agua en todo momento (siempre tiene que haber un espacio de aire). Utilice agua con poca presión y bajo volumen, como la de una manguera de jardín, para rellenar el tanque.

BARRA LATERAL 10-5

CALCULAR NUEVAMENTE EL CAUDAL LUEGO DE CAMBIAR LAS BOQUILLAS DESGASTADAS

Paso 1. Reemplace la boquilla usada (números 3 y 5 en este ejemplo) y vuelva a medir el caudal de la boquilla al final. Vuelva a calcular los galones por minuto para cada boquilla. Sume estos valores para determinar el caudal total del rociador.

EJEMPLO

Boquilla	Caudal (Onzas líquidas)	÷	Tiempo (Seg)	=	Caudal por seg	×	0.4688	=	gpm
1	12.5	÷	23.2	=	0.539	×	0.4688	=	0.253
2	12.0	÷	22.5	=	0.533	×	0.4688	=	0.250
3	13.3	÷	24.5	=	0.543	×	0.4688	=	0.255
4	14.5	÷	26.1	=	0.556	×	0.4688	=	0.261
5	15.2	÷	28.3	=	0.537	×	0.4688	=	0.252
6	13.0	÷	23.9	=	0.544	×	0.4688	=	0.255
							Caudal total	=	1.525

Paso 2. Verifique que todas las boquillas se encuentren dentro del 5% de la capacidad nominal de estas boquillas.

EJEMPLO

Boquilla	Gpm reales	÷	Gpm nominal	=		-	1.00	=	Caudal real de la boquilla	×	100	=	Variación porcentual
1	0.253	÷	0.250	=	1.012	-	1.00	=	0.012	×	100	=	1.2
2	0.250	÷	0.250	=	1.000	-	1.00	=	0.000	×	100	=	0.0
3	0.255	÷	0.250	=	1.016	-	1.00	=	0.016	×	100	=	1.6
4	0.261	÷	0.250	=	1.044	-	1.00	=	0.044	×	100	=	4.4
5	0.252	÷	0.250	=	1.008	-	1.00	=	0.008	×	100	=	0.8
6	0.255	÷	0.250	=	1.020	-	1.00	=	0.020	×	100	=	2.0

Compruebe que no haya fugas en las mangueras y las juntas del tanque. Todas las boquillas deben estar limpias y en correcto funcionamiento, de lo contrario los resultados no serán precisos. Colóquese en contra del viento y prenda el rociador a la velocidad y presión en la que opera normalmente. Abra las válvulas de todas las boquillas y al mismo tiempo inicie el cronómetro. Continúe dejando funcionar el rociador durante varios minutos, luego cierre las válvulas de todas las boquillas. Tome nota del tiempo transcurrido mientras las boquillas estaban abiertas (Fig. 10-5).

Utilice un caudalímetro unido a una manguera de llenado de baja presión o un balde calibrado para rellenar los rociadores a su nivel original. (El uso de un manómetro o una varilla de medición puede dar lugar a mediciones inexactas). Tome nota del número de galones de agua utilizado; este volumen es la cantidad de líquido rociado durante el tiempo de funcionamiento. Repita este proceso dos veces más para obtener un promedio de la salida del rociador. Determine el rendimiento del rociador en galones por minuto utilizando los cálculos que se muestran en la barra lateral 10-6.

FIGURA 10-5.
No es posible recolectar el líquido rociado de algunos tipos de rociadores. Para determinar la cantidad de líquido expulsado por estos rociadores: (1) llene el tanque hasta un nivel conocido, (2) ponga en marcha el pulverizador bajo condiciones normales por un período cronometrado y (3) rellene el tanque hasta su nivel original y mida la cantidad de agua utilizada.

BARRA LATERAL 10-6

CALCULAR EL RESULTADO EN GALONES POR MINUTO DE ROCIADORES DE ALTA POTENCIA

Paso 1. Tome nota del tiempo trascurrido durante cada prueba y la cantidad de líquido rociado.

EJEMPLO

Prueba	Tiempo	Volumen
1	30 seg	0.48 gallones
2	30 seg	0.46 gallones
3	30 seg	0.47 gallones

Paso 2. Convierta el tiempo de segundos a minutos al dividir los segundos por 60.

EJEMPLO

30 seg ÷ 60 seg = .5 minutos

Paso 3. Divida los galones recolectados en cada prueba por los minutos para obtener los galones por minuto (gpm).

EJEMPLO

Prueba	Galones	÷	Minutos	=	gpm
1	0.48	÷	0.5	=	0.96
2	0.46	÷	0.5	=	0.92
3	0.47	÷	0.5	=	0.94

Paso 4. Agregue los galones por minuto y divida el total por el número de pruebas (3 en este ejemplo) para obtener el resultado promedio en galones por minuto.

EJEMPLO

Prueba	Resultado (gpm)
1	0.96
2	0.92
3	0.94
Total	2.82
Promedio	0.94

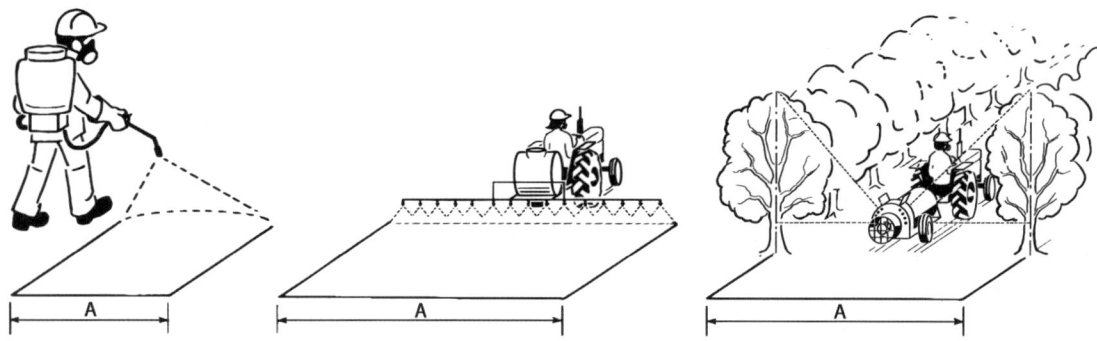

FIGURA 10-6.
La banda de aplicación de un rociador es el ancho horizontal cubierto con material rociado durante una sola pasada. El ancho de la banda se mide de forma diferente, dependiendo del tipo de aplicación de pesticida.

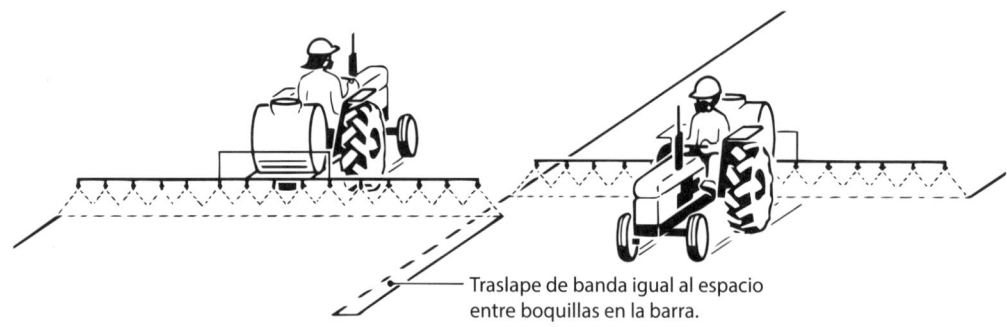

Traslape de banda igual al espacio entre boquillas en la barra.

FIGURA 10-7.
El rociado de la banda adyacente debe superponerse con la misma cantidad de rociado de las boquillas en la superposición de las barras de rocío (generalmente, cerca de un 30% del patrón de rociado de una boquilla). Para lograr esta superposición, deje un espacio del ancho de una boquilla entre las bandas, como se ilustra aquí.

Ancho de la franja. La última medida que es necesario calibrar es el ancho de la franja de rociado aplicado por el rociador. La figura 10-6 muestra el ancho de la franja del rociador para diferentes situaciones de aplicación. Para rociadores de barra con múltiples boquillas, el ancho de franja es el ancho de la barra más la distancia entre cada par de boquillas. No hay que asumir que todas las boquillas en la barra tienen la misma separación. Es preciso realizar una medición exacta del ancho de la franja tomando en cuenta el espacio real entre las boquillas de la barra, por esto, tome las medidas cuidadosamente. También se puede calcular el ancho de la franja al multiplicar la cantidad de boquillas por la distancia entre ellas, si las boquillas están separadas uniformemente. Cuando se realiza una aplicación de pesticida con un rociador en barra, se debe superponer el rociador por la misma cantidad de superposición de las boquillas en la barra (Fig. 10-7). Ajuste la altura de la barra como para que haya la suficiente superposición de rociado de las boquillas contiguas de la barra para una cobertura pareja. Las boquillas poseen una altura específica en la barra que habría que anotar. Posicione las boquillas a la altura exacta en la que estarán durante la aplicación real. Compruebe la barra de rociado para asegurarse de que esté nivelada. Una barra sin nivelar provocará una distribución dispareja de rociado y deriva (Fig. 10-8). Alinee correctamente las boquillas del abanico para conseguir una distribución uniforme (Fig. 10-9).

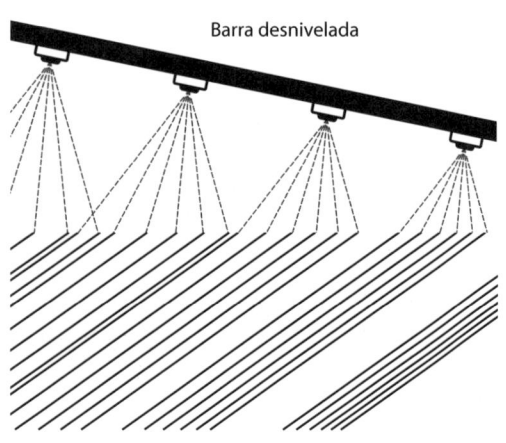

FIGURA 10-8.
Una barra de rociado desnivelada dará como resultado una aplicación irregular del pesticida.

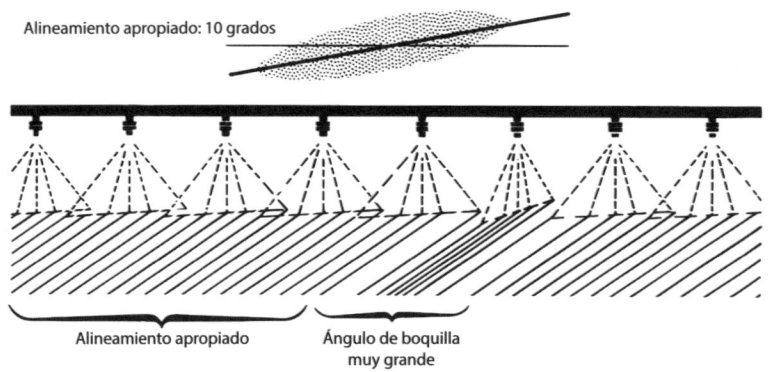

FIGURA 10-9.
El patrón del rociado será irregular si las boquillas no están alineadas correctamente en la barra de rociado. Rote las boquillas a 10 grados del eje de la barra para evitar el contacto con las gotas de las boquillas adyacentes al mismo tiempo que permite la superposición apropiada del patrón de rociado.

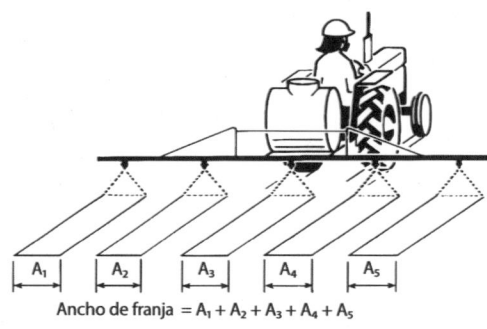

FIGURA 10-10.
El ancho de la franja en las aplicaciones en banda se determina al sumar el ancho de las bandas individuales.

Cuando se aplica el rociado en bandas o tiras separadas, el ancho de la franja es igual al ancho combinado de cada banda. Esto no incluye los espacios que no fueron rociados entre las bandas (Fig. 10-10).

Cuando se rocian las plantas de los cultivos en ambos lados de un rociador de turbina en un huerto o viñedo, el ancho de la franja es igual al ancho de la hilera de los árboles o las vides (Fig. 10-11). Si rocía solo un lado de la hilera, el ancho será la mitad del ancho del espacio de los árboles o las vides (Fig. 10-12). Utilice una cinta métrica para determinar el ancho de la hilera de árboles o de vides. Tome varias medidas entre la huerta o el viñedo para comprobar si el espacio de las filas es uniforme y consistente. Si encuentra alguna variación saque un promedio del resultado (Fig. 10-13).

Mida el ancho de franja para rociar las tiras con herbicida en los huertos y los viñedos hasta el centro de los árboles o de las filas de vides. No es necesario incluir la sobreposición de la boquilla exterior (Fig. 10-14). A menos que aplique el herbicida a la huerta o el suelo del viñedo completo, la zona de rociado real es menor que la superficie sembrada total.

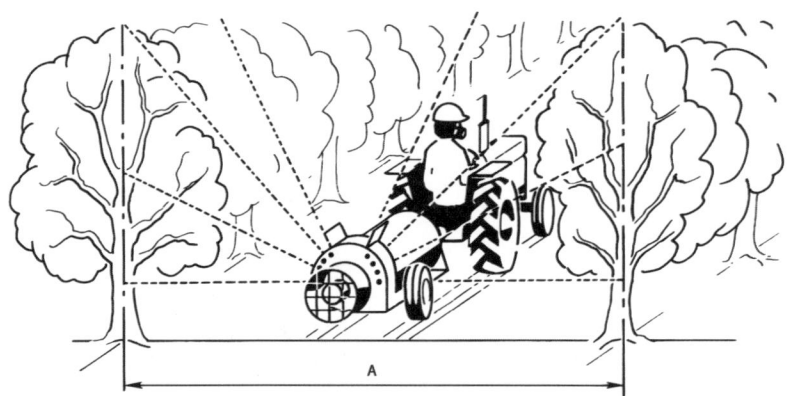

FIGURA 10-11.
En huertos o viñedos, si las plantas en ambos lados del rociador se rocían de forma simultánea con un chorro de aire o un rociador de barra de alta presión, el ancho de la banda es la distancia entre las hileras de las plantas.

FIGURA 10-12.
Cuando el rociado se emite desde un rociador de chorro de un huerto o viñedo, el ancho de la banda de cada pasada es la mitad del espacio de la hilera de las plantas.

FIGURA 10-13.
El ancho del barrido del rociado de pesticidas en huertos y viñedos se debe medir desde el centro de una hilera de árboles o vides hasta el centro de la hilera adyacente. Tome varias mediciones en distintos puntos para revisar la variación en el espacio entre las plantas. Si existe una variación, promedie las mediciones.

Algunas aplicaciones utilizan una barra con forma de U invertida para aplicar los pesticidas a la parte superior o ambos lados del viñedo o a las plantas en hilera. A veces, estas barras cubren una hilera a cada lado del tractor. El ancho de franja para este tipo de equipo es igual a la distancia entre las boquillas opuestas (Fig. 10-15).

Se pueden inyectar pesticidas en el suelo utilizando cinceles especiales para el subsuelos espaciados a lo largo de una barra de herramientas montada en el tractor. Asuma que está aplicando pesticidas en la zona subterránea total en la mayoría de las aplicaciones con inyecciones en el suelo. El ancho de franja es igual al número de cinceles multiplicados por el espacio entre los cinceles en la barra de herramientas (Fig. 10-16). Cuando se inyectan los pesticidas en banda, el

FIGURA 10-14.
El ancho de la banda del rociado de herbicidas en franjas en huertos y viñedos se debe medir sólo desde el centro de la hilera de árboles o vides y no debe incluir superposiciones.

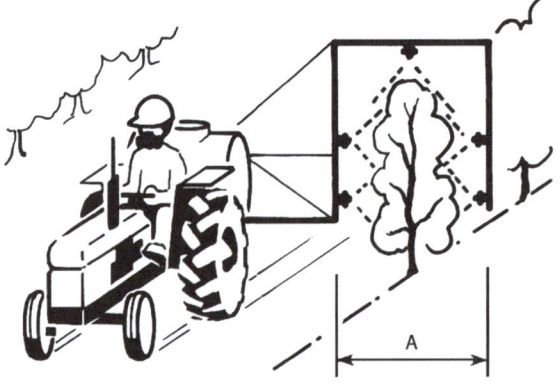

FIGURA 10-15.
A menudo, el rociado se puede aplicar en ambos lados de una hilera de plantas o vides a través de una disposición de barras en forma de herradura diseñadas específicamente. Varias hileras de plantas se pueden rociar al mismo tiempo con estos aplicadores. El ancho de la banda de rociado es la distancia entre las boquillas opuestas. Si se rocían varias hileras, el ancho de la banda es la suma de las distancias.

FIGURA 10-16.
Los cinceles de subsuelo espaciados a lo largo de la barra de herramientas de un tractor se usan para inyectar pesticidas en el suelo. Cuando los pesticidas se inyectan en la tierra, y los cinceles están uniformemente espaciados a todo lo ancho de la barra de herramientas, el ancho de la banda generalmente se considera el ancho de la barra de herramientas.

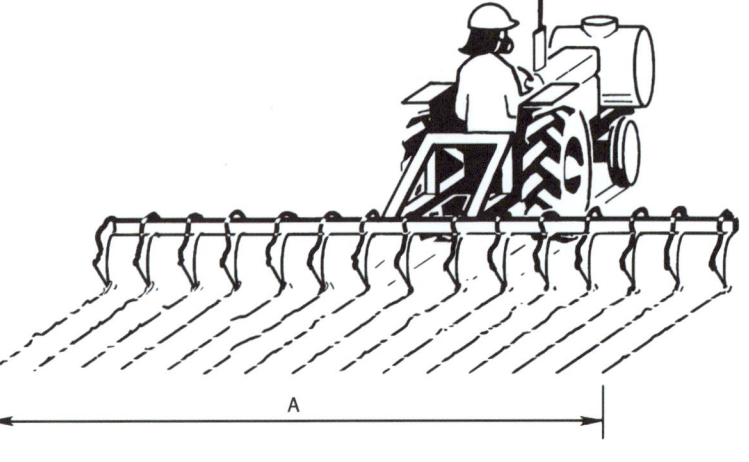

ancho de franja es la suma de todas los anchos de banda; similar a las aplicaciones en banda en la superficie.

Mida el ancho de franja de un rociador de mochila usando como referencia el patrón de rociado producido en el suelo durante una prueba. Mantenga la boquilla a la altura en la que se mantendrá durante una aplicación real. Conserve esta altura para evitar la variación en el ancho de franja. Por lo general, las boquillas en estos tipos de rociadores proporcionan un patrón de rociado uniforme. Superponga las hileras solo lo suficiente para asegurar un patrón de aplicación uniforme. Utilice el mismo método para medir el ancho de franja de los aplicadores de gota controlada.

Determine la cantidad de pesticida a utilizar. Para calcular la zona total cubierta con cada material del tanque, utilice el volumen del tanque, la velocidad de desplazamiento, el caudal y el ancho de franja. Conocer este valor le permitirá determinar cuánto pesticida colocar en el tanque. Elija entre dos métodos de cálculo: uno para pesticidas aplicados por acre; el otro para aplicaciones hechas por pie cuadrado, como los rociados en áreas delimitadas. Las barras laterales 10-7 y 10-8 describen las fórmulas utilizadas para realizar cada tipo de cálculo.

Describa los métodos utilizados para determinar la cantidad de pesticida que se debe colocar en la tolva o el tanque para un índice de aplicación específico sobre la zona total del sitio de aplicación.

BARRA LATERAL 10-7

CALCULAR QUÉ CANTIDAD DE PESTICIDA SE DEBE COLOCAR DENTRO DE LOS TANQUES DE ROCIADO: PESTICIDAS APLICADOS EN BASE POR ACRE

Paso 1. Determinar la zona que se puede trabajar en 1 minuto. Multiplique el ancho de la franja del rociador por la velocidad de desplazamiento, luego divida ese número por 43 560 (el número de pies cuadrados en 1 acre). El resultado será los acres tratados por minuto. En el ejemplo de la barra lateral 10-2, la velocidad de desplazamiento se calculaba para que de 128.25 pies por minuto.

EJEMPLO

Si asumimos que el ancho de la franja es 12 pies, el cálculo sería

(12 pies x 128.25 pies/min) ÷ 43,560 pies cuadrados/ac = 0.0353 ac/min

Paso 2. Determinar los galones de líquido que se aplican por acre. Divida la cifra de los galones por minuto por los acres por minuto

EJEMPLO

1.525 gal/min ÷ 0.0353 ac/min = 43.2 gal/ac

Paso 3. Determinar el número de acres que puede tratarse con un tanque lleno. Divida el volumen medido en el tanque(s) de rociado por el número de galones por acre que se aplican. En este ejemplo, el tanque contiene 252.5 galones cuando está lleno.

EJEMPLO

252.5 gal/tanque ÷ 43.2 gal/ac = 5.84 ac/tanque

Paso 4. Determinar cuánto pesticida colocar en un tanque. Multiplique el número de acres por tanque por la dosis de pesticida recomendada por acre; verifique la etiqueta del pesticida para sacar esta información. Si en la etiqueta dice "ingrediente activo", vaya a la sección de "Cálculos para ingrediente activo" de este capítulo.

EJEMPLO

Tasa recomendada por acre	×	Acres por tanque	=	Cantidad de pesticida a colocar en el tanque
1.5 lbs/ac	×	5.84	=	8.76 lbs
3 qt/ac	×	5.84	=	17.52 qt
2 gal/ac	×	5.84	=	11.68 gal
1 pt/ac	×	5.84	=	5.84 pt

BARRA LATERAL 10-8

CALCULAR CUÁNTO PESTICIDA COLOCAR EN EL TANQUE DE ROCIADO: PESTICIDAS APLICADOS POR PIE CUADRADO

Paso 1. Calcule cuántos pies cuadrados pueden tratarse en 1 minuto. Multiplique la velocidad determinada por los procedimientos en la barra lateral 10-2 por el ancho de la franja. En este ejemplo, suponga que una sola boquilla de un rociador manual se ha utilizado para aplicar el ancho de una franja de 2.5 pies a una velocidad de 128.25 pies por minuto.

EJEMPLO

128.25 pies/min × 2.5 pies = pies cuadrados/min

Paso 2. Calcule el volumen del rociador, en galones, que pueden aplicarse a 1 pie cuadrado. Divida el galón por minuto de la barra lateral 10-4 del rociador por el número de pies cuadrados por minuto. Por ejemplo, suponga que la unidad de la mochila rocía 0.05 galones por minuto.

EJEMPLO

0.05 gal/min ÷ 320.63 pies cuadrados/min = 0.000156 gal/pies cuadrados

Paso 3. Averigüe cuántos pies cuadrados pueden rociarse con un tanque. Divida el número de galones por pie cuadrado por la capacidad del tanque. Por ejemplo, suponga que el tanque contiene 3 galones.

EJEMPLO

3 gal/tanque ÷ 0.000156 gal/pies cuadrados = 19,230 pies cuadrados/tanque

Paso 4. Calcule cuánto pesticida colocar en el tanque. La etiqueta del pesticida recomendará la cantidad de pesticida a utilizar, por lo general, en el volumen de pies cuadrados (o por 100 o 1,000 pies cuadrados) o por acre, si la etiqueta dice "Ingrediente Activo", vaya a "Cálculos de ingrediente activo" en este capítulo.

EJEMPLO A

Si la etiqueta recomienda el valor de la dosis por 1,100 o 1,000 pies cuadrados, multiplique ese valor por los pies cuadrados por tanque como fue constatado en el paso 3:

Recomendación de la etiqueta	×	Pies cuadrados por tanque	=	Cantidad de pesticida a colocar en el tanque
3 onzas líquidas por 1,000 pies cuadrados	×	19,230	=	57.69 onzas líquidas
¾* onzas líquidas por 1,000 pies cuadrados	×	19,230	=	14.42 onzas líquidas
1 onza por 100 pies cuadrados	×	19,230	=	192.3 onzas

*Nota: la fracción ¾ se convierte a su decimal equivalente 0.75, para completar el cálculo.

EJEMPLO B

Si la etiqueta del pesticida recomienda el valor de dosis en unidades de pesticida por acre, convierta los pies cuadrados por tanque (del paso 3) a acre por tanque al dividirlo por 43.560 (el número de pies cuadrados en 1 acre):

19,230 pies cuadrados/tanque ÷ 43,560 pies cuadrados/ac = 0.441 ac/tanque

Luego, multiplique el valor de la etiqueta por acre por la cantidad de acres por tanque:

Recomendación de la etiqueta	×	Acres por tanque	=	Cantidad de pesticida para colocar en el tanque
1.5 lbs/ac	×	0.441	=	0.662 lb (10.6 oz)
3 qt/ac	×	0.441	=	1.323 qt (42.2 onza líquida)
2 gal/ac	×	0.441	=	0.882 gale (7.1 pt)
1 pt/ac	×	0.441	=	0.441 pt (7.1 onza líquida)

FIGURA 10-17.

Una hoja de trabajo como esta Hoja de Trabajo de Calibración de Rociador de Huertos puede ser útil para registrar y computar las cifras necesarias para la calibración. Se pueden desarrollar hojas de trabajo similares para otros tipos de rociadores. (En este ejemplo, observe la diferencia entre el rango de salida de las boquillas y la producción real. Las boquillas están gastadas).

Hoja de Trabajo para Calibrar Un Rociador de Huertos

Agricultor: Francisco Rivera   Fecha: 1-29-2021   Tipo de Rociador: SOPLO DE AIRE

CHECK:
- ☑ 1. Mallas y coladores filtrantes limpios?
- ☑ 2. Tanque limpio y sin sarro ni sedimento?
- ☑ 3. Funciona el manómetro?
- ☑ 4. Boquillas funcionando correctamente?

Presión de trabajo del rociador: 100 psi

I-A. GALONES/HORA (Método I—usando gráfico de boquillas del catálogo del fabricante)

Tamaño Boquilla	Número (N)		Caudal calificado (galones/minuto)		Minutos por hora		Galones por hora
D2-25	8	×	0.25	×	60	=	120
D4-25	8	×	0.45	×	60	=	216
_____	_____	×	_____	×	60	=	_____

GALONES TOTALES POR HORA = 336

I-B. GALONES/HORA (Método 2—medición)

1. Llenar rociador a un nivel verificable.
2. Operar el rociador por un período de tiempo medido (T), las mismas condiciones que en el huerto.   T = 3.53
3. Volver a llenar el rociador, midiendo la cantidad de agua usada (GAL) en galones   GAL = 20.4
4. Calcular: galones/hora = (GAL × 60)/T   TOTAL GALONES/HORA = 346.7

II. MILLAS/HORA

1. Establecer una distancia (D) en pies.   D = 253
2. Medir el tiempo pasado para que el rociador viaje esa distancia. Hacer 3 viajes y promediar los resultados.
   - a. Tiempo primer viaje = 1.05 minutos.
   - b. Tiempo segundo viaje = 1.15 minutos.
   - c. Tiempo tercer viaje = 1.13 minutos.
3. Promedio de los tres viajes (T) = 1.11 minutos.
4. Calcular millas por hora:
   MPH = (D/T)/88   MPH = 2.59

III. ACRES/HORA

1. Medir el ancho de la hilera de árboles (W) en pies.   W = 22
2. Calcular millas por acre:
   acres/hora = MPH/(millas/acre)   MILLAS/ACRE = 0.375
3. Calcular acres por hora:
   acres/hora = MPH/(millas/acre)   ACRES/HORA = 6.91

IV. GALONES/ACRE

(gallons/hour)/(acres/hour) = gallons/acre   GALONES/ACRE = 50.17

V. ACRES/TANQUE

Tamaño del tanque = 500 galones/tanque
(galones/tanque)/(galones/acre) = acres/tanque   ACRES/TANQUE = 9.97

VI. CANTIDAD DE PESTICIDA/TANQUE

Cantidad recomendada de pesticida/acre = 2.5 lb. = 2.5 lb.
(pesticida/acre)x(acres/tanque) = pesticida/tanque   PESTICIDA/TANQUE = 24.9 lb.

VII. CHEQUEO DE CALIBRACIÓN

1. Espacio entre árboles (S) = 22 × 22 pies   S = 484
2. Árboles por acre (T) = 43,560/S   T = 90
3. Contar el número de árboles rociados (N) con un tanque: N = 918
4. Acres realmente rociados = N/T   ACRES REALES = 10.2
5. Acres calculados por tanque (de inciso "V" arriba)   ACRES CALCULADOS/TANQUE = 9.97
6. Porciento de exactitud = acres calculados/acres reales x 100   EXACTITUD = 97.7%

Ingrediente Activo: Chlorothalonil
(tetrachloroispthalonitrile)   40.4%
Ingredientes inertes: 59.6%
Total   100.0%

Manténgase fuera del alcance de los niños
WARNING – AVISO
Si usted no entiende la etiqueta, busque a alguien que se la explique detalladamente. Consulte el panel lateral para ver otras indicaciones de precaución.

<aside>Describa la mejor forma de cambiar la salida de varios equipos de aplicación pesticidas y las consecuencias de cada cambio.</aside>

La figura 10-17 es un ejemplo de cómo combinar las fórmulas de calibración en una sola ficha para uso en el campo. Este ejemplo muestra una ficha de calibración diseñada para rociadores de huertos. Se pueden hacer fichas similares para otros tipos de rociadores de pesticidas.

Cambiar la salida del rociador

Una vez que se calibra un rociador, se ha determinado el índice de salida para una velocidad, boquilla y presión específica. Puede llegar a haber momentos en los que se necesite cambiar este índice de salida. Estos incluyen:

- variaciones en el follaje
- diferente espaciado entre las plantas
- necesidades especiales de la zona de tratamiento
- variaciones en la velocidad de desplazamiento
- compensaciones por desgaste de boquillas o bombas

Se pueden realizar varios cambios, ya sean solos o en combinación, para aumentar o disminuir efectivamente la salida de rociado dentro de un rango limitado. También es una buena idea tomar medidas para evaluar si el pesticida que se aplica está llegando a su objetivo. Existen varios métodos que se pueden utilizar para comprobar si el rociado ha penetrado el follaje tupido o determinar si el rociado llegó a su objetivo. Esto se trata en el capítulo 11, "Monitoreo de seguimiento".

Cambio de velocidad. La forma más fácil de ajustar el volumen de rociado que se está aplicando es cambiar la velocidad de desplazamiento del rociador. Una velocidad menor aumenta el índice de aplicación, mientras que una velocidad mayor disminuye dicho índice. Se podría llegar a necesitar estos ajustes cuando el ancho de franja varíe ligeramente. Este podría ser el caso en los huertos o los viñedos donde la separación de las plantas difiere de bloque en bloque. (Fig. 10-18). Si se cambia la velocidad de desplazamiento significa que no habrá que cambiar la concentración de los químicos en el tanque de rociado. Sin embargo, hay límites en

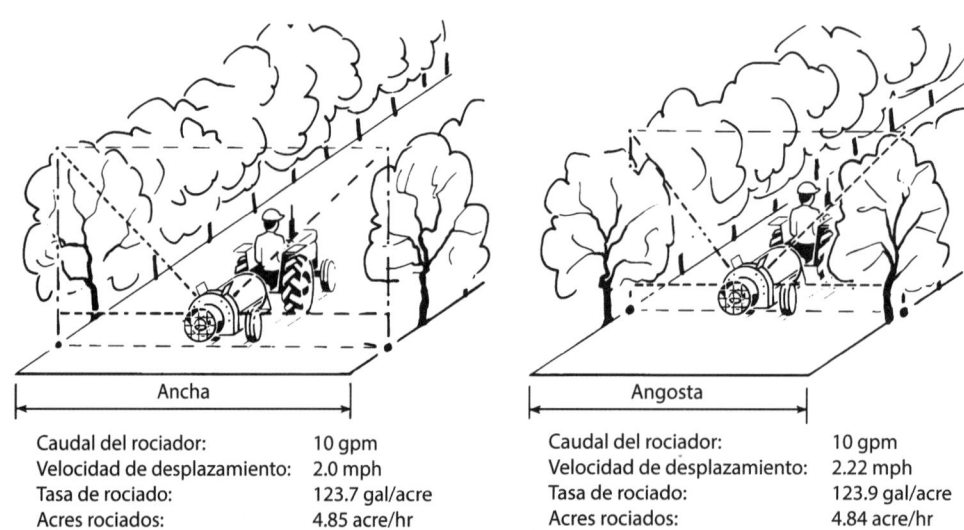

	Ancha		Angosta
Caudal del rociador:	10 gpm	Caudal del rociador:	10 gpm
Velocidad de desplazamiento:	2.0 mph	Velocidad de desplazamiento:	2.22 mph
Tasa de rociado:	123.7 gal/acre	Tasa de rociado:	123.9 gal/acre
Acres rociados:	4.85 acre/hr	Acres rociados:	4.84 acre/hr

Rociador debe desplazarse más rápido para mantener la misma tasa de aplicación de rociado.

FIGURA 10-18.

Los cambios en el espacio entre las hileras en un huerto o viñedo afectan la cantidad de rociado que se aplica por acre. Incrementar o reducir la velocidad de avance puede compensar la diferencia de espaciamiento para que se aplique la cantidad correcta de pesticida por acre. Las variaciones en el tamaño de los árboles o vides también pueden afectar la tasa de aplicación.

la cantidad de cambio de velocidad que se pueden realizar. El operar el equipo de aplicación muy rápido es un error común y resulta en una cobertura escasa. Si se lo opera muy despacio, puede resultar en escurrimientos y un aumento en el tiempo de aplicación y el costo. Para determinar cuánto se tiene que aumentar o disminuir la velocidad, coloque el nuevo ancho de franja y repase los cálculos que se muestran en la barra lateral 10-7 o la 10-8. No obstante, si se realiza una aplicación en un viñedo o una huerta con un rociador que utiliza un abanico, puede ser que la velocidad no sea una buena manera de cambiar la salida. En este caso, cuando se incrementa la velocidad de avance, el abanico no tendrá el suficiente tiempo para empujar completamente el pesticida hacia el follaje. Por lo tanto, hay que ser cuidadoso cuando se cambie la velocidad para modificar la salida.

Cambiar el tamaño de la boquilla. La forma más efectiva de cambiar el volumen de salida de un rociador es instalar boquillas de diferentes tamaños. Las boquillas más grandes aumentan el volumen, mientras que las más pequeñas lo reducen. Si se cambian las boquillas, se puede cambiar la presión del sistema que requiere un ajuste del regulador de presión. Modifique el volumen de salida de una boquilla de la base del disco al cambiar cualquier disco o la base. A veces, es necesario cambiar ambos. Tenga en cuenta que los cambios tanto en la base como el disco también cambian el tamaño de las gotas y el patrón del rociado. Utilice las tablas incluidas en los catálogos de las boquillas del fabricante como guía para estimar la salida en diferentes combinaciones. Siempre que se cambie una boquilla, habrá que recalibrar el rociador y recalcular su nueva salida total.

Cambiar la presión de salida. Ajustar el regulador de presión para aumentar o disminuir la presión de salida cambia el volumen de rociado levemente: si se aumenta la presión, se aumenta la salida; mientras que, si se disminuye la presión, se disminuye la salida. No obstante, para duplicar el volumen de salida se debe incrementar la presión por un factor de cuatro. Por lo general, esto va más allá del rango de presión en funcionamiento de la bomba de rociado. Siempre que la presión en el sistema cambie, vuelva a medir la salida de las boquillas (vea la barra lateral 10-4). Luego, repase los cálculos de calibración. Si se aumenta la presión, el rociado se disuelve en gotitas más pequeñas, lo que incrementa la posibilidad de deriva del rociado. Si se baja demasiado la presión, se reduce la efectividad de las boquillas ya que se disminuye su habilidad de formar gotas de un tamaño apropiado.

Describa cómo calibrar los aplicadores de pesticidas en seco.

CÓMO CALIBRAR LOS APLICADORES DE PESTICIDAS EN SECO

Los métodos para calibrar los aplicadores de pesticidas en seco son similares en muchos aspectos a los utilizados para los líquidos. Los gránulos varían en el tamaño y la forma de un pesticida a otro, lo que influye en el caudal de la tolva de aplicación. Los aplicadores de gránulos tendrían que calibrarse para cada tipo de pesticida granular que se aplique. Asimismo, hay que recalibrar este equipo cada vez que cambien las condiciones del clima o el campo, en especial, si la humedad aumenta.

Antes de comenzar a calibrar un aplicador en seco, asegúrese de que esté limpio y que todas las partes funcionen bien. La mayoría de los equipos precisan lubricaciones periódicas. Calibrar aplicadores de gránulos incluye utilizar pesticidas reales, por lo tanto, se tendrá que utilizar el EPP descrito en la etiqueta. Algunas fórmulas son polvorientas y pueden requerir protección respiratoria. Siempre se deben utilizar guantes resistentes a los químicos para evitar el contacto con los residuos del equipo. Se tienen que medir tres variables para calibrar un aplicador en seco:
- velocidad de desplazamiento
- índice de salida
- ancho de franja

Velocidad de desplazamiento. La velocidad de desplazamiento en pies por minuto se determina de la misma forma en la que se realiza para los aplicadores líquidos. Siga las instrucciones dadas en la barra lateral 10-2.

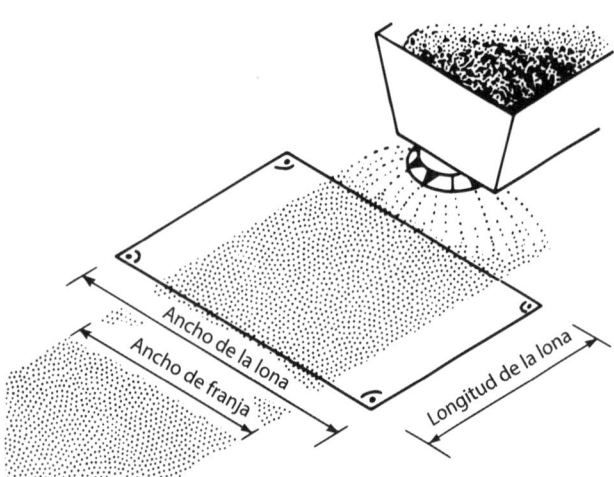

FIGURA 10-19.
Para determinar el área de gránulos a aplicar, mida el ancho de la banda de aplicación a lo largo de una lona de plástico y multiplique el resultado por el largo de la lona.

Índice de salida. Para determinar el índice de salida, llene la tolva o las tolvas con los pesticidas granulares. La mayoría de las tolvas aplicadoras de gránulos poseen puertos con aberturas ajustables para que los gránulos puedan pasar. Vea las instrucciones del fabricante para determinar la abertura aproximada para el índice de aplicación y la velocidad que se necesitará. Una vez que se establece la abertura aproximada, utilice uno de los siguientes tres métodos para determinar el índice de salida real.

1. *Mida la cantidad de gránulos aplicados en una zona conocida.* La forma más fácil de calibrar un aplicador de gránulos es recolectar y pesar los gránulos aplicados en una zona conocida. Utilice este método cuando se trabaja con los aplicadores al voleo. Extienda una lona de plástico de un tamaño conocido sobre el suelo. Luego, maneje el aplicador al voleo a una

---

BARRA LATERAL 10-9

CALCULAR LA DESCARGA DE GRÁNULOS AL MEDIR LA CANTIDAD APLICADA A UNA ZONA CONOCIDA

Paso 1. Esparza una lona grande de plástico en el suelo. Asegúrese de que la lona sea lo suficientemente ancha para contener todos los gránulos que serán distribuidos por la aplicadora, y que sea por lo menos 10 pies de largo. Este ejemplo utiliza una lona de 15 pies de ancho y 10 pies de largo.

Paso 2. Llene la tolva o tolvas de la aplicadora, ajuste los puertos de salida a la abertura correcta de acuerdo a la etiqueta, y mueva la aplicadora a todo lo largo de la lona, a un paso uniforme conforme se emitan gránulos. Tome nota de la velocidad de desplazamiento.

Paso 3. Para determinar el área de la franja de aplicación, mida el ancho de la franja de gránulos en la lona y multiplíquelo por el largo de la lona (la distancia que se desplazó). En este ejemplo el ancho de la franja es de 12 pies

EJEMPLO

Area de la franja = 10 × 12 = 120 pies cuadrados

Paso 4. Transfiera los gránulos de la lona a un recipiente y péselos. En este ejemplo, los gránulos en la lona pesaron 4 onzas.

Convierta el caudal en el área de la franja a una tasa de aplicación por-acre, convirtiendo el peso de los gránulos a libras y multiplicándolo por 43,560 (el número de pies cuadrados en un acre) y dividiéndolo por el área de la franja.

EJEMPLO

4 oz ÷ 16 oz (1 lb) = 0.25 lb

0.25 lb × 43,560 pies cuadrados ÷ 120 pies cuadrados = 90.75 libras/acre

En este ejemplo, la aplicadora está emitiendo 90.75 libras de gránulos por acre. La etiqueta de este producto requiere una tasa de aplicación de 80 libras por acre. Para bajar la tasa de aplicación a la tasa indicada, cierre algo el puerto, o aumente la velocidad de desplazamiento. Una vez que se haya hecho un ajuste, repita el procedimiento de calibración para asegurarse que su aplicadora esté calibrada para aplicar la tasa exacta requerida por la etiqueta.

velocidad conocida a través de la lona (Fig. 10-19). Coloque los gránulos recolectados por la lona en un recipiente y péselos. Utilice los cálculos que se muestran en el ejemplo de la barra lateral 10-9 para calcular la cantidad de pesticida granular aplicado por acre u otra unidad de superficie.

2. Recolecte una cantidad medida de gránulos durante un período de tiempo conocido. Recolectar y pesar cantidades medidas de gránulos es similar a calibrar la barra líquida de un rociador con múltiples boquillas. Utilice este método para los aplicadores de gránulos con múltiples puertos. Mientras se opera el aplicador a una velocidad normal, recolecte los gránulos de un puerto a la vez. Anote el tiempo necesario para recolectar cada muestra. Pese las muestras de forma separada, luego utilice esos cálculos que se muestran en la barra lateral 10-10 para conocer el índice de salida. Este método puede ser más efectivo que otros.

3. *Rellene la tolva luego de un período de tiempo medido.* Este método se utiliza con los equipos operados de forma manual o cuando se aplican pequeñas cantidades. También funciona mejor cuando hay varios aplicadores en una barra. Llene la tolva o las tolvas a un nivel conocido y maneje el equipo durante un tiempo medido. Cuando termine, pese la cantidad de gránulos necesarios para rellenar las tolvas a su nivel original. Utilice los cálculos que se muestran en el ejemplo de la barra lateral 10-11 para calcular el índice de salida. Si se asientan los gránulos en las tolvas pueden causar que este método sea menos preciso que los primeros dos descritos anteriormente.

Ancho de franja. Para medir el ancho de franja, el equipo tiene que operarse bajo las condiciones reales del campo. Siempre que sea posible, coloque latas, bandejas u otros recipientes en intervalos parejos a lo largo de la hilera de aplicación para recolectar los gránulos. Pese los gránulos recolectados en cada recipiente de forma separada para determinar los patrones de distribución. Puede colocar algunos esparcidores sobre una franja de tela o plástico negro. Esto le dará un balance visual rápido de la distribución y el ancho de franja de los gránulos. Los aplicadores que utilizan bandas o inyectan gránulos en el suelo no poseen dispositivos para dispersar gránulos de lado a lado. Determine el ancho de franja al sumar el ancho de las bandas individuales.

Índice de aplicación. Utilice el ejemplo de la barra lateral 10-12 para calcular el índice real de los gránulos que se aplican por acre u otra unidad de superficie. Si sus cálculos no corresponden a los del índice de la etiqueta, ajuste el equipo y repita el proceso de calibración. Los aplicadores motorizados y operados a mano aplican los gránulos a una salida fija, independientemente de la velocidad de avance. Cuando la velocidad de avance aumenta, se aplican menos gránulos por unidad de superficie. Cuando la velocidad disminuye, se aplica más material. Con este tipo de equipo, se puede ajustar el índice de aplicación si se modifica el tamaño de la abertura del puerto y se cambia la velocidad de desplazamiento.

La salida de los aplicadores de gránulos impulsados por ruedas varía de acuerdo a la velocidad. Si la velocidad aumenta, el aplicador acelera y el índice de salida es mayor. Cuando la velocidad disminuye, la salida disminuye porque el aplicador va más lento. El resultado de este cambio automático en la salida es que el equipo aplica casi la misma cantidad de material por acre u otra medida de superficie sin importar a qué velocidad vaya. Sin embargo, el equipo tiene velocidades mínimas y máximas de funcionamiento determinadas por el fabricante. Se cambia el índice de aplicación al aumentar o disminuir el tamaño de las aberturas de los puertos. En algunas unidades, también se pasan los cambios o engranajes para cambiar la velocidad del mecanismo de dosificación.

BARRA LATERAL 10-10

CALCULAR EL RANGO DE CAUDAL DEL GRÁNULO AL RECOLECTAR UNA CANTIDAD DETERMINADA DURANTE UN PERÍODO DE TIEMPO

Paso 1. Ajuste la abertura de la tolva de acuerdo a las instrucciones sugeridas por el fabricante para la tasa de aplicación requerida. Si no hay información disponible, comience con una configuración intermedia.

Paso 2. Utilice el equipo a la velocidad de una aplicación real. Recolecte los gránulos en un recipiente limpio, como una bandeja o una bolsa, antes de que caigan al suelo. Utilice un cronómetro para determinar el tiempo requerido para recolectar cada volumen. Si los gránulos se encuentran dispersos en más de una abertura, recolecte y tome el tiempo del caudal de cada una. Dado que algunas unidades sueltan los gránulos sobre un disco giratorio para su dispersión, podría ser necesario anular el disco desconectando la cadena o la correa de transmisión para evitar la pérdida de gránulos durante la colecta. En el caso de las unidades más pequeñas, recolecte la descarga en una bolsa colocada sobre el caudal. Asegúrese de mover los gránulos del puerto lo suficientemente rápido para evitar la obstrucción.

Paso 3. Pese la producción de cada puerto de forma separada para detectar cualquier diferencia; de ser necesario, ajuste los puertos para equiparar el flujo. La colecta tiene que pesarse en onzas.

Paso 4. Calcule el caudal en libras por hora. Divida cada peso por el tiempo de recolección y multiplíquelo por 0.0625 (el número obtenido al dividir 1 minuto por 16 onzas por libra; este número convertirá las onzas por minuto en libras por minuto).

EJEMPLO

El siguiente es un ejemplo de una producción recolectada de un aplicador de gránulos de seis puertos, a pesar de que se pueden utilizar los mismos cálculos si solo se utiliza un puerto. Se ajustaron las aberturas de la tolva de acuerdo a las instrucciones del fabricante para una aplicación de 200 libras por acre:

Puerto	Producción (oz)	Tiempo (min)
1	29.5	0.25
2	33.0	0.28
3	31.5	0.26
4	29.0	0.25
5	33.0	0.27
6	30.0	0.26

Puerto	Producción (oz)	÷	Tiempo (min)	=	Producción (oz/min)	×	0.0625	=	Producción (lbs/min)
1	29.5	÷	0.25	=	118.0	×	0.0625	=	7.375
2	33.0	÷	0.28	=	117.9	×	0.0625	=	7.369
3	31.5	÷	0.26	=	121.2	×	0.0625	=	7.575
4	29.0	÷	0.25	=	116.0	×	0.0625	=	7.250
5	33.0	÷	0.27	=	122.2	×	0.0625	=	7.638
6	30.0	÷	0.26	=	115.4	×	0.0625	=	7.213
							Producción total por hora	=	44.420

Paso 5. Calcule la producción total en libras por minuto al sumar las producciones individuales de cada puerto. En este ejemplo la producción total es 44.42 libras por minuto.

Paso 6. Utilice la técnica indicada en la barra lateral 10-12 para calcular la frecuencia por acre u otra unidad de superficie.

CALIBRACIÓN DEL EQUIPO DE APLICACIÓN DE PESTICIDAS

BARRA LATERAL 10-11
CALCULAR EL RANGO DE CAUDAL AL RELLENAR LA TOLVA LUEGO DE UN PERÍODO DE TIEMPO MEDIDO

Paso 1. Llene la tolva o las tolvas a un nivel conocido con gránulos.

Paso 2. Opere el equipo durante un período medidido a una velocidad conocida.

Paso 3. Pese la cantidad de gránulos necesarios para llenar la tolva o las tolvas al nivel original. Si se están utilizando varias tolvas, asegúrese de que cada una esté usando aproximadamente la misma cantidad de gránulos. Si existe una diferencia significativa, ajuste los puertos y repita los pasos 1 al 3.

EJEMPLO
En este ejemplo, se utilizan seis aplicadores en un brazo. Se han ajustado para que todos apliquen aproximadamente la misma cantidad de gránulos.

Tolva	Tiempo de funcionamiento (min)	Peso de gránulos (lbs)
1	2.5	6.2
2	2.5	6.1
3	2.5	6.1
4	2.5	6.3
5	2.5	6.1
6	2.5	5.9
	Total	36.7

Paso 4. Convierta la producción a libras por minuto al dividir el peso total de todas las tolvas por el tiempo en el que operaron.

EJEMPLO

$$136.7 \text{ lbs} \div 2.5 \text{ min} = 14.68 \text{ lbs/min}$$

Paso 5. Utilice la técnica indicada en la barra lateral 10-12 para calcular la frecuencia por acre u otra unidad de superficie.

BARRA LATERAL 10-12
CALCULAR LA TASA DE APLICACIÓN POR ACRE U OTRA UNIDAD DE AREA

Paso 1. Calcule las acres por minuto que se tratan al dividir el ancho de la franja por 43.560 (el número de pies cuadrados en un acre) y multiplique el resultado por la velocidad de desplazamiento. En este ejemplo, el ancho de la franja son 30 pies y la velocidad de aplicación son 352 pies por minuto (4 millas por hora).

EJEMPLO

$$(30 \text{ pies} \div 43{,}560 \text{ pies cuadrados/ac}) \times 352 \text{ pies/min} = 0.242 \text{ ac/min}$$

Paso 2. Calcule las libras del pesticida preparado para aplicar por acre al dividir el rango de caudal del aplicador de gránulos (como se computaron en los cálculos de la barra lateral 10-9, 10-10 o 10-11) por los acres por minuto calculados en el paso 1. Este ejemplo utiliza 44.42 libras por minuto como su rango de caudal.

EJEMPLO

$$44.42 \text{ lbs/min} \div 0.242 \text{ ac/min} = 183.6 \text{ lbs/ac}$$

Cálculo del ingrediente activo, soluciones porcentuales y diluciones en partes por millón

Describa cómo determinar la cantidad correcta de pesticidas necesaria para una aplicación en particular, incluido cómo diluir un pesticida correctamente.

Antes de agregar pesticida al tanque de rociado, lea y comprenda las instrucciones para la dilución en la etiqueta.

CÁLCULO DE INGREDIENTE ACTIVO

Los pesticidas rara vez se encuentran disponibles en su estado puro. Los fabricantes los elaboran como un producto para control de plagas al combinarlos con los adyuvantes y otros ingredientes. Por lo tanto, solo una porción de cualquier producto formulado, ya sea seco o líquido, está conformado por el ingrediente activo (i.a.). Algunos pesticidas siguen las pautas, incluidos aquellos publicados por la Universidad de California, requeridos por un i.a. específico si hay varias fórmulas disponibles. Como los distintos fabricantes venden diferentes fórmulas, utilizar los cálculos de i.a. le permitirá aplicar la misma cantidad de pesticida real a una unidad de superficie sin importar qué información utilice.

Los fabricantes enumeran el porcentaje de i.a. en las etiquetas de los productos, Las etiquetas de los pesticidas dan el porcentaje del peso del i.a. (Fig. 10-20). Las etiquetas de los pesticidas líquidos también indican cuántas libras de i.a. hay en 1 galón de fórmula. Utilice la información de la barra lateral 10-13 para realizar cálculos del i.a. con fórmulas líquidas. Utilice la barra lateral 10-14 para las fórmulas secas (polvo) y la barra lateral 10-15 para fórmulas granulares.

Active Ingredient:
Abamectin[1]: 8.0%*
Other Ingredients 92.0%
Total: 100.0%
[1]CAS No. 71751-41-2
*Agri-Mek® SC Miticide/Insecticide is formulated as a suspension concentrate and contains 0.7 lb abemectin per gallon.
KEEP OUT OF REACH OF CHILDREN.
WARNING/AVISO
Si usted no entiende la etiqueta, busque a alguien para que se la explique a usted en detalle. (If you do not understand the label, find someone to explain it to you in detail.)
See additional precautionary statements and directions for use in booklet.

FIGURA 10-20.

Para determinar el porcentaje de ingredientes activos en una formulación de pesticida, revise la etiqueta del pesticida. Las etiquetas para todos tipos de formulaciones enumeran el ingrediente activo como el porcentaje total del peso. Las formulaciones líquidas, como ésta, también indican el número de libras por galón de formulación.

SOLUCIONES DE PORCENTAJE

A veces, las etiquetas establecen que el pesticida se mezcle como un porcentaje de la solución. Se mezcla el producto

BARRA LATERAL 10-13

CALCULAR FÓRMULAS LÍQUIDAS

Asuma que un rociador se calibró y se sabe que rocía 7.5 acres por tanque. La recomendación es colocar 1.5 libras del ingrediente activo de clorotalonil por acre para controlar plagas en la alubia verde que se han suministrado con una fórmula líquida que contiene 4.17 libras del ingrediente activo por galón. ¿Cuánto clorotalonil habría que colocar en el tanque?

Paso 1. Calcule la cantidad de galones de líquido necesarios por acre al dividir 1 galón por libra del ingrediente activo por galón y multiplicar el resultado por las libras de ingrediente activo por acre.

EJEMPLO

$$(1 \text{ gal} \div 4.17 \text{ lb/gal de ingrediente activo}) \times 1.5 \text{ lb ingrediente activo/ac} = 0.360 \text{ gal/ac}$$

Paso 2. Multiplique la capacidad conocida de acres por tanque por los galones por acre.

EJEMPLO

$$7.5 \text{ ac/tanque} \times 0.360 \text{ gal/ac} = 2.7 \text{ gal/tanque}$$

Este es el número de galones de clorotalonil formulado que habría que colocar en el tanque para rociar 7.5 acres de cultivo.

CALIBRACIÓN DEL EQUIPO DE APLICACIÓN DE PESTICIDAS 159

> **BARRA LATERAL 10-14**
>
> ## CALCULAR FÓRMULAS EN POLVO
>
> El rociador calibrado que utiliza cubre 7.5 acres por tanque y se recomienda que aplique 1.5 libras de i.a. de clorotalonil por acre para controlar plagas en la alubia verde. Cuenta con una fórmula de un polvo humectable que, de acuerdo con la etiqueta, contiene 75% de clorotalonil. ¿Qué cantidad de clorotalonil tiene que colocar en el tanque?
>
> **Paso 1.** Convierta el porcentaje de i.a. a un decimal al dividirlo por 100 (o, simplemente, mueva el punto decimal dos lugares a la izquierda).
>
> **EJEMPLO**
>
> $$75\% = 0.75 \text{ lbs i.a./lbs fórmula}$$
>
> **Paso 2.** Divida la cantidad recomendada de i.a. por la cantidad de i.a. de la fórmula
>
> **EJEMPLO**
>
> $$1.5 \text{ lbs i.a./ac} \div 0.75 \text{ lbs i.a./lbs fórmula} =$$
> $$2 \text{ lbs fórmula/ac}$$
>
> **Paso 3.** Multiplique las libras de la fórmula por acre por el número de acres por tanque para calcular qué cantidad de material colocar en el tanque.
>
> **EJEMPLO**
>
> $$2 \text{ lbs fórmula/ac} \times 7.5 \text{ ac/tanque} = 15 \text{ lb/tanque}$$

> **BARRA LATERAL 10-15**
>
> ## CALCULAR FÓRMULAS CON GRÁNULOS
>
> Se le recomienda utilizar 0.50 lbs i.a. de etroprop por 1,000 pies cuadrados de turba para controlar los nematodos. Tiene una fórmula granular que contiene 10% de ingrediente activo (0.1 libra de i.a. por libra de fórmula). ¿En qué proporción tendría que calibrar el aplicador de gránulos?
>
> **Paso 1.** Convierta el porcentaje de i.a. a un decimal y divídalo por la tasa de aplicación recomendada.
>
> **EJEMPLO**
>
> $$0.5 \text{ lbs i.a. por 1,000 pies cuadrados} \div 0.1 \text{ lbs i.a. por lbs preparación} =$$
> $$5 \text{ lbs preparación}$$
>
> **Paso 2.** Calibre el aplicador granular para que aplique 5 libras de etroprop formulado por 1,000 pies cuadrados.

> Describa cómo poder calcular la concentración del ingrediente activo de los pesticidas mediante el uso de fórmulas.

para obtener una concentración conocida independientemente del índice de salida de rociado. Mezcle los porcentajes de la solución en relación peso a peso, es decir, libras de i.a. por libras. La barra lateral 10-16 proporciona un ejemplo del cálculo de un porcentaje de solución con fórmulas líquidas. La barra lateral 10-17 muestra los cálculos para fórmulas en seco.

DILUCIONES EN PARTES POR MILLÓN

Algunos pesticidas deben mezclarse en concentraciones de partes por millón (ppm). Estas son las mismas que las soluciones de porcentaje. Por ejemplo, una solución de 100 ppm es igual a una solución de 0.01% (Tabla 10-1). La denominación de ppm representa las partes de i.a. del pesticida por un millón de partes de agua. Las diluciones en partes por millón son una manera común de medir concentraciones de pesticidas muy diluidas. Cuando se calculan las partes por millón, utilice las fórmulas en las barra lateral 10-18 si va a mezclar las fórmulas secas con agua. Para las composiciones líquidas, utilice las fórmulas en la barra lateral 10-19.

BARRA LATERAL 10-16

CALCULAR UNA SOLUCIÓN DE PORCENTAJE: FÓRMULAS LÍQUIDAS

Para preparar porcentajes de una solución con fórmulas líquidas, tiene que saber:
- el volumen del tanque de rociado
- el peso del i.a. por galón de fórmula
- el peso de un galón de agua

El peso del agua en una constante, aproximadamente 8.34 libras por galón. Suponga que midió el volumen del tanque de rociado y descubrió que contiene 264.5 galones de agua. Tiene la recomendación de aplicar el 1% de la solución de glifosato para el control de algas al utilizar un rociador de alta presión con una boquilla portátil. La fórmula de glifosato que tiene que utilizar contiene 5.4 libras de i.a. por galón.

Paso 1. Calcule el peso total del líquido con el tanque lleno al multiplicar el volumen del tanque (264.5 galones) por el peso del agua (8.34 libras por galón).

EJEMPLO

264.5 gal x 8.34 lbs/gal = 2,205.93 lbs

Paso 2. Multiplique el peso por 0.01 (1%) para determinar el peso del i.a. requerido para mezclar el 1% de la solución.

EJEMPLO

2,205.93 x 0.01 = 22.06 lbs

Paso 3. Divida el peso requerido de i.a. por el peso de la fórmula de i.a. el resultado es el número de galones de líquido preparados que tendría que agregarse a 264.5 galones de agua para lograr una solución a 1%.

EJEMPLO

22.06 lbs i.a. ÷ 5.4 lbs i.a./gal = 4.1 gal de preparación

En este ejemplo, un tanque de líquido tiene que contener 4.1 galones del preparado de glifosato. El volumen total de agua combinado con el preparado de glifosato tiene que ser igual a 264.5 galones, que es la capacidad del tanque. Por lo tanto, utilizará 260.4 galones de agua y 4.1 galones del preparado de glifosato.

Nota: estos cálculos dan una aproximación cercana a la cantidad del preparado de líquido para agregar al tanque para obtener un porcentaje de la solución constante. Las matemáticas para una cifra más exacta son más complejas, sin embargo innecesarias para este tipo de trabajo.

BARRA LATERAL 10-17

CALCULAR UNA SOLUCIÓN DE PORCENTAJE: FÓRMULAS EN SECO

Los cálculos para soluciones de porcentaje usando fórmulas en seco son similares a los cálculos para soluciones líquidas. Primero, revise la etiqueta y calcule el porcentaje de i.a. en la fórmula en seco. Para este ejemplo, suponga que es 75% i.a.; 1 libra de fórmula en seco tendría 0.75 libras de i.a. Usted necesita mezclar una solución de rociado al 1% de esta fórmula en un tanque de 264.5 galones.

Paso 1. Calcule el peso total del líquido en el tanque lleno, multiplicando el volumen del tanque por el peso de agua en un galón.

EJEMPLO

264.5 gal × 8.34 lb/gal = 2,205.93 lb

Paso 2. Multiplique este peso por 0.01 (1%) para determinar el peso de i.a. requerido para mezclar una solución de 1%.

EJEMPLO

2,205.93 × 0.01 = 22.06 lb

Paso 3. Divida el peso de i.a. por el equivalente decimal del porcentaje de i.a. en la fórmula. El resultado es el número de libras de fórmula que se deben agregar a 264.5 galones de agua para lograr una solución al 1%.

EJEMPLO

22.06 lb / 0.75 = 29.41 lb de fórmula

Paso 4. Agregue 29.41 libras de polvo humectable a 264.5 galones de agua para lograr la solución al 1%.

TABLA 10-1:

Partes por millón (ppm)

Partes por millón (ppm)	Solución decimal	Porcentaje
1 ppm	0.000001	0.0001%
10 ppm	0.00001	0.001%
100 ppm	0.0001	0.01%
1,000 ppm	0.001	0.1%
10,000 ppm	0.01	1.0%
100,000 ppm	0.1	10.0%
1,000,000 ppm	1.0	100.0%

Utilización de monitores y reguladores de sistemas

Los monitores y controladores de sistemas son cada vez más populares para lograr una aplicación precisa, pero no eliminan la necesidad de inspección y calibración del rociador. Los monitores miden las condiciones operativas tales como la velocidad de desplazamiento, la presión o el caudal y pueden advertirle los cambios inesperados en los índices de aplicación. Los controladores de tasa (o rocío) son monitores con la capacidad agregada del control automático de la tasa de aplicación. El controlador recibe la tasa de aplicación actual de los

Explique cómo los controles del sistema pueden influir en la calibración del equipo y en los cálculos necesarios para aplicar los pesticidas de forma efectiva.

Explique la importancia de calibrar correctamente los sensores que forman parte de un sistema de control.

BARRA LATERAL 10-18

CALCULAR PARTE POR MILLÓN DE DILUCIÓN: FORMULACIONES EN SECO

Se le recomienda mezclar una concentración de oxitetraciclina en un tanque de 500 galones para controlar el fuego bacteriano en perales. La fórmula que tiene es un polvo humectable que contiene 17% i.a.

Paso 1. Calcule el peso total del líquido en el tanque lleno al multiplicar el volumen del tanque por el peso del agua por galón.

EJEMPLO

500 gal × 8.34 lbs/gal = 4.170 lbs/tanque

Paso 2. Calcule cuántas libras de i.a. son necesarias para 1 libra de solución para rociado.

EJEMPLO

100 ppm = 100 partes i.a. ÷ 1,000,000 partes de solución = 0.0001

Paso 3. Calcule cuántas libras de i.a. son necesarias para un tanque de solución, al utilizar el peso del líquido en un tanque.

EJEMPLO

4.170 lbs/tanque × 0.0001 lbs i.a. = 0.417 lbs i.a.

Paso 4. Divida el peso del i.a. por el decimal equivalente del porcentaje del i.a. en la preparación. El resultado es el número de libras de preparado que hay que agregar a 500 galones de agua para llegar a la solución de 100 ppm.

EJEMPLO

0.417 lbs i.a. ÷ 0.17 lbs i.a./ lbs preparado = 2.45 lbs preparado

---

BARRA LATERAL 10-19

CALCULAR UNA DILUCIÓN EN PARTES POR MILLÓN: FORMULACIONES LÍQUIDAS

Suponga que un pesticida contiene 5.4 libras de i.a. en el preparado de 1 galón. Tiene que preparar una concentración de 100 ppm en un tanque de 500 galones.

Paso 1. Calcule el peso total del líquido en los tanques llenos al multiplicar el volumen del tanque por el peso del agua por galón.

EJEMPLO

500 gal/tanque × 8.34 lbs/gal = 4,170 lbs/tanque

Paso 2. Calcule cuántas libras de i.a. son necesarias para 1 libra de solución para rociado.

EJEMPLO

100 partes i.a. ÷ 1,000,000 partes de solución = 0.0001

Paso 3. Calcule cuántas libras de i.a. son necesarias para un tanque de solución, al utilizar el peso del líquido en un tanque.

EJEMPLO

4,170 lbs/tanque × 0.0001 lbs i.a. = 0.417 lbs i.a./tanque

Paso 4. Divida el peso del i.a. por las libras de i.a. por galón para determinar cuántos galones se necesitan de preparado. Dado que este probablemente será un número pequeño, convierta a onzas al multiplicar el resultado por el número de onzas por galón (128).

EJEMPLO

0.417 lbs i.a./tanque ÷ 5.4 lbs i.a./gal = 0.0772 gal/tanque

0.0772 gal/tanque × 128 onzas líquidas/gal = 9.88 onzas líquidas/tanque

Agregar 9.88 onzas líquidas de este pesticida formulado a 500 galones de agua dará como resultado una solución de 100 ppm.

monitores y los compara con la tasa deseada. Si se encuentra un error, la presión se regula para ajustar el volumen de rociado. Sin embargo, las boquillas funcionan sólo dentro de un rango de presión limitado sin distorsionar el ángulo de rocío o crear una deriva fuera del objetivo, por esto, se debe observar durante las aplicaciones para asegurarse de que el rociador quede a nivel y sobre el objetivo.

No se debe asumir que los monitores son infalibles. Consulte el manual del operador del fabricante para calibrarlo correctamente y ajustar los sensores. Los monitores que proporcionan la velocidad de desplazamiento, el volumen de rociado, y demás, por lo general, son adecuados para la mayoría de las situaciones de rociadores. Los monitores más nuevos controlan cuáles barras se utilizan y las zonas que abarcan, por lo tanto, la zona calculada es muy precisa.

Capítulo 10, Preguntas de repaso

1. **La calibración se define como lo que se debe hacer antes de una aplicación para asegurarse de _____.**
   - ☐ a. evitar riesgos y zonas delicadas durante la aplicación de pesticidas
   - ☐ b. seleccionar el pesticida más efectivo para aplicar en una situación
   - ☐ c. aplicar la cantidad correcta de pesticida a una zona en tratamiento

2. **¿Qué herramientas se necesitan para calibrar con precisión y profesionalidad los equipos de aplicación de pesticidas? Seleccionar todas las que correspondan.**
   - ☐ a. cuadro del tamaño de las gotitas
   - ☐ b. cronómetro
   - ☐ c. cinta métrica
   - ☐ d. picadientes de madera
   - ☐ e. recipiente calibrado
   - ☐ f. lente de aumento
   - ☐ g. caudalímetro
   - ☐ h. cinta de marcación

3. **Su equipo tarda 3 minutos en recorrer 264 pies. ¿A qué velocidad, en millas por hora (mph),**

4. **se desplaza el equipo?**
   - ☐ a. 1 mph
   - ☐ b. 2 mph
   - ☐ c. 3 mph

5. **Al medir la salida de cada boquilla en la barra de rociado, se descubre que la salida del rociador es de 256 onzas en 30 segundos. ¿Cuál es la salida del rociador en galones por minuto (gpm)?**
   - ☐ a. 2 gpm
   - ☐ b. 3 gpm
   - ☐ c. 4 gpm

6. **Su rociador calibrado con un tanque de 300 galones cubrirá 4.2 acres. Según lo que dice la etiqueta, se planea aplicar un herbicida a una tasa de 1.5 libras por acre. ¿Qué cantidad del herbicida colocará dentro del tanque de rociado?**
   - ☐ a. 4.2 libras
   - ☐ b. 6.3 libras
   - ☐ c. 8.5 libras

7. **¿Cuáles de las tres variables deben medirse cuando se calibra el equipo de aplicación en seco?**
   - ☐ a. el índice de salida, el tamaño de la tolva y el tipo de fórmula
   - ☐ b. el tipo de fórmula, la velocidad de desplazamiento y el índice de salida
   - ☐ c. el ancho de franja, el índice de salida y la velocidad de desplazamiento

Capítulo 11
Uso efectivo de pesticidas

Predicción de problemas de plagas 166
Toma de decisiones acerca del uso del pesticida 166
Elección del pesticida correcto 167
Aplicación de pesticidas de forma efectiva 170
Mezcla de pesticidas 171
Resistencia de pesticidas 174
Prevención del movimiento fuera de lugar de
los pesticidas 175
Capítulo 11, Preguntas de repaso 184

Expectativas de conocimiento

1. Explique cómo los datos del monitoreo y perjuicio económico influyen en la toma de decisiones de uso del pesticida.
2. Describa cómo escoger el pesticida más apropiado para una aplicación específica de forma tal que la misma alcance la máxima efectividad y se reduzcan los peligros.
3. Explique cómo una unidad GPS puede afectar la efectividad de las aplicaciones del pesticida.
4. Explique cómo determinar si dos o más pesticidas serán compatibles para la mezcla en tanque.
5. Describa los procedimientos de mezcla para
    a. un solo pesticida
    b. dos o más pesticidas (mezcla en tanque)
6. Enumere los factores que contribuyen a la resistencia a los pesticidas.
7. Describa los distintos tipos de movimiento, incluidos los factores que pueden afectar la incidencia de cada tipo de movimiento fuera de lugar.
8. Describa cómo evaluar la cobertura de rociado y adaptar las variables de aplicación para cambiar la cobertura según sea necesario.

Predicción de problemas de plagas

Explique cómo los datos del monitoreo y perjuicio económico influyen en la toma de decisiones de uso del pesticida.

La detección temprana a través del monitoreo permite planificar un programa para seguir el desarrollo de plagas y su actividad, lo que ayuda a predecir si un tratamiento es necesario. También es útil si revisa la historia de plagas en el campo en donde usted trabaja. De esta forma, sabrá qué plagas esperar en distintos momentos del año. Si la información no se encuentra disponible, intente obtener información de la historia de plagas en un lugar similar cercano.

Durante el monitoreo de las plagas, observe las condiciones que favorecen la acumulación de éstas. Por ejemplo, algunos insectos plaga pasan el invierno en residuos de cultivos o bordes del campo. Si observa plagas en dichas áreas, existe una gran posibilidad de que se trasladen a los cultivos. Algunas malezas que producen semillas proporcionan un reservorio de semillas para el año siguiente. Si este es el caso, prevea grandes poblaciones de esas malezas en las siguientes temporadas. Este tipo de monitoreo permite identificar cuándo se ha alcanzado, se podría alcanzar o se alcanzó un perjuicio económico (o tratamiento). Predecir cuándo un lugar podría experimentar daños costosos por plagas lo ayudará a aplicar pesticidas solo cuando dicha aplicación tenga sentido desde el punto de vista económico.

Reconocimiento de la información de la historia biológica clave. Durante el monitoreo de las poblaciones de plagas, usted aprende a reconocer sus ciclos biológicos y etapas de desarrollo. Esta información es útil para planificar un programa de manejo, dado que el éxito depende del uso del método correcto de control en el momento adecuado. Algunas de las cosas que puede aprender de las plagas incluyen

- su hábitat preferido
- preferencias de alimentos y humedad
- tiempo de mayor actividad
- ocurrencias estacionales y etapas biológicas

Monitoreo del clima. El clima influye notablemente en el desarrollo de las plantas y sus plagas. La humedad por la lluvia, la niebla o el riego es un factor principal que favorece muchas enfermedades. La temperatura es uno de los varios factores que controlan el crecimiento de las plantas y determinan la tasa de desarrollo de los organismos invertebrados. Por ejemplo, los insectos completan una generación en menos tiempo cuando las temperaturas son superiores que cuando el clima es fresco. La relación entre los datos del clima y la tasa de desarrollo de las plagas artrópodas se analiza en la página web de UC IPM en ipm.ucanr.edu/WEATHER/index.html.

Puede encontrar información actualizada del clima a través de muchas fuentes. El programa CIMIS del Departamento de Recursos Hídricos de California controla las variables climáticas en muchos lugares en todo el estado y las informa a través del sitio web del Departamento de Recursos Hídricos de California. Además, otras organizaciones, incluidos los periódicos, las estaciones de radio y las universidades redistribuyen los datos del clima del Sistema de Información de Manejo del Riego en California. El Servicio Meteorológico Nacional transmite observaciones meteorológicas locales y regionales y pronósticos de la Administración Nacional Oceánica y Atmosférica (NOAA, por sus siglas en inglés), Radio del Clima (canales VHF 162.42, 162.50 o 162.55 MHz, dependiendo de la ubicación).

Toma de decisiones acerca del uso del pesticida

Describa cómo escoger el pesticida más apropiado para una aplicación específica de forma tal que la misma alcance la máxima efectividad y se reduzcan los peligros.

¿Cómo decide cuándo usar un pesticida y cuál aplicar? Responda las siguientes preguntas antes de tomar una decisión acerca del uso del pesticida:

- ¿Qué plaga afecta el cultivo y qué tan avanzada es la infestación?
- ¿Cuál es la etapa de desarrollo de la plaga? ¿El cultivo?
- ¿Cuáles son las condiciones físicas y climáticas en el lugar de la aplicación?
- ¿Cuáles son los peligros asociados a las formulaciones disponibles de pesticidas?
- ¿Qué efecto tendrá el pesticida en los organismos beneficiosos? ¿Plagas secundarias?

- ¿Qué tipo de equipo de aplicación se encuentra disponible?
- ¿Cuál será el costo de comprar y aplicar el material identificado? ¿Costará menos que otros métodos de control que pueda considerar?

Elección del pesticida correcto

Escoger el pesticida correcto o la combinación de pesticidas puede ser difícil. A menudo, podrá escoger entre distintos pesticidas para controlar una plaga en una situación específica. Para obtener información acerca de pesticidas para usos específicos, consulte

- fuentes de etiquetas, como bases de datos de etiquetas basadas en internet y páginas web de fabricantes
- consultores agrícolas de la Universidad de California y comisionados agrícolas del condado
- consultores licenciados para el control de plagas
- manuales de pesticidas químicos
- publicaciones impresas y en línea de la Universidad de California, guías de tratamiento y normas para el control de plagas (fig. 11-1)

Las normas para el control de plagas del programa estatal de manejo integrado de plagas de la Universidad de California (UC IPM), incluidas las recomendaciones de pesticidas, se encuentran disponibles a través de Internet en ipm.ucanr.edu (Fig. 11-2). Las normas actualizadas del uso de pesticidas, la información toxicológica de los pesticidas y otros métodos de manejo de plagas se encuentran disponibles a través de esta página web.

FIGURA 11-1.

La Universidad de California publicá los manuales de manejo de plagas para diversos tipos de cultivos. Estos son útiles para seleccionar la sustancia química correcta y otros métodos de control.

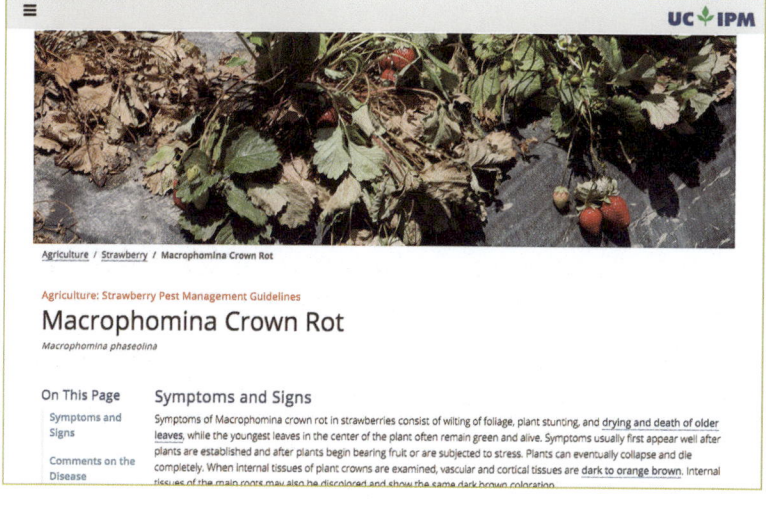

FIGURA 11-2.

El programa estatal de manejo Integrado de plagas de la Universidad de California ("Statewide Integrated Pest Management Program") proporciona una lista de pautas para el manejo de plagas a la que se puede acceder a través de internet.

Factores a considerar durante la selección de un pesticida

Selectividad del pesticida

Selectividad se refiere al rango de organismos afectados por un pesticida. Un pesticida de amplio espectro (no selectivo) mata un amplio rango de plagas, como así también especies no objetivo. Un pesticida selectivo controla un grupo más pequeño de organismos más estrechamente relacionados, a menudo, sin perjudicar a los organismos no objetivos y beneficiosos.

Toxicidad del pesticida a utilizar

Como regla y, si puede escoger, seleccione pesticidas con la palabra clave que indica el nivel más bajo de peligro. La palabra DANGER (en español, peligro) indica el mayor nivel de peligro y WARNING (en español, advertencia) hace referencia al nivel inmediatamente superior. Los pesticidas CAUTION (en español, precaución) son más recomendables y generalmente más seguros para trabajar con ellos. A menudo, son menos perjudiciales para el medio ambiente, los insectos beneficiosos, los enemigos naturales y los animales. Lea toda la etiqueta, incluida la hoja de datos de seguridad, antes de tomar la decisión final para asegurarse de trabajar con el pesticida menos peligroso y más efectivo para su situación.

Formulaciones de pesticidas

A menudo, tendrá que escoger entre dos o más formulaciones del mismo pesticida para controlar una plaga objetivo. Siempre que sea posible, tome la decisión en función del tipo de control deseado, la seguridad, el costo y otros factores, como los que se enumeran en la Tabla 11-1. Por ejemplo, las formulaciones emulsionables de insecticidas suelen proporcionar un control rápido, pero son activas por menos tiempo que los polvos humectables. Siempre que pueda escoger,

TABLA 11-1

Comparación de formulaciones de pesticida

Formulación	Peligros de mezcla y carga	Fitotoxicidad	Efecto en el equipo de aplicación	Agitación requerida	Residuos visibles	Compatibilidad con otras formulaciones
polvos humectables (WP)	inhalación de polvo	bajo	abrasivo	si	si	excelente
gránulos dispersables/ gránulos dispersables en agua (DF o WDG)	bajo	bajo	abrasivo	si	si	bueno
polvos solubles (SP)	inhalación de polvo	generalmente bajo	no abrasivo	no	un poco	bastante
concentrados emulsionables (EC o E)	derrames y salpicaduras	tal vez	puede afectar las partes de caucho de la bomba	si	no	bastante
concentrados dispersables (F) y solubles (SC)	derrames y salpicaduras	tal vez	puede afectar las partes de caucho de la bomba, abrasivo	si	si	bastante
soluciones (S)	derrames y salpicaduras	bajo	no abrasivo	no	no	bastante
polvos (D)	peligros graves de inhalación	bajo	—	si	si	—
gránulos (G) y pellas (P)	bajo	bajo	—	no	no	—
formulaciones microencapsuladas	derrames y salpicaduras	bajo	—	si	—	bastante

considere la seguridad de los aplicadores de pesticidas y trabajadores de campo, como así también las cuestiones ambientales. Por ejemplo, debe seleccionar una formulación con un contenido de compuestos orgánicos de baja volatilidad (VOC, por sus siglas en inglés) siempre que sea posible para reducir la contaminación del aire.

Evalúe los hábitos y patrones de desarrollo de cada plaga. Asegúrese de que la formulación sea la correcta para la etapa biológica de la plaga. Escoja una formulación que afecte el medio ambiente lo menos posible. Tenga en cuenta la deriva, los escurrimientos, el viento y la caída de lluvia junto con el tipo de suelo y las características del área circundante. Por último, seleccione una formula que funcione mejor con su equipo de aplicación.

Persistencia del pesticida

Dependiendo de su problema con las plagas, tenga en cuenta la persistencia al escoger un pesticida. La persistencia es deseable en lugares donde las plagas vuelven a presentarse con el paso del tiempo, como para el control de plagas que viven en el suelo. Es importante tener en cuenta la persistencia al escoger herbicidas, dado que los residuos pueden dañar el siguiente cultivo.

El pH del agua utilizada para la mezcla de pesticidas puede afectar la velocidad de descomposición. El pH del suelo o los tejidos animales o de las plantas puede tener un efecto similar. El tejido o suelo altamente alcalino (pH superior) a menudo causa una descomposición más rápida de algunos pesticidas que el tejido o suelo neutro o ácido (pH inferior).

La naturaleza física de la superficie tratada también afecta la persistencia del pesticida. Las superficies porosas o los suelos con un contenido elevado de materia orgánica absorben el pesticida, lo cual reduce la cantidad de ingredientes activos disponibles para el control de las plagas. Los microorganismos del suelo también descomponen muchos pesticidas, lo cual afecta la persistencia del pesticida en el suelo. Las superficies aceitosas y los revestimientos cerosos en las hojas y el cubrimiento de los cuerpos de los insectos previenen la absorción del pesticida e incluso pueden combinarse con los ingredientes activos, lo cual reduce la toxicidad y persistencia.

Los pesticidas solubles en agua que penetran profundo en el suelo se descomponen más lento que aquellos que permanecen cerca de la superficie, dado que hay menos microorganismos en el suelo profundo. Los niveles elevados de materia orgánica en el suelo a menudo hacen lenta la descomposición, dado que la materia orgánica se une al pesticida y hace que no se encuentre disponible para los microorganismos. El uso repetido del mismo pesticida en el suelo puede incrementar la tasa de descomposición, dado que el pesticida es bueno para los microorganismos o los microorganismos se vuelven agentes de descomposición más eficientes.

El clima afecta la persistencia. Por ejemplo, el viento y la lluvia golpean o quitan el pesticida de las superficies objetivo, por lo que reducen su efectividad. Las temperaturas elevadas y la humedad causan cambios químicos que aceleran la descomposición de algunos pesticidas. La luz solar produce reacciones fotoquímicas que descomponen muchos pesticidas. Las temperaturas más frescas del suelo generalmente hacen lenta la descomposición del pesticida.

Costo y eficacia de materiales de pesticida

El costo de un pesticida es un factor importante, pero tenga cuidado de no basar su elección únicamente en este aspecto. Un pesticida que cuesta un 30% más, pero proporciona un control del 60% suele ser un mejor negocio, a menos que interfiera con la cosecha u otras operaciones o necesite proteger a los enemigos naturales.

Facilidad de uso y compatibilidad con otros materiales

Los pesticidas que son fáciles de usar y trabajan bien con otros pesticidas tienen una ventaja. La compatibilidad y facilidad de uso dependen de:
- cómo se utilice el pesticida
- con qué esté mezclado el pesticida
- la naturaleza del área de tratamiento

Efectos en los insectos beneficiosos y los enemigos naturales

Intente siempre proteger a los insectos beneficiosos y los enemigos naturales. Si utiliza un programa de manejo integrado de plagas, evalúe cómo el pesticida funcionará dentro de los objetivos del programa. Por ejemplo, quizás sea mejor conformarse con un control más lento de la plaga si proporciona un mayor control a largo plazo.

Entrada restringida e intervalos previos a la cosecha

El pesticida que escoja se debe poder aplicar de forma tal que cumpla con los intervalos de entrada restringida legalmente establecidos y los días admisibles antes de la cosecha.

Aplicación de pesticidas de forma efectiva

MÉTODOS DE APLICACIÓN DEL PESTICIDA

Utilice métodos de aplicación de pesticida para mejorar la cobertura, reducir la deriva y lograr un mejor control de las plagas. Escoger los métodos correctos de aplicación también puede reducir los riesgos para el medio ambiente y los humanos.

Operación del equipo. Aprenda a utilizar el equipo para la aplicación del pesticida de forma correcta. Por ejemplo, debe mantener la misma velocidad en el suelo para garantizar una aplicación uniforme en el campo, a menos que utilice un sistema de control de tasa de aplicación. Revise las boquillas de manera frecuente para asegurarse de que no estén obstruidas y que el patrón de rociado se mantenga uniforme. Cierre las boquillas durante las vueltas para mantener la uniformidad de los patrones de rociado y evitar la contaminación de áreas sin tratamiento. Cuando inyecte pesticidas en el suelo, cierre las boquillas y levante las barras antes de cambiar de dirección. Deje el espacio suficiente después de cada cambio de dirección para llevar el equipo a la velocidad de suelo especificada antes de reiniciar el flujo de pesticida.

Prevención de vacíos o superposiciones. El ancho de la franja del pesticida debe ser uniforme, sin vacíos o superposiciones, para hacer el mejor uso económico de los materiales de rociado. En algunas situaciones agrícolas, puede seguir los surcos o las hileras para mantener una aplicación uniforme. En áreas abiertas y sin marcar, debe depender de otro método para evitar los vacíos o las superposiciones. Un método implica usar marcadores de espuma para marcar las áreas rociadas y evitar la superposición o los vacíos en el patrón de aplicación. En algunas situaciones, puede agregar una tinta de color en la mezcla de rociado para observar dónde se aplica el pesticida. Los marcadores también se pueden utilizar para marcar el punto exacto en un campo donde ha dejado de rociar (por ejemplo, en aquellos momentos en que tenga que irse del campo para rellenar el tanque de rociado). También puede utilizar dispositivos de localización electrónica, como sistemas de posicionamiento global (GPS, por sus siglas en inglés) para guiar el equipo de aplicación del pesticida al lugar donde se ha detenido el rociado (Fig. 11-3), lo que ayuda a evitar los vacíos y las superposiciones.

FIGURA 11-3.
Una unidad de GPS instalada en el rociador lo guiará nuevamente hacia el punto exacto donde se haya detenido el rociado.

Explique cómo una unidad GPS puede afectar la efectividad de las aplicaciones del pesticida.

Momento de aplicación

El momento de aplicación correcto es importante para controlar las plagas objetivo y para proteger a los enemigos naturales y los insectos beneficiosos. Dado que algunos pesticidas son más efectivos en distintas etapas biológicas de la plaga, programe las aplicaciones para controlar la etapa más susceptible. Comprender la biología de la plaga lo ayudará a determinar la etapa biológica susceptible y decidir si la aplicación de un pesticida funcionará. Debe conocer los hábitos de la plaga, es decir, cuando es menos activa y más propensa a ser afectada por una aplicación de pesticida. Asimismo, debe conocer los hábitos de las abejas melíferas y otros organismos no objetivo para evitar las consecuencias de dañar el ecosistema, como el resurgimiento de la plaga. Lea "Protección de organismos no objetivo" más adelante en este capítulo para obtener más información acerca de los tiempos de aplicación para así evitar a las abejas y a los insectos que resultanbeneficiosos.

Modo de acción y absorción del pesticida

Conocer el modo de acción de un pesticida lo ayudará a determinar la mejor forma de aplicarlo para que alcance la plaga deseada y proteja a otros organismos. Para garantizar que la plaga absorba el pesticida, también debe saber dónde vive y en dónde se alimenta para aplicar el pesticida en el lugar correcto. Tener en cuenta el modo de acción de un pesticida también es importante al tratar plagas resistentes. Puede demorar la resistencia del pesticida en los organismos objetivos si rotan pesticidas con distintos modos de acción. Para más información detallada acerca del modo de acción, lea el Capítulo 3.

Mezcla de pesticidas

La mezcla de pesticidas requiere concentración y atención al detalle. Olvidar un paso en el proceso o utilizar una gran (o poca) cantidad de la formulación puede causar problemas costosos y a menudo peligrosos. Los métodos que lo ayudarán a mezclar los pesticidas de forma segura y efectiva se explican a continuación. También encontrará recursos que puede utilizar para saber si los químicos que mezcla son compatibles.

Métodos efectivos

Antes de preparar una mezcla en un tanque, asegúrese de que el tanque rociador esté completamente limpio y no tenga sedimentos o residuos.

Dado que las mezclas de pesticidas podrían ser incompatibles y separarse o desarmarse, debe probar la compatibilidad antes de preparar un tanque completo. Para evaluar la mezcla del tanque, realice una prueba simple de compatibilidad descrita en la barra lateral 11-1.

Algunas etiquetas proporcionan órdenes y procedimientos de la mezcla de pesticidas. Sin embargo, si no puede encontrar instrucciones específicas para los materiales que mezcla, puede seguir estas pautas generales:

1. Agregue un poco de diluyente (generalmente, agua) y luego un poco de adyuvantes (como surfactantes), uno a la vez.
2. Agregue polvo humectable y de otros tipos y gránulos dispersables en agua, uno a la vez.
3. Agite enérgicamente y agregue el diluyente restante.
4. Agregue productos líquidos (como dispersables y ciertos adyuvantes) y concentrados solubles en agua, uno a la vez.
5. Agregue concentrados emulsionables, uno a la vez.

Por ejemplo, al mezclar un concentrado soluble en agua con un polvo humectable, agregue siempre el polvo humectable primero. Al mezclar un concentrado emulsionable con un polvo seco, agregue primero el polvo seco.

Explique cómo determinar si dos o más pesticidas serán compatibles para la mezcla en tanque.

Describa los procedimientos de mezcla para
- un solo pesticida
- dos o más pesticidas (mezcla en tanque)

Prueba de compatibilidad para mezclas de pesticidas

ADVERTENCIA

Siempre use el EPP descrito en la etiqueta cuando vierta o mezcle los pesticidas. Realice la prueba en una zona segura lejos de comida y fuentes de ignición. Los pesticidas que se utilizan en esta prueba tendrían que colocarse dentro del tanque de rociado una vez que se complete la prueba. Enjuague todas las herramientas y frascos, y coloque una sustancia de enjuague dentro del tanque de rociado. No utilice utensilios y frascos para cualquier otro fin luego de haber tenido contacto con los pesticidas.

PROCEDIMIENTO DE LA PRUEBA

1. Mida 1 pinta del agua para rociado dentro de un frasco limpio de un cuarto de galón.
2. Modifique el pH de ser necesario (vea la barra lateral 11-2).
3. Agregue los ingredientes en el siguiente orden: Revuelva bien cada vez que se agregue un ingrediente.

Material para agregar	Cantidad de material para agregar cada 100 galones de la mezcla de rociado
1. Surfactantes, agentes de compatibilidad y activadores	1 cucharadita por cada pinta
2. Polvos humectables y fórmulas fluidas secas	1 cucharadita por cada pinta
3. Concentrados o soluciones solubles en agua	1 cucharadita por cada pinta
4. Fórmulas de polvo soluble	1 cucharadita por cada pinta
5. Remanente de adyuvantes	1 cucharadita por cada pinta
6. Concentrados emulsificables y fórmulas fluidas	1 cucharadita por cada pinta

4. Luego de mezclar, deje reposar la solución durante 15 minutos. Revuelva bien y observe los resultados.

RESULTADOS DE LA PRUEBA

compatible	Mezcla homogénea, es una buena combinación luego de revolver. Los químicos pueden utilizarse mezclados en el tanque de rociado.
incompatible	Separación, grumos, aspecto granulado. Se asienta rápidamente luego de revolver. Siga las instrucciones a continuación para tratar de resolver la incompatibilidad; de lo contrario, no mezcle esta combinación en el tanque de rociado.

PARA RESOLVER LA INCOMPATIBILIDAD

1. Agregue 6 gotas de un agente de compatibilidad y revuelva bien. Si la mezcla parece compatible, déjela reposar durante 1 hora, revuelva bien y vuelva a revisarla. Si la mezcla se ve incompatible, repítalo una o dos veces más y coloque 6 gotas del agente de compatibilidad en cada ocasión.
2. Si la incompatibilidad todavía persiste, deshágase de la mezcla, limpie el frasco y repita los pasos anteriores, pero ahora agregue 6 gotas del agente de compatibilidad al agua antes de agregar cualquier otro ingrediente.
3. Si la mezcla todavía es incompatible, no mezcle los químicos en el tanque de rociado. Para solucionar este problema, puede considerar las siguientes alternativas:
   - Utilice un suministro de agua diferente.
   - Cambie las marcas o las fórmulas de químicos.
   - Cambie el orden de mezclar los productos.
4. Haga sólo un cambio por vez y realice una prueba completa, como se ha descrito anteriormente, antes de realizar algún otro cambio. No mezcle los químicos en el tanque de rociado si no se puede resolver la incompatibilidad.

Aglutinación y separación — Incompatible

Mezcla uniforme y homogénea — Compatible

> **BARRA LATERAL 11-2**
>
> ### ANALIZAR Y AJUSTAR EL pH DEL AGUA UTILIZADA PARA MEZCLAR LOS PESTICIDAS
>
> Mida el pH del agua con un medidor electrónico, un kit de prueba como los utilizados para analizar el agua de las piscinas o con un papel indicador disponibles en los proveedores de suministros químicos.
>
> **PROBAR EL AGUA**
>
> 1. Utilice un recipiente limpio, retire una muestra del agua de la misma fuente de donde se utilizará el agua para llenar el tanque de rociado.
> 2. Mida exactamente una pinta de este agua en un envase limpio de un cuarto de galón.
> 3. Cheque el pH del agua con un pH-ímetro, un kit de prueba o un papel indicador.
>
> **NIVEL DEL pH**
>
> 3.5 - 6.0: es satisfactorio para rociar y almacenar durante un corto período (12 a 24 horas) de la mayoría de las mezclas de rociado en el tanque.
>
> 6.1 – 7.0: es adecuado para el rociado inmediato de la mayoría de los pesticidas. No deje la mezcla en el tanque por más de 1 o 2 horas para evitar la pérdida de la efectividad.
>
> Mayor a 7.0: agregue un amortiguador (solución amortiguadora) o un acidificador.
>
> **MODIFICAR EL pH**
>
> 1. Con un gotero, agregue 3 gotas de un amortiguador o un acidificador en la medida de la pinta de agua.
> 2. Revuelva bien con una varilla de vidrio limpia u otro utensilio no poroso limpio.
> 3. Cheque el pH como se especificó anteriormente.
> 4. Si es necesario realizar alguna otra modificación, agregue 3 gotas de amortiguador o acidificador, revuelva bien, luego vuelva a medir el pH. Repita el proceso hasta que obtener el pH deseado. Recuerde las veces que se agregaron 3 gotas para llevar la solución al pH adecuado.
>
> **CORREGIR EL pH EN UN TANQUE DE ROCIADO**
>
> 1. Antes de agregar los pesticidas al rociador, llene el tanque con agua.
> 2. Por cada 100 galones de agua en el tanque de rociado, agregue 2 onzas de amortiguador o acidificador por cada vez que se colocaron 3 gotas en la prueba del frasco anterior. Agregue amortiguador o acidificador al agua mientras que los agitadores estén activos. Si el tanque no posee un agitador, mezcle o revuelva bien.
> 3. Cheque el pH del agua en el tanque de rociado para asegurarse de que sea el correcto. Modifíquelo de ser necesario.
> 4. Agregue pesticidas al tanque de rociado.

Incompatibilidad de campo

En ocasiones, las mezclas en tanques parecen ser compatibles durante la prueba y después de la mezcla en el tanque de rociado, pero dejan de trabajar bien durante la aplicación. Este problema se llama incompatibilidad de campo. La temperatura del agua en el tanque puede causar este problema. También puede ser producto de las impurezas del agua. En ocasiones, la cantidad de tiempo en que la mezcla de rociado permanece en el tanque puede causar la incompatibilidad de campo. De manera ocasional, las variaciones entre distintos lotes de pesticidas químicos son lo suficientemente grandes como para causar este tipo de incompatibilidad.

Resolución de problemas de compatibilidad en el tanque de rociado

Pruebe los siguientes pasos si la incompatibilidad del pesticida se desarrolla en el tanque de rociado. En primer lugar, incremente la agitación e intente romper los grumos con un chorro de agua para hacer recircular la mezcla. Si el material de todas formas se separa, comuníquese con su vendedor de pesticida para obtener un agente de compatibilidad efectivo. Agregue el agente en el tanque y continúe la agitación.

Cambiar las pantallas del filtro por un tamaño mayor y limpiarlas con frecuencia puede ayudar a eliminar parte de la aglutinación. Si estos pasos no resuelven el problema, agregue más agua en la mezcla y filtre partículas más grandes. Si no puede rociar la mezcla en el lugar de aplicación, colóquela en un recipiente apropiado para su desecho. Siga los mismos procedimientos que utilizaría para desechar cualquier otro pesticida no utilizado.

CAMBIOS QUÍMICOS CON LOS PESTICIDAS Y LAS COMBINACIONES DE PESTICIDAS

En algunas mezclas en tanques, los pesticidas pueden mezclarse correctamente en una solución, pero la efectividad o toxicidad del pesticida en la mezcla cambia. Estos cambios se deben a reacciones químicas y no físicas entre los pesticidas mezclados, las impurezas, el revestimiento del tanque o el agua utilizada para la mezcla. Dichos cambios son difíciles de reconocer dado que no se pueden ver. Por lo tanto, lea detenidamente las etiquetas para conocer las reacciones químicas que podrían ocurrir durante la mezcla.

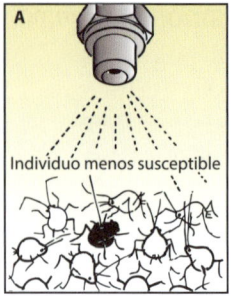

FIGURA 11-4.

Las poblaciones de plaga desarrollan resistencia a los pesticidas a través de una selección genética. (A) Ciertos individuos en una población de plaga son menos susceptibles a un rociado de pesticidas que otros. (B) Estas plagas menos susceptibles son más propensas a sobrevivir una aplicación y a producir progenie menos susceptible. (C) Después de aplicaciones repetidas, la población de plaga está principalmente compuesta por individuos resistentes o menos susceptibles, y la aplicación del mismo material u otras sustancias químicas con el mismo modo de acción ya no es efectiva.

Resistencia a los pesticidas

La resistencia a los pesticidas es un rasgo genético que una plaga individual hereda que le permite sobrevivir a una aplicación de un pesticida a una tasa de etiqueta que mata la mayoría de otros individuos de la población. Después de sobrevivir a la aplicación del pesticida, el individuo resistente pasa el o los genes de resistencia a la próxima generación. Cuanto más se utilice un pesticida, más serán los individuos susceptibles que se eliminen y más grande será la cantidad de individuos resistentes que crezcan hasta que la población de la plaga ya no se pueda controlar de forma efectiva (Fig. 11-4).

La resistencia a los pesticidas es más común en artrópodos, con más de 500 especies de ácaros e insectos resistentes reportados mundialmente. Sin embargo, la resistencia a los pesticidas también está incrementando entre otros tipos de plagas. Ciertas poblaciones de bacterias, hongos, vertebrados y malezas están ganando resistencia a una mayor cantidad de productos de pesticidas. Para más información acerca de las plagas conocidas por volverse más resistentes a los pesticidas, visite las siguientes páginas web (de acuerdo al tipo de plaga):

Comité De Acción De Resistencia A Insecticidas, irac-online.org/
Comité De Acción De Resistencia A Fungicidas, frac.info/
Comité De Acción De Resistencia A Herbicidas, hracglobal.com/
Sociedad De Ciencia De Las Malezas De América, wssa.net/wssa/weed/herbicides/

El método más importante que puede usar para combatir el desarrollo de la resistencia es el monitoreo. El monitoreo permite detectar la tolerancia a los pesticidas en poblaciones de plagas antes de que la resistencia se generalice. La detección temprana proporciona la oportunidad de integrar otras opciones de manejo de plagas para prevenir o reducir la selección para la resistencia. Por ejemplo, combinar distintas prácticas de control de malezas, como aumento del cultivo y rotación de cultivo con el uso de herbicidas puede reducir la cantidad de biotipos de malezas resistentes. Alternar los tratamientos de pesticidas con distintos modos de acción puede hacer posible el uso de algunos pesticidas por un mayor tiempo.

FACTORES QUE INFLUYEN EN LA SELECCIÓN DE RESISTENCIA

Enumere los factores que contribuyen a la resistencia de pesticidas.

Generalmente, el desarrollo de la resistencia a los pesticidas es similar en los insectos, los ácaros, los hongos, las bacterias, las malezas y los vertebrados. Implica una combinación de factores genéticos, biológicos y operacionales.

Factores genéticos. Los factores genéticos que influyen en el desarrollo de la resistencia incluyen

- cómo el organismo hereda la resistencia
- cuántos individuos de la población cuentan con los genes de la resistencia

Los individuos con los genes de la resistencia son capaces de tolerar dicho pesticida y serán capaces de sobrevivir y reproducirse. Los individuos que no cuentan con el gen de la resistencia no toleran el pesticida y mueren. Si los genes de la resistencia son comunes, la población los heredará fácilmente. La resistencia se propagará rápido y podría ser difícil de manejar.

Una vez que una plaga es resistente a un pesticida, podría presentarse rápidamente la resistencia a otros. Este fenómeno, llamado resistencia cruzada, ocurre cuando la plaga es resistente a dos o más pesticidas al mismo tiempo. La resistencia múltiple ocurre cuando la plaga tiene varios mecanismos distintos para tolerar los pesticidas químicos, lo que le permite soportar varios grupos de pesticidas que no están químicamente relacionados entre sí.

Factores biológicos. La biología de las especies de la plaga influye en la tasa en que ocurre la resistencia. Las características biológicas incluyen la duración de la vida de la plaga, las capacidades de reproducción y la movilidad. Por lo general, una población de plagas inmóvil, de vida corta y de desarrollo rápido que produce mucha descendencia desarrollará la resistencia rápidamente. La resistencia ocurre más lento cuando hay refugios disponibles sin tratar o cuando la especie de la plaga (insecto, patógeno o vertebrado) es altamente móvil. En las malezas, la resistencia ocurre más rápido cuando la planta reproduce muchas semillas que probablemente broten.

Factores operacionales. Las personas pueden controlar los factores operacionales. Aquellos que favorecen la resistencia incluyen el tipo de pesticida, la persistencia, el modo de acción y el método de aplicación (la tasa aplicada, la frecuencia, si se ha mezclado con otros pesticidas y el tiempo en relación con las dinámicas de la población de la plaga).

Las decisiones de manejo que implican estos factores pueden incrementar o reducir la resistencia. Por ejemplo, el uso repetido de un solo pesticida incrementa el riesgo de resistencia, en especial si no se utilizan otros métodos de control.

Prevención de movimiento fuera de lugar de los pesticidas

PREVENCIÓN DE LA DERIVA DEL PESTICIDA

Describa los distintos tipos de movimiento fuera de lugar, incluidos los factores que pueden afectar la ocurrencia de cada tipo de movimiento fuera de lugar.

La deriva puede definirse simplemente como el movimiento aéreo de los pesticidas a áreas no objetivo. Este tipo de movimiento fuera de lugar puede presentarse en forma de deriva de gotas de rociado, deriva de vapor o deriva de partículas (polvo). Algunos estudios han demostrado que un porcentaje elevado de pesticidas nunca podrían alcanzar un lugar objetivo debido a la deriva, por lo que debe prestar atención a las condiciones que favorecen la deriva. Evitar estas condiciones permite reducir la deriva a un nivel tolerable (Tabla 11-2). Los factores más importantes que afectan la deriva son:

- velocidad y dirección del viento
- tamaño de la gota
- proximidad del aplicador (líquido o en polvo) a los bordes del área tratada
- altura de liberación
- tipo de formulación
- características de pesticidas químicos

EVALUACIÓN DE LAS CONDICIONES DEL CLIMA

Las observaciones climáticas más precisas para un lugar específico se pueden obtener a través de una estación meteorológica instalada en el sitio. Una estación meteorológica asistida por computadora generalmente cuenta con un registrador electrónico de datos, dispositivos de selección, fuente de alimentación, cubierta ambiental y una estructura de soporte, pero estas estaciones pueden ser costosas y difíciles de mantener. Los registradores de datos autónomos registran las condiciones climáticas para ayudar a predecir los problemas de plagas. Estos registradores portátiles operados con batería no se tienen que adjuntar a una computadora para medir y acumular las temperaturas máximas y mínimas. Asegúrese de instalar y mantener los instrumentos de meteorología de acuerdo a las instrucciones del fabricante y calibrarlos de manera regular para garantizar la precisión. Los instrumentos sucios, situados en lugares inadecuados o que no se mantienen apropiadamente proporcionarán medidas imprecisas que pueden conducir a malas decisiones.

Las alternativas a las herramientas de evaluación meteorológica asistidas por computadora y los dispositivos portátiles incluyen:

- calcular la velocidad del viento mediante la observación de una tira de cinta de topógrafo colgada en la rama de un árbol o un poste (Fig. 11-5), la observación del movimiento del viento a través de los árboles o el uso de una manga de viento
- reunir lecturas precisas de la temperatura al escuchar estaciones locales de radio o la Radio del Clima de la Administración Nacional Oceánica y Atmosférica (NOAA, por sus siglas en inglés) y canales VHF o usar distintos recursos meteorológicos en línea, como la Base de

TABLA 11-2:
Cómo evitar los distintos tipos de deriva

Tipo de deriva	Variables	Medidas de reducción
deriva de rociado	Movimiento del aire: • Los vientos superiores a 10 mph alejan pequeñas gotas del lugar de aplicación.	Cree gotas más grandes al: • usar boquillas con un orificio más grande • usar boquillas Venturi o de inducción de aire • usar una configuración de baja presión durante el rociado • usar una formulación más espesa de pesticida (como una emulsión inversa) • usar auxiliares de deposición o espesadores. Evite aplicar pesticidas cuando la velocidad del viento sea superior a 10 mph.
	Temperatura: • Las temperaturas elevadas pueden incrementar la probabilidad de deriva a través de la evaporación. • Las temperaturas variantes pueden dar lugar a una inversión térmica que puede llevar nubes concentradas de pesticida a largas distancias.	Evite las aplicaciones: • durante el mediodía, cuando las temperaturas cerca del suelo incrementan • durante las inversiones térmicas, cuando la temperatura del aire a más de 20 pies sobre el suelo es más cálida que el aire por debajo
	Humedad relativa baja: • En especial cuando se presenta junto con las temperaturas elevadas, esta condición incrementa la evaporación del agua que se utiliza para transportar pesticidas, lo que crea gotas más pequeñas.	Evite las aplicaciones cuando la humedad es baja, en especial cuando las temperaturas también son elevadas. En cambio, aplicar durante la mañana o la tarde, cuando las temperaturas son más bajas y la humedad suele ser más elevada.
	Distancia del objetivo: • Cuanto más lejos tenga que viajar una gota para llegar al lugar objetivo, mayores serán las probabilidades de deriva.	Modifique la altura de la barra o la boquilla para acortar la distancia que el pesticida debe viajar para alcanzar el objetivo.
deriva de vapor	Temperatura: • Las temperaturas elevadas (superiores a 85 °F) incrementan la posibilidad de volatilización.	Evite las aplicaciones durante los períodos de temperaturas elevadas o cuando se esperan temperaturas elevadas hasta por varias horas después de la aplicación. Inyecte pesticidas volátiles profundamente en suelos húmedos, compactos o cubiertos por una lona, o tratar el lugar con agua inmediatamente después de la aplicación. Escoja una formulación de volatilidad baja y/o un pesticida con una presión de vapor baja.
	Tipo de equipo: • Las aplicaciones al voleo pueden incrementar la probabilidad de volatilización de los pesticidas.	Las aplicaciones a través de un sistema de goteo de quimigación pueden reducir el potencial de volatilización.
deriva de partículas (polvo)	Movimiento del aire: • El viento puede alejar las partículas de suelo contaminadas con pesticida del lugar de aplicación.	Evite la aplicación de pesticidas persistentes en suelos en áreas sujetas a vientos fuertes. Mantenga la humedad del suelo si se esperan vientos fuertes después de una aplicación de pesticidas persistentes que son propensos a unirse con las partículas del suelo.
	Tipo de equipo: • Los rociadores de turbina usados en huertas pueden soplar el suelo contaminado con pesticidas al aire.	Evite usar rociadores de turbina después de que el suelo de las huertas se haya tratado con ciertos herbicidas.

USO EFECTIVO DE PESTICIDAS 177

FIGURA 11-5.
Una cinta de topógrafo colgada de la rama de un árbol es un indicador de la dirección y velocidad de viento relativas, y le ayudará a tomar la mejor decisión posible con respecto a la aplicación.

Datos del Clima de California UC IPM (ver el sitio web de UC IPM, ipm.ucanr.edu)

DERIVA DE ROCÍO

La deriva de rocío ocurre con una mayor frecuencia que la deriva del vapor o el polvo dado que las aplicaciones de rociado son comunes y casi siempre crean algún movimiento fuera de lugar. Debe aprender a reducir la probabilidad de que el rociado se aleje del lugar de aplicación.

Evite la mayoría de los problemas asociados con la deriva de rocío al prestar mucha atención al tamaño de la gota rociada, la dirección y velocidad del viento y la altura de la boquilla y la barra. Las gotas de rocío más grandes son menos propensas a la deriva que las más pequeñas y las gotas liberadas cerca del lugar objetivo son más propensas a permanecer en el lugar objetivo. Por lo general, los orificios más grandes de las boquillas y las presiones más bajas producen gotas más grandes (Tabla 11-3). Sin embargo, algunas boquillas nuevas, como las Venturi o las de inducción de aire producen gotas más grandes.

La viscosidad el espesor del rociado afecta el tamaño de la gota. La viscosidad es una medición de la resistencia de un líquido al flujo. Por ejemplo, la mayonesa es más viscosa que el agua. A medida que la viscosidad del líquido aumenta, también aumenta el tamaño de la gota, lo que reduce la probabilidad del movimiento fuera de lugar. Las formulaciones como las emulsiones invertidas tienen una consistencia espesa que ayuda a reducir la deriva.

Algunos aditivos (adyuvantes) para el control de la deriva pueden ayudar a reducir la probabilidad de deriva incluso después de cambiar a boquillas para el control de la deriva.

TABLA 11-3:

Características estándar (S-572) de la Sociedad Americana de Ingenieros Agrónomos y Biológicos (ASABE, por sus siglas en inglés) de las gotas de rociado con código de catálogo de boquillas, categorías, símbolos y microtamaños aproximados y comparaciones relativas

Estándar ASABE				Tamaño comparativo*		
Símbolo	Categoría	Código	VMD § aproximado	Tamaño relativo	Tamaño comparativo	Atomización
VF	muy fino	rojo	<100	○	punta de aguja (25 micrones)	niebla
F	fino	naranja	100-175	●	cabello humano (100 micrones)	neblina fina
M	medio	amarillo	175-250	●	hilo de coser (150 micrones)	llovizna fina
C	grueso	azul	250-375	●	línea de pesca (250 micrones)	lluvia leve
VC	muy grueso	verde	375-450	●	grapa (420 micrones)	lluvia
XC	extremadamente grueso	blanco	>450	●	mina de lápiz #2 (2,000 micrones)	tormenta eléctrica

Notas: * Las gotas finas son más propensas a la deriva que las gotas gruesas. Las gotas gruesas son más propensas al escurrimiento. Seleccionar la boquilla correcta hará que la aplicación sea más efectiva.
§ Diámetro volumétrico medio

Recuerde siempre seguir las indicaciones de la etiqueta al utilizar cualquier adyuvante para el rociado, diseñado para reducir la deriva.

El movimiento del aire es el factor ambiental más importante que influye en la deriva de los pesticidas de las áreas objetivo. El movimiento del aire está influenciado por la temperatura al nivel del suelo y la temperatura del aire por encima de él, por lo que tomar lecturas del clima puede ayudarlo a decidir cuándo es menos probable que ocurra la deriva. Excepto en el caso de las inversiones de temperatura (Fig. 11-6), los mejores momentos para aplicar los pesticidas suelen ser temprano por la mañana y por la tarde. Esto se debe a que las condiciones del viento suelen presentarse alrededor del mediodía, cuando la temperatura cerca del suelo aumenta.

Las gotas que viajan distancias más cortas a través del aire hacia el objetivo son menos propensas a la deriva. Ajustar cuidadosamente la altura de la boquilla ayuda a reducir las posibilidades de que el pesticida se aleje del sitio de aplicación a través del aire.

Las humedades relativamente bajas, las temperaturas elevadas o la combinación de ambas, en especial al rociar gotas pequeñas, también pueden incrementar el potencial de la deriva de rocío. Bajo estas condiciones, la tasa de evaporación del agua aumenta, lo que da lugar a gotas de rociado incluso más pequeñas que sufren la deriva con una mayor facilidad. Evite rociar en estos momentos o, en caso de tener que hacerlo, use boquillas que produzcan gotas más grandes.

Reduzca los problemas de deriva al aire libre al rociar cuando la velocidad del viento sea baja, dejar un borde no tratado o una zona de amortiguación en el área objetivo con viento a favor y al rociar con el viento desde zonas sensibles como propiedades residenciales, escuelas, cultivos, vías fluviales o colmenas. Asegúrese de ajustar la altura de las boquillas para que rocíen el pesticida tan cerca del objetivo como sea posible al mismo tiempo que mantienen la cobertura correcta. Usar pesticidas de baja volatilidad o no volátiles y usar solo tratamientos de baja presión puede reducir los problemas de deriva de pesticida en lugares cerrados como corrales, establos o gallineros.

FIGURA 11-6.
Una inversión térmica es producto de una capa de aire cálido que ocurre por encima del aire más fresco, cerca del suelo. Este aire cálido evita que el aire cerca del suelo se eleve, similar a una tapa.

PREVENCIÓN DE LA CONTAMINACIÓN DEL AGUA SUPERFICIAL Y SUBTERRÁNEA

Para prevenir la contaminación del agua superficial y subterránea, la EPA de Estados Unidos requiere que todos los productos de pesticidas con instrucciones para usos al aire libre incluyan la declaración de riesgos para el medio ambiente en la etiqueta. "No aplique directamente en el agua o en áreas donde el agua superficial esté presente o en zonas intermareales por debajo de la media marca de marea alta. No contamine los suministros de agua al limpiar los equipos o deshacerse del agua de lavado del equipo". Los pesticidas que poseen el potencial de presentarse en el agua subterránea deben tener declaraciones de advertencias de agua subterránea en sus etiquetas (Fig. 11-7). Las declaraciones del agua subterránea en las etiquetas ayudan a escoger los pesticidas apropiados donde los suelos son arenosos o donde se requieren precauciones adicionales para reducir el riesgo de contaminación. Además, verifique que no

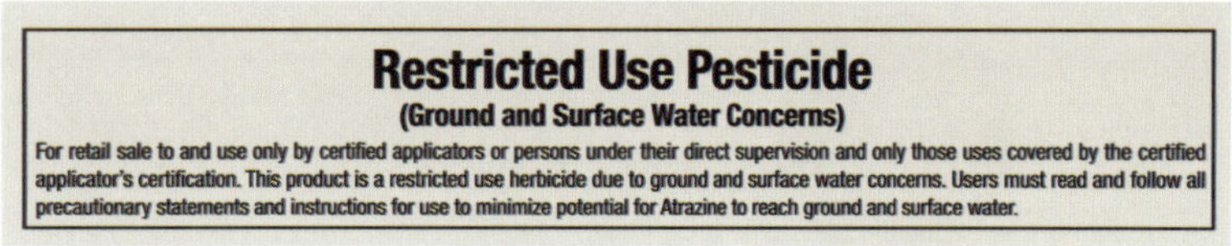

FIGURA 11-7.
La declaración de la etiqueta de un pesticida advierte a los usuarios que el material es restringido por cuestiones de aguas subterráneas y superficiales.

se encuentre en una zona de protección de aguas subterráneas antes de aplicar cualquier pesticida que figure en la lista de protección de aguas subterráneas de California.

Puede reducir el riesgo de contaminar el agua superficial si sigue las prácticas que se enumeran a continuación.

Utilice los principios MIP. Aplique pesticidas solo cuando y donde sea necesario y únicamente en cantidades adecuadas para controlar las plagas. Siguiendo los principios MIP, utilice métodos de control no químicos siempre que sea posible.

Identifique las áreas vulnerables. La presencia de suelos arenosos, sumideros, pozos, arroyos, estanques y aguas subterráneas poco profundas incrementa el riesgo de contaminación subterránea. Evite la aplicación de pesticidas en estos lugares, en caso de ser posible. Jamás deseche los recipientes vacíos de pesticidas en sumideros o vertederos ni enjuague rociadores en o cerca de los sumideros. Bajo ninguna circunstancia limpie los tanques o descargue agua intencionalmente del tanque de cualquier vehículo en una calle, a lo largo de una carretera o en una alcantarilla. Para acceder a listas actualizadas y mapas de áreas de protección de aguas subterráneas en California, visite la página web de DPR, cdpr.ca.gov/docs/emon/grndwtr/gwpa_locations.htm.

No mezcle ni cargue cerca del agua. Realice la mezcla y carga lo más lejos posible (al menos 100 pies) de los pozos, los lagos, los arroyos, los ríos y las alcantarillas. Siempre que sea posible, mezcle y cargue los pesticidas en el lugar de aplicación. Considere la posibilidad de utilizar una plataforma de mezcla y carga portátil o sellada permanentemente para evitar la contaminación del suelo.

Mantenga los pesticidas lejos de los pozos. No guarde ni mezcle pesticidas cerca de los pozos. Los pozos mal construidos, incorrectamente tapados o abandonados pueden permitir que el agua superficial que contiene los pesticidas y otros contaminantes ingresen de forma directa en el agua subterránea.

Evite el reflujo del sifón. El reflujo del sifón es el flujo inverso de los líquidos en una manguera de llenado. Succiona el contenido del tanque hacia el suministro de agua. El reflujo del sifón comienza con una reducción en la presión del agua y puede llevar cantidades muy grandes de pesticida directamente a la fuente de agua. Esto ocurre cuando se permite que el extremo de una manguera de agua se extienda por debajo de la superficie de la mezcla de rociado durante el llenado de un tanque de rociado. El método más sencillo para evitar el reflujo del sifón es mantener un espacio de aire entre el extremo de descarga de la línea de alimentación de agua y la solución del pesticida en el tanque de rociado. Mantenga un espacio de aire de al menos el doble del diámetro del tubo de descarga. Otro método para evitar el reflujo del sifón es utilizar un dispositivo antisifón o una válvula de retención.

Mejore el uso del suelo y los métodos de aplicación. Las terrazas y la labranza de conservación pueden reducir los escurrimientos del agua y la erosión del suelo. Preferentemente, deje tanto residuo de planta como sea posible en la superficie del suelo para mantener los niveles de erosión bajos. En aquellos casos en que la labranza de conservación no sea posible, reduzca el potencial de escurrimientos a través de la incorporación de pesticidas en el suelo. Esta práctica reduce la concentración del pesticida en la superficie del suelo.

Las franjas protectoras a base de pasto son muy efectivas para reducir los escurrimientos del pesticida porque atrapan los sedimentos que contienen pesticidas y hacen lento el escurrimiento del agua, lo que permite que más escurrimiento se infiltre al suelo. Dejar franjas de protección sin tratar cerca de arroyos, estanques y otras áreas sensibles puede atrapar gran parte del pesticida que se escurre de las áreas tratadas.

Programe las aplicaciones de pesticidas de acuerdo a las previsiones meteorológicas. Los pesticidas son más propensos a alejarse de un sitio de aplicación durante las lluvias fuertes o el riego en las primeras horas después de la aplicación. Escoja los productos sabiamente. Siempre que sea posible, utilice pesticidas que sean menos propensos a filtrarse. Lea las etiquetas para conocer las advertencias de filtración.

PROTECCIÓN DE ZONAS SENSIBLES

En ocasiones, los pesticidas se deben aplicar de forma deliberada en un área sensible para controlar una plaga. Solo los aplicadores competentes en el manejo de los pesticidas deben realizar estas aplicaciones. En otros momentos, el área sensible podría ser parte de un sitio de aplicación más grande. Cuando sea posible, se deben tomar precauciones especiales para evitar aplicaciones en las zonas delicadas. Una buena forma de evitar la contaminación es dejar un área sin tratar alrededor de un lugar delicado. En otros supuestos, la zona delicada puede estar cerca de un lugar que se utiliza para mezclar y cargar, almacenar, desechar o lavar el equipo. En todos los casos, se deben tomar precauciones para evitar la contaminación accidental de áreas sensibles. Lea la etiqueta para declaraciones que adviertan sobre las restricciones especiales alrededor de áreas sensibles, como la de la Figura 11-8. Existen restricciones adicionales en California para la aplicación cerca de escuelas. Consulte con su comisionado agrícola local y en 3CCRs para más detalles.

Sensitive Areas: The pesticide should only be applied when the potential for drift to adjacent sensitive areas (e.g., residential areas, bodies of water, known habitat for threatened or endangered species, non-target crops) is minimal (e.g., when wind is blowing away from the sensitive areas).

FIGURA 11-8.
La declaración de la etiqueta de un pesticida describe las restricciones de uso de este material cerca de áreas sensibles.

Protección de organismos no objetivo

Las siguientes secciones describen algunos métodos que se pueden utilizar para minimizar los efectos del pesticida en plantas no objetivo, abejas y otros organismos beneficiosos y peces, animales silvestres y ganado.

Plantas no objetivo

Los pesticidas pueden causar daños en las plantas debido a la exposición química (fitotoxicidad), en especial si se aplican a una tasa elevada, en el momento incorrecto o bajo condiciones ambientales desfavorables. Revise detenidamente la etiqueta de los pesticidas para asegurarse de haber calculado la tasa de aplicación de forma correcta y de utilizar el equipo de aplicación apropiado. También debe planificar las aplicaciones con anticipación para asegurarse de que las condiciones sean ideales y que tanto los organismos objetivos como no objetivo se encuentren en su etapa biológica óptima. Por ejemplo, quizás desee demorar la aplicación de herbicidas en un cultivo si ha sufrido estrés hídrico recientemente, dado que las plantas debilitadas son más propensas a experimentar efectos fitotóxicos. Utilice los métodos de calibración del Capítulo 10 para asegurarse de que las tasas de aplicación y las áreas de cobertura permanezcan constantes. La mayoría del daño fitotóxico accidental se debe a los herbicidas que derivan hacia las áreas adyacentes, aunque a menudo puede ser producto de un escurrimiento superficial. Lea en párrafos anteriores de este capítulo, donde se habla de la deriva y los escurrimientos, y los métodos que uno puede utilizar para prevenir dichos tipos de movimientos fuera de lugar.

Abejas y otros organismos beneficiosos

Dado que las abejas son una parte muy importante en los ecosistemas agrícolas, debe ser consciente de su actividad al planificar las aplicaciones de pesticidas. Evitar la pérdida de las abejas es una responsabilidad conjunta del aplicador, el cultivador y el apicultor. Consulte con el comisionado agrícola local del condado antes de realizar aplicaciones de pesticidas que puedan dañar a las abejas. El comisionado tendrá información de contacto de apicultores que han solicitado una notificación previa a la aplicación de pesticidas, como así también reglamentos específicos de protección de las abejas o condiciones únicas del condado que afectan su aplicación. Puede minimizar la pérdida de abejas por envenenamiento de insecticidas al seguir algunos principios básicos:
- Lea la etiqueta y siga sus instrucciones.
- Determine si las abejas liban en el área objetivo para tomar medidas de protección.

- Siempre que sea posible, utilice pesticidas y formulaciones menos peligrosos para las abejas. Los concentrados emulsificables son más seguros que las formulaciones en polvo. Los gránulos son más seguros y es menos probable que dañen a las abejas. Los pesticidas microencapsulados suponen el mayor riesgo para las abejas, como todos los insecticidas sistémicos.
- Escoja el método de aplicación menos peligroso. Las aplicaciones de ciertos insecticidas en el suelo son menos peligrosas para las abejas que las aplicaciones aéreas. Todos los métodos de aplicación son peligrosos para las abejas al aplicar insecticidas sistémicos.
- Aplique las sustancias químicas por la tarde o en las primeras horas de la mañana, antes de que las abejas se alimenten. Las aplicaciones por la tarde generalmente son más seguras para las abejas que las aplicaciones por la mañana. Si las temperaturas inusualmente cálidas por la tarde hacen que las abejas busquen alimento más tarde de lo usual, demore la aplicación del pesticida.
- No rocíe cultivos en florecimiento, excepto cuando sea necesario. Jamás rocíe cuando las abejas estén presentes.
- No rocíe cuando las malezas u otras plantas alrededor del lugar de tratamiento estén en florecimiento.
- No trate un campo entero o un área si los tratamientos localizados controlarán la plaga.

La Tabla 11-4 enumera los pesticidas de acuerdo a su impacto en las abejas melíferas. Si un pesticida puede dañar a las abejas melíferas, también puede causar problemas para otros

TABLA 11-4:

Ingredientes activos de pesticidas comúnmente utilizados y sus efectos en las abejas

Ingrediente activo*	Tipo de pesticida	Altamente tóxico para las abejas o sus crías	Tóxico para las abejas o sus crías	Sin declaración precautoria en la etiqueta con respecto a las abejas
abamectina	acaricida	●		
azadiractina	insecticida		●	
Bacillus thuringiensis subsp. Aizawai	insecticida		●	
bifentrina	acaricida, insecticida	●		
clorpirifós	insecticida	●		
sulfato de cobre	bactericida, fungicida			●
tierra de diatomeas	insecticida		●	
diazinón	acaricida, insecticida	●		
fipronil	insecticida	●		
glifosato	herbicida		●	
aceite hortícola	insecticida, acaricida, fungicida		●	
imidaclopride	insecticida	●		
mefenoxam	fungicida			●
oxifluorfeno	herbicida			●
paraquat	herbicida		●	
propiconazol	fungicida		●	
piretrina	insecticida	●		
rotenona	insecticida, piscicida		●	
espinosad	insecticida		●	
azufre	acaricida, fungicida			●

Nota: *Algunos ingredientes activos o productos aquí enumerados podrían no estar actualmente registrados como pesticidas o su registro podría estar cancelado.
Fuente: Adaptado de Hooven y otros. 2013.

organismos beneficiosos. A menudo, estos organismos beneficiosos son aliados valiosos para mantener las poblaciones de plagas por debajo de los niveles de daño. Una aplicación de pesticida puede dañar a la población de organismos beneficiosos tanto como a la plaga objetivo, por lo que no se debe rociar cuando los organismos beneficiosos se encuentren en un área objetivo.

Peces, animales silvestres y ganado

Las muertes de los peces a menudo son producto de la contaminación del agua por un pesticida y es más probable que se deban a los insecticidas, en especial cuando los pequeños estanques o arroyos presentan un flujo o volumen de agua bajo. Evite las situaciones en que el pesticida a aplicar pueda trasladarse fácilmente al agua o lejos del lugar de aplicación en aguas corrientes. Por ejemplo, las aplicaciones en áreas sin terrazas pueden exponer a los animales a los pesticidas que se trasladan en aguas que fluyen cuesta abajo. Lea la etiqueta para asegurarse de dejar la zona de amortiguación requerida entre el sitio de aplicación y los lagos, arroyos o suministros de aguas subterráneas que puedan alimentar cuerpos de agua que proporcionen agua a organismos acuáticos. Para obtener más información acerca de la minimización de escurrimientos y la filtración, lea "Prevención de la contaminación de agua superficial y subterránea" anteriormente en este capítulo.

Las muertes de las aves producto de la exposición a pesticidas pueden ocurrir de distintas formas. Las aves pueden ingerir gránulos de pesticidas, cebos o semillas tratadas. Pueden estar expuestas directamente a los rociados. Pueden consumir cultivos tratados o beber aguas contaminadas o pueden alimentarse de insectos u otras presas contaminados con otros pesticidas. Las formulaciones granuladas o peletizadas son una preocupación particular, dado que las aves y otros animales a menudo las confunden con comida. Otras formulaciones (líquidas) pueden ser más seguras cuando las aves y otros animales silvestres están en o cerca del área tratada. Coloque los cebos correctamente para que las mascotas, las aves y otros animales silvestres no puedan acceder a ellos. Use cebos de semillas coloreadas para que las aves no objetivo los eviten.

Los animales también pueden sufrir daños cuando se alimentan de plantas o animales que llevan residuos de pesticidas. Los residuos de pesticidas que permanecen sobre o en los cuerpos de animales muertos pueden dañar a los predadores. Esto se llama envenenamiento secundario. Para evitar esta situación, elimine rápidamente y deshágase de forma correcta de los animales muertos del área de tratamiento. Revise la etiqueta del pesticida para leer las declaraciones acerca del envenenamiento secundario.

El ganado también puede sufrir daños por las aplicaciones de los pesticidas. La fuente más común de envenenamiento del ganado por pesticidas es a través de la ingesta de alimento contaminado, el forraje y el agua de consumo. La contaminación a menudo ocurre como resultado del transporte inapropiado o imprudente, el almacenamiento, el manejo, la aplicación o la eliminación de pesticidas, por lo que debe tener cuidado al trabajar con pesticidas cerca del ganado.

El Monitoreo de seguimiento

Describa cómo evaluar la cobertura de rociado y adaptar las variables de aplicación para cambiar la cobertura según sea necesario.

Haga un seguimiento después de cada aplicación de pesticida para determinar si ha sido exitosa. La barra lateral 11-3 es una lista de verificación de seguimiento. Comience por comparar la cantidad de pesticida que se ha utilizado con la cantidad prevista. La variación no debe ser superior al 10%. Si se ha aplicado más o menos pesticida, determine la causa. Revise la calibración del rociador y los procedimientos de mezcla en el tanque y vuelva a calcular el tamaño del área objetivo. Revise las boquillas para detectar desgastes u obstrucciones o bloqueos en el sistema de bombeo del rociador.

Inspeccione el lugar de aplicación para asegurarse de que la cobertura haya sido adecuada y uniforme. Use EPP, en caso de ser necesario. Preste atención a:

- señales de escurrimiento del pesticida
- falta de penetración en el follaje denso
- traslapado o follaje aglomerado
- cobertura irregular de arriba a abajo de las plantas grandes

Una forma de determinar si la cobertura es irregular incluye revisar el follaje para encontrar residuos blancos después de que una aplicación de un polvo humectable se ha secado o agregar un producto de protección solar blanco que deje un residuo blanco similar. Otra forma de determinar si un rociador ha penetrado un follaje denso es colocar tarjetas de papel hidrosensibles en el área de tratamiento antes de la aplicación. Si el color no cambia o solo muestra algunas manchas, puede ajustar el equipo de aplicación para mejorar los resultados. Los métodos para ajustar las tasas de aplicación de un rociador se describen en el Capítulo 10.

BARRA LATERAL 11-3

FORMULARIO DE PESTICIDAS PARA EL SEGUIMIENTO DE LA LISTA DE VERIFICACIÓN

CANTIDAD DE PESTICIDA UTILIZADO
   a. Cantidad calculada para realizar un trabajo: _____
   b. Cantidad utilizada: _____
   c. Variación - divida (a) por (b) y luego multiplique por 100. Reste la respuesta a 100 (la respuesta tendría que ser entre +10 y −10)

COBERTURA
   a. Homogéneo _____ o Irregular _____
   b. ¿Escurrimientos? Sí / No
   c. Describa el nivel de penetración en todas las zonas:
   _____

EFECTIVIDAD
   a. ¿Se controló la plaga deseada o se redujo por debajo del nivel de daño económico? Sí / No
   b. ¿Brote de una segunda plaga? Sí / No

PROBLEMAS
   a. ¿Salpicado en las superficies? Sí / No
   b. ¿Daño a las plantas? Sí / No
   c. ¿Otro? _____

COMENTARIOS
_____
_____
_____

Capítulo 11, Preguntas de repaso

1. **Comprender el ciclo biológico o las etapas de las plagas lo ayudará a _____.**
   - ☐ a. programar aplicaciones de pesticida sin controlar las plagas
   - ☐ b. elegir el pesticida más efectivo a aplicar
   - ☐ c. crear un programa MIP que no requiera pesticidas

2. **¿Qué puede hacer para reducir el efecto de un insecticida en las abejas melíferas?**
   - ☐ a. Usar el producto cuando una plaga es muy activa, dado que las abejas melíferas son menos activas en dicho momento.
   - ☐ b. Hacer la aplicación temprano por la mañana o por la tarde, dado que las abejas melíferas son menos activas en el ambiente.
   - ☐ c. Hacer una aplicación aérea, dado que es mucho más segura, ya sea que las abejas melíferas sean más o menos activas.

3. **¿Qué propiedad del pesticida puede hacer que el material sea más propenso a moverse con el agua en un escurrimiento superficial?**
   - ☐ a. solubilidad elevada
   - ☐ b. absorción elevada
   - ☐ c. volatilidad elevada

4. **Ponga la siguiente lista de ingredientes en el orden correcto para la prueba de jarra de compatibilidad de pesticidas.**
   - ☐ a. surfactantes
   - ☐ b. concentrados emulsionables
   - ☐ c. concentrados solubles en agua
   - ☐ d polvo humectable
   - ☐ e. diluyente

5. **Una el tipo de movimiento fuera de lugar con un método que pueda utilizar para combatirlo.**

1.	deriva del rocío	a.	Evitar la aplicación en un día caluroso o cuando se esperan temperaturas elevadas durante varias horas después de la aplicación.
2.	deriva del vapor	b.	Ajustar la altura de la barra para acortar la distancia que debe viajar el pesticida para alcanzar el objetivo.
3.	deriva de partículas	c.	Revisar los mapas de zonas de protección de aguas subterráneas y evitar las aplicaciones en estos lugares siempre que sea posible.
4.	escurrimiento	d.	Mantener el suelo húmedo si se esperan vientos elevados después de la aplicación de pesticidas persistentes en el suelo.
5.	filtración	e.	Dejar zonas de amortiguación, en especial cuando el sitio de aplicación se encuentra cerca de arroyos, estanques u otras fuentes de agua superficial.

6. **Verdadero o falso**

    ☐ Verdadero ☐ Falso a. Para medir la penetración del rociado de un pesticida en un follaje denso, como árboles, colocar esponjas sensibles al pH en el área de tratamiento y revisar los niveles de saturación después de la aplicación.

    ☐ Verdadero ☐ Falso b. Usar una unidad GPS en el rociador ayuda a reducir la deriva al garantizar un rociado de gotas lo suficientemente grandes como para rociar sobre el objetivo.

    ☐ Verdadero ☐ Falso c. La etiqueta del pesticida es el mejor lugar para saber si un producto se puede mezclar exitosamente con otro en el mismo tanque.

    ☐ Verdadero ☐ Falso d. Una de las primeras cosas a observar al realizar un monitoreo de seguimiento en un sitio de aplicación son las indicaciones de que la cobertura del pesticida ha sido adecuada y uniforme.

    ☐ Verdadero ☐ Falso e. Los pesticidas solo son dañinos para las abejas adultas y nunca afectan a la cría dentro de la colmena.

7. **¿Cuál de las siguientes situaciones incrementaría la probabilidad de la resistencia a los pesticidas?**

    ☐ a. La utilización de dos pesticidas distintos para controlar una plaga que se reproduce solo una vez al año.

    ☐ b. El uso repetido de los mismos pesticidas en el mismo lugar de aplicación.

    ☐ c. La aplicación de un pesticida que tiene un efecto residual escaso o nulo.

Capítulo 12
Emergencias con pesticidas y respuesta ante emergencias

Primeros auxilios 188
Si el pesticida entra en contacto con la piel o la ropa 190
Si el pesticida entra en contacto con los ojos 191
Si se inhala el pesticida 192
Si se ingiere el pesticida 192
Fugas y derrames de pesticidas 193
Otro tipo de emergencias con pesticidas 197
Cómo actuar ante un incendios provocado por pesticidas . 197
Cómo actuar ante un robo de pesticidas 197
Aplicación incorrecta de pesticidas 198
Repaso de la respuesta de emergencias ante accidentes 199
Capítulo 12, Preguntas de repaso 200

Expectativas de conocimiento

1. Defina primeros auxilios.
2. Explique los procedimientos a seguir para obtener tratamiento médico de emergencia en episodios de exposición.
3. Describa cómo organizar y ejecutar un plan de respuesta ante emergencias.
4. Describa los síntomas y signos de intoxicación/sobreexposición a pesticidas.
5. Describa cómo identificar las enfermedades relacionadas con el calor y prestar primeros auxilios.
6. Describa dónde encontrar información sobre primeros auxilios para una persona involucrada en un incidente con pesticidas y explique qué hacer si:
   a. el pesticida entra en contacto con la ropa
   b. el pesticida entra en contacto con los ojos
   c. se inhala pesticida
   d. se ingiere pesticida
7. Enumere el contenido de una instalación de descontaminación bien equipada, incluidos los componentes específicos de las diferentes fórmulas.
8. Enumere el contenido de un kit para derrames de pesticidas.
9. Describa qué hacer ante una fuga o derrame de pesticidas.
10. Describa qué hacer ante un incendio provocado por pesticidas.
11. Describa qué hacer ante el robo de un producto pesticida.
12. Describa cómo responder ante una aplicación incorrecta de pesticidas.
13. Explique por qué se debe revisar cualquier incidente.

Primeros auxilios

Defina primeros auxilios.

Los primeros auxilios son la ayuda que se le presta a una persona expuesta a pesticidas antes de recibir atención de emergencia de un médico profesional. Sin embargo, los primeros auxilios no substituyen a la atención médica profesional. La sección "avisos de precaución" de la etiqueta de cada pesticida proporciona información específica sobre primeros auxilios.

Protéjase cuando preste primeros auxilios a una persona expuesta a pesticidas. Evite que los pesticidas entren en contacto con su piel. No inhale los vapores. No entre en un área confinada para rescatar a una persona agobiada por los vapores tóxicos de un pesticida a menos que cuente con el EPP adecuado, incluyendo equipo respiratorio. Recuerde, el pesticida que afectó a la persona lesionada también puede perjudicarlo a usted.

Obtenga atención médica profesional de inmediato para cualquier persona que haya estado expuesta a un pesticida altamente tóxico o que muestre signos de envenenamiento por pesticida. Llame a una ambulancia o transporte a la persona lesionada a un centro médico, lo que sea más rápido, para que sea tratado. Una persona lesionada nunca debe trasladarse por sus propios medios a un centro médico. Además de las medidas de primeros auxilios que se enumeran a continuación, la rapidez con la que se obtiene atención médica suele ayudar a controlar el alcance de las lesiones. Proporcione al personal médico la información completa del pesticida que se sospecha que ha causado el daño, incluida la etiqueta completa y la correspondiente ficha de datos de seguridad (FDS). Explique también cómo se expuso la persona al pesticida.

PLANIFICACIÓN DE RESPUESTA ANTE EMERGENCIAS

Un plan de respuesta ante emergencias cuidadosamente pensado es una de las herramientas más importantes para evitar que una situación de emergencia se convierta en un evento catastrófico. Considere las siguientes pautas cuando desarrolle un plan de respuesta a emergencias y capacite a los empleados sobre cómo utilizarlo:

BARRA LATERAL 12-1

NÚMEROS DE EMERGENCIA PARA ACCIDENTES Y DERRAMES DE PESTICIDAS

CUANDO LAS PERSONAS HAN ESTADO EXPUESTAS A PESTICIDAS

- Marque 9-1-1 para atención médica de emergencia. Comuníquele al operador que el problema es una exposición a pesticidas. Proporcione una ubicación exacta e información acerca del tipo de pesticida implicado.

- Después de recibir el tratamiento médico correspondiente a la exposición, determine si se ha producido un derrame. Siga las siguientes instrucciones en caso de derrame.

- Contacte la oficina del comisionado agrícola más cercana para reportar el incidente en la página web: cdfa.ca.gov/exec/county/county-map/.

PARA DERRAMES DE PESTICIDAS EN CARRETERAS ESTATALES O FEDERALES

- Notifique a la oficina local de la Patrulla de Caminos de California y al departamento de bomberos local (marque 9-1-1). Informe al operador del servicio de emergencias que ocurrió un derrame de pesticidas; proporcione la ubicación exacta y el tipo de pesticida.

- Contacte al Centro de Transporte Químico de Emergencia o CHEMTREC, al 800-424-9300 para obtener asistencia en la limpieza de un derrame de pesticidas.

- Contacte la Oficina de Servicios de Emergencia de California. Por lo general, habrá que completar un reporte escrito. Consulte caloes.ca.gov/home o contacte a la oficina central en Sacramento:
Oficina de Servicios de Emergencia del Gobernador
3650 Schriever Ave
Mather, CA 95655, (916) 845-8510

- Contacte la oficina del comisionado agrícola local. Podrá encontrar el número de teléfono del comisionado para el condado donde sucedió el accidente en: cdfa.ca.gov/exec/county/countymap/.

PARA DERRAMES DE PESTICIDAS EN LA CIUDAD O LOS CAMINOS RURALES O LA PROPIEDAD PRIVADA

- Contacte la policía local o el sheriff y el departamento de bomberos local (marque 9-1-1). Informe al operador del servicio de emergencias que ocurrió un derrame de pesticidas. Proporcione la ubicación exacta y tipo de pesticida.

- Contacte al CHEMTREC al 800-424-9300 para obtener asistencia en la limpieza del derrame de pesticidas.

- Reporte el derrame a la oficina de Servicios de Emergencia de California (consulte caloes.ca.gov/home).

- Contacte la oficina del comisionado agrícola local. Podrá encontrar el número de teléfono del comisionado del condado donde sucedió el incidente en cdfa.ca.gov/exec/county/countymap/.

EMERGENCIAS CON PESTICIDAS Y RESPUESTA ANTE EMERGENCIAS

Explique los procedimientos a seguir para obtener tratamiento médico de emergencia en caso de episodios de exposición.

Describa cómo organizar y ejecutar un plan de respuesta a emergencias.

- Designe un coordinador de emergencias. Esta persona debe tener los conocimientos y la autoridad para dirigir y administrar las respuestas de los empleados ante una emergencia con pesticidas y para coordinar los esfuerzos de las agencias locales de respuesta a emergencias tales como los bomberos, los policías y los paramédicos.
- Mantenga una lista de organismos de respuesta a emergencias (barra lateral 12-1). Incluya nombres y números de teléfono de todos los organismos de respuesta a los que pueda tener que llamar para solicitar ayuda ante una emergencia. Organice la lista en el orden en que se debe llamar.
- Coloque el nombre, la ubicación y el número de teléfono del centro de atención médica de emergencia más cercano en un lugar destacado en el lugar de trabajo (o en el vehículo de trabajo).
- Incluya en su lista de llamadas una descripción de la información que debe comunicarse durante una llamada de notificación de emergencia que contenga lo siguiente:
    - nombre y número de devolución de llamada de la persona que notifica el incidente
    - ubicación precisa del incidente
    - descripción general de lo ocurrido
    - el nombre exacto, la cantidad, y la clasificación de cada uno de los productos químicos involucrados
    - el alcance de las lesiones
    - peligro potencial al entorno y a las personas que residen en la zona
- Prepare un mapa de sus instalaciones para incluirlo en su plan de respuesta ante emergencias. Muestre una disposición de todos los edificios de almacenamiento de productos químicos y los tanques de almacenamiento a granel; las carreteras de acceso; los principales sitios para cortar electricidad, agua y gas; las cercas perimetrales que podrían dificultar el acceso a la instalación de almacenamiento de pesticidas; la ubicación de las alarmas contra incendios, el equipo contra incendios y el equipo de protección personal (EPP); y las cañerías de desagüe del lugar. Proporcione a las agencias de respuesta a emergencias (en el estado de California, sería el comisionado agrícola del condado y el departamento de bomberos de la ciudad o el condado) una copia actualizada de este mapa siempre que se realicen cambios en las instalaciones (Fig. 12-1).

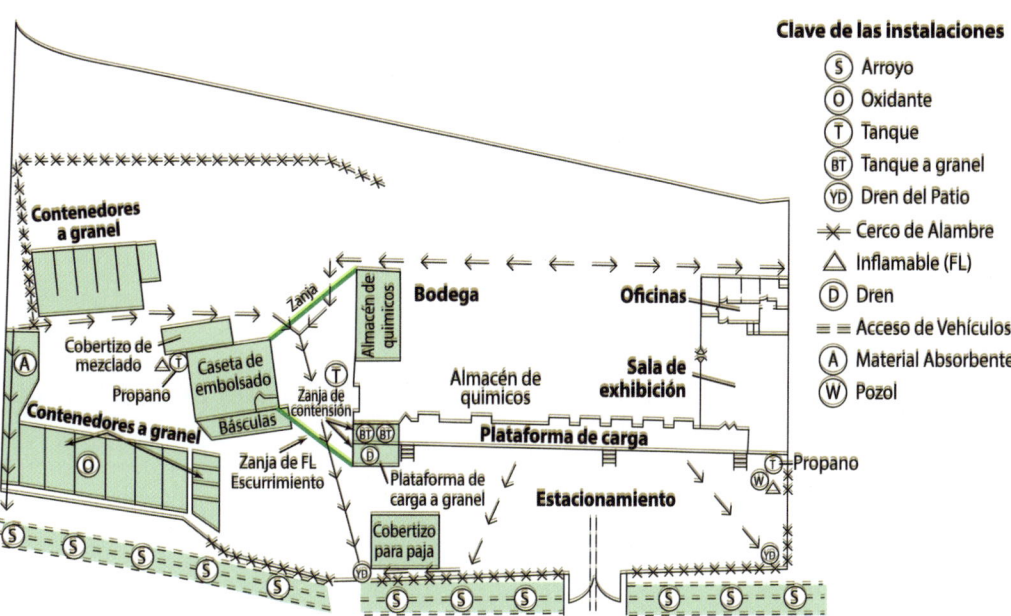

FIGURA 12-1.
Incluye un mapa de las instalaciones como parte del plan de respuesta a emergencias. Fuente: Randall 2008.

> - Proporcione a los organismos de respuesta a emergencias un mapa que muestre su instalación en relación a los alrededores, para quelos bomberos, los policías y los paramédicos no pierdan tiempo tratando de encontrar sus instalaciones.
> - Mantenga un inventario de los tipos y cantidades de los productos químicos almacenados en sus instalaciones. Su plan de respuesta ante emergencias debe reflejar el almacenamiento en temporada alta.. Este inventario debe incluir los nombres de los productos, los volúmenes de los recipientes y las ubicaciones de los contenedores en el lugar de almacenamiento. Además, debe conservar siempre copias de las etiquetas de los pesticidas y las fichas de datos de seguridad.
> - Mantenga una lista actualizada de los proveedores que puedan proporcionar equipos y materiales adicionales que puedan ser necesarios ante una emergencia.

CÓMO RECONOCER LA INTOXICACIÓN O SOBREEXPOSICIÓN POR PESTICIDAS EN LAS PERSONAS

Describa los síntomas y signos de intoxicación/sobreexposición a pesticidas.

Con el fin de proporcionar los primeros auxilios adecuados y comunicarse con el personal médico que corresponda, usted debe ser capaz de reconocer los signos y los síntomas de intoxicación aguda o sobreexposición por pesticidas. A menudo, los síntomas de la intoxicación por pesticidas son similares a los síntomas de las enfermedades por calor o las enfermedades comunes como la gripe, por lo que debe observar lo que precede inmediatamente a la aparición de los síntomas.

Los signos de envenenamiento o sobreexposición son los que se pueden observar en una víctima de intoxicación por pesticidas. Estos pueden incluir vómitos, sudor, irritación de la piel, irritación de los ojos, hinchazón o pupilas puntiformes.

Los síntomas de envenenamiento o sobreexposición solo pueden ser descritos por la víctima, y pueden incluir náuseas, dolores de cabeza, debilidad, ardor en los ojos, la nariz, la boca o la garganta, dolor de pecho, dolor corporal, calambres musculares, y mareos, ente otros.

CÓMO RECONOCER Y RESPONDER A LAS ENFERMEDADES RELACIONADAS CON EL CALOR

Describa cómo identificar las enfermedades relacionadas con el calor y brindar primeros auxilios.

Las enfermedades relacionadas con el calor pueden parecerse a ciertos tipos de intoxicación por pesticidas. Los síntomas de las enfermedades causadas por el calor incluyen cansancio, debilidad, dolor de cabeza, sudor, náuseas, mareos y desmayos. Las enfermedades graves causadas por el calor pueden provocar que una persona se vea confundida, se enoje con facilidad o se comporte de forma extraña.

De acuerdo a la severidad de los síntomas, los primeros auxilios para las enfermedades provocadas por el calor, podrían abarcar algunas o todas las siguientes acciones:

- Llamar al 9-1-1 y notificar a un supervisor
- Trasladar a los trabajadores a un lugar fresco o con aire acondicionado, donde puedan descansar
- Refrescar a los trabajadores de la siguiente manera:
  - remojando su ropa en agua
  - rociarlos, pasarles una esponja o ducharlos con agua
  - abanicando sus cuerpos
- proporcionarles a los trabajadores abundante agua, jugos o bebidas deportivas

Describa dónde encontrar información sobre primeros auxilios para una persona involucrada en un incidente con pesticidas y explique qué hacer si:
a. el pesticida entra en contacto con la ropa
b. el pesticida entra en contacto con los ojos
c. se inhala pesticida
d. se ingiere pesticida

SI EL PESTICIDA ENTRA EN CONTACTO CON LA PIEL O LA ROPA

Los pesticidas que entran en contacto con la piel o la ropa pueden causar lesiones graves (Fig. 12-2). Algunos pesticidas pueden causar quemaduras o erupciones en la piel o, por absorción cutánea, producir envenenamiento interno. Quítese inmediatamente la ropa contaminada y lave las zonas afectadas con agua limpia y jabón.

EMERGENCIAS CON PESTICIDAS Y RESPUESTA ANTE EMERGENCIAS

FIGURA 12-3.
Si el pesticida ingresa en los ojos, lávelos con agua corriente limpia durante 15 minutos. Luego, si la irritación persiste, busque atención médica.

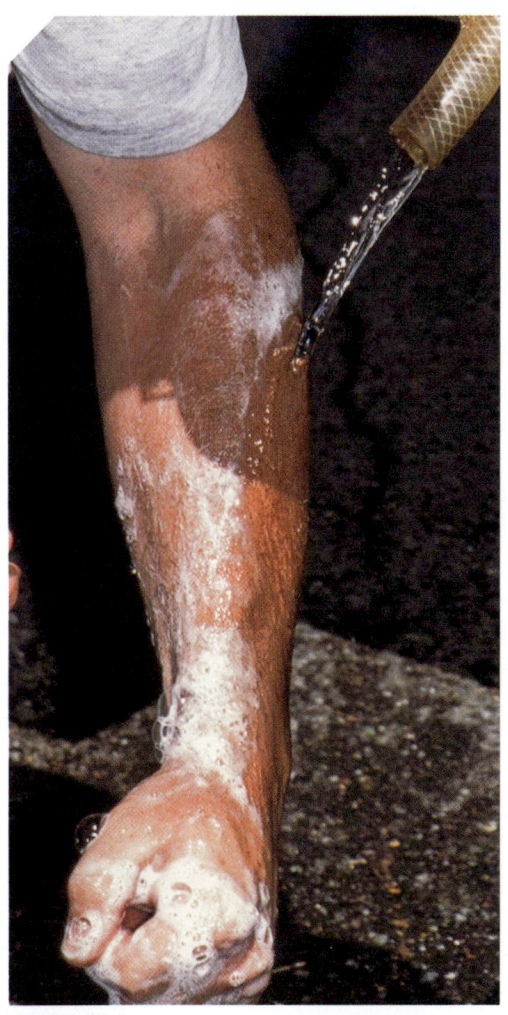

FIGURA 12-2.
Si el pesticida se derrama sobre su cuerpo, la primera medida es quitarse las prendas contaminadas y lavar las partes afectadas del cuerpo con jabón y mucha agua. Hágalo rápido para evitar lesiones graves.

Primeros auxilios en caso de exposición cutánea

Tome las siguientes medidas si usted u otra persona subre una exposición cutánea a los pesticidas:

- **Abandone la zona contaminada.** Aléjese (o retire a la víctima) de los vapores, los pesticidas derramados y la contaminación adicional. Haga esto rápidamente.
- **Prevenir futuras exposiciones.** Quítese la ropa contaminada y lávese minuciosamente la piel afectada y el cabello. Utilice jabón o detergente y abundante agua.
- **Consiga atención médica.** Llame a una ambulancia o pídale a alguien que transporte a la persona afectada al centro médico más cercano lo más rápido posible. Entréguele a los proveedores médicos la etiqueta completa del pesticida y una copia de la FDS asociada al pesticida que causó la lesión.

SI EL PESTICIDA ENTRA EN CONTACTO CON LOS OJOS

Muchos pesticidas pueden causar daños graves si entran en contacto con los ojos. Los primeros auxilios inmediatos, seguidos de la atención médica, ayudan a reducir la lesión.

PRIMEROS AUXILIOS PARA EXPOSICIÓN DE LOS OJOS

Realice los siguientes pasos para tratar la exposición de los ojos:

- **Enjuague los ojos.** Enjuague inmediatamente el ojo o los ojos afectados con un suave chorro de agua corriente, limpia y templada (Fig. 12-3). Dirija el chorro de agua lejos del globo ocular, y deje que el agua corra por el puente de la nariz o por un lado de la cara y hacia el ojo. Mantenga los párpados abiertos para asegurar un lavado completo. Continúe enjuagándose los ojos por lo menos durante 15 minutos (si usa lentes de contacto, enjuáguese los ojos durante 5 minutos, luego retírese los lentes de contacto y continúe enjuagándose durante otros 10 minutos). Si solo tiene un ojo afectado, mantenga el ojo dañado más cerca del suelo, para que el agua utilizada para el lavado no contamine el otro ojo. Cuando se enjuague los ojos, no utilice ningún producto químico o medicamento en el agua, dado que eso podría aumentar la extensión de la lesión. Si no dispone de agua corriente, vierta lentamente agua limpia de un vaso, un refrigerador de agua u otro recipiente sobre el puente de la nariz, en lugar de hacerlo directamente sobre los ojos.
- **Obtenga atención médica.** Obtenga siempre atención médica si la irritación persiste luego del lavado. Comuníqueles a los médicos el nombre del pesticida que causó la lesión.

SI SE INHALA EL PESTICIDA

La inhalación de productos químicos, como el polvo de los pesticidas, los vapores de los pesticidas derramados y los humos de la combustión de pesticidas, pueden causar graves lesiones pulmonares y pueden absorberse por otras partes del cuerpo por medio de los pulmones. Tome inmediatamente medidas de primeros auxilios para reducir las lesiones o evitar la muerte.

Utilice un respirador que suministre aire cuando ingrese a una zona cerrada para rescatar a una persona que haya sido alcanzada por los vapores de los pesticidas. Los respiradores con cartucho no son adecuados para altas concentraciones de vapores de pesticidas o condiciones de oxígeno insuficiente. Si no tiene un respirador que suministre aire, o no ha sido autorizado médicamente para usar uno, pida ayuda de emergencia. Ayudará más a la persona herida si busca la ayuda de emergencia adecuada que si se ve superado por los vapores del pesticida.

Primeros auxilios en caso de inhalación de pesticidas

Realice los siguientes pasos si necesita proporcionar primeros auxilios a una persona afectada por los vapores de un pesticida:

- **Abandone la zona contaminada o saque a la persona expuesta del área contaminada.** Cualquier persona que se vea afectada por los vapores de los pesticidas debe salir a tomar aire fresco inmediatamente. Evite el esfuerzo físico, ya que esto supone un esfuerzo adicional para el corazón y los pulmones.
- **Afloje la ropa.** Aflojar la ropa facilita la respiración y también libera los vapores de los pesticidas atrapados entre la ropa y la piel.
- **Restablezca la respiración.** Si la respiración se ha detenido o es irregular o dificultosa, comience con la respiración artificial (respiración de rescate). Continúe asistiendo a la persona hasta que la respiración haya mejorado o hasta que llegue la ayuda médica. Si la persona ha dejado de respirar y no tiene pulso, inicie la resucitación cardiopulmonar (RCP) y continúe hasta que llegue la ayuda.
- **Tratamiento para el shock.** La lesión por inhalación a menudo hace que una persona entre en shock. Mantenga a la persona herida calmada y acostada. Evite el enfriamiento envolviendo a la persona en una manta luego de quitarle la ropa contaminada. No le dé bebidas alcohólicas.
- **Esté atento a las convulsiones.** Si se producen convulsiones, proteja a la víctima de caídas o lesiones y mantenga las vías respiratorias despejadas asegurándose de que la cabeza esté inclinada hacia atrás.
- **Consiga atención médica inmediata.** Llame a una ambulancia o transporte a la persona afectada al centro médico más cercano. Proporcione al personal médico la mayor información posible sobre el pesticida.

SI SE INGIERE EL PESTICIDA

Hay dos peligros inmediatos asociados a la ingestión de pesticidas. El primero está relacionado con la toxicidad del pesticida y el efecto de envenenamiento que tendrá en el sistema nervioso u otros órganos internos de la persona. El segundo implica una lesión física que el pesticida ingerido causa en el revestimiento de la boca y la garganta, como también en los pulmones. Los materiales corrosivos, aquellos que son fuertemente ácidos o alcalinos, pueden quemar gravemente estos tejidos sensibles. Los pesticidas a base de petróleo pueden causar daños en los pulmones y el sistema respiratorio, especialmente si se vomita. Nunca induzca el vómito a menos que tenga instrucciones específicas de hacerlo por parte de un profesional médico o la etiqueta del pesticida. Lea siempre la etiqueta del pesticida para saber exactamente cuáles son las recomendaciones.

Puede ponerse en contacto con los centros regionales de información toxicológica de Sacramento, San Francisco, Fresno y San Diego por teléfono las 24 horas del día, los siete días de la semana. En caso de una emergencia por envenenamiento, llame al Sistema de Control de Envenenamiento de California (CPCS, por sus siglas en inglés) utilizando la línea gratuita

1-800-222-1222. Estos centros proporcionan información rápida y vital sobre el tratamiento de las intoxicaciones. El tener la etiqueta a mano ayudará al operador a reaccionar rápidamente y, tal vez, podrá salvar vidas.

Primeros auxilios en caso de ingestión de pesticidas.

Actúe rápidamente cuando se ingiera un pesticida. Primero, siga las instrucciones de la etiqueta del pesticida o del centro de información sobre envenenamiento. Si no cuenta con la etiqueta del pesticida o el CPCS, siga estas indicaciones:

- **Diluya el pesticida ingerido.** Si la persona se encuentra consciente y alerta, proporciónele grandes cantidades (1 cuarto de galón para un adulto o un vaso grande para un niño menor de siete años) de agua o leche. No le dé ningún líquido a una persona inconsciente o con convulsiones.
- **Induzca el vómito.** Si la etiqueta del pesticida lo indica, induzca al vómito. Asegúrese de que la persona esté arrodillada o acostada boca abajo o sobre el costado derecho. Si no sabe lo que recomienda la etiqueta, no induzca al vómito.
- **Obtenga atención médica.** Llame a una ambulancia o transporte a la víctima de la intoxicación al centro médico más cercano. Proporcione al personal médico la mayor información posible sobre el pesticida ingerido.

ESTABLECIMIENTO DE INSTALACIONES DE DESCONTAMINACIÓN DE EMERGENCIA

> Enumere el contenido de una instalación de descontaminación bien equipada, incluidos los componentes específicos de las diferentes fórmulas.

El proceso de descontaminación es una serie de procedimientos realizados en un orden específico. Por ejemplo, los artículos externos más contaminados (por ejemplo, las botas y los guantes) deben descontaminarse y retirarse primero; y luego, descontaminar y retirar los artículos internos menos contaminados (por ejemplo, las chaquetas y los pantalones). Si es posible, cada procedimiento debe realizarse en una estación separada, a fin de evitar la contaminación cruzada. El orden de las estaciones se denomina línea de descontaminación. Las directrices para la provisión de instalaciones de descontaminación de manipuladores seguras y eficaces se encuentran en el Apéndice D.

Como mínimo, su instalación de descontaminación debe incluir los siguientes artículos contenidos en recipientes resistentes a los productos químicos:

- 3 galones de agua al comienzo de la jornada laboral o acceso a agua corriente en el lugar de trabajo
- jabón (no pueden ser solo toallitas húmedas o desinfectante de manos)
- toallas desechables
- un overol limpio

Selección del equipo de descontaminación

En la barra lateral 12-2 se enumeran los equipos recomendados para la descontaminación del personal y el EPP. Al seleccionar el equipo de descontaminación, considere si ese equipo puede descontaminarse para ser reutilizado o si se puede desechar fácilmente. Obsérvese que otros tipos de equipo no detallados en la barra lateral 12-2 pueden ser apropiados en ciertas situaciones.

Fugas y derrames de pesticidas

Trate todas las fugas o derrames de pesticidas como emergencias. Los derrames de pesticidas concentrados son mucho más peligrosos que los pesticidas diluidos en agua, pero ambos tipos deben tratarse inmediatamente. Para obtener información sobre los requisitos de notificación, visite el sitio web de la Oficina de Servicios de Emergencia de California: caloes.ca.gov.

KITS DE DERRAME

Siempre que manipule pesticidas o sus envases, tenga a mano un kit de limpieza de derrames. También mantenga un kit para derrames en el lugar donde se mezclan, cargan y almacenan

> **BARRA LATERAL 12-2**
>
> ### Equipo de descontaminación recomendado para el personal
>
> - Lonas de plástico o cualquier otro material donde se pueda depositar el equipo y la ropa protectora exterior altamente contaminados
> - Recipientes recolectores, tales como tambores o botes de basura revestidos, para depositar la ropa desechable y el EPP gravemente contaminados que tienen que desecharse
> - Caja forrada con absorbentes para limpiar o enjuagar los contaminantes gruesos y líquidos
> - Contenedores grandes galvanizados, tanques de almacenamiento o piletas que contengan soluciones para lavado y enjuague; éstas deben ser lo suficientemente grande como para que un empleado coloque el pie con la bota, y no debe de tener desagüe, o si lo tiene, debe de ser un desagüe o drenaje conectado a un tanque de recolección o un sistema de tratamiento apropiado
> - Soluciones de lavado seleccionadas para eliminar y disminuir los riesgos asociados con los contaminantes
> - Soluciones de enjuague seleccionadas para eliminar los contaminantes y las soluciones de lavado contaminadas
> - Cepillos con mango largo y de cerdas suaves para ayudar a lavar y enjuagar los objetos contaminados
> - Toallas de papel o tela para secar el EPP
> - Casilleros y gabinetes para almacenar la ropa y el equipo descontaminado
> - Botes o tambores de metal o plástico para las soluciones de lavado y enjuague contaminadas
> - Láminas de plástico, almohadillas selladas con desagüe u otro método apropiado para contener y recolectar soluciones contaminadas del lavado y el enjuague derramadas durante la descontaminación
> - Instalaciones con ducha para lavarse el cuerpo por completo o, como mínimo, un lavatorio personal (con el desagüe conectado a un tanque de recolección o un sistema de tratamiento apropiado)
> - Solución de jabón o lavado, paños desechables y toallas desechables para el personal
> - Casilleros o roperos para guardar la ropa limpia y las prendas personales
>
> *Fuente:* adaptado de NIOSH 1998.

Enumere los contenidos de un kit para derrames de pesticidas.

los pesticidas, y en cada vehículo donde se transportan. Si se produce un derrame, no tendrá el tiempo ni la oportunidad de encontrar todos los artículos necesarios para responder ante la situación. Incluya en el kit lo siguiente:

- números de teléfono de asistencia de emergencia
- guantes, calzado y delantales que cumplan con los requisitos de la etiqueta y del EPP de la FDS
- gafas protectoras según lo requerido por la etiqueta y la FDS
- un respirador apropiado si la etiqueta del pesticida o la FDS requieren el uso de uno
- tubos de contención o almohadillas para limitar la fuga o el derrame
- materiales absorbentes como almohadas para derrames, arcilla absorbente, aserrín, arena para gatos, carbón activado, vermiculita o papel para derrames de líquidos
- compuesto de barrido para derrames secos
- una pala, una escoba y un recogedor
- detergente para limpieza profunda
- un extintor de incendios clasificado para todo tipo de incendios
- cualquier otro artículo de limpieza de derrames especificado en las etiquetas de cualquier producto que use regularmente
- un recipiente de plástico resistente que contenga la cantidad de pesticida dentro del mayor recipiente de pesticida que se manipula y que pueda cerrarse herméticamente

Guarde los elementos del kit para derrames en un contenedor de plástico, reemplace los artículos que se hayan utilizado o desechado y mantenga el contenido limpio y en buen estado hasta que se necesite.

EMERGENCIAS CON PESTICIDAS Y RESPUESTA ANTE EMERGENCIAS

Qué hacer cuando se producen fugas y derrames

Acciones inmediatas

Describa qué hacer cuando se enfrenta a una fuga o derrame de pesticidas.

- Si el derrame ocurre en la vía pública, llame al 9-1-1 y a la Agencia de Gestión de Emergencias de California, 1-800-852-7550 (véase "Notificación" más adelante).
- Si alguien resulta lesionado o contaminado, llame al 9-1-1 y administre primeros auxilios hasta que llegue ayuda.
- Delimite con cuerdas la zona o coloque barreras para mantener alejadas a las personas del sitio contaminado.
- Si el derrame está en el interior, salgan del edificio. Si usted tiene acceso a Equipo Personal de Protección (EPP), vuelva a entrar al edificio; abra las puertas y las ventanas y ponga a funcionar un ventilador portátil.

Materiales contaminados

- Coloque los materiales que fueron contaminados por el derrame o que han sido limpiados dentro de un tambor sellable. Etiquete el bidón para indicar que contiene residuos peligrosos. Incluya el nombre del pesticida y la palabra clave (PELIGRO, ADVERTENCIA o PRECAUCIÓN). Debido a que las regulaciones locales varían, contacte al comisionado agrícola del condado o la oficina regional del Departamento de Control de Sustancias Tóxicas para recibir instrucciones sobre cómo desechar el tambor sellado y su contenido. En la mayoría de las circunstancias, se deberá enviar los residuos de un derrame de pesticidas a una instalación de desechos de Clase I.
- Los derrames sobre las superficies lavables, como el concreto, requieren una descontaminación exhaustiva. Para ello, existen disponibles preparados comerciales de descontaminación o se puede preparar una solución que contenga 4 cucharadas de detergente y 1 libra de carbonato sódico disuelto por cada galón de agua. El carbonato sódico no se puede usar para la desintoxicación de ciertos pesticidas, así que compruebe la etiqueta o la FDS antes de utilizar esta solución. Contacte al fabricante del pesticida si tiene alguna duda. Para obtener más información, consulte la sección "cómo actuar ante fugas o derrames de pesticidas", más adelante.

Notificación

Cuando se produzcan derrames en la vía pública, debe:

- llamar al 9-1-1 (o a la agencia local de respuesta a emergencias)
- llamar al 1-800-852-7550 (o 916-845-8911) e informar el derrame ante la Agencia de Gestión de Emergencias de California, Centro de Alerta del Estado de California

Si el derrame causa daños o exposición, debe notificar a la Administración de Seguridad y Salud Ocupacional de California (Cal/OSHA). Si el derrame se produce en o cerca de una vía fluvial, debe notificar a la Guardia Costera de los Estados Unidos; al Departamento de Pesca y Vida Silvestre, a la Oficina de Prevención y Respuesta a Derrames; y a la Junta Regional de Control de Calidad del Agua local. Notifique todas las fugas o derrames de pesticidas, sin importar dónde ocurran, al comisionado agrícola del condado local lo antes posible. Cuando llame a las agencias necesarias, debe proporcionar:

- su identidad
- la ubicación, la fecha y la hora del derrame, la fuga o la amenaza de fuga
- la ubicación de las vías fluviales o desagües pluviales amenazados o involucrados
- la sustancia y la cantidad involucrada
- el nombre químico (si su nivel de toxicidad hace que la sustancia sea extremadamente peligrosa, informe esto también)
- una descripción de lo sucedido

Si el derrame excede los requisitos federales de notificación, también tendrá que reportar:
- el medio o los medios impactados por el vertido
- la hora y la duración del vertido
- las precauciones que se deben tomar
- los riesgos conocidos o previstos para la salud
- el nombre y el número de teléfono donde las autoridades puedan contactarlo en caso de que necesitaran más información

Además, puede requerirse un informe escrito. Consulte las leyes y los reglamentos del estado de California para informarse si se requiere un informe escrito dada su situación y de cuánto tiempo dispone para entregarlo y así evitar sanciones de notificación de emergencia.

Cómo actuar ante fugas o errames de Pesticidas

Los tipos de fugas y derrames de pesticidas con los que probablemente se encontrará serán cantidades controlables, como cuando un contenedor se daña o se cae al suelo o cuando el pesticida diluido se filtra del equipo de aplicación. La respuesta adecuada e inmediata incluso ante estas pequeñas fugas y derrames es necesaria para reducir al mínimo los daños a la salud humana y al medio ambiente. Siga estas medidas básicas cuando limpie una fuga o derrame de pesticidas:

- **Despejar el área.** Mantenga a las personas y los animales alejados de la zona contaminada. Proporcione primeros auxilios si alguien ha resultado herido o contaminado. Envíe ayuda médica si es necesario.
- **Evite los incendios.** Algunos pesticidas líquidos son inflamables o están formulados en portadores inflamables. Los polvos de pesticidas son potencialmente explosivos, en especial si se forma una nube de polvo en un lugar cerrado. No permita que se fume cerca de un derrame. Si el derrame ocurre en un lugar cerrado, apague todos los aparatos eléctricos y los motores que puedan producir chispas y provocar un incendio o causar una explosión. Véase "cómo actuar ante un incendio provocado por un pesticida", más abajo.
- **Use el EPP.** Antes de comenzar cualquier limpieza, colóquese el EPP que figura en la etiqueta para la manipulación del material concentrado. Revise la etiqueta del pesticida para conocer las precauciones adicionales. Si no está seguro de lo que se ha derramado, utilice la máxima protección, que incluye botas y guantes resistentes a los productos químicos, ropa protectora impermeable, gafas protectoras y un respirador.
- **Contenga la fuga.** Para detener las fugas transfiera el pesticida a otro recipiente o coloque un parche en el envase con fuga (repare las bolsas de papel y el cartón con cinta adhesiva resistente). Utilice tierra, arena, aserrín o arcilla absorbente para formar un dique de contención alrededor de las fugas de líquidos. La arena para gatos es un buen material absorbente para la limpieza de pesticidas. Si el viento sopla los polvos del pesticida, cubra el derrame con una lona de plástico o, si no hay una cubierta disponible, rocíe ligeramente la zona con agua para evitar el movimiento fuera del lugar.

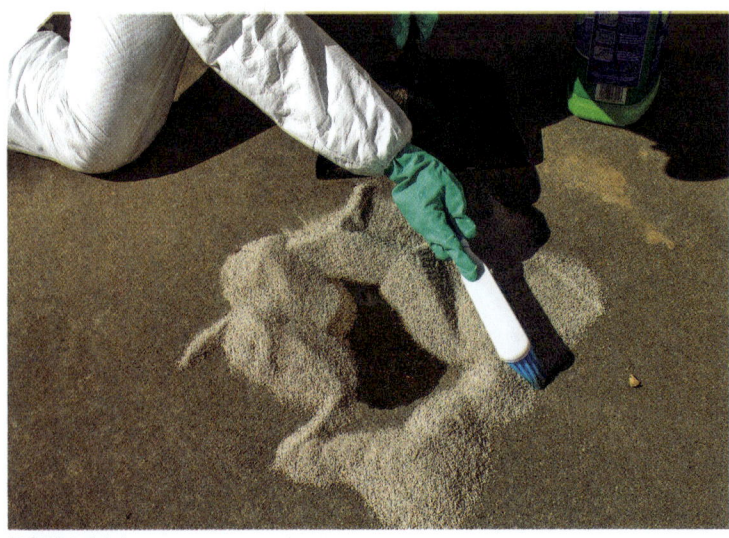

FIGURA 12-4.
Cubra los derrames de pesticidas con un material absorbente y recójalo con una pala en un contenedor sellable. Cuando se complete la limpieza, selle y etiquete el recipiente, y envíelo a un depósito de desperdicios de clase 1. Use el equipo de protección personal (requerido por la etiqueta del pesticida) durante la limpieza.

- **Limpie el pesticida.** Proceda a limpiar el derrame o la fuga (Fig. 12-4) Cepille el dique de contención de material absorbente hacia el centro del derrame de líquido. Añada material absorbente adicional si es necesario. Barra las formaciones de gránulos. Si el derrame está en el suelo, retire con una pala las 2 o 3 pulgadas superiores de tierra para desecharlas. Coloque el producto seco absorbente o el derramado y cualquier elemento contaminado en un recipiente sellable. Los contenedores para guardar materiales contaminados deben ser adecuados para su transporte. Etiquete el recipiente con el nombre del pesticida y la palabra clave.
- **Limpie el equipo de seguridad y las superficies no porosas.** Si el derrame sucede en una superficie lavable, así como el concreto o el asfalto, utilice una escoba para cepillar la superficie contaminada con una solución de detergente potente. Limpie nuevamente con material absorbente y colóquelo en el recipiente. Elementos tales como las escobas, las palas y los recogedores de polvo deben ser lavados o desechados después de ser utilizados. Por ejemplo, las escobas no pueden limpiarse y, por lo tanto, deben desecharse; mientras que una pala puede descontaminarse adecuadamente después de su uso y puede conservarse. Cuando termine, limpie o deseche su EPP.
- **Deshágase del material.** Los reglamentos locales sobre la eliminación de materiales peligrosos pueden variar. Consulte con el comisionado agrícola del condado o la oficina regional del Departamento de Control de Sustancias Tóxicas de California para obtener instrucciones sobre cómo deshacerse del recipiente y su contenido.

Otro tipo de emergencias con pesticidas

CÓMO ACTUAR ANTE UN INCENDIO PROVOCADO POR PESTICIDAS

Describa qué hacer ante un incendio provocado por pesticidas.

Si se produce un incendio por pesticidas:
- **Llame al departamento de bomberos.** Contacte al departamento de bomberos más cercano lo antes posible (llame al 9-1-1). Informe que hay un incendio con pesticidas. Proporcione los nombres de los productos químicos contenidos en la estructura o el vehículo. Si es posible, proporcione las fichas de datos de seguridad a las unidades de bomberos al momento que arriben.
- **Despeje el área.** Saque a la gente de la zona inmediata al incendio; puede haber un riesgo considerable de humos nocivos y de explosión.
- **Evacue y aísle la zona contigua y a favor del viento del fuego.** Proteja a los animales y desplace el equipo y los vehículos que puedan resultar dañados por el fuego o los humos o que puedan perjudicar los esfuerzos de los bomberos. Evite que los espectadores queden expuestos al humo del fuego y a la escorrentía del incendio. Contáctese con la policía o el sheriff y haga que se evacuen las residencias, las escuelas y los edificios a favor del viento hasta que el peligro haya pasado.

CÓMO ACTUAR ANTE UN ROBO DE PESTICIDAS

Describa qué hacer cuando un producto pesticida ha sido robado.

La primera línea de defensa en cualquier programa de seguridad es tener a los empleados y los contratistas debidamente capacitados. Ellos notan mucho de lo que ocurre en y alrededor de una instalación de almacenamiento de pesticidas o de un negocio de aplicación de pesticidas y pueden proporcionar una alerta temprana cuando algo no parece estar bien o cuando alguien actúa de forma sospechosa. La capacitación y la concientización en materia de seguridad pueden garantizar que estas personas puedan actuar eficazmente como un sistema de vigilancia de alerta. Como mínimo, instruya a todos los empleados sobre el control de los inventarios de pesticidas, la seguridad de las instalaciones de almacenamiento y el equipo de aplicación, y la preparación y respuesta en caso de emergencia, incluida la notificación del incidente a los supervisores.

Plan de notificación

Si se produce una violación de la seguridad o una actividad sospechosa, contacte a las autoridades competentes de inmediato. Además de alertar al departamento de policía local y al comisionado agrícola, también debe informar inmediatamente de cualquier amenaza o comportamiento sospechoso a la oficina local del FBI. Estos organismos también deben ser informados de los incidentes que impliquen exposiciones a pesticidas que se produzcan en circunstancias incompatibles con el patrón normal de uso del producto. La información sobre la ubicación de la oficina correspondiente del FBI está disponible en la página web del FBI: fbi.gov.

Aplicación incorrecta de pesticidas

Otra forma de emergencia puede existir cuando los pesticidas se aplican incorrectamente, ya sea de forma intencional, accidental o por negligencia:

- La aplicación indebida intencional implica el uso intencional de un pesticida en un lugar o cultivo no registrado, o la aplicación consciente de pesticidas de manera incompatible con las instrucciones de la etiqueta.
- La aplicación indebida accidental consiste en aplicar un pesticida sin saberlo en un sitio que no figura en la etiqueta.
- La aplicación negligente implica una calibración incorrecta del equipo de aplicación, así como el uso y el desecho inadecuado del pesticida; también implica la aplicación de los pesticidas en el momento equivocado o de cualquier otra forma incompatible con los requisitos de la etiqueta.

Cometer un error en la aplicación es un problema grave; no agrave este daño al no tomar medidas correctivas responsables una vez que se descubra el error. Es posible que se lo encuentre financieramente responsable de los daños, tanto físicos como jurídicos, causados por la aplicación incorrecta de un pesticida; sin embargo, es posible que pueda reducir la magnitud de los daños y la responsabilidad si se toman medidas rápidas una vez que descubra el error. La protección de las personas, los animales y el medio ambiente es de fundamental importancia.

CANTIDAD INCORRECTA DE PESTICIDA APLICADA

Aunque el uso de cantidades insuficientes de pesticidas no suele dar un control adecuado de la plaga objetivo y es una pérdida de tiempo y dinero, por lo general, no presenta problemas inmediatos para las personas o el medio ambiente. Sin embargo, el uso de cantidades excesivas de pesticidas puede ser una amenaza para el medio ambiente y un peligro para la salud humana, y es ilegal. Este tipo de problema se produce como resultado de:

- calibración incorrecta del equipo de aplicación
- mezcla defectuosa de los productos químicos en el tanque de rociado
- no comprender las indicaciones de la etiqueta con respecto a las tasas de aplicación

Los residuos de los pesticidas pueden durar más tiempo del esperado o una aplicación concentrada puede causar daños en la zona tratada.

Corregir el problema. Una vez que la aplicación inapropiada se ha descubierto, tome acciones inmediatas. Notifique al comisionado agrícola del condado sobre el incidente y solicite información y asesoramiento para remediar la situación. Contacte al fabricante del pesticida para informarse sobre las medidas correctivas que sugiere. Recuerde, la rapidez es de suma importancia cuando se intenta reducir los daños.

APLICACIÓN DE UN PESTICIDA EQUIVOCADO

La falta de atención a las operaciones de mezcla o dar instrucciones incorrectas a un empleado puede resultar en la aplicación errónea de un pesticida. Además del posible daño a las plantas o las superficies en la zona tratada, el uso de un pesticida incorrecto lo expone a usted y a sus

Describa cómo responder ante una aplicación incorrecta de pesticidas.

empleados a riesgos inesperados. Por ejemplo, la mezcla y la aplicación podrían efectuarse sin el EPP necesario, lo que daría lugar a lesiones posibles para el aplicador.

Corregir el problema. Cuando descubra que usted mezcló o aplicó el pesticida incorrecto, contáctese con el comisionado agrícola del condado para conseguir ayuda, después llame al fabricante del pesticida. Notifique a las personas que se encuentran en la zona de aplicación y manténgalas alejadas hasta que vuelva a ser segura.

Pesticidas aplicados a un cultivo equivocado

Otra forma de accidente implica la aplicación de pesticidas a un cultivo rquivocado. Este puede ser un serio problema si el cultivo no se encuentra incluido en la etiqueta del pesticida o si hay trabajadores en el campo que realizan operaciones de cultivo.

Corregir el problema. Contáctese con el comisionado agrícola del condado y con el fabricante del pesticida para recibir asistencia. Notifique a las personas que se encuentran en la zona de aplicación y manténgalas alejadas hasta que vuelva a ser segura.

Repaso de la respuesta de emergencias ante accidentes

Los accidentes suceden. La mejor manera de estar preparado para los accidentes es revisar la respuesta de emergencia a los accidentes pasados. Un buen mantenimiento de los registros, pruebas de video o fotográficas y los informes de primera mano de las personas involucradas en el incidente pueden ayudarlo a usted y a sus compañeros de trabajo a comprender lo que salió mal y a aprender cómo responder más eficazmente a futuros incidentes. Las preguntas que se deben hacer incluyen:

- ¿Qué causó el accidente?
- ¿Qué pesticida(s) estuvo(n) implicado(s) en el accidente?
- ¿Cómo respondieron las personas a medida que se desarrollaba la situación?
- ¿Cómo se podría mejorar la respuesta a la situación?

Los simulacros de respuesta ante emergencias son otra manera de entender cómo responder en caso de una emergencia real. Estos simulacros pueden imitar incendios o derrames de pesticidas y pondrán a prueba el plan de respuesta de emergencia de la empresa. Los registros de estos simulacros pueden revisarse para encontrar los puntos fuertes y débiles de su plan de respuesta. Los aspectos del plan que se han implementado bien deben ser elojiados, y los puntos débiles pueden abordarse mediante una capacitación adicional y específica.

Explique por qué debe revisarse cualquier incidente.

Capítulo 12, Preguntas de repaso

1. **La ayuda que se le brinda a las personas que fueron expuestas a pesticidas antes de que puedan ser tratadas por un profesional médico se llama _____.**
   - ☐ a. tratamiento práctico
   - ☐ b. primeros auxilios
   - ☐ c. cuidados de emergencia

2. **Relacione el tipo de emergencia con los procedimientos a seguir para brindar primeros auxilios.**

1. pesticidas en la piel o en la ropa	a.	Prevenir el enfriamiento (por el shock) de la persona envolviéndola en una manta después de haberla alejado del lugar del accidente y desechado su ropa contaminada.
2. pesticidas inhalados	b.	Después de desechar la ropa contaminada, lavar minuciosamente las zonas afectadas con jabón o detergente y grandes cantidades de agua.
3. enfermedades relacionadas con el calor	c.	Trasladar a la persona afectada a un lugar con aire acondicionado o a un lugar fresco y con sombra.

3. **¿Cómo se puede saber si una persona está sufriendo una intoxicación aguda por pesticidas?**
   - ☐ a. Descubrir que ocurrió inmediatamente antes de la aparición de los síntomas.
   - ☐ b. Observar si existen signos obvios de un derrame de pesticidas en las cercanías.
   - ☐ c. Es imposible saber a menos que usted sea un profesional médico capacitad.

4. **¿Cuáles de los siguientes artículos debe contener un kit de derrame? Seleccionar todas las que correspondan.**
   - ☐ a. una pala, una escoba y un recogedor
   - ☐ b. baldes para lavado y enjuague
   - ☐ c. arcilla absorbente, aserrín o arena para gatos
   - ☐ d. EPP requeridos por la etiqueta del pesticida
   - ☐ e. grandes contenedores galvanizados

5. **¿Por qué es importante revisar la respuesta a un accidente con pesticidas después de que haya ocurrido?**
   - ☐ a. Repasar un incidente les da a todos la oportunidad de procesar lo ocurrido y continuar de manera positiva.
   - ☐ b. La revisión exhaustiva de la respuesta a un accidente puede ayudar a todos a responder más eficazmente a futuros incidentes.
   - ☐ c. La revisión de los incidentes pasados reduce la responsabilidad y las tarifas del seguro, ya que los empleados estarán mejor preparados para responder a las emergencias.

Apéndice A:
Definición de pesticida según la reglamentación de California

División 6. Operaciones control de plagas y pesticidas
Capítulo 1. Programa reglamentador de pesticidas
Subcapítulo 1. Definición de términos
Artículo 1. Definición de División 6
6000. Definiciones.
"**Pesticida**" significa:
(a) Cualquier sustancia o mezcla de sustancias que son pesticidas según lo define el Código de alimentos y agricultura e incluye mezclas y diluciones de pesticidas;
(b) Como el término utilizado en la Sección 12995 del Código de alimentos y agricultura, incluye cualquier sustancia o producto que el usuario intente utilizar con fines de veneno pesticida especificado en las Secciones 12753 y 12758 del Código de alimentos y agricultura.

APÉNDICE B:

Referencias a secciones especificas DEL CÓDIGO DE REGLAMENTOS DE CALIFORNIA (CCR TÍTULO 3) sobre los estándares mínimos para todos los empleados trabajando en cualquier rol en el campo o granja.

6400.	Materiales restringidos.	**6734.**	Instalaciones de descontaminación para manipuladores.
6406.	Estándar de supervisión.	**6738.**	Equipo de protección personal.
6412.	Requisitos para permisos de materiales restringidos.	**6739.**	Protección respiratoria.
6445.	Actividades de manipulación para fumigación.	**6740.**	Luz adecuada.
		6742.	Equipo Seguro.
6600.	Estándares generales de cuidado.	**6744.**	Mantenimiento de equipos.
		6746.	Sistemas cerrados.
6602.	Disponibilidad de etiquetado.	**6760.**	Responsabilidades y excepciones del empleador.
6604.	Medición precisa.		
6606.	Mezcla uniforme.	**6761.**	Información sobre peligros para trabajadores del campo.
6608.	Equipo de limpieza.		
6609.	Protección de manantiales.	**6762.**	Información específica a la aplicación de un pesticida para trabajadores del campo.
6610.	Prevención de reflujo.		
6614.	Protección de personas, animales y propiedades.		
		6764.	Entrenamiento para el trabajador del campo.
6670.	Requisitos generales.		
6674.	Publicación de zonas de almacenamiento de pesticidas.	**6766.**	Atención médica de emergencia.
		6768.	Instalaciones de descontaminación para trabajadores del campo.
6676.	Requisitos para los recipientes.		
6678.	Servicio de etiquetado de recipientes.	**6770.**	Entrada de campo luego de una aplicación de pesticidas programada o completa.
6680.	Recipientes prohibidos para los pesticidas.		
6682.	Transporte.	**6771.**	Requisitos para empleados de entrada temprana.
6684.	Procedimientos para enjuagar y drenar.		
		6772.	Intervalos de entrada restringida.
6686.	Excepciones.		
6700.	Alcance.	**6776.**	Letreros de campo.
6702.	Responsabilidades del empleador y empleado.	**6780.**	Requisitos generales para una fumigación segura.
6720.	Seguridad de las personas empleadas.	**6782.**	Fumigación en espacios cerrados.
6723.	Comunicaciones de riesgo para los manipuladores de pesticidas.	**6784.**	Fumigación de campo.
		6990.	Uso de pesticidas cerca de escuelas.
6723.1.	Información especifica de aplicación para manipuladores.	**6991.**	Restricciones para la aplicación de pesticidas.
6724.	Capacitación a manipuladores.		
6726.	Atención médica de emergencia.	**6992.**	Notificación anual.
6730.	Trabajo en solitario.		
6732.	Área para cambiarse.		

Apéndice C:

Documentos necesarios para documentar la capacitación de seguridad

Informe de la capacitación de trabajadores del campo 190

Informe de la capacitación de seguridad del manipulador 192

Programa del empleador para capacitación del manipulador 193

Capacitación sobre pesticidas
Informe de la capacitación de trabajadores del campo

Nombre del empleador: _____ Fecha de la capacitación: _____

Identificación del grupo (opcional): _____ Supervisor del grupo (opcional): _____

Vaya a la próxima página para ver nombre(s) de aprendices

☐ Nombre del instructor: _____
Aplicador certificado: Tipo _____
              Lic/Cert # _____
☐ UCCE asesor
☐ Programa de capacitación de instructor (adjunte una copia certificada)

☐ Licencia de asesor de control de plagas #
  _____
☐ Silvicultor profesional registrado #_____
☐ Licencia de biólogo del condado de CDFA
☐ Otros títulos aprobados por el DPR (adjuntar copia)

Temas de la capacitación de seguridad sobre pesticida para los trabajadores del campo necesarios por 3CCR sección 6764:

☐ Dónde y qué formas de pesticidas y residuos se pueden encontrar
☐ Los riesgos potenciales que los pesticidas exponen a los trabajadores del campo y a sus familiares; incluidos efectos agudos, crónicos, diferidos y sensibilización
☐ Vía en que los pesticidas pueden entrar en el cuerpo
☐ Signos y síntomas de sobreexposición
☐ Prevención, reconocimiento y primeros auxilios de enfermedades relacionadas con el calor por 8CCR sección 3395
☐ Uso de ropa de trabajo que proteja el cuerpo de residuos de pesticidas. Lavar la ropa del trabajo por separado del resto de la ropa
☐ Información proporcionada por las hojas de seguridad del producto
☐ Requisitos de comunicación por riesgo (registros del uso de pesticidas, información específica de aplicación, disponibilidad SDS, ubicación A-9 completa)
☐ Procedimientos de la rutina de descontaminación y responsabilidad del empleador de proveer suministros de descontaminación
- lavarse las manos antes de comer, beber, ir al baño, mascar chicle o consumir tabaco;
- bañarse exhaustivamente con agua y jabón
- ponerse ropa limpia lo antes posible
☐ Cómo y cuándo obtener atención médica de emergencia
☐ REI y el significado de puestos sobre el terreno, incluidas las señales sobre el terreno de California y el federal

☐ Mantenerse alejado de las áreas de exclusivas de aplicación
☐ Los empleados deben ser mayores de 18 años para realizar actividades de entrada temprana. Se le debe proporcionar información específica a los empleados antes de que realicen dichas actividades.
☐ No se les puede permitir o pedir a los empleados que manipulen pesticidas a menos que hayan sido capacitados como manipulador
☐ Los empleados no deben llevarse el pesticida a sus casas
☐ Peligro potencial de niños y mujeres embarazadas a la exposición de pesticidas:
- los niños y los familiares tienen que mantenerse alejados de los campos en donde se aplique pesticida;
- luego del trabajo, quítese las botas o los zapatos antes de ingresar a su casa y quítese la ropa del trabajo;
- lávese o báñese antes tener contacto físico con los niños o los familiares
☐ Cómo reportar presuntas violaciones de uso de pesticidas
☐ Derechos de los empleados, incluyen el derecho a:
- recibir información acerca de los pesticidas
- recibir información escrita para el médico del empleado o su representante
- ser protegido contra represalias
- informar acerca de presuntas violaciones al DPR o al comisionado agrícola del condado

- Cada empleado tiene que haberse capacitado en los últimos 12 meses y antes de recibir la asignación de trabajar en un campo tratado
- La capacitación tiene que realizarse de manera tal que el empleado comprenda sin utilizar términos técnicos, incluidas las respuestas a sus preguntas
- El lugar de la capacitación no debe de tener distracciones y el instructor tiene que estar presente durante toda la presentación
- Este informe tiene que guardarse durante dos años, tiene que estar disponible para los empleados y tiene que entregarse a los empleados, el comisionado agrícola del condado o el Departamento de Reglamentación de Pesticidas si lo solicitan

Continúa en la siguiente página

Capacitación sobre pesticidas
Informe de la capacitación de trabajadores de campo (continuación)

Nombre del empleador: _____ Fecha de la capacitación: _____

Identificación del grupo (opcional): _____ Supervisor (opcional): _____

Materiales de capacitación utilizados (Incluye videos, folletos, PSIS u otros materiales)**:**

Título	Fuente
_____	_____
_____	_____
_____	_____
_____	_____

Utilice páginas adicionales de ser necesario

	Escribe tu nombre	Firma	Documento del empleado # (opcional)
1			
2			
3			
4			
5			
6			
7			
8			
9			
10			
11			
12			
13			
14			
15			
16			
17			
18			
19			
20			

Capacitación sobre pesticidas
Informe de la capacitación de seguridad del manipulador
Conforme a 3 CCR sección 6724

La capacitación es conforme al programa por escrito del empleador para capacitación del manipulador

Escriba el nombre del EMPLEADOR: _____

Fecha de la capacitación anual: _____

Escriba el nombre del EMPLEADO*: _____

Escriba el nombre del CAPACITADOR: _____

Firma del EMPLEADO: _____

Calificación del capacitador*: _____

Lic/Cert del capacitador #: _____

TRABAJO ASIGNADO

☐ Mezclar/cargar ☐ Servicio/Reparaciones
☐ Aplicador ☐ Señalar ☐ Otro: _____

Título(s) y fuente(s) del material de capacitación utilizado*:
_____
_____
_____

*Necesario para la capacitación de empleados sobre pesticida para la producción de productos agrícolas.

Pesticida (agregar páginas adicionales de ser necesario)	LEA LA ETIQUETA: palabra clave, indicaciones preventivas, PPE, primeros auxilios, anexo, volumen de dilución	REQUISITOS DE SEGURIDAD y procedimientos incluyendo controles	PELIGROS DEL PESTICIDA incluidos grave, crónico, diferidos; y efectos de sensibilización por etiquetado, SDS u otras fuentes	SEÑALES Y SÍNTOMAS de sobreexposición	Iniciales del capacitador	Iniciales del empleado	Información del empleado capacitado sobre pesticidas

El empleador debe conservar este informe durante dos años en una ubicación principal en el lugar de trabajo y accesible para los empleados

Capacitación sobre pesticidas
Programa del empleador para capacitación del manipulador
Conforme a 3 CCR sección 6724

_____
(Nombre del empleador)

Nombre de la persona o firma que proporciona la capacitación:

_____

Nota: para la producción comercial o de investigación de un producto vegetal agrícola, el empleador debe garantizar la capacitación sea una de las siguientes al momento de capacitarse (las licencias o los certificados del capacitador deben ser válidas):
- Un aplicador certificado de California (comercial o privado) o un asesor agrícola de control de plagas
- Un biólogo del condado con licencia en reglamentaciones de plagas o monitoreo de investigación y medio ambiente
- Un asesor de la Universidad de California
- Una persona que haya completado el programa de "instructor de capacitación"
- Un silvicultor profesional registrado en California
- Otras formaciones de capacitador aprobadas por el DPR

Materiales de capacitación:
Nombre de videos, folletos, guías de estudio u otro material de capacitación; y una descripción breve:

1 _____

2 _____

3 _____

4 _____

5 _____

(Agregue páginas adicionales de ser necesario)

Encierre en un círculo el folleto de la serie de información de seguridad con pesticida (PSIS, por sus siglas en inglés) utilizado:

A-1　A-2　A-3　A-4　A-5　A-6　A-7　A-8　A-9　A-10
N-1　N-2　N-3　N-4　N-5　N-6　N-7　N-8

Etiquetado y hojas de datos de seguridad (SDS, por sus siglas en inglés) del producto pesticida descritas a continuación:

	Nombre del producto	¿Etiquetado?	¿SDS?
1		Sí / No	Sí / No
2		Sí / No	Sí / No
3		Sí / No	Sí / No
4		Sí / No	Sí / No
5		Sí / No	Sí / No
6		Sí / No	Sí / No
7		Sí / No	Sí / No
8		Sí / No	Sí / No
9		Sí / No	Sí / No
10		Sí / No	Sí / No
11		Sí / No	Sí / No

(Agregue páginas adicionales de ser necesario)　　　(Haga un círculo en el Sí o el No)

Continúa en la siguiente página

Capacitación sobre pesticidas
Programa del empleador para capacitación del manipulador (continuación)
Conforme a 3 CCR sección 6724

_____
(Nombre del empleador)

Este PROGRAMA ESCRITO se hizo efectivo el (fecha): _____

Este PROGRAMA ESCRITO fue retirado el (fecha): _____

- Una copia del programa de la capacitación debe conservarse mientras esté en uso y durante dos años luego de su uso, en una ubicación principal en el lugar de trabajo.
- La capacitación tiene que realizarse de manera tal que el empleado se lleve a cabo conforme a este programa de capacitación escrito, incluidas las respuestas a sus preguntas.
- La capacitación se completará antes de que el empleado pueda manipular pesticidas, tendrá que actualizarse continuamente para informarse acerca de pesticidas nuevos que tenga que manipular o contenidos de la capacitación que haya que abarcar y tendrá que repetirlos al menos una vez al año de ahí en adelante.
- La capacitación de los empleados para la manipulación de pesticidas utilizados en la producción comercial o de investigación de productos agrícolas debe ser en un lugar sin distracciones y el instructor tiene que estar presente durante toda la presentación.

Los siguientes temas se pueden aplicar a los empleados que manipulan pesticidas y se encuentran cubiertos para la capacitación inicial y anual para cada pesticida o grupo químico similar manipulado:

Encierre en un círculo al que corresponda		Tema de capacitación
Sí	No	formato y significado de la información, tales como declaraciones preventivas sobre riesgos para la salud de las personas, incluida en las etiquetas del producto pesticida
Sí	No	responsabilidades del aplicador de proteger a las personas, los animales y las propiedades cuando se aplica el pesticida; y no aplicar pesticidas de forma que resulte en contacto con personas que no están involucradas en el proceso de aplicación
Sí	No	necesidad de limitaciones, uso apropiado, desecho e higiene de cualquier equipo de protección personal requerido
Sí	No	requisitos y procedimientos de seguridad, incluidos los sistemas de control (tales como los sistemas de mezcla cerrados y cabinas cerradas) para manipular, transportar, almacenar, desechar pesticidas y limpiar los derrames
Sí	No	dónde y en qué formas se pueden encontrar pesticidas, incluidas las superficies tratadas, residuos en la ropa, equipo de protección personal, equipo de aplicación y deriva
Sí	No	riesgos de los pesticidas, incluido los efectos agudo, crónico y diferido; y los efectos de sensibilización, como se encuentran indicados en las etiquetas de los productos pesticidas, hojas de datos de seguridad o los folletos de la información de seguridad de los pesticidas
Sí	No	vías por las que el pesticida puede ingresar en el cuerpo
Sí	No	signos y síntomas de sobreexposición
Sí	No	Procesos de rutina de descontaminación al manipular pesticidas, incluido que los empleados deben: A. lavarse las manos antes de comer, beber, ir al baño, mascar chicle o consumir tabaco; B. bañarse o limpiarse exhaustivamente con agua y jabón; C. ponerse ropa limpia lo antes posible; y D. Lavar la ropa del trabajo por separado del resto de la ropa antes de volverla a usar.

Continúa en la siguiente página

APÉNDICE C

Capacitación sobre pesticidas
Programa del empleador para capacitación del manipulador (continuación)
Conforme a 3 CCR sección 6724

_____
(Nombre del empleador)

Encerrar en un círculo al que corresponda	Tema de capacitación
Sí No	Cómo la hoja de datos de seguridad muestra riesgos, tratamiento médico de emergencia y otra información acerca de pesticidas a la que los empleados pueden acceder
Sí No	Los requisitos del programa de comunicación de peligros de la sección 6723
Sí No	Los propósitos y requisitos para la supervisión médica si los pesticidas organofosforados o carbamatos con el cartel de "PELIGRO" o "ADVERTENCIA" en la etiqueta se mezclan, cargan o aplican en la producción comercial o de investigación de un producto agrícola
Sí No	Primeros auxilios y procesos de descontaminación de emergencia y técnicas de enjuague de ojos de emergencia; y si se derrama o rocía pesticida en el cuerpo lavar inmediatamente con suministros de descontaminación y, lo más pronto posible, bañarse o lavarse con jabón y agua y ponerse ropa limpia
Sí No	Cómo y dónde obtener atención médica de emergencia
Sí No	Prevención, reconocimiento y primeros auxilios para las enfermedades relacionadas con el calor de acuerdo con el título 8 del Código de Reglamentaciones de California, sección 33965
Sí No	Requisitos del título 3, Código de Reglamentaciones de California, división 6, capítulos 3 y 4 relacionados con la seguridad de los pesticidas, hoja de datos de seguridad y el folleto de la serie de información de seguridad con pesticidas
Sí No	El requisito que los manipuladores de pesticidas usados en la producción de productos comerciales o de investigación agrícola deben ser mayores de 18 años
Sí No	Preocupaciones ambientales tales como deriva, derrames y riesgos para la fauna silvestre
Sí No	Requisitos para la señalización e intervalos restringidos de entrada cuando se aplican los pesticidas para la producción comercial o de investigación de un producto agrícola
Sí No	Los empleados no deben llevarse a sus casas pesticidas o recipientes con pesticidas
Sí No	Peligro potencial a niños y mujeres embarazadas por la exposición de pesticidas: A. Hay que mantener alejados de las zonas tratadas a los niños y los familiares que no trabajen; B. Luego del manipular pesticidas, los empleados deben quitarse las botas o los zapatos antes de ingresar a su casa y quitarse la ropa del trabajo; C. Lávese o báñese antes tener contacto físico con los niños o los familiares
Sí No	Cómo reportar presuntas violaciones del uso de pesticidas
Sí No	Derechos de los empleados, incluyen el derecho a: A. Recibir información personalmente acerca de los pesticidas a los cuales él o ella puede exponerse B. El médico del empleado o su representante designado por escrito a recibir información acerca de los pesticidas a los cuales él o ella puede exponerse C. Ser protegido contra represalias debidas al ejercicio de cualquiera de sus derechos; y D. Informar acerca de presuntas violaciones al DPR o al comisionado agrícola del condado.

APÉNDICE D:
Título 3 DEL CÓDIGO DE REGLAMENTOS DE CALIFORNIA - Reglamentaciones de descontaminación

SECCIÓN 6734. INSTALACIONES DE DESCONTAMINACIÓN DEL MANIPULADOR

(a) El empleador debe garantizar que haya suficiente agua, jabón y toallas de uso únicos para el lavado de rutina tanto de manos y cara y para el enjuagado de emergencia de los ojos y lavado del cuerpo entero para los empleados, así como está especificado en esta sección.
   (1) El agua tiene que ser de una calidad y temperatura que no cause enfermedades o lesiones cuando entra en contacto con la piel u ojos o si ingiere, y tiene que conservarse separada de la que se utiliza para la mezcla con pesticidas a menos que el tanque donde esté el agua para la mezcla con pesticida esté equipado con las válvulas adecuadas para evitar el contraflujo de pesticidas en el agua.
   (2) Tendrán que tener a su disposición un overol en cada lugar de descontaminación.
(b) Para los empleados que manipulan pesticidas utilizados en la producción comercial o la investigación de un producto agrícola, el empleador debe garantizar:
   (1) Que el agua requerida para que esté a disposición en (a) sea de al menos 3 galones al comienzo del día laboral de cada manipulador.
   (2) Que no se usen geles y líquidos antisépticos o toallitas húmedas para cumplir con las exigencias de jabón y toallas de uso único desechables como se especifica en (a).
   (3) Que el lugar de descontaminación se encuentra en la zona de mezcla/carga y no más lejos de ¼ de milla (o en el lugar más cercano de acceso vehicular) para otros manipuladores, excepto que el lugar de descontaminación para pilotos esté en el lugar de carga, independientemente de la distancia desde donde el piloto esté trabajando. El lugar de descontaminación no puede estar en una zona en tratamiento o bajo un intervalo de entrada restringido a menos que:
      (a) los manipuladores que utilizarán este lugar estén trabajando en esa la zona que esté siendo tratada o bajo un intervalo de entrada restringida;
      (b) el jabón, las toallas y el overol estén en un depósito cerrado; y
      (c) el agua sea potable o esté dentro de un recipiente cerrado.
   (4) Que se notifique a los empleados de la ubicación del lugar de descontaminación antes de manipular los pesticidas.
   (5) Que una pinta de agua para el enjuague de ojos de emergencia esté inmediatamente disponible para cada empleado (portado por el manipulador o en el vehículo o la aeronave que utilice el manipulador) si la etiqueta del pesticida determina que se debe utilizar lentes protectores. Cuando el manipulador esté mezclando o cargando un pesticida, entonces solo se aplican los requisitos en (6).
   (6) Que en el lugar de mezcla/carga haya acceso inmediato de los empleados a al menos un sistema capaz de suministrar agua potable a la velocidad de al menos 0.4 galones por minuto al menos durante 15 minutos o al menos 6 galones de agua en recipientes apropiados para proporcionar un abundante enjuague de ojos durante 15 minutos para alguna emergencia, si la etiqueta del pesticida determina que se debe utilizar lentes protectores o si se utiliza un sistema cerrado para la mezcla.
(c) El lugar de descontaminación para los empleados que utilizan pesticidas para otros usos además de la producción comercial o la investigación de un producto agrícola tiene que estar dentro de los 100 pies del lugar de mezcla/carga cuando manipulen pesticidas que tengan en su etiqueta las palabras "DANGER" (peligro) o "WARNING" (advertencia).

NOTA: fuentes citadas: sección 12981, Código Alimentario y Agrícola. Referencias: secciones 12980 y 12981, Código Alimentario y Agrícola.

SECCIÓN 6768. INSTALACIONES DE DESCONTAMINACIÓN PARA LOS TRABAJADORES DEL CAMPO.

(a) El empleador debe garantizar que haya suficiente agua y lo detallado a continuación se encuentre junto en el lugar de descontaminación; que además esté razonablemente accesible para lavarse las manos y la cara y para enjuague de ojos de emergencia, para todos los trabajadores del campo comprometidos en actividades que tengan contacto con superficies tratadas en los campos:

  (1) al menos 1 galón de agua por empleado o hasta 3 galones de agua por empleado para aquellos que participen de actividades de entrada temprana conforme a la sección 6770(d). El agua debe suministrarse al principio del día de trabajo y tiene que ser de una calidad y temperatura que no cause enfermedades o lesiones cuando entre en contacto con la piel u ojos o si se ingiere. El agua tiene que conservarse separada de la que se utiliza para la mezcla con pesticidas a menos que el tanque donde esté el agua para la mezcla con pesticida esté equipado con las válvulas adecuadas para evitar el contraflujo de pesticidas en el agua.

  (2) Jabón (ya que los geles y líquidos sanitizantes para manos o toallitas húmedasno cumplen con las exigencias de un jabón; y

  (3) Toallas desechables de uso único (ya que las toallitas húmedas no cumplen con los requisitos de lo que llamamos toalla desechable).

(b) El lugar de descontaminación no debe de estar más lejos de ¼ de milla de los trabajadores del campo (o en el lugar más cercano de acceso vehicular). Los empleados tienen que ser informados de la ubicación del lugar de descontaminación antes de comenzar a trabajar en la zona a tratar.

(c) El lugar de descontaminación no debede estar en una zona dentro de los intervalos de entrada restringida a menos que los trabajadores de campo para quienes sea dicho lugar estén realizando actividades de entrada temprana. Las instalaciones no deben de estar dentro de una zona bajo tratamiento.

NOTA: fuentes citadas: sección 12981, Código Alimentario y Agrícola. Referencias: secciones 12980 y 12981, Código Alimentario y Agrícola.

Respuestas A Las Preguntas De Repaso

Capítulo 1
1. b
2. c
3. b, c, e, f
4. a
5. c
6. a

Capítulo 2
1. c
2. 1.a, 2.b, 3.b, 4.a
3. c
4. 1.c,h; 2.a,f; 3.b,e; 4.d,g
5. b
6. a
7. a
8. b

Capítulo 3
1. a
2. 1.d,f; 2.b,e; 3.a,g; 4.c,h
3. 1.b, 2.c, 3.a
4. c
5. b
6. b
7. c
8. 1.b, 2.d, 3.a, 4.e, 5.c

Capítulo 4
1. a
2. b
3. 1.c,e; 2.a; 3.b,f; 4.d
4. 1.b, 2.a, 3.a, 4.b
5. a.F, b.T, c.T, d.F, e.T, f.T

Capítulo 5
1. a.T, b.F, c.T, d.F, e.T
2. 1.c, 2.d, 3.a, 4.b
3. 1.a, 2.c, 3.b, 4.a, 5.b, 6.c
4. a
5. b
6. a

Capítulo 6
1. b
2. a, b, c, d
3. b, c
4. c
5. a, b
6. c
7. a

Capítulo 7
1. a
2. c
3. b
4. 1.a, 2d, 3.b, 4.f, 5.g, 6.e, 7.c
5. 1.c, 2.a, 3.b
6. a.T, b.T, c.F, d.F, e.T
7. a

Capítulo 8
1. a
2. a
3. c
4. b
5. 1.b, 2.c, 3.a
6. b
7. c

Capítulo 9
1. 1.c, 2.b, 3.e, 4.a, 5.d
2. a.F, b.T, c.T, d.F, e.T, f.F, g.T, h.T
3. 1.b, 2.c, 3.d, 4.a, 5.e
4. b, d, e
5. 1.c, 2.d, 3.a, 4.b

Capítulo 10
1. c
2. b, c, e, g, h
3. a
4. c
5. b
6. c

Capítulo 11
1. b
2. b
3. a
4. e, a, d, c, b
5. 1.b, 2.a, 3.d, 4.e, 5.c
6. a.F, b.F, c.T, d.T, e.F
7. b

Capítulo 12
1. b
2. 1.b, 2.a, 3.c
3. a
4. a, c, d
5. b

Glosario

Abiótico. Factores no biológicos como el viento, el agua, la temperatura y el tipo o la textura del suelo.

absorber. Tragar o ingerir líquido o polvo.

absorción cutánea. La vía de ingreso de los pesticidas a través de la piel hacia el flujo sanguíneo u otros órganos del cuerpo.

acaricida. Pesticida utilizado para controlar ácaros.

acción residual. Actividad de un pesticida después de ser aplicado. La mayoría de los compuestos de pesticidas permanecen activos durante varias horas o varias semanas, o incluso meses, después de ser aplicados. También conocida como actividad residual.

ácido. Solución o sustancia que tiene un pH inferior a 7.

activador. Adyuvante que aumenta la actividad de un pesticida al reducir la tensión de la superficie o acelerar la penetración a través de las cutículas de los insectos o las plantas.

acuático. Perteneciente al agua, como control de plagas acuáticas o malezas acuáticas.

acuífero. Formación subterránea de arena, grava o roca porosa que contiene agua; lugar donde se encuentra el agua subterránea.

acumular. Aumentar en cantidad dentro de un área, como en el suelo o los tejidos de una planta o un animal.

adhesivo. Adyuvante que se utiliza para evitar que se laven o eliminen los pesticidas de las superficies tratadas.

adsorber. Acumular y retener en una superficie, como los pesticidas que se adhieren a las partículas del suelo.

ADVERTENCIA. Palabra clave utilizada en las etiquetas de pesticidas que se consideran moderadamente tóxicos o peligrosos según su toxicidad; por lo general tienen una DL_{50} oral de entre 50 y 500 y una DL_{50} dérmica de entre 200 y 2,000.

adyuvante. Sustancia que se agrega a la mezcla de pesticida para mejorar o alterar la deposición, los efectos tóxicos, la capacidad de mezclado, la persistencia u otras cualidades del ingrediente activo.

agalla. Hinchazón anormal del tejido de la planta, que puede ser causado por insectos, nematodos y patógenos.

Agencia de Protección Ambiental de EE. UU. (EPA de U.S.). Agencia federal responsable de regular el uso de pesticidas en los Estados Unidos.

agitador. Dispositivo mecánico o hidráulico que revuelve el líquido en un tanque de rociado para evitar que la mezcla se separe o asiente.

agua subterránea. Agua dulce atrapada en acuíferos debajo de la superficie del suelo; una de las principales fuentes de agua para consumo, riego y fabricación.

agua superficial. Agua de lagos o estanques, o que fluye en arroyos, ríos y canales.

aguilón. Estructura montada sobre un camión, un tractor u otro vehículo, o sujetada a mano, donde se acoplan las boquillas de rociado.

alcalino. Solución o sustancia que tiene un pH superior a 7.

ambiente. Todos los organismos vivos y las características abióticas de un área determinada.

ancho de banda o franja. El ancho del área cubierta por gotas rociadas o gránulos a medida que el equipo de aplicación se desplaza; el ancho de banda se debe medir para calibrar el equipo de aplicación.

anfibio. Organismo de sangre fría como la rana, el sapo o la salamandra.

ANR de la UC. Agricultura y Recursos Naturales de la Universidad de California.

anual. Planta que atraviesa su ciclo de vida completo en un año o menos. Las plantas también se pueden clasificar en anuales de verano o de invierno.

anuales de invierno. Anuales que germinan desde finales del otoño hasta principios del invierno, maduran y producen semillas al final del invierno o principios de la primavera, y mueren al comienzo del verano.

anuales de verano. Anuales que germinan en primavera, maduran y producen semillas a finales del verano, y mueren en otoño.

aparición aguda. Síntomas de lesiones relacionadas con pesticidas que aparecen poco después de un incidente de exposición.

apelmazamiento. Proceso por el cual los pesticidas en polvo se empaquetan y se aglutinan, lo que impide la correcta aplicación.

aplicación al voleo. Método de aplicación de pesticidas mediante la dispersión sobre un área amplia.

aplicación en banda. La aplicación de pesticidas líquidos o secos en bandas o hileras, por lo general en el suelo y no sobre todo el área.

aplicación indebida accidental. Aplicación incorrecta e involuntaria de un pesticida.

aplicación indebida intencional. El uso incorrecto y deliberado de un pesticida, como exceder conscientemente el volumen indicado en la etiqueta o aplicar el material en un sitio que no figura en la etiqueta.

aplicación negligente. Aplicación de un pesticida donde el aplicador no emplea el cuidado adecuado ni sigue las instrucciones de la etiqueta, lo que podría causar daños a las personas o al área circundante.

aplicador certificado de pesticidas. Una persona que demostró, mediante un proceso de evaluación, tener la capacidad para manipular y aplicar de manera segura pesticidas de uso restringido altamente peligrosos.

aplicador certificado privado. El dueño o administrador de una propiedad, o una persona responsable contratada por el dueño o administrador de la propiedad, que demostró, mediante un proceso de evaluación, tener la capacidad para manipular y aplicar de manera segura pesticidas de uso restringido en la propiedad bajo su control.

aplicador de baja presión. Dispositivo de aplicación de pesticida con múltiples boquillas colocadas a lo largo de un aguilón, lo que hace posible rociar una franja amplia; por lo general se utiliza para aplicar herbicidas u otros pesticidas en cultivos extensivos y en hilera.

aplicador de mecha de cuerda. Dispositivo utilizado para aplicar herbicidas de contacto en follaje de malezas objetivo con una cuerda o paño saturado.

aplicador privado. Personas que aplican pesticidas en propiedades agrícolas bajo su control y para su propio beneficio o necesidades.

área confinada. Lugares como edificios o invernaderos, áticos, entrepisos o bodegas de barcos que pueden tener circulación de aire limitada y por lo tanto promueven la acumulación de gases o vapores tóxicos de una aplicación de pesticidas.

área de tratamiento. Ver sitio.

artrópodo. Animal con apéndices articulados y un esqueleto externo, como un insecto, una araña, un ácaro, un cangrejo o un ciempiés.

asesores agrícolas. Especialistas de la Universidad de California en la mayoría de los condados de California que se desempeñan como recursos para residentes del estado en control de plagas, tratamiento del agua, tratamiento del suelo, nutrición y muchos otros temas.

atmósfera. El aire o el clima de un determinado lugar.

atrayente. Sustancia que atrae a una especie de animal específica. Cuando se fabrica para atraer plagas a trampas o cebos envenenados, los atrayentes se consideran pesticidas.

aumento. Proceso de acumulación de una población de enemigos naturales en un área al añadir huevos, larvas o adultos adicionales de esa especie.

aurícula. Una pequeña proyección en forma de oreja en la base de la hoja o el pétalo.

avicida. Pesticida utilizado para controlar las aves plaga.

ayudante de deposición. Adyuvante que mejora la capacidad de un rociador de pesticida para lograr el objetivo.

bacteria. Organismos vegetales, unicelulares y microscópicos que viven en la tierra, el agua, la materia orgánica o en los organismos de plantas y animales. Algunas bacterias causan enfermedades de plantas o animales.

banda. Área cubierta por una pasada del equipo de aplicación de pesticida.

barbecho. Tierra cultivada que puede permanecer inactiva durante una temporada de cultivo.

barreno. Vara en forma de espiral que se utiliza para transportar pesticidas en polvo o gránulos de una tolva a una correa o un disco en movimiento para aplicación.

beneficioso. Ser de alguna manera útil para la gente, como plantas o insectos beneficiosos.

bienal. Planta que completa parte de su ciclo de vida en 1 año y el resto de su ciclo de vida en el siguiente año.

bioacumulación. La acumulación gradual de ciertos pesticidas en los tejidos de organismos vivos después de alimentarse de organismos inferiores que contienen menores cantidades de estos pesticidas.

biología. La estructura corporal, el comportamiento y otras cualidades de un organismo o de una clase de organismos en particular.

biotipo. Una población dentro de una especie que tiene una variación genética distinta de las demás poblaciones.

bolita. Formulación de pesticida que consiste en el ingrediente activo seco y otras sustancias comprimidas en gránulos de tamaño uniforme.

cabina cerrada. Un compartimiento dentro de un sistema de filtrado de aire instalado en un tractor para proteger al operario de la exposición al pesticida.

calavera sobre dos tibias(huesos) cruzadas. Símbolo en las etiquetas de pesticidas que indica que el material es altamente tóxico o posee riesgos específicos y graves para la salud o el medioambiente. Siempre va acompañado de la palabra clave PELIGRO y la palabra TÓXICO; consulte también PELIGRO-TÓXICO.

calibración. Proceso utilizado para medir la potencia del equipo para pesticidas y así poder aplicar la cantidad adecuada de pesticida en un área determinada.

capacitación para trabajador del campo. Capacitación específica establecida por la EPA de EE. UU. y el estado de California para proteger a los trabajadores del campo de los peligros de los pesticidas cuando trabajan en áreas tratadas con pesticidas.

capacitador calificado. Persona que se desempeña como aplicador privado o comercial certificado, asesor de control de plagas agrícola, silvicultor registrado, biólogo agrícola, asesor agrícola de la Universidad de California (UC, por sus siglas en inglés) o que completó un curso de formación de capacitadores aprobado por el DPR.

carbamato. Una clase de pesticida que se utiliza comúnmente para controlar los insectos, los ácaros, los hongos y las malezas. Los insecticidas de carbamato de N-metilo, los acaricidas y los nematicidas son inhibidores de colinesterasa; los subgrupos incluyen ditiocarbamatos y tiocarbamatos.

carcinógeno. Sustancia o agente que causa cáncer.

categoría de toxicidad. Las tres clasificaciones de pesticidas que indican el nivel aproximado de peligro, que se indican con las palabras de advertencia PELIGRO-TÓXICO, PELIGRO, ADVERTENCIA y PRECAUCIÓN.

caudal. La cantidad de pesticida expulsado por un rociador de pesticida o un aplicador de gránulos por unidad de tiempo.

cebo. Alimento o sustancia tipo alimento que se utiliza para atraer y por lo general envenenar a los animales plaga.

centro médico. Clínica, hospital o consultorio médico donde se obtiene atención médica inmediata para enfermedades o lesiones relacionadas con los pesticidas.

CHEMTREC. Una organización respaldada por la industria de productos químicos que brinda asistencia y asesoramiento sobre emergencias relacionadas con los pesticidas; teléfono 1-800-424-9300.

ciclo de la enfermedad. Las etapas de desarrollo de un patógeno y el efecto de la enfermedad, a medida que se desarrolla, en el huésped.

CL50. La concentración letal de un pesticida en el aire, en el organismo o en el agua que matará a la mitad de una población animal de ensayo; los valores se expresan en microgramos por mililitro de aire o agua (µg/ml).

clave de identificación. Herramienta escrita o ilustrada que proporciona una manera sistemática de identificar y distinguir organismos vivos relacionados.

clave dicotómica. Una serie de pares de afirmaciones contrapuestas que ayudan a identificar insectos u otros organismos vivos; un tipo de clave de identificación.

clima. El estado de la atmósfera (temperatura, humedad, precipitación, condiciones del viento) durante un breve período de tiempo (un día o una semana) en un lugar específico.

cobertura de superficie. La medida en la que el rocío o el polvo cubren la superficie de las hojas u otros objetos tratados.

cobertura. El grado de distribución de un pesticida sobre una determinada superficie.

colmenar. Lugar donde se guardan las abejas, como una colmena.

combinar. Mezclar o unir.

comisionado de agricultura del condado. El representante en cada condado de California que tiene la responsabilidad de hacer cumplir las normas de pesticidas estatales y federales y de otorgar permisos para pesticidas de uso restringido; los comisionados de agricultura del condado y su personal inspeccionan con frecuencia las aplicaciones de pesticidas y los sitios de aplicación, e investigan la enfermedades causadas por los pesticidas y los riesgos ambientales; todos los usos agrícolas de los pesticidas se deben informar mensualmente a los comisionados de agricultura del condado.

comisionado de agricultura. Representante en cada condado de California que tiene la responsabilidad de hacer cumplir las normas de pesticidas estatales y federales y de otorgar permisos para pesticidas de uso restringido. uso agrícola. Clasificación de ciertos pesticidas que limita su uso a los entornos agrícolas de producción.

compatible. La condición en la que dos o más pesticidas se mezclan sin cambios químicos o físicos insatisfactorios.

compuesto orgánico volátil. Compuesto orgánico que se evapora a una temperatura relativamente baja y contribuye a la contaminación del aire.

concentración letal. Ver CL50.

concentrado emulsionable. Una formulación de pesticida que consiste en un líquido a base de petróleo y emulsionantes que permiten que se pueda mezclar con agua para la aplicación.

concentrado soluble en agua. Formulación líquida de pesticida que se disuelve en agua para formar una verdadera solución.

condición de oxígeno deficiente. Condición donde la concentración de oxígeno en el aire es inferior al 19%, lo que hace que el área sea altamente peligrosa.

contaminación ambiental. La propagación de los pesticidas lejos del sitio de aplicación y hacia el ambiente, por lo general con el potencial de causar daños a los organismos.

contaminación de fuente puntual. Contaminación por pesticidas u otras sustancias que surge tras derramarlas o verterlas en un lugar.

contaminación no puntual. Contaminación de pesticidas u otros materiales que surge a partir de su uso normal o aceptado en un área general grande y durante un período prolongado.

contraflujo. Ver sifonaje de retorno.

control biológico clásico. Un método de control de plagas que utiliza enemigos naturales y que está orientado a plagas que no son originarias de un área geográfica; esto implica localizar el lugar de origen de una plaga introducida y encontrar enemigos naturales adecuados que se puedan importar, criar y liberar en el área donde se estableció la plaga.

control biológico. La acción de los parásitos, depredadores, patógenos o competidores para mantener la densidad numérica de otro organismo a un promedio más bajo que el que se podría obtener en su ausencia; puede producirse en forma natural en el campo o ser el resultado de la manipulación o introducción de agentes de control biológico por parte de las personas.

control químico. El uso de pesticidas naturales o sintéticos para tratar poblaciones de plagas en un área.

controlador de dosis. Dispositivo electrónico instalado en un rociador de pesticida que ajusta automáticamente el volumen de rocío al ajustar la presión de rociado. Consulte también controlador de rociado, controlador de sistema.

controlador sintético. Ver controlador de dosis.

controles culturales. La modificación de las prácticas normales de manejo de cultivos o paisajes para disminuir el establecimiento, la reproducción, la dispersión, la supervivencia o los daños causados por las plagas.

controles de ingeniería. Dispositivos que se desarrollaron para proteger a las personas cuando mezclan, cargan o aplican pesticidas en una variedad de situaciones, como cabinas cerradas o sistemas de mezclado cerrados.

controles físicos. Actividades diseñadas para matar una plaga o hacer que el ambiente no sea adecuado para la supervivencia; los controles físicos incluyen corte, esterilización del suelo por vapor e instalación de cercas u otras barreras.

controles mecánicos. Dispositivos que excluyen, retienen o destruyen plagas, o modifican el ambiente para hacer que un área sea inadecuada para las plagas.

convulsiones. Contorsiones del cuerpo causadas por contracciones musculares violentas e involuntarias; un posible síntoma de envenenamiento por pesticida.

cotiledón. La primera hoja o el primer par de hojas de una semilla germinada; los pastos (monocotiledóneas) tienen un cotiledón, mientras que las plantas frondosas (dicotiledóneas) tienen dos.

CPR. Vea resucitaciones cardiopulmonares.

crónico. De larga duración o recurrencia frecuente.

cuerpos fructíferos. Estructuras especiales producidas por los hongos que contienen las esporas mediante las cuales se reproduce el organismo.

cultivo no registrado. Cultivo que no figura en la etiqueta del pesticida; los pesticidas solo se pueden aplicar a los cultivos que se indican específicamente en la etiqueta.

cutícula. El recubrimiento protector externo de las plantas y los artrópodos que ayuda a prevenir le pérdida de humedad.

daño económico. Daño causado por las plagas a plantas, animales u otros elementos que genera la pérdida de ingresos o una reducción en el valor.

declaración de clasificación de uso. Una declaración especial que se encuentra en las etiquetas de algunos pesticidas altamente peligrosos que indica que su uso se limita a personas que estén calificadas a través de un proceso de certificación.

deficiente. No tener suficiente de algo en particular.

defoliación. La eliminación de las hojas o el deshoje de una planta.

degradar. Desintegrar o deteriorar químicamente.

Departamento de Alimentos y Agricultura de California (CDFA). La agencia estatal responsable de proteger y promover la agricultura en California.

Departamento de Reglamentación de Pesticidas (DPR) de California. La agencia estatal responsable de reglamentar el uso de pesticidas en California.

deposición de pesticida. Ver deposición.

deposición. La colocación de pesticidas en superficies específicas.

depósito. Colocar algo en un lugar específico.

depredador. Animal que ataca, mata y come a otros animales (presa), consumiendo de varias a muchas presas en su vida.

deriva. El movimiento de partículas, rocío o vapor de pesticidas en el aire lejos del sitio de aplicación.

dermatitis. Inflamación, picazón o irritación de la piel, que puede producirse por la exposición a los pesticidas.

dérmica. Perteneciente a la piel; una de las mejores maneras en la que los pesticidas pueden ingresar al organismo.

descargador. Mecanismo sensible tipo válvula utilizado en aplicadores de alta presión que desvían el líquido al tanque cuando las boquillas se cierran para prevenir la rápida acumulación de la presión en el sistema que podría dañar la bomba. Cuando el flujo de las boquillas se activa nuevamente, el descargador reanuda rápidamente la presión a las boquillas.

descomposición. El proceso a través del cual las sustancias químicas, como los pesticidas, se desintegran para convertirse en otras sustancias químicas.

descontaminación. El proceso de eliminación o neutralización de contaminantes que se acumularon en las personas, las vestimentas y los equipos (por ejemplo, lavar cuidadosamente la piel expuesta a los pesticidas con agua y jabón).

desechable. Diseñado para tirarse después del uso.

desintoxicación. El proceso de eliminación de sustancias o cualidades tóxicas.

Desórdenes abióticos. Enfermedades no contagiosas introducidas por condiciones ambientales adversas, por lo general como resultado de una actividad humana.

dicotiledónea. Plantas cuyas plántulas producen dos hojas (cotiledones). Comúnmente denominadas frondosas.

diluyente. Material líquido o en polvo que se combina con el ingrediente activo durante la elaboración de una fórmula de pesticida; también, el agua, el aceite de petróleo u otro líquido que se mezcla con el pesticida formulado antes de la aplicación.

disolvente. Líquido capaz de disolver ciertas sustancias químicas.

disolver. Pasar a una solución.

dispersador. Adyuvante que disminuye la tensión superficial de las superficies tratadas para que el pesticida se pueda absorber.

dispersión. El acto de esparcir ampliamente pesticida en gotas, polvo o gránulos sobre un área específica. También, la propagación de organismos vivos en todo el ambiente, como las esporas de los hongos.

dispositivo de monitoreo atmosférico. Aparato que se utiliza para detectar y medir los niveles de vapor en un área cerrada. Normalmente se utiliza después de la fumigación para asegurar que un área sea segura y se pueda ingresar.

dispositivo de verificación de rociado. Equipo que mide y visualiza la descarga de las boquillas en el aguilón de rociado, y proporciona una visualización rápida de las diferencias en la descarga entre las boquillas.

divisoria de agua. Superficie de tierra que drena su agua superficial a cauces o fuentes de agua definidos.

DL$_{50}$. La dosis letal de un pesticida que matará a la mitad de una población animal de ensayo; los valores se expresan en miligramos por kilogramo de peso corporal del animal de ensayo (mg/kg).

dosis letal. Ver DL$_{50}$.

dosis. La cantidad medida de un pesticida.

dosis. La cantidad o el volumen de rociado líquido, polvo o gránulos que se aplican en un área durante un período de tiempo determinado.

DPR. Ver Departamento de Reglamentación de Pesticidas de California.

ecosistema. La comunidad de organismos en un área y su entorno abiótico.

educación continua (CE). Clases, seminarios o capacitaciones aprobados que los aplicadores certificados o acreditados deben realizar para mantener la validez de sus credenciales. Los temas incluyen: uso y protección contra los pesticidas, leyes y reglamentos de California, y control de plagas.

efecto agudo. Síntoma que se vuelve aparente poco después de la exposición a un pesticida.

efecto crónico. Los efectos dañinos causados por dosis pequeñas y repetitivas de pesticidas con el paso del tiempo; también puede consultar efecto de largo plazo.

efectos retardados. Enfermedades o lesiones que aparecen pasadas las 24 horas después de una exposición a un pesticida.

eficacia. La capacidad de un pesticida para producir un efecto deseado en un determinado organismo.

electrostático. Una carga eléctrica que causa que un pesticida líquido o en polvo sea atraído a la superficie específica.

emergencia. La aparición de una planta en la superficie del suelo.

emisiones. Humo, gas o vapor; la fase de vapor de algunos ingredientes activos del pesticida.

emulsión invertida. Emulsión donde las gotas de agua quedan suspendidas en el aceite en lugar de que las gotas de aceite queden suspendidas en el agua.

emulsión. Gotas de líquidos a base de petróleo (aceites) suspendidas en agua.

emulsionante. Un adyuvante agregado a una formulación de pesticida que permite que los pesticidas a base de petróleo se puedan mezclar con agua.

encapsulación. Un proceso por el cual se colocan gotitas líquidas o partículas secas en cápsulas plásticas de polímero para desacelerar su liberación en el ambiente y prolongar su efectividad.

enemigo natural. Organismo que puede matar a un organismo plaga, incluidos depredadores, patógenos, parásitos y competidores.

enfermedad por calor. Sobrecalentamiento potencialmente mortal del cuerpo bajo condiciones de trabajo que carecen de medidas preventivas adecuadas, tales como beber mucha agua, tomar descansos frecuentes en la sombra para refrescarse y quitarse o desajustar el equipo de protección personal durante los descansos.

enfermedad. Una afección causada por factores bióticos o abióticos que afecta algunas o todas las funciones normales de un organismo vivo.

enjuague. Líquido que deriva del enjuague de envases de pesticidas o equipos de rociado.

envase de servicio. Contenedor diseñado para almacenar mezclas de pesticida concentrado o diluido, incluido el tanque de rociado, pero no el envase de pesticida original.

EPA. Ver Agencia de Protección Ambiental de EE. UU.

equipo de protección personal (PPE). Dispositivos y prendas que protegen a los manipuladores de la exposición a los pesticidas; estos incluyen trajes protectores, gafas protectoras, guantes y botas, respiradores, delantales y cascos.

equipo respiratorio. Dispositivo que filtra polvo, rocío y vapor de pesticida para proteger a la persona que lo usa de la exposición respiratoria durante la mezcla y carga, la aplicación o el ingreso a las áreas tratadas antes del vencimiento del intervalo de entrada restringida.

erradicación. Estrategia de control de plagas que intenta reducir la cantidad de plagas por debajo del umbral económico de daños o a un nivel tolerable.

erradicar. Destruir completamente o poner fin a (una plaga).

escurrimiento. Material de rociado líquido que gotea del follaje de plantas tratadas o de otras superficies tratadas; también, el agua de lluvia o agua de riego que sale de un área y que puede contener pequeñas cantidades de pesticida.

espacio de aire. Espacio entre la manguera de llenado y el líquido en el tanque de pesticida que evita el contraflujo de los líquidos pesticidas a la fuente de agua.

especie. Subdivisión de un género considerado como una clasificación biológica básica y que incluye individuos que se asemejan entre sí y pueden reproducirse.

especies amenazadas. Organismo que probablemente pase a estar en peligro en el futuro cercano.

especies en peligro. Organismos vivos extraños o inusuales cuya existencia se ve amenazada por la actividad humana, incluido el uso de algunos tipos de pesticidas.

específico. Claramente definido e identificado.

espesante. Adyuvante que aumenta la viscosidad de la solución de rociado para que las boquillas formen gotas más grandes; utilizado para controlar la deriva.

espora. Estructura reproductiva producida por algunas plantas y microorganismos que es resistente a las influencias medioambientales.

estación de cebo. Caja o dispositivo similar diseñados para colocar el cebo envenenado y controlar a los roedores, los insectos u otras plagas; por lo general incluye deflectores o pequeñas aberturas para evitar que ingresen otros animales que no sean las plagas objetivo.

estación meteorológica (electrónica). Dispositivo que consiste en un registrador de datos electrónico, sensores, un suministro eléctrico, un gabinete ambiental y una estructura de soporte.

esterilización por vapor. Método de control de plagas que mata bacterias y otros seres vivos en el suelo mediante el uso de vapor.

etapa de vida susceptible. La etapa de vida de un organismo plaga que tiene más probabilidades de verse afectada por un pesticida utilizado para controlarlo; en general, los insectos son más susceptibles durante la etapa larval o juvenil; las malezas por lo general son más susceptibles durante la etapa de plántula.

etapas de vida. Las etapas de desarrollo que experimentan los organismos vivos a lo largo del tiempo.

etiqueta complementaria. Instrucciones e información adicionales que no figuran en la etiqueta del pesticida ya que la etiqueta es muy pequeña, pero que legalmente se consideran parte del etiquetado del pesticida.

etiquetado. La etiqueta del pesticida y todos los materiales asociados, incluidas las etiquetas complementarias, la información de registro de necesidades locales especiales y la información del fabricante.

evaporar. El proceso de un líquido cuando se convierte en gas o vapor.

exceso de agua. Agua que se acumula en las partes más bajas de un campo durante o después del riego.

exclusión. Una técnica de control de plagas que utiliza barreras físicas o químicas para prevenir que ciertas plagas ingresen a un área determinada.

excremento. Materia fecal sólida generada por los insectos.

exención de registro por emergencia. Una exención federal de registro de pesticida regular que a veces se emite cuando surge una situación de emergencia relacionada con plagas donde no se registra ningún pesticida que tenga una tolerancia en el cultivo en cuestión.

expectativas de conocimiento. La amplitud de conocimientos sobre un oficio o procedimiento, como la manipulación de un pesticida, que se espera que tenga la persona que realiza este trabajo según lo establecido por los reglamentos y lo evaluado mediante los exámenes de certificación.

exploración. Recolección de información de monitoreo en el campo; utilizada para detectar y evaluar poblaciones de plagas en un área.

exposición. El contacto no deseado de personas, organismos o el ambiente con pesticidas o residuos de pesticidas.

factores biológicos. Ciclos de vida, etapas de vida, atributos físicos y otros factores que protegen a ciertos organismos de los efectos tóxicos de los pesticidas.

familia de químicos. Un grupo de químicos que tiene características comunes, como la estructura química o la persistencia medioambiental.

fertilizante. Sustancia orgánica o sintética que por lo general se agrega o distribuye en el suelo para aumentar su capacidad de mejorar el crecimiento de la planta; a veces se mezcla y se aplica con pesticidas.

fibroso. Palabra que se utiliza para describir raíces finas, largas y de múltiples ramificaciones que forman un grupo denso.

filamentoso. Largo y con forma de filamento.

fitotóxico. Que causa daños a las plantas.

fluido seco. Una formulación de pesticida granular seca diseñada para mezclarse con agua para la aplicación.

fluido. Formulaciones que consisten en partículas de ingrediente activo de pesticida finamente pulverizadas que se mezclan con un líquido, junto con emulsionantes, para formar una emulsión concentrada.

follaje. Las hojas de las plantas.

formulación de pesticida. El pesticida tal como viene en su envase original, que consiste en el ingrediente activo mezclado con otros ingredientes.

formulación. Mezcla de ingredientes activos combinados durante la fabricación con otras sustancias que se agregan para mejorar la mezcla y las cualidades de manipulación de un pesticida.

fotosíntesis. Proceso mediante el cual las plantas convierten la luz solar en energía.

franja de aplicación. Ver banda y ancho de banda.

frondosas. Uno de los principales grupos de plantas, conocidos como dicotiledóneas, con hojas de retículo venoso generalmente más gruesas que el pasto, y cuyas plántulas tienen dos hojas embrionarias (cotiledones).

fumigante. La forma de vapor o gas de un pesticida que se utiliza para penetrar superficies porosas y controlar las plagas del suelo o las plagas en áreas cerradas.

GPS. Ver sistema de posicionamiento global.

grados día. La cantidad de calor que se acumula durante un período de 24 horas cuando la temperatura promedio está a 1 grado por encima del umbral de desarrollo más bajo de un organismo.

gránulo. Una formulación seca de ingrediente activo de pesticida y otras sustancias comprimidas en forma de piedritas.

hábitat. Lugar donde viven las plantas o los animales.

herbáceo. Planta tipo hierba, generalmente con poco o ningún tejido leñoso.

herbicida. Pesticida utilizado para el control de malezas.

herbívoro. Animal que se alimenta de las plantas.

heredar. Recibir una característica o cualidad como resultado de su transmisión en forma genética.

hibernar. El proceso de atravesar la época de invierno. Muchos organismos vivos sobreviven a condiciones climáticas difíciles como semillas, huevos o en ciertas etapas de reposo.

hibernar. Pasar en invierno en reposo o en estado inactivo.

hierba. Planta que interfiere en las actividades humanas, genera pérdida económica o es de algún modo indeseable.

hifa. Fibras de forma con filamentos que conforman el micelio de los hongos.

hilera de cerca. Hilera de tierra debajo de una cerca.

Hoja de datos de seguridad (SDS). Hoja de información provista por un fabricante de pesticida que describe las cualidades de las sustancias químicas, los peligros, las precauciones de seguridad y los procedimientos de emergencia que se deben seguir en caso de un derrame, un incendio u otra emergencia; anteriormente conocida como Hoja de datos de seguridad de materiales (MSDS).

Hoja de datos de seguridad de materiales (MSDS). Ver Hoja de datos de seguridad.

hongos. Plantas inferiores multicelulares que carecen de clorofila, como moho, mildiú, roya o carbón; los organismos fúngicos normalmente consisten en hebras filamentosas denominadas micelio, y se reproducen mediante la dispersión de las esporas.

hospedero. Especie de planta o animal que provee sustento a otro organismo.

hospederos alternativos. Plantas que permiten la supervivencia de una plaga cuando su hospedero principal no está disponible.

i.a. Ver ingrediente activo.

imitar. Copiar o parecerse a otra cosa.

impermeable. Tener la capacidad de resistir la penetración de una sustancia u objeto.

impregnados. Elementos, como collares antipulgas, que se fabricaron con un cierto pesticida integrado.

incompatibilidad de campo. Una incompatibilidad entre los pesticidas que se mezclan juntos en un tanque de rociado que se produce durante la aplicación; puede ser consecuencia de cambios en la temperatura del agua utilizada en la mezcla o cambios en el lapso de tiempo que la mezcla de rociado estuvo en el tanque.

incompatibilidad. Condición en la que dos o más pesticidas no se pueden mezclar adecuadamente o una de las sustancias altera químicamente a la otra para reducir su efectividad o producir efectos no deseados en el objetivo.

incorporar. Mover un pesticida debajo de la superficie de la tierra mediante el labrado, arado o riego; además, combinar un pesticida con otro.

indicación de primeros auxilios. La sección de una etiqueta de pesticida que describe los primeros auxilios correspondientes que necesita una persona expuesta a ese pesticida.

indicación de restricción. Indicación en la etiqueta de un pesticida que restringe el uso de ese pesticida a áreas específicas o personas designadas.

indicaciones de precaución. Sección en las etiquetas de los pesticidas que indican los peligros para el ser humano y el medioambiente, y los requisitos de equipo de protección personal, así como los efectos específicos del producto en personas y animales.

inerte. No tener ninguna actividad química.

infección. El establecimiento de un microorganismo dentro de los tejidos de una planta o animal hospedero.

infestación. Invasión problemática de plagas dentro de un área como un edificio, un invernadero, un cultivo agrícola o un lugar ajardinado.

infiltración. El ingreso de agua a la tierra.

ingerir. Introducir en el organismo a través de la boca, como comer o tragar.

ingrediente activo. (i.a.) Sustancia en la formulación del pesticida que destruye efectivamente la plaga objetivo o realiza la función deseada.

ingredientes inertes. Término obsoleto para los ingredientes que no son los ingredientes activos en una formulación de pesticida; ver otros ingredientes.

inhalar. Introducir en el organismo por la nariz o la boca a través de los pulmones.

inhibir. Prevenir la reacción bioquímica dentro de los tejidos de una planta o animal.

inocular. Introducir un patógeno en un organismo.

inscrito. Compañía que obtuvo el registro del pesticida; también hace referencia al fabricante del producto formulado.

insecticida. Pesticida utilizado para el control de insectos; algunos pesticidas también están calificados para el control de garrapatas, ácaros, arañas y otros artrópodos.

insecto. Artrópodo pequeño que tiene seis patas y a veces uno o dos pares de alas.

Instituto Nacional de Seguridad y Salud Ocupacional (NIOSH). La agencia federal que prueba y certifica los equipos respiratorios para la aplicación de pesticidas.

instrucciones de uso. Las instrucciones que se encuentran en las etiquetas de los pesticidas que indican los procedimientos adecuados para la mezcla y la aplicación.

intervalo de cosecha. Período de tiempo, según lo indicado en la etiqueta del pesticida, que debe transcurrir después de que se aplica un pesticida en un cultivo comestible antes de que el cultivo se pueda recolectar en forma legal.

intervalo de entrada restringida (REI). Período de tiempo que debe transcurrir entre la aplicación de un pesticida y el momento en que es seguro el ingreso de personas a un área tratada sin exigirles que usen equipos de protección personal y reciban capacitación de trabajador de entrada temprana.

intervalo precosecha. Período de tiempo establecido por la ley que debe transcurrir después de que se aplica un pesticida en un cultivo comestible antes de que el cultivo se pueda recolectar en forma legal.

intervalo. Período de tiempo legal durante el cual se aplica un pesticida y los trabajadores tienen permitido ingresar al área tratada, o se puede recolectar la producción; consulte también intervalo precosecha e intervalo de entrada restringida.

inversión térmica. Ver inversión.

inversión. Fenómeno climático en el que el aire frío cerca del suelo queda atrapado debajo de una capa de aire caliente superior; también conocida como inversión térmica o capa de inversión.

invertebrado. Animal que no tiene esqueleto interno, como insectos, arañas, ácaros, gusanos, nematodos, caracoles y babosas.

IPM de la UC. Programa Estatal de Manejo Integrado de Plagas de la Universidad de California.

IPM. Ver manejo integrado de plagas.

irreversible. Que no se puede deshacer o alterar, como cuando un pesticida causa daños irreversibles que no se pueden corregir o tratar médicamente.

larva. La forma inmadura activa de los insectos que experimentan una metamorfosis completa para llegar a la etapa adulta.

latente. Volverse inactivo, como los árboles cuando quedan pelados durante el invierno.

legible. Lo suficientemente claro como para leerse; fácil de leer.

lesión reversible. Lesiones o enfermedades relacionadas con pesticidas que se pueden revertir a través de la intervención médica o el proceso de curación del cuerpo.

lesión. El daño físico provocado (a un organismo).

letal. Con capacidad de causar la muerte.

Ley Federal de Insecticidas, Fungicidas y Rodenticidas (FIFRA). Ley federal que regula el registro, el etiquetado, el uso y el desecho de pesticidas en los Estados Unidos.

lígula. Un delgado brote o fleco de vellos presentes en la región del collar en muchas especies de pastos.

lixiviación. Proceso a través del cual algunos pesticidas se filtran en el suelo, por lo general al ser disueltos en agua, con la posibilidad de llegar a las aguas subterráneas.

lupa. Lente de aumento pequeño utilizada para monitorear las plagas de plantas.

malla. Cantidad de hilos por pulgada en una rejilla, como una rejilla utilizada para filtrar partículas externas de soluciones de rociado; también se utiliza para describir el tamaño de gránulos, bolitas y polvo de pesticida.

manejo integrado de plagas (MIP). Programa de manejo integrado de plagas que utiliza información del ciclo biológico y el monitoreo exhaustivo para entender las plagas y su potencial para causar daños económicos. El control se logra a través de diferentes enfoques, que incluye la prevención, las prácticas culturales, las aplicaciones de pesticidas, la exclusión, los enemigos naturales y la resistencia del huésped. El objetivo es lograr la erradicación a largo plazo de las plagas objetivo con un impacto mínimo en los organismos no objetivo y el medioambiente.

manipulador de pesticida. Ver manipulador.

manipulador de pesticida. Ver manipulador.

manipulador. Persona que mezcla, carga, transfiere, aplica (incluida la quimigación) o colabora en la aplicación (señalización) de pesticidas; que mantiene, inspecciona, repara, limpia o maneja equipos utilizados en estas actividades; que trabaja con envases de pesticidas no sellados; que ajusta, repara y retira los recubrimientos de la zona de tratamiento; que introduce pesticidas en el suelo; que ingresa a un área tratada durante una aplicación o antes de que expiren los intervalos de entrada restringida (REI, por sus siglas en inglés); o que desempeña funciones de asesor de cultivos.

manómetro. Instrumento del equipo de aplicación de pesticida líquido que mide la presión del líquido expulsado.

mantenerse. Continuar a lo largo del tiempo sin perder efectividad.

marca comercial. El nombre comercial o registrado que el fabricante o formulador le asigna a un pesticida.

materia orgánica. Cualquier material que proviene de organismos vivos; en el suelo, esto incluiría materia de plantas, microbios y animales en descomposición.

materiales corrosivos. Ciertas sustancias químicas que reaccionan con los metales u otros materiales.

materiales microencapsulados. Una formulación donde las partículas de los ingredientes activos se encapsulan en cápsulas plásticas; el pesticida se libera después de la aplicación cuando las cápsulas se rompen.

materiales peligrosos. Pesticidas que han sido clasificados por agencias reglamentadoras como dañinos para el medioambiente o las personas, requieren un manejo especial y se deben almacenar y transportar de acuerdo con las normas reglamentarias.

medidor visual. Dispositivo en el rociador de pesticida o una configuración del tanque de rociado que le permite al operario visualizar el nivel de líquido en el tanque.

metabolismo. Proceso químico completo que se produce en un organismo vivo para utilizar los alimentos y manejar los residuos, permitir el crecimiento y la reproducción, y lograr todas las demás funciones vitales.

metamorfosis. Los cambios que se producen en ciertos tipos de organismos vivos, como insectos, a medida que se desarrollan y pasan de huevos a adultos.

mezcla de tanque. Mezcla de pesticidas o fertilizantes y pesticidas que se aplica al mismo tiempo.

mezcla incompatible. El resultado cuando dos o más pesticidas se combinan y reaccionan de tal manera que la mezcla se vuelve inutilizable.

mezclado. El proceso de abrir envases de pesticida, pesar o medir cantidades específicas, y transferir estas sustancias a un equipo de aplicación, todo en conformidad con las instrucciones que se indican en las etiquetas del pesticida.

micelio. Organismo vegetativo de un hongo, que consiste en una masa de filamentos delgados denominados hifas.

microorganismos. Organismo de tamaño microscópico, como una bacteria, virus, hongo, viroide o micoplasma.

mielada. El fluido dulce y pegajoso segregado por los insectos que se alimentan de plantas, como áfidos y escamas.

mitigación. El proceso de hacer que un problema, como la infestación por plagas, sea menos grave.

modificación del hábitat. Limitar intencionalmente la disponibilidad de uno o más requisitos de supervivencia de la plaga, lo que hace que el ambiente sea menos adecuado para el crecimiento de la población de la plaga.

modo de acción. La manera en que reacciona un pesticida con un organismo plaga para destruirlo.

molusquicida. Pesticida utilizado para controlar las babosas y los caracoles.

monitor de sistema. Dispositivo que mide las condiciones de funcionamiento del rociador, como la velocidad de desplazamiento, la presión o el caudal, y que puede enviar una alerta cuando se producen cambios inesperados en la tasa de aplicación. Utilizado junto con unidades de GPS, y controladores de rociado, de dosis y de sistema.

monitoreo. El proceso de supervisar atentamente las actividades, el crecimiento y el desarrollo de los organismos plagas durante un período de tiempo, por lo general utilizando procedimientos muy específicos.

monocotiledónea. Miembro de un grupo de plantas cuyas plántulas tienen un solo cotiledón.

móvil. Que puede moverse libre o fácilmente.

movimiento fuera de lugar. Cualquier movimiento de un pesticida desde el lugar donde se aplicó, por deriva, volatilización, lixiviación, escurrimiento, recolección de cosecha o polvo por viento, o al ser transportados por organismos o equipos.

MSDS. Ver Hoja de datos de seguridad.

muda. Proceso de desprendimiento del recubrimiento exterior del cuerpo o el exoesqueleto en los invertebrados como los insectos y las arañas. La muda por lo general se produce para permitir que el animal pueda crecer.

muestreo. Recolección de varios ejemplos de un organismo de un área para determinar la identidad de la plaga. Las técnicas también se pueden utilizar para tener una idea del tamaño de la población en un área.

nativo. Animales o plantas que son autóctonos de un área.

necrosis. Muerte localizada de un tejido vivo.

nematicida. Pesticida utilizado para controlar nematodos.

nematodo. Gusanos de forma alargada, cilíndricos y no segmentados, generalmente microscópicos; algunos son parásitos de plantas o animales.

ninfa. La larva de algunos insectos como efímeras, libélulas y saltamontes que se asemeja al adulto y que se convierte directamente en insecto adulto, sin atravesar una etapa de pupa.

NIOSH. Ver Instituto Nacional de Seguridad y Salud Ocupacional.

nitrilo. Cianuro orgánico utilizado para crear productos de goma sintética. También se utiliza en productos pesticidas.

nombre común. El nombre no científico reconocido asignado a los organismos vivos; además, los nombres de los pesticidas que no son sus nombres comerciales (registrados) y nombres químicos.

nombre químico. El nombre oficial que recibe un compuesto químico para distinguirlo de otros compuestos químicos.

nombre registrado. Ver marca comercial.

Norma de Protección del Trabajador (WPS). La enmienda de 1992 de la Ley Federal de Insecticidas, Fungicidas y Rodenticidas (FIFRA, por sus siglas en inglés) que hace cambios significativos en el etiquetado de pesticidas y establece la capacitación específica de los manipuladores y trabajadores de pesticidas en producción agrícola, invernaderos y viveros comerciales y bosques; actualizada en 2017.

notificación verbal. Método utilizado para notificar a los trabajadores de aplicaciones de pesticidas en las propiedades donde trabajan.

número de establecimiento. Número que la EPA de EE. UU. asigna a los pesticidas registrados para indicar la ubicación de las instalaciones de fabricación o formulación de ese producto.

números de registro y de establecimiento. Números de identificación asignados por la EPA de EE. UU. y el Departamento de Reglamentación de Pesticidas de California que se indican en las etiquetas de los pesticidas.

objetivo. Ya sea la plaga que se controla o las superficies de un área que entrará en contacto con la plaga.

obligación. Responsabilidad legal por algo, especialmente costos o daños.

obsoleto. Que ya no se usa; desactualizado.

oral. Por la boca; una de las vías de entrada de los pesticidas al organismo.

orgánico. Pesticida cuyas moléculas contienen átomos de carbono e hidrógeno; también, plantas o animales que se cultivan o crían sin el uso de fertilizantes o pesticidas sintéticos.

organismo no objetivo. Animales o plantas dentro de un área tratada con pesticida que no se intenta controlar mediante la aplicación de pesticidas.

organismo. Cualquier ser vivo.

organismos beneficiosos. Organismos vivos que se alimentan de las plagas, las atacan o parasitan, o que sirven como polinizadores.

organofosforados. Moléculas orgánicas que contienen fósforo comúnmente utilizado como pesticidas. Algunos son altamente tóxicos para las personas; la mayoría se desintegra muy rápido en el ambiente.

OSHA. Administración de Seguridad y Salud Ocupacional; la parte del Departamento de Trabajo de EE. UU. que establece e implementa normas para mantener a las personas seguras y saludables en el trabajo.

otros ingredientes. Ingredientes que no son ingredientes activos en una formulación de pesticida. Algunos pueden ser tóxicos o peligrosos para las personas.

palabra clave. Una de las tres palabras (PELIGRO/ADVERTENCIA/PRECAUCIÓN) que figura en cada etiqueta de pesticida para indicar el peligro relativo del producto químico.

parásito. Planta o animal que obtiene todos sus nutrientes de otro organismo; los parásitos por lo general se adhieren a su hospedero o invaden los tejidos del hospedero; el parasitismo puede causar daños o la muerte del hospedero.

patógeno. Microorganismo que causa enfermedad.

patrón de aplicación. Trayecto que sigue el aplicador a través del área que se trata con un pesticida.

pautas de manejo de plagas. Una serie de publicaciones de la Universidad de California relacionadas con el cultivo que proporciona información basada en investigación sobre el manejo de plagas a través de medios químicos y no químicos. Estas pautas están disponibles a través de las oficinas de Servicio de Extensión Cooperativa de la Universidad de California del condado y en la World Wide Web en http://www.ipm.ucanr.edu.

peligro de uso de pesticida. El potencial de un pesticida para causar lesiones o daños durante la manipulación o la aplicación.

PELIGRO-TÓXICO. Palabra de advertencia que se utiliza en combinación con una calavera sobre dos huesos cruzados en las etiquetas de los pesticidas que se consideran los más peligrosos, que tienen una DL_{50} oral menor de 50 o una DL_{50} dérmica menor de 200; esta palabra de advertencia también se utiliza para identificar pesticidas que pueden causar problemas de salud o ambientales específicos graves.

peligro. Algo que posiblemente es muy peligroso.

PELIGRO. Palabra de advertencia que se utiliza en las etiquetas de pesticidas altamente peligrosos que tienen una DL_{50} oral menor de 50 o una DL_{50} dérmica menor de 200.

penetrar. Atravesar una superficie como la piel, la ropa de protección, la cutícula de una planta o la cutícula de un insecto; también, la capacidad de un rocío aplicado de atravesar follaje denso.

perenne. Planta que vive más de 2 años; algunas pueden vivir indefinidamente.

período de incubación. El tiempo entre la infección de un hospedero por un patógeno y la aparición de los síntomas de la enfermedad.

permeabilidad. La capacidad del material (como las capas geológicas) de permitir que el agua y los pesticidas disueltos desciendan libremente hacia las aguas subterráneas.

permiso de materiales restringidos. Permiso, emitido por los comisionados agrícolas del condado, que les permite a los agricultores poseer y aplicar pesticidas de uso restringido.

pesticida de amplio espectro. Pesticida que tiene la capacidad de controlar varias especies o tipos diferentes de plagas. También conocido como pesticida no selectivo.

pesticida de uso general. Pesticida diseñado para uso por el público general, así como aplicadores autorizados y certificados, y que a menudo presentan riesgos mínimos. No se necesita permiso para comprarlo o utilizarlo.

pesticida de uso restringido. Pesticida altamente peligroso que puede estar en posesión o puede ser utilizado únicamente por aplicadores comerciales que tengan una licencia o un certificado de aplicador de pesticida calificado válido, o aplicadores privados que hayan aprobado el examen escrito administrado por el comisionado de agricultura local.

pesticida no selectivo. Pesticida que combate varias especies de plagas en lugar de solo unas pocas; consulte también pesticida de amplio espectro.

pesticida persistente. Pesticida que permanece activo en el ambiente durante mucho tiempo dado que los microorganismos o factores ambientales no pueden romperlo con facilidad.

pesticida selectivo. Pesticida que es efectivo únicamente contra una única especie o un número reducido de especies de plagas.

pesticida sistémico. Pesticida absorbido por los tejidos del organismo y transportado a otros lugares, donde afectará a las plagas.

pesticida. Sustancias o mezclas de sustancias diseñadas para prevenir, destruir, repeler o mitigar insectos, roedores, nematodos, hongos, malezas o cualquier otra forma de vida clasificada como plaga, y cualquier otra sustancia o mezcla de sustancias diseñada para utilizar como regulador, defoliante o desecante de plantas.

pH. Valor utilizado para expresar la acidez o la alcalinidad relativa. Los números más bajos indican mayor acidez; los números más altos indican mayor alcalinidad.

piretroide. Pesticida sintético que se asemeja a la piretrina, un pesticida botánico que proviene de ciertas especies de flores de crisantemo.

plaga clave. Plaga que regularmente causa daños mayores en un cultivo o terreno, a menos que se pueda controlar.

plaga ocasional. Plaga que no aparece con regularidad, pero que ocasionalmente causa daños como consecuencia de las condiciones ambientales cambiantes u otros factores.

plaga secundaria. Organismo que se convierte en una plaga peligrosa únicamente después de que el enemigo natural, el competidor o la plaga primaria se hayan eliminado a través del control de plagas.

población. Grupo de individuos de la misma especie que ocupa un espacio diferente y posee características (como adaptaciones especiales para el hábitat) que son específicas del grupo.

polinizadores. Organismos que transfieren polen y fertilizan las plantas; por lo general se refiere a las abejas.

polvo humectable. Formulación de pesticida que consiste en un ingrediente activo que no se disuelve en agua, combinado con arcilla mineral y otros ingredientes molidos en polvo fino.

polvo soluble. Una formulación de pesticida donde el ingrediente activo y todos los demás ingredientes se disuelven completamente en agua para formar una verdadera solución.

polvo. Partículas de pesticidas finamente pulverizadas, a veces combinadas con otros materiales. Los polvos se aplican sin mezclar con agua u otro líquido.

polvo. Polvo de tierra fino que contiene ingrediente activo y otros ingredientes. Este polvo se mezcla con agua antes de aplicarse como rociado líquido.

portador. La sustancia líquida o en polvo que se combina con el ingrediente activo en una formulación de pesticida; también se puede aplicar al agua o al aceite con el que se mezcla el pesticida antes de la aplicación.

posemergencia. Describe a un pesticida que se aplica después de que las plantas emergen del suelo.

potencial. Tener o mostrar la capacidad de desarrollarse o convertirse en algo en el futuro.

pour-on. Formulación o mezcla diluida de pesticida lista para usar para el control de parásitos externos en el ganado. El líquido por lo general se vierte en el dorso del animal.

PPE. Ver equipo de protección personal.

ppm. Partes por millón.

PRECAUCIÓN. Palabra de advertencia que se utiliza en las etiquetas de los pesticidas menos tóxicos; pesticidas con una DL_{50} oral mayor de 500 y una DL_{50} dérmica mayor de 2,000.

precipitación. Proceso mediante el cual partículas sólidas se asientan en una solución, como un pesticida formulado en un tanque de rociado. También se puede referir a la lluvia.

predicidas. Pesticida utilizado para controlar mamíferos depredadores como los coyotes.

preemergencia. Herbicida que se aplica antes de la emergencia de una maleza o un cultivo específico.

presa. Organismo que es atacado, matado y comido por un depredador.

presión de vapor. Presión ejercida por un material en su forma gaseosa.

presión. La cantidad de fuerza aplicada por la bomba del equipo de aplicación en la mezcla de pesticida líquido para que pase por las boquillas.

primeros auxilios. La asistencia inmediata que recibe una persona lesionada, enferma o sobreexpuesta a un pesticida.

Programa de Comunicación de Peligros. Parte de los reglamentos de pesticidas de California que exige a los empleadores brindar información sobre los pesticidas y las aplicaciones de pesticidas en el lugar de trabajo.

pronóstico. Previsión de las condiciones climáticas para el futuro cercano.

prueba de ajuste. Prueba que se debe realizar para verificar el ajuste adecuado de un respirador con filtro de vapor orgánico cada vez que se entrega un nuevo respirador.

prueba de toxicidad. Proceso donde se proporcionan dosis conocidas de un pesticida a grupos de animales de ensayo y se analizan los resultados.

psi. Libras por pulgada cuadrada.

PTO. Ver toma de fuerza.

pupa. En los insectos que experimentan una metamorfosis completa; la etapa de vida de reposo entre el estado de larva y adulto.

purín. Mezcla acuosa que contiene pesticida en polvo que deja una capa gruesa de residuo de pesticida en las superficies tratadas.

quimigación. La aplicación de pesticidas en áreas específicas a través de un sistema de irrigación.

reaparición de plagas. Ver reaparición.

reaparición. El aumento repentino de una población de plagas después de algún evento, como la aplicación de un pesticida.

recombinación. Suceso donde un pesticida se desintegra y se combina con otras sustancias químicas en el ambiente para producir un compuesto distinto al aplicado originalmente.

recomendación. Documento escrito elaborado por un asesor de control de plagas certificado que prescribe el uso de un pesticida en particular u otro método de control de plagas.

refugio. Lugar seguro. También, un área cerca de un sitio de aplicación que se deja sin tratamiento para reducir el desarrollo de la resistencia a los pesticidas.

registro de capacitación. Documento firmado por el capacitador, el empleador y el aprendiz que registra las fechas y los tipos de capacitación en seguridad con pesticidas recibidas.

registro de uso de pesticida. Registro de aplicaciones de pesticidas realizadas en un lugar específico.

reglamentos. Pautas o normas de trabajo que una agencia reglamentadora utiliza para establecer e implementar leyes.

regulador de crecimiento. Sustancia química que altera el crecimiento normal de un organismo.

REI. Ver intervalo de entrada restringida.

reporte mensual de uso de pesticida. Reporte que se debe completar y entregar en la oficina del comisionado de agricultura local el día diez de cada mes después del mes en que se aplican pesticidas en un cultivo agrícola.

reservorio. Población de plagas dentro de un área local; también, un organismo que alberga patógenos de plantas o animales.

residuo de pesticida. Ver residuo.

residuo. Restos de pesticida que permanecen en superficies tratadas después de un período de tiempo.

residuos peligrosos. Material peligroso que ya no tiene más uso y que se debe eliminar únicamente mediante la incineración de material peligroso específico o mediante el traslado a un sitio de desecho de Clase I.

resistencia a los pesticidas. Cualidades genéticas de una población de plagas que les permite resistir los efectos de ciertos tipos de pesticidas que son tóxicos para otros miembros de esa especie.

resistencia a los pesticidas. Cualidades genéticas de una población de plagas que les permite resistir los efectos de ciertos tipos de pesticidas que son tóxicos para otros miembros de esa especie.

resistencia cruzada. Condición en la que un organismo que desarrolló resistencia a un tipo o grupo de pesticidas también es resistente a otros pesticidas similares o diferentes, aunque el organismo nunca haya estado expuesto a esos pesticidas.

resistencia del hospedero. La capacidad de una planta o animal hospedero de rechazar o resistir un ataque de plagas, o de tolerar el daño causado por las plagas.

resistencia. Ver resistencia a los pesticidas o resistencia del hospedero.

respiración artificial. Ver respiración asistida.

respiración asistida. También conocida como respiración artificial. Se suministra boca a boca para asistir o recuperar la respiración de una persona sobreexpuesta a pesticidas.

respiración. Proceso metabólico en plantas y animales donde, entre otras cosas, se intercambia oxígeno por dióxido de carbono o dióxido de carbono por oxígeno.

respirador con suministro de aire. Máscara facial ajustada conectada por una manguera a un suministro de aire, como un tanque que se coloca en la espalda de la persona que utiliza el respirador, o a un suministro de aire externo.

restricción de resiembra. Restricción que limita el producto que se puede cultivar en un área durante un período de tiempo específico después de que se utilizó un determinado pesticida.

restricciones de uso. Restricciones especiales que se incluyen en la etiqueta del pesticida o que se incorporan a los reglamentos estatales o locales que especifican cómo, cuándo o dónde se puede utilizar un determinado pesticida.

resucitación cardiopulmonar (CPR). Procedimiento diseñado para mantener la acción circulatoria cuando se detiene la respiración o el pulso cardíaco.

retrasar. Limitar el crecimiento; en las plantas, un síntoma común de enfermedad o infestación por nematodos.

riego. Método de suministro de agua para la tierra o los cultivos.

rizoma. Tallo subterráneo de ciertos tipos de plantas.

rociador de chorro de aire. Rociador que utiliza un abanico de gran potencia para tirar gotas rociadas a las superficies objetivo; los rociadores de chorro de aire por lo general se utilizan en plantas altas como árboles o vides.

rociador tipo mochila. También conocido como rociador portátil, un rociador pequeño transportable que se carga en la espalda de la persona que realiza la aplicación del pesticida; algunos son manuales y otros funcionan con pequeños motores de gasolina.

rociador. Ver rociador tipo mochila.

rodenticida. Pesticida utilizado para controlar ratas, ratones, tuzas, ardillas y otros roedores.

ropa de protección. Prendas del equipo de protección personal que cubren el cuerpo, incluidos los brazos y las piernas.

ropa de trabajo. Prendas como camisas de manga larga, camisas de manga corta, pantalones largos, pantalones cortos, calzado y calcetines; la ropa de trabajo no se considera equipo de protección personal, aunque el etiquetado o los reglamentos de los pesticidas pueden exigir ropa de trabajo específica durante algunas actividades.

rpm. Revoluciones por minuto.

rueda motriz. Aplicador de pesticida en polvo o líquido montado en un remolque que obtiene la potencia para accionar una bomba, un barreno o un disco giratorio del movimiento de una de las ruedas del remolque a medida que se arrastra la unidad.

SCBA. Ver respirador con suministro de aire.

seguro de responsabilidad. Póliza de seguro que cubre el costo de los daños por accidentes o el uso indebido de pesticidas.

señalización. Colocación de carteles alrededor del área para informar a los trabajadores y al público que el área fue tratada con un pesticida.

sensor. Dispositivo mecánico sensible a la luz, la radiación, el nivel, el movimiento, el calor u otro estímulo en el ambiente, y que proporciona un resultado correspondiente.

Serie de información de seguridad con pesticidas (PSIS). Una serie de hojas informativas desarrolladas y distribuidas por el Departamento de Reglamentación de Pesticidas de California en relación con el manejo de pesticidas, los equipos de protección personal, los primeros auxilios de emergencia, la supervisión médica, etc.

sifonaje de retorno. Proceso que permite succionar el agua contaminada con pesticida de un tanque de rociado y descargarla en un pozo u otra fuente de agua.

signos. Evidencia física de la presencia de una plaga que se puede ver en un hospedero. Por ejemplo, en las enfermedades de las plantas, los signos pueden incluir esporas visibles o cuerpos fructíferos.

sintético. Producto hecho en forma artificial mediante síntesis química, como un pesticida o una tela.

síntomas crónicos. Síntomas de envenenamiento por pesticidas que aparecen días, semanas o meses después de la exposición real.

síntomas. Cambios en la apariencia de un organismo debido a las actividades de una plaga; por ejemplo, en las enfermedades de las plantas, la aparición de lesiones, cancros u hojas descoloridas; también, cualquier condición anormal en personas causada por la exposición a un pesticida que se puede sentir y describir, o que puede ser detectada mediante exámenes o análisis de laboratorio.

sistema de inyección de químicos. La parte de un sistema de quimigación que controla la cantidad de pesticida que se inyecta en el agua de riego.

sistema de mezclado cerrado. Un dispositivo utilizado para medir y transportar pesticidas líquidos del envase original al tanque de rociado para reducir las posibilidades de exposición a pesticidas concentrados; el empaquetado especial, como las bolsas hidrosolubles, también se considera un sistema de mezclado cerrado simple.

sistema de posicionamiento global (GPS). Un sistema de navegación mundial que utiliza información recibida de satélites en órbita.

sitio de desecho Clase I. Un sitio de desecho para sustancias tóxicas y peligrosas como pesticidas y residuos contaminados con pesticidas.

sitio de desecho Clase II. Un sitio de desecho para sustancias no tóxicas y no peligrosas como residuos domésticos y comerciales.

sitio de eliminación. Ver sitio de eliminación Clase I y Sitio de eliminación Clase II.

sitio no registrado. Sitio, como un derecho de paso o estanque, que no figura en la etiqueta del pesticida; los pesticidas se pueden aplicar solo en los cultivos o sitios indicados o registrados.

sitio. Área donde se aplican pesticidas para controlar una plaga.

soluble. Que puede disolverse completamente en un líquido.

solución amortiguadora. Adyuvante que baja el pH de una solución de rociado y, dependiendo de su concentración, puede mantener el pH dentro de un rango reducido incluso si se añaden soluciones ácidas o alcalinas.

solución. Líquido que contiene una sustancia disuelta, como un pesticida soluble.

superficie tratada. Superficie de plantas, del suelo o de otros elementos que tuvieron contacto con el rociado, el polvo o los gránulos de pesticidas con el fin de controlar las plagas.

surfactante. Agente activo en superficie; un adyuvante utilizado para mejorar la capacidad del pesticida para adherirse y ser absorbido por la superficie objetivo.

suspensión. Partículas finas de material sólido distribuidas en forma uniforme en líquido, como agua o aceite.

tasa de aplicación. La cantidad de pesticida que se aplica en un área conocida, como un acre.

tasa de descarga. La cantidad de mezcla de pesticida que descarga el equipo de aplicación de pesticida durante un período de tiempo medido.

tolerancia. Capacidad de soportar el efecto de un pesticida o una plaga sin manifestar efectos adversos; también, la cantidad máxima de residuo de pesticida permitida en la producción o en otros productos de cultivo agrícola o de animales comestibles.

toma de fuerza (PTO). Un eje especial conectado en la parte posterior, frontal o lateral de un tractor y otros tipos de equipos que utiliza el motor del tractor u otro equipo para accionar dispositivos externos como rociadores, cortadoras de césped, bombas hidráulicas, etc.

toxicidad. El potencial de un pesticida para envenenar a un organismo expuesto.

toxicología. Estudio de sustancias tóxicas en organismos vivos.

trabajador de entrada temprana. Un empleado que debe ingresar a un sitio de aplicación de pesticida para realizar actividades culturales antes del vencimiento del intervalo de entrada restringida.

trabajador del campo. Empleado de una operación agrícola que realiza prácticas culturales en cultivos o suelo agrícola.

traje protector. Prenda de una o dos piezas de tela resistente que cubre el cuerpo entero salvo la cabeza, las manos y los pies, y que el empleador debe proporcionar como equipo de protección personal. Los trajes protectores difieren (y no se deben confundir) de la ropa de trabajo que el empleado debe proporcionar.

translocar. El desplazamiento del pesticida de un lugar a otro dentro del tejido de una planta.

transmitir. Hacer que algo (como una enfermedad) pase de un lugar u organismo a otro.

transportar. Llevar a alguien o algo de un lugar a otro, por lo general en un vehículo.

traslape de hojas. Agrupamiento o aglutinamiento del follaje de plantas causado por la fuerza de un rociado líquido; evita que las gotas rociadas lleguen a todas las superficies del follaje, lo que puede resultar en un control de plagas defectuoso.

trastorno. Una anormalidad funcional (algo que no es normal) o una alteración dentro de un organismo.

tratamiento localizado. Método de aplicación de pesticidas solo en áreas pequeñas localizadas donde se acumulan las plagas, en lugar de tratar un área general más grande.

triazinas. Una gran familia de productos químicos utilizados para controlar malezas gramíneas y de hoja ancha, ya sea antes o después de que emerjan, mediante la inhibición de la fotosíntesis.

triple lavado. Realizar tres veces el proceso de llenar parcialmente un envase de pesticida vacío, colocar la tapa, agitar el envase, y luego verter el contenido en el tanque de rociado.

tubérculo. Tallo subterráneo alargado y carnoso.

ULV. Ver volumen ultrabajo.

umbral económico de daños. El punto en el que el valor del daño causado por una plaga excede el costo del control de la plaga, lo que hace que sea práctico el uso de un método de control.

umbral. El punto en el que el valor del daño causado por una plaga excede el costo para el control de la plaga, lo que hace que sea práctico el uso de un método de control. También conocido como umbral económico de daños o de tratamiento.

uniforme. Siempre lo mismo en cantidad, carácter, grado o forma, como la distribución uniforme de pesticida, el tamaño uniforme o la mezcla uniforme.

variables. Factores que varían según el lugar o la situación. También, la parte de una ecuación matemática que no tiene un valor numérico fijo.

variedad. En plantas, variantes que ocurren en forma natural dentro de una subespecie, o cepas producidas a través de programas de cultivo. También, una colección de cosas variadas, por lo general pertenecientes al mismo grupo.

vector. Organismo, como un insecto, que puede transmitir un patógeno a plantas o animales.

vegetativo. Relacionado o típico de la vegetación, las plantas o el crecimiento de plantas. También, reproducción asexual.

velocidad de desplazamiento. Velocidad con la que el operario mueve el equipo de aplicación de pesticida por el área tratada.

veneno de contacto. Un pesticida que proporciona control cuando las plagas objetivo entran en contacto físico con este.

verificación de ajuste. El procedimiento que se debe realizar cada vez que una persona se coloca un respirador con filtro de vapor orgánico y que implica: (1) ajustar adecuadamente las tiras; (2) cerrar los filtros con las manos e inhalar para detectar cualquier fuga de aire alrededor del sello facial; y (3) cerrar la válvula de exhalación y exhalar para detectar cualquier fuga de aire en los filtros. También conocido como verificación de sello.

vertebrados. Grupo de animales que tienen un esqueleto interno y una espina doral segmentada, como los peces, las aves, los reptiles y los mamíferos.

vía de exposición. Una de las cuatro formas en las que un pesticida ingresa o entra en contacto con el cuerpo: dérmica (a través de la piel), ocular (a través de los ojos), respiratoria (hacia los pulmones) y oral (por la boca); también conocida como vía de entrada.

vida media. La cantidad de tiempo que se necesita para que un pesticida se reduzca a la mitad de su toxicidad o efectividad original.

viroide. Microorganismo que es mucho más pequeño que un virus y no está envuelto por una cubierta proteica; algunos viroides producen síntomas de enfermedades en ciertas plantas.

virus. Organismo muy pequeño que se multiplica en células vivas y tiene la capacidad de producir síntomas de enfermedades en algunas plantas y animales.

viscosidad. Propiedad física de un fluido que afecta su fluidez; los fluidos menos viscosos fluyen con menor facilidad y producen gotas rociadas más grandes.

VOC. Ver compuesto orgánico volátil.

volátil. Capaz de pasar fácilmente de un estado líquido o sólido a un estado gaseoso a temperaturas bajas.

volatilización. Proceso de un líquido o sólido que pasa a un estado gaseoso.

volumen ultrabajo (ULV). Técnica de aplicación de pesticida donde se aplican cantidades muy pequeñas de rociado líquido en una unidad de área; por lo general de ½ galón o menos de rociado por acre en cultivos en hilera a aproximadamente 5 galones de rociado por acre en huertos y viñedos.

zona de contencion. Áreas de un campo, por lo general un mínimo de un ancho de banda que se deja sin rociar para proteger de la deriva a las estructuras circundantes o las áreas sensibles; también conocida como franjas de amortiguamiento.

GLOSARIO

REFERENCIAS

Akesson, N. B., and W. E. Yates. 1964. Problems related to application of agricultural chemicals and resulting drift residues. *Annual Review of Entomology* 9:285–315, table 1.

Bauer, E., ed. 2005. *Agricultural Pest Control: Plant*. Lincoln: University of Nebraska.

Bird, G. W. 2003. Role of integrated pest management and sustainable development: Historical development of pest management programs. In K. M. Maredia, D. Dakouo, and D. Mota-Sanchez, eds., *Integrated Pest Management in the Global Arena*. Wallingford, UK: CABI Publishing.

Blecker, L. A., and J. M. Thomas. 2012. *National Soil Fumigation Manual*. Fairfax, VA: National Association of State Departments of Agriculture Research Foundation (NASDARF).

California Department of Pesticide Regulation. 2014. *A Community Guide to Recognizing & Reporting Pesticide Problems*. DPR website, cdpr.ca.gov/docs/dept/comguide/commty_guide.pdf.

———. 2015. *Using Pesticides in California*. DPR website, cdpr.ca.gov/docs/dept/comguide/using_excerpt.pdf.

DiTomaso, J. M., and E. A. Healy. 2007. *Weeds of California and Other Western States*. 2 vols. Oakland: University of California Division of Agriculture and Natural Resources Publication 3488.

Dreistadt, S. H. 2016. *Pests of Landscape Trees and Shrubs: An Integrated Pest Management Guide*. 3rd ed. Oakland: University of California Division of Agriculture and Natural Resources Publication 3359.

Dubrovsky, N. M., C. R. Kratzer, L. R. Brown, J. M. Gronberg, and K. R. Burow. 1998. *Water Quality in the San Joaquin–Tulare Basins, California, 1992-95*. U.S. Geological Survey Circular 11595.

Feldmann, R. J., and H. I. Maibach. 1967. Regional variation in percutaneous penetration of 14C cortisol in man. Journal of Investigative Dermatology 48(2) (Feb):181–183.

Flint, M. L. 1998. *Pests of the Garden and Small Farm*. 2nd ed. Oakland: University of California Division of Agriculture and Natural Resources Publication 3332.

———. 2012. *IPM in Practice*. 2nd ed. Oakland: University of California Division of Agriculture and Natural Resources Publication 3418.

FRAC (Fungicide Resistance Action Committee). Website, frac.info.

Hickman, G. W. 2004. *Pest Notes: Lizards*. Oakland: University of California Division of Agriculture and Natural Resources Publication 74120. UC ANR website, ipm.ucanr.edu/PMG/PESTNOTES/pn74120.html.

Hooven, L., R. Sagili, and E. Johansen. 2013. *How to Reduce Bee Poisoning from Pesticides*. Corvallis: Oregon State University PNW 591. OSU Extension website, https://catalog.extension.oregonstate.edu/files/project/pdf/pnw591.pdf.

HRAC (Herbicide Resistance Action Committee). Website, hracglobal.com.

IRAC (Insecticide Resistance Action Committee). Website, irac-online.org.

Kansas Department of Agriculture. 1990. *Chemigation in Kansas*. Topeka: Kansas Department of Agriculture.

Klingman, G. C., and F. M. Ashton. 1975. *Weed Science Principles and Practices*. New York: Wiley.

Kranz, W., C. Burr, J. Hay, J. Schild, and D. Yonts. 2008. *Using Chemigation Safely and Effectively: Training Manual*. Historical Materials from University of Nebraska-Lincoln Extension Paper 915.

Lovatt, C. n.d. Plant growth regulator strategies and avocado phenology and physiology. California Avocado Growers website, californiaavocadogrowers.com/sites/default/files/documents/PRG-Strategies-and-avocado-phenology.pdf.

McDonald, S. A. 1991. *Applying Pesticides Correctly: A Guide for Private and Commercial Applicators*. Washington, DC: US EPA and USDA.

McKenry, M. V., and P. A. Roberts. 1985. *Phytonematology Study Guide*. Oakland: University of California Division of Agriculture and Natural Resources Publication 4045.

National Institute for Occupational Safety and Health. 1985. *Occupational Safety and Health Guidance Manual for Hazardous Waste Site Activities*. Washington, DC: NIOSH.

———. 1998. *Setting Up Emergency Decontamination Facilities*. Washington, DC: NIOSH.

Occupational Safety and Health Administration. 2012. *Hazard Communication Standard: Safety Data Sheets*. OSHA Brief. OSHA website, osha.gov/Publications/OSHA3514.pdf.

———. 2014. *Occupational Heat Exposure*. OSHA website, osha.gov/SLTC/heatstress.

Perry, E. J., and A. T. Ploeg. 2010. *Pest Notes: Nematodes*. Oakland: University of California Division of Agriculture and Natural Resources Publication 7489. ipm.ucanr.edu/PMG/PESTNOTES/pn7489.html.

Pfeiffer, M. 2010. Ground Water Ubiquity Score (GUS). Tucson, AZ: Pesticide Training Resources. PTR website, ptrpest.com/pdf/groundwater_ubiquity.pdf.

Platt, H. D. 1953. Pictorial key to some common adult cockroaches. Atlanta: U.S. Department of Health, Education, and Welfare, Public Health Service Communicable Disease Center.

Randall, C., et al., eds. 2008. *National Pesticide Applicator Certification Core Manual*. Washington D.C.: National Association of State Departments of Agriculture Research Foundation.

Salmon, T. P., and R. A. Baldwin. 2009. *Pest Notes: Pocket Gophers*. Oakland: University of California Division of Agriculture and Natural Resources Publication 7433. UC IPM website, ipm.ucanr.edu/PMG/PESTNOTES/pn7433.html.

Salmon, T. P., and W. P. Gorenzel. 2010a. *Pest Notes: Ground Squirrels*. Oakland: University of California Division of Agriculture and Natural Resources Publication 7438. UC IPM website, ipm.ucanr.edu/PMG/PESTNOTES/pn7438.html.

———. 2010b. *Pest Notes: Rabbits*. Oakland: University of California Division of Agriculture and Natural Resources Publication 7447. UC IPM website, ipm.ucanr.edu/PMG/PESTNOTES/pn7447.html.

Salmon, T. P., D. A. Whisson, and R. E. Marsh. 2006. *Wildlife Pest Control around Gardens and Homes*. 2nd ed. Oakland: University of California Division of Agriculture and Natural Resources Publication 21385.

Saw, L., J. Shumway, and P. Ruckart. 2011. Surveillance data on pesticide and agricultural chemical releases and associated public health consequences in selected US states, 2003–2007. *Journal of Medical Toxicology* 7:164–171.

Schwankl, L. 2015. Microirrigation systems. UC Davis Fruit and Nut Research and Information website, fruitsandnuts.ucdavis.edu/files/73686.pdf.

Schwankl, L. J., and T. Prichard. 2001. Uniform chemigation in tree and vine microirrigation systems. Oakland: University of California Division of Agriculture and Natural Resources Publication 21599.

Stetson, D. I., and R. A. Baldwin. 2010. *Pest Notes: Birds on Tree Fruits and Vines.* Oakland: University of California Division of Agriculture and Natural Resources Publication 74152. UC IPM website, ipm.ucanr.edu/PMG/PESTNOTES/pn74152.html.

University of California Statewide Integrated Pest Management Program. Website, ipm.ucanr.edu.

U.S. Environmental Protection Agency. 1994. *Pest Smart Update.* Washington, D.C.: Publication EPA-733-N-94-001.

———. 2014. *Label Review Manual, Chapter 10: Worker Protection Label.* EPA website, epa.gov/sites/production/files/2014-07/documents/chapter10-final-fd-jr.pdf.

———. 2015. *Protecting Bees and Other Pollinators from Pesticides.* EPA website, epa.gov/pesticides/ecosystem/pollinator/bee-label-info-lrt.pdf.

Vertebrate Pest Control Handbook Online. Vertebrate Pest Control Research Advisory Committee website, vpcrac.org/about/vertebrate-pest-handbook.

ÍNDICE

Los números seguidos de *t* y *f* indican tablas y figuras (o fotografías) respectivamente.

A

abejas
    declaración de protección de los polinizadores, 67, 67*f*
    impactos de los pesticidas en, 67, 181–182, 181*t*
    información en la FDS, 54–55
    protección de, 180–182
    requisitos de notificar a los apicultores del lugar de aplicación, 67, 67*f*
absorción
    modo de, 61, 61*f*, 171
    tasas de, 75, 75*f*
absorción cutánea, 215
acaricidas, 34*t*, 35*t*, 36*t*, 181–182, 181*t*, 215
ácaros, 17, 17*f*, 126*t*, 174–175, 174*f*
accidentes. *ver* derrames
acero: boquillas de, 122
acuíferos, 62–64, 63*f*, 112–113, 215
Administración de Seguridad y Salud Ocupacional de California (Cal/OSHA), 195
Administración Nacional Oceánica y Atmosférica (NOAA), 166, 176
adsorción, 60, 215
advertencia
    carteles de, 73, 73*f*, 104–105, 104*f*, 108
    en etiquetas, 33–34, 33*f*, 33*t*, 178–179, 178*f*
    letreros de, 105, 106*t*
    señales de, 55*f*, 56
ADVERTENCIA (palabra clave), 215
    categoría de la toxicidad, 33*t*, 168
    etiquetas de pesticidas, 33, 33*t*
adyuvantes, 41, 215
AEZ (zonas de exclusión de aplicación), 103
áfidos, 19, 19*f*
Agencia de Gestión de Emergencias de California, 195
Agencia de Protección del Medio Ambiente (EPA), 46, 60, 215
agitadores mecánicos, 121, 215
agua
    analizar y ajustar el pH, 173
    divisoria de, 221
    de enjuague, 62, 131, 179
    pozos de, 62–64, 63*f*
agua limpia, 130
agua subterránea, 215
    áreas de protección, 179
    declaración de advertencia de, 178–179, 178*f*
    protección de, 112–113, 178–179
    riesgos para, 61, 61*f*, 65–66
agua superficial, 215
    fuentes, 62–64, 63*f*
    protección de, 178–179
    riesgos para, 61, 61*f*, 66
aire
    factores que influyen el movimiento en, 64
    respiradores a batería con purificador de, 91*t*, 92*f*
    respiradores con suministro de, 91*t*, 92*f*, 192, 232
    respiradores con suplidor de, 91*t*, 92*f*
    temperatura del, 112*t*
algas, 13–14, 13*f*
alguicidas, 34*t*
almacenamiento de pesticidas
    componentes de una zona adecuada, 107–108
    envases, 73, 97, 109, 202
    guardar el EPP, 96
    instrucciones en las etiquetas, 49*f*, 52
    instrucciones en las FDSs, 54
    letreros de advertencia, 105, 106*t*
    lista de control, 103
    mapa de instalaciones, 189, 189*f*, 190
    prevención de la contaminación del agua superficial y subterránea, 179
    protección de los niños, 72*f*, 73
    requisitos, 202
    riesgos para medio ambiente, 180
aluminio y monel: boquillas de, 122
Amaranthus retroflexus, 15*f*
animales
    enfermedades se deben a los patógenos, 23–28
    experimentación con, 32–33
    protección de, 182
    riesgos para, 64
animales de granja, 68, 182
animales silvestres, 34*t*, 182
anteojos de seguridad, 89, 89*f*, 90*f*
anuales, 215–216
aparatos de respiración autónoma, 91*t*, 92*f*
aplicación al voleo, 127*t*, 216
aplicación basal, 127*t*
aplicación de pesticidas
    por acre, 149, 157
    en acuerdo a las previsiones meteorológicas, 179
    al cultivo equivocado, 77, 199
    en banda, 216
    cantidad aplicada a una zona conocida, 154–155
    cantidad se debe colocar en los tanques de rociado, 149–152
    cantidad errónea, 77
    cantidad incorrecta, 198
    características del lugar y riesgos para el medio ambiente, 112–113
    CÓDIGO DE REGLAMENTOS DE CALIFORNIA, 202
    corregir, 198–199
    descarga de gránulos, 154–155
    en el suelo, 129*t*
    equipo de, 118–125
    equipo especializado y componentes necesarios, 119*f*
    equipo usado en contextos agrícolas, 126*t*–129*t*
    evitar deriva, 175, 176*t*
    forma efectiva, 170–171
    guiar, 170, 170*f*
    índice de aplicación, 155

inyección en el suelo, 129t
letreros de advertencia y cuándo colocarlos, 105, 106t
limpieza del equipo, 113
lista de control, 103
mejorar, 179
métodos, 170
métodos segura, 111–113
métodos usados en contextos agrícolas, 126t–129t
momento correcto, 171
monitoreo de seguimiento, 3–4, 182–183, 183f
por pie cuadrado, 150
planificación para accidentes, 102
planificación para seguridad, 102–108
prevención de movimiento fuera de lugar de, 175–183
prevención de vacíos o superposiciones, 170
protección de organismos no objetivo, 180–182
protección de personas en o cerca de la zona de aplicación, 102–105
protección de zonas sensibles, 180–182
pulverizado-sumergido, 128t
requisitos, 111
riesgos para medio ambiente, 65–68, 112–113
riesgos para seres humanos, 76–77
de rociado directa y en banda, 126t
selección del lugar, 6
siguiendo los principios MIP, 179
sistemas mecánicos, 128t
sumergido, 128t
trabajar en distintos climas, 112
tratamientos de llovizna, 126t
tratamientos locales, 126t
tratamientos vertibles, 126t
vertido, 128t
aplicación de pesticidas equivocado, 198
aplicación erróneo, 77
aplicación incorrecta, 76–77, 198–199
aplicación indebida accidental, 198, 216
aplicación indebida intencional, 198, 216
aplicación líquida. *ver* equipo de aplicación líquida
aplicación negligente, 198, 216
aplicador certificado, vi, 216
aplicador certificado privado, 216
aplicadores de pesticida (equipo)
autoaplicadores, 128t
de baja presión, 126t, 129t, 141–144, 216
calibración, 138–157, 217
de cebo, 129t, 222
de gránulos, 127t, 132–133, 153–157, 154f
inspección, 130
limpieza, 113
lista de control, 103
de llovizna, 126t, 128t
mantenimiento, 125–133, 202
de mecha, 127t, 128t, 216
de polvo, 132
rociadores. *ver* rociadores líquidos
en seco, 153–157
tipos usados en contextos agrícolas, 126t–129t
aplicadores de pesticida (trabajadores)
exposición relacionada con el trabajo, 73–74
seguridad, 102–114
ver también manipuladores; trabajadores
aplicadores líquidos. *ver* equipo de aplicación líquida
aplicador privado, 216
arañuelas de cítricos, 5, 5f
ardillas terrestres, 22f, 23
área de tratamiento. *ver* cobertura; sitio
área para cambiarse, 202
áreas sensibles, 180–182, 180f
áreas vulnerables, 179
ASABE (Sociedad Americana de Ingenieros Agrónomos y Biológicos), 177, 177t
asesores agrícolas, 216
atención médica, 191–193, 202
atmósfera: respiradores con suplidor de, 91t, 92f
autoaplicadores, 128t
aves
de corral, 126t
plagas comunes, 22, 22f
protección de, 182
avicidas, 34t, 217
avisos de precaución, 50–51

B

babosas, 21
bacteria, 25–26, 25f, 34t, 174–175, 174f, 217
bactericidas, 34t, 181–182, 181t
balanza, 139, 139f
Bermuda (pasto), 14f
bioacumulación, 68, 68f, 217
biología, 217
factores biológicos, 175, 223
historia clave, 166
de las plagas, 10
bledo rojo, 15, 15f
boca: exposición oral
primeros auxilios, 192–193
riesgos, 74f, 76
bolsas de pesticidas secos, 111, 128t
bolsas solubles en agua (WSB o WSP), 40t, 109
bombas, 119–120, 120f, 121f, 130, 130f
bomberos, 197
boquillas
alineadas correctamente, 146, 147f
cambiar, 143–144
cambiar el tamaño, 153
características estándar (S-572) de las gotas de rocío, 177, 177t
clave de colores por tamaño de gota, 123f
mantener y limpiar, 130–131, 130f, 131f
materiales, 122–123
registro de muestra de caudal, 143
seleccionar, 123, 123f
tipos y usos recomendados, 124t–125t
boquillas gastadas, 121, 122f
botas y guantes, 89, 89f, 94, 94f

C

cabinas cerradas, 96–97, 96f

CACs (comisionados agrícolas de los condados), viii, 188, 218
cajas de carga, 105–107, 107f
cajas de polvo, 128t
calculadoras, 139, 139f
calibración del equipo de aplicación
  definición, 138, 217
  diluciones de partes por millón, 159, 160t
  EPP para, 138
  esencialidad, 138
  fórmula básica, 139
  herramientas necesarias, 138–139, 139f
  Hoja de Trabajo de Calibración de Rociador de Huertos, 151f, 152
  ingredientes activos, 158
  métodos, 138–157
  con monitores y reguladores de sistemas, 161–162
  razón principal, 138
  rociadores líquidos, 139–153, 140f, 151f
  soluciones de porcentaje, 158–159
calibración del equipo de aplicación líquida, 139–153
calor: enfermedades relacionadas al, 79, 87, 190, 222
calzado: botas y guantes, 89, 89f, 94, 94f
cambios químicos, 173
caminos rurales, 188
camiones, 105–107, 107f
campo
  incompatibilidad de, 173
  letreros de, 202
  trabajadores del. ver trabajadores del campo
capacitación sobre pesticidas
  CÓDIGO DE REGLAMENTOS DE CALIFORNIA, 202
  documentos necesarios, 203–209
  instructores calificados, 84
  para manipuladores, 82–83, 202, 206–209
  del personal, 82
  registro de, 232
  requisitos, 82–83
  para trabajadores del campo, 82–83, 202, 204–205, 217

para transporte, 107
capacitador calificado, 217
caracoles, 21
carbamatos, 35t, 217
carburo de tungsteno: boquillas de, 123
caretas protectoras, 89, 89f, 94
cargar pesticidas
  de forma segura, 109–111
  lista de control, 103
  riesgos para medio ambiente, 180
  transporte, 105–107, 107f
carreteras de acceso, 189, 189f, 190
carreteras públicas, 107, 188
carteles de advertencia, 104–105, 104f, 108
caudal, 218
  calibración, 141–145, 142f, 156
  galones por minuto (gpm) de, 143
  del gránulo, 156–157
caudalímetros, 139, 139f, 140, 140f, 145
CDFA (Departamento de Alimentos y Agricultura de California), 12, 220
cebos, 40t, 129t, 218, 222
Centro de Alerta del Estado de California, 195
centros regionales de información toxicológica, 192
cerámica: boquillas de, 123
Certificación como Aplicador Privado (PAC), vi
CHEMTREC, 188, 218
chicharras, 19–20, 19f
chicharrita de la col, 11f
chinches, 4f, 18–19, 18f
cigarras, 19–20
CIMIS (programa), 166
cinta de topógrafo, 176, 177f
cinta métrica, 139, 139f, 140
CL_{50} (concentración letal), 32–33, 33t, 218
clave de colores por tamaño de las gotas, 123f
clave de selección de los guantes, 88, 88f
claves de identificación, 11, 218
claves dicotómicas, 11, 11t, 218
clima, 218
  condiciones meteorológicas, 103, 112–113, 112t

evaluación de las condiciones, 175–177
  lista de control, 103
  monitoreo, 166
  recursos, 166
  trabajar en distintos climas, 112
cobertura, 182–183, 183f, 218
cochinillas, 2–3, 2f, 19
cochinillas blancas, 4f
cocoideos, 19
CÓDIGO DE REGLAMENTOS DE CALIFORNIA
  instalaciones de descontaminación, 210–211
  referencias a secciones específicas, 202
  ver también leyes y reglamentos
Código de Regulaciones Federales (CFR), 46
coladores, 121
combinaciones de pesticidas, 173
comisionados agrícolas de los condados (CACs), viii, 188, 218
composiciones líquidas. ver fórmulas líquidas
compuestos orgánicos de baja volatilidad (VOC), 169
concentración letal (CL_{50}), 32–33, 33t, 218
concentrados dispersables (F), 168t
concentrados emulsionables (EC o E), 38t, 168, 168t, 218
concentrados en volumen ultra reducido, 38t
concentrados solubles (SC), 38t, 168t, 219
conductores, 107
contaminación ambiental, 219
  del agua superficial y subterránea, 178–179
  fuentes, 62, 62f, 219
  maneras, 61, 61f
contenidos, 48f, 50
controlador de dosis, 219
controladores de sistemas, 161–162
controlador sintético. ver controlador de dosis
control biológico clásico, 3, 5, 219
controles biológicos, 219
  estudio de caso, 2–3, 2f, 5, 5f
  programas del MIP, 4–5, 4f

tipos, 5
ver también enemigos naturales
controles culturales, 219
    estudio de caso, 2–3, 2*f*
    programas del MIP, 6
controles de exposición/protección personal, 54
controles de ingeniería, 219
controles físicos, 5*f*, 6, 219
controles mecánicos, 5*f*, 6, 219
controles técnicos, 54, 96–97
control químico, 5, 219
Convolvulus arvensis, 15*f*
convulsiones, 192, 219
coordinador de emergencias, 189
correhuela, 15, 15*f*
CPR. *ver* resucitación cardiopulmonar
cronómetro, 139, 139*f*, 140–141
cubas de inmersión, 128*t*
cuerdas, 128*t*
cultivo: tratamiento de, 6, 126*t*
cultivo equivocado, 77, 199
cultivo no registrado, 220

D

daños, 103
daños económico, 220
declaración de clasificación de uso, 47, 48*f*, 220
declaraciones cautelares
    de agua subterránea, 178–179, 178*f*
    de áreas sensibles, 180, 180*f*
    de entrada restringida, 49*f*, 51–52
    etiquetas de los pesticidas, 48*f*–49*f*
    de protección de los polinizadores, 67, 67*f*
    de requisitos de guantes, 88, 88*f*
    de uso indebido, 51
    del uso indebido, 49*f*
degradación de pesticidas, 61, 61*f*, 112*t*
delantales impermeables, 87*f*
delantales resistentes, 87, 87*f*
Departamento de Alimentos y Agricultura de California (CDFA), 12, 220
Departamento de Pesca y Vida Silvestre, 67, 195
Departamento de Recursos Hídricos de California, 166
Departamento de Reglamentación de Pesticidas (DPR), 46, 60, 220
    exámenes, vii
    PRESCRIBE (base de datos virtual), 67
    sitio web, vi
    tarjeta de código clave para los guantes, 88, 88*f*
derechos de los trabajadores, 83
deriva del pesticida
    factores ambiental, 112, 112*t*, 175, 176*t*, 177–178
    de partículas (polvo), 175, 176*t*
    riesgos, 60–61, 61*f*
    de rocío, 175, 176*t*, 177–178
    de vapor, 175, 176*t*
dermatitis, 220
derrames de pesticidas
    acciones inmediatas, 195
    contenir, 196
    exposición accidental, 32, 73–76, 74*f*
    información en las FDSs, 55
    kit de derrame, 193–194
    limpiar, 196*f*, 197
    medidas básicas, 196–197
    notificación, 195–196
    números de emergencia, 188
    planificación para, 102
    primeros auxilios, 190–191, 191*f*
    requisitos de notificación, 193, 195
    riesgos, 32, 62, 62*f*, 74–76, 74*f*, 168*t*
    en transporte, 107
descarga de gránulos, 154–155
descargadores, 220
descomposición del pesticida, 112*t*, 220
descontaminación, 220
    CÓDIGO DE REGLAMENTOS DE CALIFORNIA, 202
    de emergencia, 193
    equipo recomendado, 193–194
    instalaciones, 193, 202, 210–211
    línea de, 193
    preparados comerciales, 195
    procedimiento para lavar ropa y el EPP contaminado, 93
    recursos, 195
    regulaciones, 210–211
    soluciones, 195
desecho
    agua de enjuague, 62, 131, 179
    envases y recipientes vacíos, 64, 65*f*, 109–110, 179
    fugas y derrames, 195, 197
    guantes, 88
    instrucciones en las etiquetas, 49*f*, 52
    materiales contaminados, 195, 197
    pesticida no utilizado, 131, 173
    protección del agua superficial, 179
    riesgos para medio ambiente, 62–64, 62*f*, 63*f*, 180
    ropa contaminada, 88, 92–93
    sitio de desecho Clase I, 234
    sitio de desecho Clase II, 234
desecho peligroso, 131
desintoxicación, 220
desórdenes abióticos, 220
Diazinon 50W, 37
dicotiledóneas (hojas anchas), 12, 220
dilución de partes por millón, 159, 160*t*, 161
DL$_{50}$ (dosis letal), 32–33, 33*t*, 221
dosis, 221
dosis letal (DL$_w$), 32–33, 33*t*, 221
DPR. *ver* Departamento de Reglamentación de Pesticidas
Drosófila de ala manchada, 20–21

E

ecología: información (no obligatoria) en las FDSs, 54–55
eliminación de residuos
    consideraciones (no obligatoria) en las FDSs, 55
    lista de control, 103
emergencias, 221
    aplicación incorrecta, 198–199
    derrames, 195–197
    enfermedades relacionadas al calor, 190
    envenenamiento, 192–193
    exposición cutánea, 190–191, 191*f*
    fugas y derrames, 190–191, 191*f*, 193–197

incendio, 197
ingesta, 192–193
inhalación de pesticidas, 192
instalaciones de descontaminación, 193
números de emergencia, 188
planificación de respuesta, 188–190
primeros auxilios, 188–193
repaso de respuesta, 199
requisitos de capacitación, 82–83
robo, 197–198
empleador y empleado
    CÓDIGO DE REGLAMENTOS DE CALIFORNIA, 202
    responsabilidades, 84, 202
    seguridad, 202–209
emulsión, 221
    concentrados emulsionables (EC o E), 38*t*, 168, 168*t*, 218
    emulsión inversa, 39*t*, 221
enemigos naturales
    estudios de caso, 2–3, 5, 5*f*
    programas del MIP, 4–5, 4*f*
    proteger, 5, 170
enfermedades, 23–28, 222
enfermedades bacterianas, 25, 25*f*, 26*f*
enfermedades relacionadas al calor, 79, 87, 190, 222
enjuagar, 222
    agua de enjuague, 62, 131, 179
    CÓDIGO DE REGLAMENTOS DE CALIFORNIA, 202
    lista de control, 103
    ojos, 191, 191*f*
    rociadores, 131
    sistemas de inyección e irrigación, 133
    triple enjuague, 109–110
entrada restringida
    carteles de advertencia, 73, 73*f*
    declaraciones en las etiquetas de los pesticidas, 49*f*, 51–52
    intervalo de entrada restringida (REI), 73, 73*f*, 104, 170, 202, 225
entrada temprana. *ver* trabajadores de entrada temprana
entrenamiento, véase capacitación
envasado, 73, 97, 109
envenenamiento por pesticida

    maneras, 72*f*, 73
    primeros auxilios, 192–193
    síntomas y signos, 190
EPA (Agencia de Protección del Medio Ambiente), 46, 60, 215
EPP. *ver* Equipo Personal de Protección
equipo adicional, 190
equipo de aplicación, 118–125
    aplicadores de gránulos, 127*t*, 132–133, 153–157, 154*f*
    aplicadores de mecha, 127*t*, 128*t*, 216
    aplicadores de polvo, 132
    aplicadores en seco, 153–157
    calibración, 138–157, 217
    inspección, 130
    limpieza, 64, 113, 130–131, 130*f*, 131*f*, 180
    lista de control, 103
    mantenimiento, 125–133, 202
    operación, 170
    tipos usados en contextos agrícolas, 126*t*–129*t*
    unidad GPS, 170, 170*f*
equipo de aplicación líquida
    agitadores mecánicos, 121
    aplicadores de llovizna, 126*t*, 128*t*
    bombas, 119–120, 120*f*, 121*f*
    boquillas, 121–123, 123*f*
    calibración, 139–153
    coladores, 121
    componentes, 118–123, 119*f*
    inspección, 132
    limpiar, 130, 130*f*
    mantenimiento, 130–132, 130*f*
    pantallas del filtro, 121
    prevenir problemas, 130–132
    reconocimiento del desgaste, 118–123
    rociadores líquidos, 126*t*, 128*t*, 139–153
    tanques, 118–119, 119*f*
equipo de descontaminación, 193–194
equipo de limpieza, 202
equipo de quimigación, 132–133
Equipo Personal de Protección (EPP o PPE en ingles), 222
    botas, 94, 94*f*
    para calibrar el equipo, 138

    calzado, 89, 89*f*
    capacitación, 83
    caretas protectoras, 89, 89*f*, 94
    CÓDIGO DE REGLAMENTOS DE CALIFORNIA, 202
    delantal resistentes a los químicos, 87, 87*f*
    equipo adicional, 82
    equipo respiratorio, 90–91
    estándares mínimos, 202
    para fugas o derrames, 195, 196
    gafas protectoras, 75, 89, 89*f*, 90*f*, 94, 94*f*
    guantes, 87–88, 88*f*, 94
    guardar, 96
    instrucciones generales, 85
    lavar, 95
    límites de protección, 96
    limpiar fugas o derrames, 195, 196, 196*f*, 197
    limpiar y mantener, 92–96, 197
    mapa de instalaciones, 189, 189*f*, 190
    para mezclar pesticidas, 109–110, 109*f*, 110*f*
    overoles, 85–86, 86*f*
    precaución para evitar las enfermedades relacionadas con el calor, 87
    requisitos legales, 75, 82
    resistente a los químicos, 84–87
    respiradores, 75–76, 88, 88*f*, 91*f*, 91*t*, 92*f*
    responsabilidades del empleador, 84
    ropa de trabajo, 84–85, 85*f*
    para trabajadores, 73*f*, 82
equipo respiratorio, 90–91, 222
erosión, 61, 61*f*, 62
Erwinia amylovora, 26*f*
escorrentía, 60, 62, 72, 108, 112, 112*t*
escuelas, 66, 113, 180, 202
escurrimientos, 222
    minimización de, 179, 182
    monitoreo de seguimiento, 182–183
    precauciones de limpieza, 113
    ver también deriva
escurrimiento superficial, 61, 61*f*, 180
especies amenazadas, 222
especies en peligro, 222

especies en peligro de extinción, 67
estación meteorológica, 175, 222
estolones, 15, 15f
etiqueta complementaria, 223
etiquetado, 223
etiquetas de los materiales contaminados, 195
etiquetas de los pesticidas
    avisos de precaución, 50–51
    caja con el método de acción del material por grupo, 36, 36f
    categorías de toxicidad, 33, 33f, 33t
    declaración de entrada restringida, 49f, 51–52
    declaración de guantes, 88, 88f
    declaración de lixiviación, 62, 63f
    declaración de protección de los polinizadores, 67, 67f
    declaraciones cautelares, 48f–49f, 77
    declaraciones de advertencias de agua subterránea, 178–179, 178f
    declaraciones de advertencias de áreas sensibles, 180, 180f
    información de seguridad, 47
    instrucciones de almacenamiento, 49f, 52
    instrucciones de desecho, 49f, 52
    instrucciones de uso, 49f, 51, 51f
    lista de ingredientes activos (i.a.), 37
    notas de advertencia, 97, 97f
    palabras clave, 33, 33f, 33t, 77
    recomendaciones a leer, 47
    recomendaciones del uso de limpiadores, 131
    requisitos, 46, 47f, 202
    requisitos de EPP, 82
    requisitos de equipos especializados, 119f
    secciones y ejemplos, 47–52, 47f, 48f–49f
    toxicidad sistemática y aguda de contacto, 77
etiquetas suplementarias, 46, 46f
exposición accidental, 73–74
exposición a los pesticidas, 223
    controles en las FDSs, 54
    efectos agudos, 77
    efectos crónicos, 77–78
    efectos dañinos, 77–78
    efectos tardíos, 78
    evitar los problemas, 102
    intoxicación, 190
    maneras, 72–77, 236
    números de emergencia para, 188
    primeros auxilios, 191, 191f, 192
    reconocer, 190
    relacionada con el trabajo, 73–74
    riesgos, 32, 74–76, 74f
    sensibilización, 78
    síntomas, 78
    sobreexposición, 190
exposición cutánea
    primeros auxilios, 191, 191f
    riesgos, 74–75, 74f
    tasa de absorción, 75, 75f
exposición ocular
    primeros auxilios, 191, 191f
    riesgos, 74f, 75
exposición oral
    primeros auxilios, 192–193
    riesgos, 74f, 76
exposición respiratoria
    primeros auxilios, 192
    riesgos, 74f, 75–76
extensión cooperativa de la UC (UCCE), 10

F

fabricante, 48f, 50
factores biológicos, 175, 223
factores genéticos, 174–175
factores operacionales, 175
familias químicas, 35, 35t, 223
FDS. *ver* Ficha de Datos de Seguridad
fecha de plantación, 6
Ficha de Datos de Seguridad (FDS), 224
    ejemplos, 52f, 61f
    pictogramas que pueden utilizarse, 53f
    requisitos, 52
    secciones, 53–55, 60f
FIFRA. *ver* Ley Federal de Insecticidas, Fungicidas y Rodenticidas
filtración
    advertencias de, 179
    declaración en las etiquetas de los pesticidas, 49f, 51
    minimización de, 182
fitotoxicidad, 112t
foliar, 128t
formulaciones de pesticidas, 224
    comparación de, 168–169, 168t
    diluciones de partes por millón, 159, 161
    enumeración en las etiquetas de los pesticidas, 48f, 50
    con gránulos, 159
    ingredientes activos, 47–50, 48f, 158
    líquidas, 158, 161
    en polvo, 159
    en seco, 160–161
    soluciones de porcentaje, 158–160
    tipos comunes, 37, 37t–40t
formulaciones microencapsuladas, 40t, 168t
fórmulas líquidas
    dilución de partes por millón, 161
    ingredientes activos, 158
    solución de porcentaje, 160
fotografías y dibujos, 11–12, 11f
franjas protectoras, 179
fugas y derrames de pesticidas, 193–197
fumigación, 202
fumigantes, 224
fungicidas, 34t, 35t, 36t, 126t–129t, 181–182, 181t

G

gafas protectoras, 89, 89f, 90f
    limpiar y mantener, 94, 94f
    requisitos legales, 75
galones por acre (gpc), 139
galones por minuto (gpm)
    de caudal, 143, 145
    fórmula, 139
ganado, 126t, 182
garantía, 49f, 52
garrapatas, 17, 17f
GPS (sistema de posicionamiento global), 170, 170f, 234
gramíneas, 11t, 14–15, 14f
gránulos (G)

aplicadores de, 127t, 132–133, 153–157, 154f
esparcidores de, 126t, 129t
formulaciones, 38t, 39t, 159, 168t
ingredientes activos, 159
gránulos dispersables/gránulos dispersables en agua (DF o WDG), 38t, 168t
guantes, 87–88, 88f, 94, 94f
guardar el EPP, 96
guardar pesticidas. *ver* almacenamiento de pesticidas
Guardia Costera de los Estados Unidos, 195

H

hábitat, 6, 224, 227
Haviland, David, 3f
herbicidas, 34t, 35t, 36t, 68, 126t, 224
herramientas
para calibrar el equipo de aplicación, 138–139
de evaluación meteorológica, 175
ver también equipo
hespéridos, 20, 20f
hierbas. *ver* malezas
Hoja de Datos de Seguridad de Materiales (MSDS). *ver* Ficha de Datos de Seguridad (FDS)
Hoja de Trabajo de Calibración de Rociador de Huertos, 151f, 152
hojas anchas (dicotiledóneas), 12, 220
hongos, 23–25, 23f, 24f, 174–175, 174f, 224
hospederos, 6, 224, 232

I

identificación de las plagas
bacteria, 25–26, 25f
claves, 11
enfermedades y trastornos, 23–28
especialistas, 10
fotografías y dibujos, 11–12, 11f
hongos, 23–25, 23f, 24f
invertebrados, 10, 16–21, 16t
malezas, 12–16
plagas, 10, 21–23
publicaciones disponibles, 11
recursos, 10–12

señales características, 12
vertebrados, 10, 21–23
virus, 27–28, 27f
identificación de las plantas, 15–16, 16f
identificación del producto, en las FDSs, 53
impregnados, 40t
incendios de pesticidas, 54, 196–197
incompatibilidad de campo, 173
índice de aplicación, 155
indice del suelo, 139
índice de salida
cambiar la salida del rociador, 152
determinar, 154–155, 154f
informes
lista de control, 103
ver también notificación
ingeniería: controles de, 219
ver también controles técnicos
ingesta de pesticidas, 192–193
ingredientes activos (i.a.), 225
calcular, 158, 158f
diluciones de partes por millón, 159
efectos en las abejas, 181–182, 181t
fórmulas con gránulos, 159
fórmulas en polvo, 159
fórmulas en seco, 160
fórmulas líquidas, 158, 160
en las etiquetas de los pesticidas, 37, 37f, 47–50, 48f, 158f
en las FDSs, 53–54
soluciones de porcentaje, 158–160
ingredientes inertes, 225
inhalación de pesticidas
primeros auxilios, 192
riesgos, 74f, 75–76, 168t
insecticidas, 34t, 35t, 36t, 225
aplicaciones, 126t–129t
efectos en las abejas, 181–182, 181t
formulaciones, 168–169
insectos, 126t–129t, 174–175, 174f, 225
insectos beneficiosos, 170
inspección
equipo de aplicación, 125–130, 132
respiradores, 94–95

vehículos, 105
Instituto Nacional de Seguridad y Salud Ocupacional (NIOSH), 225
instrucciones de uso, 49f, 51, 51f, 225
instructores calificados, 84
intervalo de cosecha, 225
intervalo de entrada restringida (REI), 225
carteles de advertencia, 73, 73f
CÓDIGO DE REGLAMENTOS DE CALIFORNIA, 202
declaraciones en las etiquetas de los pesticidas, 49f, 51–52
planificación, 104
requisitos de capacitación, 84
requisitos de notificación, 56
selección de pesticida, 170
intervalo de precosecha, 74, 170, 226
intoxicación, 72, 190
inventario de productos, 190
inversión térmica, 112t, 113f, 178, 178f
invertebrados, 226
control de, 129t
plagas comunes, 10, 16–21, 16t
inyección
con cinceles de subsuelo, 148–149, 148f
en el suelo, 129t
sistemas, 133, 234
inyectores operados a mano, 129t
IPM. *ver* manejo integrado de plagas (MIP)
irrigación
equipo de, 118, 129t, 133
factores que influyen el movimiento de los pesticidas, 62–64, 63f

J

jabón, 193
jejenes, 20–21
juncos y juncias, 14, 14f
Junta Regional de Control de Calidad del Agua local, 195

K

kit de derrame, 193–194

L

latifoliadas, 15–16, 15f–16f
latón: boquillas de, 122
lavado
    EPP, 94, 94f, 95
    EPP contaminado, 92–93
    equipo, 180
    piel afectada, 191, 191f
    respiradores, 95, 95f
    ropa contaminada, 92–93, 190–191
lentes protectores, 89–90, 94f
letreros de advertencia, 105, 106t
letreros de campo, 202
levas, 128t
leyes y reglamentos
    calibración, 138
    EPP, 75, 82
    etiquetas de los pesticidas, 45–52
    Ficha de Datos de Seguridad (FDS), 52–55
    manipulación de los materiales restringidos, 55–56
    notificación a los localidades escolares, 66
    recursos, 107
    registro, 46, 143
    requisitos de capacitación, 82–83
    seguridad del personal, 82–83
Ley Federal de Insecticidas, Fungicidas y Rodenticidas (FIFRA), 226
liberación accidental, 54
límite de exposición permitida (PEL), 54
límites de protección, 96
limpieza
    EPP, 92–96, 94f, 95f, 197
    equipo de aplicación, 64, 113, 130–131, 130f, 131f
    equipo de seguridad, 197
    fugas o derrames, 188, 195, 196, 196f, 197
    lista de control, 103
    medidas básicas, 196–197
    riesgos para medio ambiente, 180
limpieza personal, 113
línea de descontaminación, 193
lixiviación, 61, 61f, 226
    declaración en las etiquetas de los pesticidas, 62, 63f
    factores que influyen, 62, 63f
    riesgos, 60, 72, 112, 112t
llovizna: aplicadores de, 126t, 128t
localidades escolares, 66
Lorsban 4E, 37
lugar de aplicación de los pesticidas
    monitoreo de seguimiento, 182–183, 183f
    prevención de movimiento fuera de, 175–183
    protección de organismos no objetivo, 180–182
    requisitos de notificar a los apicultores del, 67, 67f
    selección del, 6
luz, 202

M

malezas
    plagas comunes, 10, 12–16
    resistencia a los pesticidas, 174–175, 174f
    tratamiento de, 126t–129t
    ver también plantas
malezas anuales, 12, 13f
malezas bienales, 12
Malezas de California y otros estados del oeste (UC), 12
malezas perennes, 12–13, 13f
mamíferos, 22–23
manantiales, 202
Mandarinas de Marisol, 5, 5f
manejo de plagas, 1–7
manejo integrado de plagas (MIP), 2–7, 67, 226
    muestra del plan, 4
    programas efectivo, 4–6
    siguiendo los principios, 179
mangueras, 130f
manipulación
    instrucciones en las FDSs, 54
    limpieza de los respirador entre usos, 95
    materiales restringidos, en su propio territorio, 55–57
manipuladores
    capacitación, 82–83, 202, 206–209
    CÓDIGO DE REGLAMENTOS DE CALIFORNIA, 202, 210
    comunicaciones de riesgo, 202
    definición, vi, 227
    documentos necesarios, 206–209
    EPP. *ver* Equipo Personal de Protección
    instalaciones de descontaminación, 202, 210–211
    ropa de trabajo, 84–85, 85f
manómetro, 139, 139f, 227
Manual de control de plagas de los invertebrados (CDFA), 12
mapa de instalaciones, 189, 189f, 190
máquinas de rociado-sumergido, 128t
marca comercial, 227
    en las etiquetas de los pesticidas, 47, 48f
    en las FDSs, 53
mariposas, 20, 20f
marque 9-1-1, 102, 188, 195, 197
materiales contaminados, 195, 197
materiales corrosivos, 227
materiales de pesticida, 169
materiales microencapsulados, 40t, 168t, 227
materiales peligrosos, 227
materiales restringidos, 34
    CÓDIGO DE REGLAMENTOS DE CALIFORNIA, 202
    manipulación en su propio territorio, 55–57
    permiso de, 55–56, 230
    requisitos de notificación, 55f, 56
mecha: aplicadores de, 127t, 128t, 216
medio ambiente
    comportamiento de los pesticidas, 61–65, 61f
    condiciones meteorológicas, 103, 112–113, 112t, 175–177
    contaminación ambiental, 61, 61f, 62, 62f, 219
    contaminación del agua superficial y subterránea, 178–179
    efectos adversos del pesticida, 54–55
    evaluación de, 175–177
    información ecológica (no obligatoria) en las FDSs, 54
    previsiones meteorológicas, 179
    riesgos para, 59–70, 112–113
    trabajar en distintos climas, 112
mezcla de tanque, 227

corregir el pH, 173
de forma segura, 109–111, 110f, 111f
incompatibilidad de campo, 173
métodos efectivos, 171
resolución de problemas de compatibilidad, 173
sistema cerrado, 118, 119f
mezclar pesticidas
analizar y ajustar el pH del agua utilizada, 173
de forma segura, 109–111, 109f, 110f, 111f
incompatibilidad de campo, 173, 227
lista de control, 103
métodos, 109, 171
pautas generales, 171
prevención de la contaminación del agua superficial y subterránea, 179
prueba de compatibilidad, 172, 172f
resolución de problemas de compatibilidad, 173
riesgos para medio ambiente, 180
sistemas cerrados, 97, 97f, 109, 118, 119f
minadores, 20–21
MIP. *ver* manejo integrado de plagas
molusquicidas, 34t, 35t, 227
Monilinia, 23f
monitoreo, 228
del clima, 166
de las plagas, 3–4, 3f
seguimiento, 3–4, 182–183, 183f
monitores, 161–162
monocotiledóneas, 12, 228
mosca blanca, 19, 19f
moscas, 20–21, 20f
mosquitos, 20–21
movimiento fuera del lugar de aplicación, 228
en el agua, 62–64, 63f
en el aire, 64
deriva, 175, 176t
sobre o dentro de los objetos, las plantas y los animales, 64
prevención de, 175–183, 176t

MSDS (Hoja de Datos de Seguridad de Materiales). *ver* Ficha de Datos de Seguridad (FDS)

N

nematicidas, 34t, 35t, 228
nematodos, 128t–129t, 228
niebla, 112t
niños: protección de, 72f, 73
NIOSH (Instituto Nacional de Seguridad y Salud Ocupacional), 225
NOAA (Administración Nacional Oceánica y Atmosférica), 166, 176
nombre común, 228
nombre de la marca. *ver* marca comercial
nombre químico, 48f, 50, 228
nombre químico común, 48f, 50
nombre registrado. *ver* marca comercial
Norma de Protección del Trabajador (WPS), 46, 228
normas para el control de plagas (UC IPM), 167
notificación
a los apicultores, 67, 67f
carteles de advertencia, 104–105, 104f, 108
en derrames, 193, 195–196
letreros de advertencia, 105, 106t
lista de control, 103
a localidades escolares, 66
del lugar de aplicación de los pesticidas, 67, 67f
de los materiales restringidos, 55f, 56
reportes mensual, 56, 57f, 232
de robo, 198
señales de advertencia, 55f, 56
de uso de pesticidas, 56, 57f
zona de aplicación, 105
notificación anual, 202
notificación de uso de pesticidas (PUR), 56, 57f
notificación verbal, 228
número CAS, 50
número de emergencia 9-1-1, 102, 188, 195, 197
número del CAS, 48f

números de emergencia, 188
números de registro y establecimiento, 48f, 50, 228

O

observaciones climáticas, 175–177
Oficina de Servicios de Emergencia, 188
ojos
enjuagar, 191, 191f
exposición ocular, 74f, 75, 191, 191f
protección para, 75, 89–90, 89f, 90f, 91t
operador del vehículo, 107
organismos beneficiosos, 170, 180–182, 229
organismos no objetivos, 66–68, 180–182, 229
organismos susceptibles, 54–55
organofosfatos, 35t
organofosforados, 229
OSHA (Occupational Safety and Health Administration), 229
otros ingredientes, 37, 37f, 47–50, 48f, 158f, 229
overoles, 85–86, 86f

P

PAC (Certificación como Aplicador Privado), vi
palabras clave, 33, 48f, 50, 77, 195
palabras de advertencia, 33f, 33t
pantallas del filtro, 121, 130, 130f
paquetes solubles en agua (WSB o WSP), 40t, 109
parásitos, 229
parásitos externos, 128t
pasto Bermuda, 14f
patógenos, 10, 129t, 229
peces, 34t, 182
PEL (límite de exposición permitida), 54
peligro, 229
clases y pictogramas, 53f
CÓDIGO DE REGLAMENTOS DE CALIFORNIA, 202
indicadores de, 33t

información para trabajadores del campo sobre, 202
en las etiquetas de pesticidas, 49f, 51
PELIGRO (palabra de advertencia), 229
  carteles de advertencia, 104, 104f
  categoría de la toxicidad, 33t, 168
  etiquetas de pesticidas, 33, 33f, 33t, 49f, 51
  letreros de advertencia, 105, 106t
  señales de advertencia, 55f, 56
PELIGRO-TÓXICO (palabra de advertencia), 229
PELIGRO-VENENO (palabra de advertencia), 33–34, 33f, 33t
pellas (P), 40t, 168t
percolación, 61, 61f
permiso de materiales restringidos, 55–56, 202, 230
persistencia, 60, 61f, 169
pesticidas
  adjuvantes, 41
  almacenamiento, 107–108
  de amplio espectro, 230
  aplicación de. ver aplicación de pesticidas
  bioacumulación, 68, 68f
  cambios químicos, 173
  características, 35, 35t, 60
  Categoría I-IV, 33–34
  combinaciones, 173
  compatibilidad con otros materiales, 169
  concentración letal (CL_{50}), 32–33, 33t
  contaminación ambiental, 61, 61f
  decisiones acerca del uso, 166–167
  definición, 32, 201, 230
  degradación, 112t
  deriva, 175
  derrames, 188, 193–197
  descomposición, 112t
  diluciones de partes por millón, 161
  dosis letal (DL_{50}), 32–33, 33t
  efectos ambientales, 54–55, 61–65, 61f, 65–68
  efectos en los insectos beneficiosos y los enemigos naturales, 170
  emergencias, 187–200
  escoger, 166–170
  etiquetado, 46–52
  experimentación con plantas y animales, 32–33
  exposición, 32, 72–77
  facilidad de uso, 169
  factores a considerar, 168–170, 168t
  familias química, 35, 35t
  formulaciones, 37, 37t–40t, 158–160, 168–169, 168t, 223
  formulaciones en secos, 161
  formulaciones líquidas, 161
  fugas, 193–197
  grupos, 36–37, 36f, 36t
  incendios, 196
  ingesta, 192–193
  ingredientes activos (i.a.), 37, 37f, 158
  lista de control, 103
  manipuladores de. ver manipuladores
  materiales de, 169
  mezcla, 109–111, 109f, 110f, 111f, 171–173, 172f
  modo de acción, 35–37, 36f, 36t, 171
  movimiento fuera del lugar de aplicación, 62–64, 63f, 175–183, 228
  organizados, 34–40
  peligros del uso, 60
  persistencia, 60, 61f, 169
  plagas objetivo, 34–35, 34t
  preparados líquidos, 158
  preparados secos, 159
  problemas asociados, 79
  recomendaciones, 167
  recursos, 167, 167f
  registro, 46
  residuos, 64–65, 65f, 232
  resistencia a, 174–175, 174f, 232
  riesgos, 32–34
  riesgos para medio ambiente, 54–55, 59–70
  riesgos para seres humanos, 71–80, 74f
  rutas de entrar al cuerpo, 74–76, 74f
  seleccionar correcta, 167–170
  selectividad, 168
  sensibilización, 78
  solubilidad, 60
  solución de porcentaje, 160
  tomar decisiones acerca del uso, 166–167
  toxicidad, 32–34, 33t, 54–55, 168
  transporte de, 105–107
  uso efectivo, 165–185
  de uso general, 230
  de uso restringido, 33–34, 47, 48f, 178–179, 178f, 230
  uso seguro, 82, 101–115
  volatilidad, 60, 61f
pesticidas ingeridos, 192–193
pesticidas no agrícolas, 72f, 73
pesticidas no selectivo, 230
pesticidas persistente, 230
pesticidas químicos, 34t–35t
pesticidas secos, 110
pesticidas selectivos, 230
pesticidas sistémicos, 230
pH, 173, 230
pH inferior, 169
pH superior, 169
Phylloxeridae, 19–20
pictogramas, 53f
piel: contacto con
  primeros auxilios, 190–191, 191f
  riesgos, 74–75, 74f
  tasa de absorción, 75, 75f
piojos chupadores, 18, 18f
piojos masticadores, 17, 17f
piretroides, 35t, 230
piscicidas, 34t
pistola electrostática, 128t
pistola rociadora, 126t
plaga ocasional, 230
plagas
  bacteria, 25–26, 25f
  biología, 10
  claves de identificación, 11, 11t
  control efectivo, 138
  grupos principales más comunes, 10
  historia biología clave, 166
  hongos, 23–25, 23f, 24f
  identificación, 10–29, 11f, 11t
  invertebrados, 10, 16–21, 16t, 129t
  malezas, 10, 12–16

manejo de, 1–7
normas para el control de plagas (UC IPM), 167
predicción de problemas, 166
prevención de movimiento fuera de lugar de los pesticidas, 175–183
resistencia a los pesticidas, 174–175, 174f
señales características, 12
vertebrados, 10, 21–23, 129t
virus, 27–28, 27f
plagas claves, 2, 230
plagas comunes, 12–28
plagas secundarias, 2, 68, 230
plan de respuesta a emergencias
información que debe comunicarse durante llamadas, 189
lista de llamadas, 188–189
mapa de instalaciones, 189, 189f, 190
planificación
para accidentes, 102
para aplicación de pesticidas, 102–108
para respuesta de emergencia, 188–190
para seguridad, 102–108
plantación, 6
plantas
absorción por, 61, 61f
enfermedades se deben a los patógenos, 23–28
experimentación con, 32–33
factores que influyen el movimiento sobre or dentro de, 64
identificación de, 15–16, 16f
protección de, 180
ver también malezas
plantas leñosas problemáticas, 126t
plantas perennes, 12–13
plástico: boquillas de, 122–123
polillas, 20, 20f
polinizadores, 230
declaración de protección de, 67, 67f
impactos de los pesticidas en, 67, 181–182, 181t
protección de, 180–182
polvo fluido seco, 38t

polvos, 231
aplicadores de, 132
deriva de, 175, 176t
formulaciones, 39t, 159, 161, 168t
ingredientes activos, 159
parte por millón de dilución, 161
polvos humectables (WP), 37t, 168, 168t, 230
polvos solubles (SP), 38t, 168t, 231
pozos de agua, 62–64, 63f
PPE. ver Equipo Personal de Protección
PRECAUCIÓN (palabra de advertencia), 231
categoría de la toxicidad, 33t, 168
etiquetas de pesticidas, 33, 33t
precipitación, niebla, rocío abundante, 61, 61f, 112t
predicidas, 34t, 231
preemergencia, 231
preparados líquidos
dilución de partes por millón, 161
ingredientes activos, 158
solución de porcentaje, 160
preparados secos
dilución de partes por millón, 161
fórmulas con gránulos, 159
fórmulas en polvo, 159
ingredientes activos, 159
solución de porcentaje, 160
PRESCRIBE (base de datos virtual), 67
presión, 231
aplicador de baja presión, 216
cambiar presión de salida, 153
rociadores de alta presión, 127t, 144–145
rociadores de baja presión, 126t, 129t, 141–144
de vapor, 231
primeros auxilios, 188–193, 231
declaración en las etiquetas de pesticidas, 48f, 50
declaración en las FDSs, 54
exposición de los ojos, 191, 191f
exposición de la piel, 190–191, 191f
ingesta de pesticidas, 193
inhalación de pesticida, 192
Princep 80W, 50
proconinos, 19–20

Programa de Comunicación de Peligros, 231
Programa de Extensión Cooperativa (UC), viii
programa estatal de manejo integrado de plagas (UC IPM)
normas para el control de plagas, 167
sitio web, viii, 10, 167, 167f
propiedad privada, 188
protección ocular, 89, 89f, 90f, 91t
protección personal
equipo de protección personal. ver Equipo Personal de Protección (EPP o PPE en ingles)
en las FDSs, 54
protección respiratoria, 90
CÓDIGO DE REGLAMENTOS DE CALIFORNIA, 202
equipo respiratorio, 222
programa, 90
prueba de ajuste, 75–76, 76f, 231
prueba de compatibilidad, 172, 172f
prueba de toxicidad, 231
psílidos, 19–20
PSIS. ver Serie de información de seguridad con pesticidas
PTO (toma de fuerza), 234
pulmones: exposición respiratoria, 74f, 75–76, 76f
PUR (notificación de uso de pesticidas), 56, 57f
purificadores de aire, 91t, 92f

Q

químicos
cambios, 173
familias químicas, 35t
pesticidas químicos, 34t
resistente a los, 84–89, 86f, 87f, 88f, 89f, 92–93
quimigación, 231
equipo de, 118, 129t, 133
métodos usados en contextos agrícolas, 129t

R

Radio del Clima (NOAA), 166, 176
RCP (resucitación cardiopulmonar), 192, 233

reactividad, 54
recipientes calibrados, 139, 139f
    recipientes con pesticidas
        desechar, 64, 65f, 109–110, 179
        requisitos, 202
        triple enjuague, 109–110
recursos útiles, viii, 167, 167f
reflujo
    prevención, 62–64, 63f, 202
    del sifón, 179
registro de capacitación, 232
registro de muestra de caudal, 143
registro de pesticidas, 46, 232
    número de registro, 48f, 50
reglamentos, 232
    información (no obligatoria) en las FDSs, 55
    de la manipulación de los materiales restringidos, 55–57
reguladores de crecimiento, 232
reguladores de sistemas, 161–162
REI. *ver* intervalo de entrada restringida
reportes
    derrames, 195–196
    ver también notificación
residuos, 168t, 232
    consideraciones (no obligatoria) en las FDSs, 55
    eliminación de, 103
residuos peligrosos, 64–65, 65f, 232
resistencia
    al agua, 85
    del hospedero, 6, 232
    a los pesticidas, 174–175, 174f, 232
    a los químicos, 84–89, 86f, 87f, 88f, 89f, 92–93
resistencia cruzada, 174–175, 232
respiración, 192, 232
respiración artificial, 192
respiración asistida, 232
respiración autónoma: aparatos de, 91t, 92f
respiración de rescate, 192
respiradores
    de canastro, 91t
    de cartucho, 91f, 91t, 95, 192
    inspección, 94–95
    limpieza, 95, 95f
    mantener, 94–96
    de partículas, 91f, 91t
    pruebas de ajuste, 75–76, 76f, 231
    con purificador de aire, 91t, 92f
    con suministro de aire (SCBA), 91t, 92f, 192, 232
    con suplidor de aire o atmósfera, 91t, 92f
    tarjeta de restricciones, 88, 88f
    tipos, 91t
restricción de resiembra, 232
restricciones de uso, 233
    cerca de áreas sensibles, 180, 180f
    CÓDIGO DE REGLAMENTOS DE CALIFORNIA, 202
    por cuestiones de aguas subterráneas y superficiales, 178–179, 178f
    entrada restringida, 49f, 51–52, 73, 73f
    intervalo de entrada restringida (REI), 73, 73f, 104, 170, 202, 225
    materiales restringidos, 34, 55–57, 55f, 230
resucitación cardiopulmonar (RCP), 192, 233
riesgo de pesticidas, 32–34
    comunicaciones de, 202
    identificación en las FDSs, 53
    para medio ambiente, 59–70, 112–113
    para seres humanos, 71–80, 74f
rizomas, 15, 15f
robo, 197–198
rociadores líquidos
    de alta presión, 127t, 144–145
    ancho de la franja, 146–149, 146f, 147f, 148f
    de baja presión, 126t, 129t, 141–144
    banda de aplicación, 145–147, 146f, 147f, 148f
    de barra, 126t–129t, 141–147, 146f, 147f, 148f
    calibración, 139–153, 140f, 142f, 145f, 151f
    cambiar la presión de salida, 153
    cambiar la salida, 152–153
    cambiar la velocidad de desplazamiento, 152–153, 152f
    capacidad del tanque, 139–140
    caudal, 141–145, 142f
    de chorro de aire, 147, 147f, 233
    deriva, 175, 176t
    de desplazamiento de aire, 126t, 144–145, 147, 147f
    enjuagar, 131
    Hoja de Trabajo de Calibración de Rociador de Huertos, 151f, 152
    mantener y limpiar, 130–131
    método de liberación moderada, 144–145, 145f
    método de recolección, 141–144
    de mochila, 126t, 127t, 140, 233
    a motor, 126t, 127t, 128t
    tanques. *ver* tanques
    tipos usados en contextos agrícolas, 126t–129t
    unidad GPS, 170, 170f
    velocidad de desplazamiento, 139–141, 141f, 152–153, 152f
rociadores manuales, 141–144
rociadores túnel, 127t, 128t
rocío
    características estándar (S-572) de las gotas de rociado, 177, 177t
    deriva de, 175, 176t, 177–178
rodenticidas, 34t, 233
ropa contaminada
    desechar, 88, 92–93
    lavar, 93, 190
    primeros auxilios, 191, 191f
ropa de protección, 92–93, 233
ropa de trabajo, 233
    instrucciones generales, 85
    limpiar y mantener, 92–93
    resistente a los químicos, 84–85
    para trabajadores y manipuladores, 84–85, 85f
    ver también Equipo Personal de Protección (EPP o PPE en ingles)

S

salpicaduras, 168t
saltamontes, 19–20, 19f
sanitización, 6
seguimiento
    lista de control, 103
    lista de verificación, 183f
    monitoreo de, 3–4, 182–183
seguridad

aplicación de pesticidas, 111–113
    para aplicadores, 102–114
    documentos necesarios, 203–209
    para empleadas, 202–209
    mezclar pesticida, 109–111
    del personal, 82–83
    para personas, 82
    utilizar pesticida, 82, 101–115
seguro de responsabilidad, 233
señalamiento: cinta de, 139, 139f
señalización de advertencia, 55f, 56, 233
sensibilización, 78
seres humanos: riesgos para. *ver* exposición a los pesticidas
Serie de información de seguridad con pesticidas (PSIS), 233
Servicio Meteorológico Nacional, 166
shock, 192
sifón: reflujo del, 179
silvicidas, 34t
Sistema de Control de Envenenamiento de California (CPCS), 192–193
Sistema de Información de Manejo del Riesgo, 166
sistema de posicionamiento global (GPS), 170, 170f, 234
sistemas de carga cerrados, 109
sistemas de control, 161–162
sistemas de inyección e irrigación, 133, 234
sistemas de mezcla cerrados, 97, 97f, 109, 234
sitio de desecho Clase I, 234
sitio de desecho Clase II, 234
sitio de eliminación, 234
sitio no registrado, 234
sobreexposición, 190
Sociedad Americana de Ingenieros Agrónomos y Biológicos (ASABE), 177, 177t
solubilidad, 60
    bolsas o paquetes solubles en agua (WSB o WSP), 40t, 109
    concentrados solubles (SC), 38t, 168t, 219
    polvos solubles (SP), 38t, 168t, 231
soluciones, 234
    dilución de pesticidas, 159, 160t
    formulaciones, 38t, 168t
    de porcentaje, 158–160
sopladores, 127t
Sphaerotheca pannosa, 24f
suelo, 139, 179
suministradores de aire: respiradores con, 91t, 92f, 192
superficie impermeables, 107
superficies no porosas, 197
superficie tratada, 138, 234
suspensión, 39t, 234

T

tábanos, 20–21
tanques
    cantidad de pesticida se debe colocar en, 149–152
    capacidad, 139–140
    incompatibilidad de campo, 173
    mapa de instalaciones, 189, 189f, 190
    mezcla de tanque, 109–111, 110f, 111f, 119f, 171, 173, 227
    tipos, 118–119, 119f
Taphrina, 23f
tasa de absorción, 75, 75f
tasa de aplicación, 234
tasa de descarga, 234
temperaturas del aire
    enfermedades relacionadas al calor, 79, 87, 190, 222
    inversión térmica, 112t, 113f, 178, 178f
    peligros asociados, 112t
tolerancia, 234
toma de fuerza (PTO), 234
toxicidad aguda, 77
toxicidad crónica, 77–78
toxicidad de los pesticidas, 234
    para las abejas, 181–182, 181t
    categorías, 33–34, 33t, 218
    información en la FDS, 54–55
    riesgos, 32
    a utilizar, 168
toxicidad sistemática, 77
toxicología, 234
trabajadores agrícolas. *ver* trabajadores del campo
trabajadores de entrada temprana, 235
    capacitación, 82–83
    CÓDIGO DE REGLAMENTOS DE CALIFORNIA, 202
trabajadores del campo, 235
    capacitación, 82–83, 202, 204–205
    CÓDIGO DE REGLAMENTOS DE CALIFORNIA, 202, 211
    derechos, 83
    documentos necesarios, 204–205
    EPP. *ver* Equipo Personal de Protección
    instalaciones de descontaminación, 202, 211
    protecciones para, 73, 73f, 74
    ropa de trabajo, 84–85, 85f
trajes resistentes a los químicos, 86–87
trampas, 5f, 6
transporte de pesticidas, 235
    capacitaciones antes de, 107
    en carreteras públicas, 107
    CÓDIGO DE REGLAMENTOS DE CALIFORNIA, 202
    información (no obligatoria) en las FDSs, 55
    lista de control, 103
    recursos, 107–108
    en la zona de carga del vehículo, 105–107, 107f
trastornos, 23, 28, 235
trastornos abióticos, 23, 28, 28t
tratamientos de rociado húmedo, 126t
tratamientos locales, 126t, 235
tratamientos vertibles, 126t
triazinas, 35t, 235
triple enjuague, 109–110
triple lavado, 235
trips, 18, 18f
tuzas, 22, 22f
Tyvek™ o Tyvek™ laminado, 86

U

UC. *ver* Universidad de California
UCCE. *ver* extensión cooperativa de la UC
ULV (volumen ultrabajo), 236
unidad de sistema de posicionamiento global (GPS), 170, 170f
Universidad de California (UC)
    Malezas de California y otros estados del oeste, 12
    Programa de Extensión Cooperativa, viii

programa estatal de manejo integrado de plagas (UC IPM), viii, 10, 167, 167f
recursos, viii, 10–11, 167f
uso agrícola: requisitos en etiquetas de pesticidas, 49f, 51
uso efectivo, 165–185
utilizar de forma segura, 101–115

V

vapor: deriva de, 175, 176t
vehículos
    mapa de instalaciones, 189, 189f, 190
    operadores, 107
    transporte de pesticidas en la zona de carga del, 105–107, 107f
vehículos montados, 129t
vello facial, 90
velocidad de desplazamiento, 235
    para los aplicadores en seco, 153
    para los aplicadores líquidos, 139–141, 141f
    cambiar, 152–153, 152f
    fórmula, 139
    en pies por minuto, 153
velocidad del viento
    calcular, 176, 177f
    peligros asociados, 112t
Venturia, 23f
Venturia inaequalis, 23f
vertebrados, 236
    control de, 129t
    plagas comunes, 10, 21–23
    resistencia a los pesticidas, 174–175, 174f
vías fluviales, 195
vías respiratorias: protección para, 90
vida media, 32, 54–55, 236
viento: velocidad del, 112t
Viñedo de Vincent, 2–3, 2f
virus, 27–28, 27f, 236
VOC (compuestos orgánicos de baja volatilidad), 169
volatilidad de los pesticidas, 60, 61f
volatilización del pesticida, 112t, 236
volumen ultrabajo (ULV), 236
volumen ultra reducido
    concentrados, 38t
    rociadores líquidos, 126t
vómito: inducir el, 192, 193

W

WPS (Norma de Protección del Trabajador), 46, 228

X

Xanthomonas vesicatoria, 25f

Z

zona de aplicación
    calcular, 148–149
    carteles de advertencia, 104–105, 104f
    intervalo de entrada restringida (REI), 104, 170, 202, 225
    notificación, 105
    proteger a las personas en o cerca de, 102–105
    zona total cubierta, 148–149
zonas agrícolas, 126t
zonas de almacenamiento de pesticidas
    publicación, 202
    requisitos, 107–108
zonas de contencion, 111, 236
zonas de exclusión de aplicación (AEZ), 103
zonas delicadas
    protección de, 180
    riesgos, 66, 112–113
zonas sensibles, 180–182